Der Kakaobaum — Theobroma Cacao, Linné

Zipperer, Schokoladenfabrikation, 4. Aufl.
Verlag M. Krayn, Berlin W. 10

Die Schokoladen-Fabrikation

Eine Monographie der Kakaofrucht und ihrer Verwertung

von

Dr. Paul Zipperer

Vierte, neu bearbeitete und erweiterte Auflage

von

Dr. phil. Herm. Schaeffer
Nahrungsmittelchemiker und Fabrikdirektor

und

Dipl.-Ing. Schröder

Mit 95 Figuren

BERLIN W
Verlag von M. Krayn
1924

Druck von C. Seifert, Köstritz i. Thür.

Vorwort zur vierten Auflage.

Als Dr. Paul Zipperer vor Jahrzehnten das jetzt in vier Auflagen vorliegende Werk der Öffentlichkeit übergab, nahm die Schokoladenindustrie im Rahmen der deutschen Volkswirtschaft eine verhältnismäßig kleine Stelle ein. Es waren damals die Jahre, in denen die Schweizer Schokoladen den deutschen Markt beherrschten und die deutschen Fabrikate noch nicht recht zur Geltung kommen konnten. Dr. Paul Zipperer unternahm damals ein Werk, dessen Erfolg recht zweifelhaft erscheinen mußte. Wenn trotzdem das Buch Zipperers sehr schnell eine zweite Auflage erlebte, so bewies das, daß die deutsche Schokoladenindustrie sich in gesunder Entwicklung befand, denn in erster Linie verfolgte Zipperer den Zweck, allen an der Verarbeitung der Kakaobohne beteiligten Kreisen Anregung und erweiterte Erkenntnis zu vermitteln. Diesen Zweck hat er in jeder Beziehung erreicht. Auch die zweite Auflage war schnell vergriffen, und kurz vor dem Kriege, im Jahre 1913, konnte die dritte Auflage herausgebracht werden. Damals befand sich die deutsche Schokoladenindustrie gewissermaßen in einem Höchststand der Entwicklung, den man noch 5 Jahre zuvor nie für möglich gehalten hätte. Es mehrten sich von Jahr zu Jahr nicht nur die von der rohen Bohne an arbeitenden Fabriken, sondern auch die Industrie- und Gewerbebetriebe, die vom Halbfabrikat an fabrizierten. Der Kreis der Interessenten für die dritte Auflage war erheblich größer geworden, als der der zweiten und ersten Auflage zur Verfügung gestanden hatte. Es kann daher kaum Wunder nehmen, daß auch die dritte Auflage sehr schnell vergriffen war und daß bereits nach kurzer Zeit im Buchhandel das Buch nicht mehr gekauft werden konnte.

Es kam der Krieg und mit ihm eine Periode des Niederganges der deutschen Schokoladenindustrie. Kakaobohnen kamen infolge der Blockade nicht nach Deutschland. Zucker war in dem einst größten Zuckerproduktionslande der Welt Deutschland nicht aufzutreiben und an die Schokoladenindustrie mit ihrer ausgedehnten

Apparatur wurden andere Anforderungen gestellt. Die Fabrikbetriebe mußten völlig umgestellt werden und sich für die Herstellung von Waren einrichten, die bis dahin außerhalb ihrer Interessensphäre gelegen hatten. Die meisten deutschen Schokoladenfabriken stellten Marmeladen, Kunsthonig usw. her. Gleich nach dem Kriege wurde Deutschland mit erheblichen Mengen ausländischer Schokoladen überschwemmt und es hatte durchaus den Anschein, als sei die einst blühende Industrie für alle Zeiten ausgelöscht. Fachliche Tüchtigkeit, kaufmännischer Unternehmungsgeist ,aber kapitulierten nicht vor den schwierigen wirtschaftlichen Verhältnissen. Überraschend schnell ging man an den Wiederaufbau und konnte in kurzer Zeit wieder mit Fabrikationsergebnissen aufwarten, die durchaus achtenswert waren.

Heute steht die deutsche Schokoladenindustrie nicht nur wieder auf dem Vorkriegsniveau, sie hat sich darüber hinaus in jeder Beziehung entwickelt. Heute arbeiten beinahe noch einmal so viele Kakao- und Schokoladenfabriken von der rohen Bohne an, wie vor 10 Jahren, und die kleineren weiterverarbeitenden Unternehmen haben sich noch im größeren Umfange vermehrt. Über die Zeit der Inflation ist die deutsche Schokoladenindustrie trotz behördlicher Hemmungen, die ihr durch die öffentliche Bewirtschaftung ihrer hauptsächlichen Rohmaterialien gemacht wurden, hinweg gekommen. Als die Stabilisierung der deutschen Währung einsetzte, als schließlich jetzt kürzlich die Fessel der Zwangswirtschaft für Zucker fiel, war wieder die Möglichkeit gegeben, die Betriebe voll auszunutzen, und was nicht zu unterschätzen ist, durch die Stabilisierung der deutschen Währung verschwanden alle diejenigen Unternehmungen in der Versenkung, die auf unsolider Basis während der Inflationszeit aufgetaucht waren. So sehen wir denn jetzt eine in sich gefestigte und gesunde deutsche Kakao- und Schokoladenindustrie, die in der Volkswirtschaft unseres Landes eine erhebliche Rolle spielt. Wenn zurzeit die Industrie auch mit Absatzschwierigkeiten zu kämpfen hat, wenn auch die Umstellung auf Goldbilanz hier und da nicht leicht sein mag, so kann man doch damit rechnen, daß die in sich gesunde und gekräftigte braune Industrie auch diese Krisen überwinden wird.

Alle diese Erwägungen gaben dem Verlag das Bewußtsein, daß nunmehr die Zeit gekommen sei, die vierte Auflage der Öffentlichkeit zu übergeben. In dieser Auflage sind eine ganze Reihe Ergänzungen, namentlich in statistischer Beziehung, erfolgt, die technischen Fortschritte mußten berücksichtigt werden, und ebenso sind die Forschungsergebnisse der chemischen Wissenschaft voll gewürdigt worden. So stellt sich die vorliegende 4. Auflage als ein Buch dar, das, wie die vorhergehenden Auflagen, den Unternehmern, Angestellten und Arbeitern der Kakao- und Schokoladenindustrie und allen, die an den Erzeugnissen aus der Kakaobohne interessiert sind, ein Nachschlagewerk und Handbuch sein will.

Möge die 4. Auflage die gleiche sympathische Aufnahme finden, die die 1., 2. und 3. Auflage gefunden haben.

Berlin im Mai 1924.

Der Herausgeber.

Inhaltsverzeichnis.

Erster Abschnitt: **Der Kakaobaum.**

Zweiter Abschnitt: **Fabrikation der Kakao-Erzeugnisse.**

Dritter Abschnitt: **Zusatzstoffe zu den Schokoladen.**

Seite

Vierter Abschnitt: **Untersuchung und Beurteilung von Kakaopräparaten.**

Fünfter Abschnitt: **Anhang.**

Register.

ERSTER ABSCHNITT.

Der Kakaobaum.

A. Der Kakaobaum und die Gewinnung der Bohnen.

a) Beschreibung des Kakaobaumes und seiner Frucht.

Mit seinen reichen, roten Blütenbüscheln und den goldgelben Früchten ist der Kakaobaum eine wahre Zierde der tropischen Vegetation. Er erreicht bei beträchtlicher Dicke am Grunde eine Höhe bis zu 12 Metern. Sein Holz ist porös, leicht, die Rinde zimtbraun, die abwechselnd stehenden, einfachen, lang zugespitzten Blätter sind 30—40 cm lang und 10—12 cm breit, auf der oberen Seite glänzend grün, auf der unteren Seite matter gefärbt, leicht behaart und sitzen auf ca. 3 cm langen Stielen. Die häufig behaarten Blüten befinden sich nicht nur an den stärkeren Ästen, sondern schon von der Wurzel ab überall zahlreich verteilt, einzeln oder in Büscheln vereint. (Fig. 1 A.) Die Fruchtbildung geschieht nur an den Blüten des Stammes oder der stärkeren Äste, und zwar zählt man angeblich auf tausend Blüten einmal eine reife Frucht. Die Blüten (Fig. 1 B u. C) sind sehr klein und ihre Blumenblätter rötlich-weiß gefärbt. Kelch und Blumenkrone sind fünfteilig, die zehn Staubfäden sind am Grunde verwachsen (Fig. 1 G) und von diesen wiederum nur die Hälfte, fünf, zu fruchtbaren Organen ausgebildet, die in vier getrennten Antherenfächern (Fig. 1 H) die Pollen bergen (Fig. 1 J). Der Stempel ist aus fünf verwachsenen Fruchtblättern geformt und trägt in seinen fünf Fächern je acht Samenanlagen. (Fig. 1 E u. F.)

Die anfänglich grünen Früchte werden bei zunehmender Reife gelb mit rötlichen Streifen und Flecken; manche Varietäten sind auch völlig karmoisinrot. Ihre Länge beträgt meist 25 cm, der Durchmesser 10 cm. Die in Form, Größe und Aussehen unserer Gurke ziemlich ähnliche Frucht (Fig. 2 A u. B) besitzt eine 15—20 mm dicke Schale, die von etwas weicherer Beschaffenheit als die des Kürbis ist und fünf tiefere und zwischen diesen fünf flachere Längsriefen aufweist. Diese Schale enthält ein weiches süßliches Frucht-

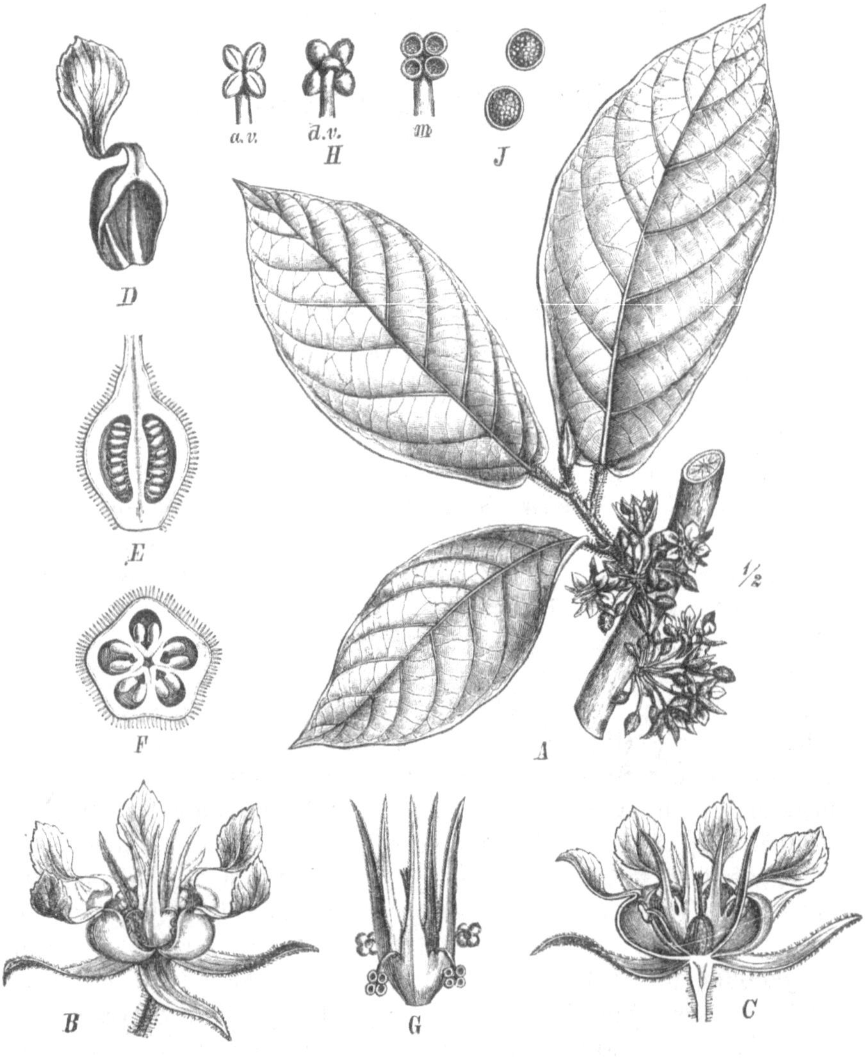

Fig. 1. (Nach Berg & Schmidt, Atlas.)

A Blühender Zweig (1/2). *B* Blüte (3/1). *C* Blüte im Längsschnitt (8/1). *D* Blütenblatt (6/1). *E* Fruchtknoten im Längsschnitt (6/1). *F* Fruchtknoten im Querschnitt (9/1). *G* Staubblattröhre (4/1). *H* Staubbeutel. *J* Pollen.

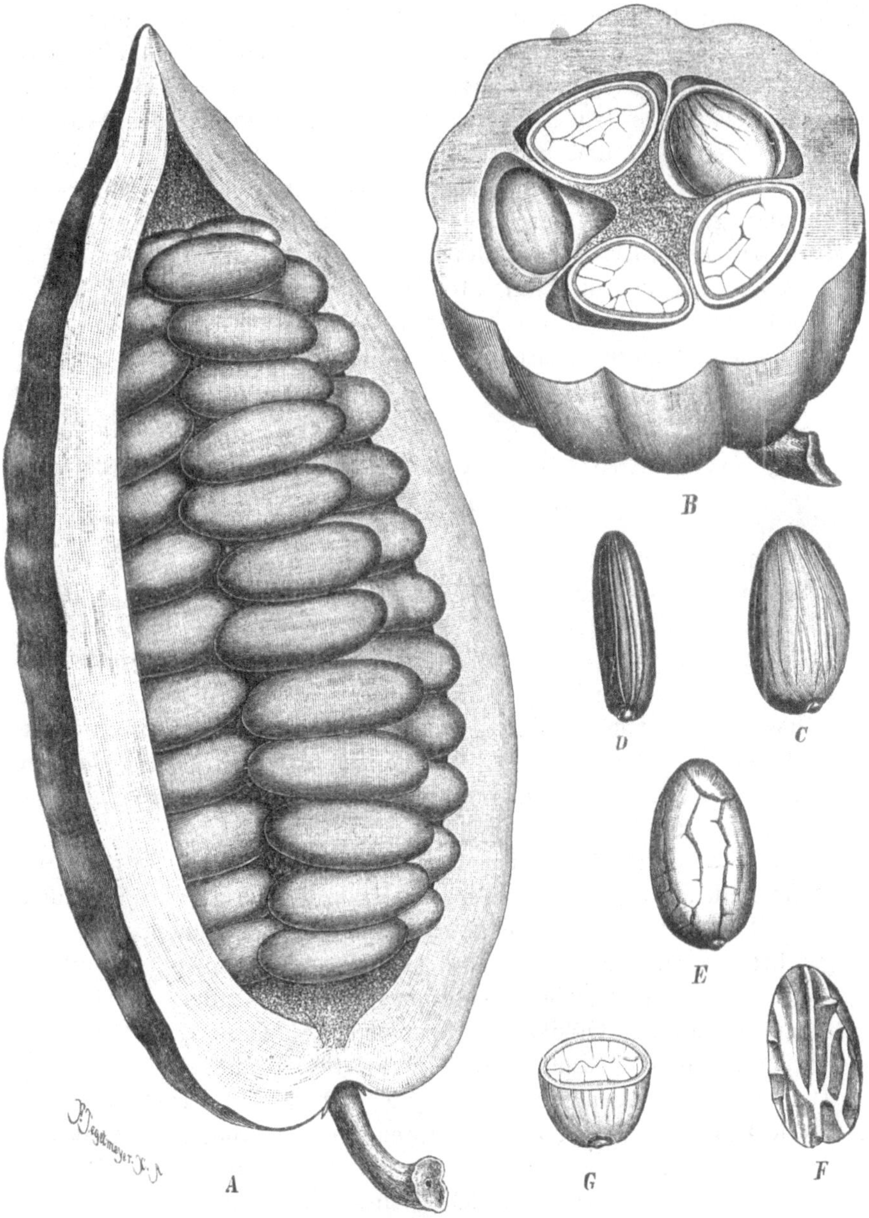

Fig. 2. (Nach Berg & Schmidt, Atlas.)

A Frucht, von der die eine Hälfte der Schale weggenommen ($^1/_2$). *B* Frucht im Querschnitt ($^1/_2$) *C* Same von der Seite ($^1/_1$). *D* Same von vorn ($^1/_1$). *E* Keimling ($^1/_1$). *F* Kotyledon od. Samenlappen ($^1/_1$). *G* Same im Querschnitt ($^1/_1$).

mus, die sogen. Pulpa, in dessen Innern, in fünf Längsreihen geordnet und dicht aneinander liegend, 25—40 mandelförmige Samen (Fig. 2 C, D u. E) geborgen sind, deren weiße Farbe häufig einen Stich ins Gelbe, Rötliche oder Violette aufweist. — Die Früchte reifen das ganze Jahr hindurch, wenn auch während der Trockenzeit nur spärlich, und bedürfen vom Beginn ihrer Entwicklung bis zur Reife einer Zeit von durchschnittlich vier Monaten. Man erntet sie das ganze Jahr über, die Haupterntezeiten richten sich ganz nach den klimatischen Verhältnissen des betreffenden Landes (z. B. Brasilien: Februar und Juli, Mexiko: März und April etc.). Der in den Urwäldern (z. B. am Amazonas) wild wachsende Kakao wird von den Indianern während des ganzen Jahres geerntet und zu Markte gebracht.

b) Geographische Verbreitung und Geschichte des Kakaobaumes.

Der Kakaobaum liebt ein warmes feuchtes Klima. Seine eigentliche Heimat ist nämlich das tropische Amerika vom 23. Grad nördlicher bis zum 20. Grad südlicher Breite. Sein Verbreitungsgebiet umfaßt somit die mittelamerikanischen Republiken von Mexiko bis zum Isthmus von Panama, die großen und kleinen Antillen: Cuba, Jamaica, Haïti, San Domingo, Puerto Rico, Guadeloupe, Martinique, St. Lucia, Grenada, Trinidad; in Südamerika: Venezuela, Columbien, Guayana, Ecuador und das nördliche Brasilien, insbesondere das Hinterland von Bahia.

In alle übrigen Gegenden, wo der Kakaobaum heute in höchstem Maße gedeiht, ist er entweder durch die Regierungen oder durch Ansiedler, die aus Kakao bauenden Gebieten kamen, erst eingeführt worden, so in Asien: auf den Philippinen, niederländ. Insulinde (Java, Celebes, Amboïna) und besonders Ceylon; in Afrika: an der Goldküste (Accra, Togo, Lagos), in Kamerun (Bibundi, Victoria, Bimbia und Buea), ferner auf den Inseln Sao Thomé, Principe und Fernando Po und den Kanaren, woselbst der Kakaobaum infolge einer warmen Meeresströmung („Kanarienstrom“) bis zu einer Höhe von 300 Meter über dem Meeresspiegel angetroffen wird. Ein lehrreiches Beispiel für die Möglichkeit der Steigerung des Kakaobaus bieten besonders die Britische Goldküstenkolonie und auch neuerdings Lagos. Hier wird die Kakaokultur nicht in großen Pflanzungen betrieben wie auf den portugiesischen Kakaoinseln Sao Thomé und Principe, oder auf Fernando Poo; im Bahiagebiet, Ekuador, Venezuela, Britisch Westindien; in Britisch-Westafrika ruht die Kakaokultur ausschließlich in den Händen schwarzer Bauern, denen der Kakaobau eine Quelle des Wohlstandes, bei manchen sogar des Reichtums geworden ist. Allerdings muß zugegeben werden, daß das britische Gouvernement die schwarzen Bauern durch in vorzüglich geleiteten Versuchsgärten gesammelte Erfahrungen, durch Austeilung von Samensorten usw. sehr wesentlich unterstützte. So konnte es dahin kommen, daß das Akragebiet (Goldküste) das größte Kakaoland der Welt wurde. Im Jahre 1891, also zu einer Zeit, als in Deutsch-Kamerun bereits ausgedehnte Pflanzungen von kapitalkräftigen Aktiengesellschaften eingerichtet und betrieben wurden, wurde aus dem Akragebiet der erste Sack Kakao ausgeführt. Nachstehende Tabelle gibt Aufschluß über die Entwicklung dieses Landes als Kakaoproduktionsgebiet.

Es wurden ausgeführt:

1892:	100	Kilo
1895:	13 200	„
1903:	2 315 100	„
1904:	5 193 400	„
1905:	5 165 800	„
1906:	9 004 300	„
1907:	9 503 100	„
1908:	12 946 000	„
1909:	20 534 100	„
1910:	23 111 500	„
1911:	40 642 000	„
1912:	39 549 000	„
1913:	51 279 000	„

Also schon im letzten Jahre vor dem Kriege war das Akragebiet das größte Kakaoland der Welt. Während das Krieges und in den Nachkriegsjahren setzte sich diese Entwicklung fort. So betrugen die Kakaoausfuhren

1920:	126 956 000	Kilo
1921:	133 909 000	„
1922:	153 606 000	„
1923:	160 000 000[1])	„

Eine ähnliche, wenn auch nicht so gigantische Entwicklung machte Lagos (Nigeria). Während im letzten Jahr vor dem Kriege,

---

[1]) Nach zuverlässiger Schätzung.

also 1913, nur 3 679 000 Kilo Kakao ausgeführt wurden, betrug 1920 die Ausfuhr bereits 17 429 000 Kilo, 1922 aber bereits 35 100 000 Kilo und 1923 rund 40 000 000 Kilo.

In beiden britisch - westafrikanischen Kolonialgebieten übertrafen die schwarzen Empiriker die in Deutsch-Kamerun fast unter gleichen klimatischen Verhältnissen arbeitenden Großpflanzer, die von der deutschen Kolonialverwaltung mit ausgedehnten Vorrechten bedacht waren. So war z. B. in Kamerun den Eingeborenen der Anbau von Kakao verboten. Mit Hinblick auf die Erfolge der schwarzen Bauern der britisch-westafrikanischen Gebiete gibt das immerhin zu denken.

Die Kunde vom Kakaobaum wurde zuerst im Jahre 1519 von Fernando Cortez und seinen Truppen nach Europa gebracht, konnte also vor kurzem hier ihr 400jähriges Jubiläum feiern. Diese trafen in Mexiko schon eine seit Jahrhunderten bestehende, sehr ausgebreitete Kultur des Kakaobaumes. Fernando Cortez schrieb in seinem ersten Briefe an Karl V., daß man sich der Kakaobohne als Münze bediene und damit auf den Märkten einkaufe. Cortez gebraucht für den Kakaobaum den Namen Cacap, ein Wort, welches sich aus der altmexikanischen Bezeichnung Cacava quahitl ableitet. Die Mexikaner nannten die Frucht Cacavacentli, die Bohnen Cacahoatl und das hieraus bereitete Getränk Xocolatl (sprich Tschocolatl), was von der Wurzel cacava oder cacao und atl gleich Wasser, herrühren soll. Aus dieser Bezeichnung, welche die Spanier angenommen haben, ist dann im Laufe der Zeit allgemein der Name Schokolade geworden.

Die botanische Bezeichnung für die Stammpflanze des Kakaobaumes, die zu der Pflanzenfamilie der Büttneriaceen gehört, rührt von Linné her, der ihr den Namen Theobroma Cacao (Götterspeise von theos Gott und broma Speise) gab. Wahrscheinlich liebte Linné die Schokolade sehr und hatte des Pariser Arztes Buchat 1684 erschienene Disputation gelesen, worin dieser den Satz aufstellt, daß die Schokolade eine edle Erfindung sei und mehr als Nektar und Ambrosia verdiene, die Speise der Götter genannt zu werden. Clusius lieferte in seinen „Plantae exoticae" des Kakaobaumes erste Beschreibung. Die Liebhaberei für die Schokolade verbreitete sich durch die aus der neuen Welt zurückgekommenen Spanier bald in deren Mutterlande, nicht jedoch ohne auf manchen heftigen Widerstand insbesondere von seiten der Geistlichkeit zu stoßen, die die Frage erhob, ob die Schokolade wegen ihrer Nahrhaftigkeit an Fasttagen genossen werden dürfe. Sie fand indessen einen Verteidiger an dem Kardinal Brancatio, der sie als ein Mittel darstellte, das wie der Wein zu den Bedürfnissen des Lebens gehöre und dessen mäßiger Genuß somit nicht verboten sein könne. Zu Wien verfaßte 1624 Franciscus Rauch eine Schrift wider den Genuß der Schokolade, worin er ein Verbot gegen die Mönche anregte, weil dadurch viel Exzesse vermieden würden. Gegen Beginn des 17. Jahrhunderts verbreitete sich der Gebrauch der Schokolade von Spanien nach Italien, wohin ihn 1606 der Florentiner Antonio Carletti verpflanzte, der sich längere Zeit auf den Antillen aufgehalten hatte. Carletti machte auch die Bearbeitung der Kakaobohnen zu Schokolade durch ganz Europa bekannt, während die Spanier im Anfange daraus ein Geheimnis gemacht hatten. Unter der Gemahlin Ludwigs XVI., Marie Antoinette von Österreich, scheint der Gebrauch der Schokolade in Frankreich allgemein verbreitet worden zu sein, nachdem der Kakao schon früher von Spanien aus in geringer Menge eingeführt worden war. Der erste auf der französischen Besitzung Martinique gepflanzte Kakao gelangte im Oktober des Jahres 1679 durch das Flaggschiff des Admirals d'Estrées, „Le Triomphant" über Brest nach Frankreich. Die Meinungen über den Kakao waren geteilt; so schrieb Madame de Sévigné, der die Schokolade früher sehr gut geschmeckt hatte, an ihre Tochter: „il vous flatte pour un temps et puis il vous allume tout d'un coup une fièvre continue, qui vous conduit à la mort", was man heute schwerlich mehr unterschreiben wird.

In England wurde die Schokolade gegen die Mitte des 17. Jahrhunderts allgemein gebräuchlich. Es entstanden in London, ähnlich unsern Kaffeehäusern, sogenannte Schokoladenhäuser.

Auch in Deutschland wurde sie um diese Zeit bekannt, wie sich aus alten Apothekertaxen[1]) ergibt, so z. B. in der Rathsapotheke zu Braunschweig (1640 als Scoculata Indica), in Hessen-Kassel (1656 Succolata indica präparata), in Leipzig (1669) usf. Hiernach scheint sie in Deutschland hauptsächlich als Heil- oder Stärkungsmittel verwendet worden zu sein. Dem entspricht es, wenn z. B. Bontekoë, der Leibarzt des Großen Kurfürsten Wilhelm von Brandenburg, in seinem Buch „Tractat van Kruyd, Thee, Coffee, Chocolata 1679", die Schokolade rühmlichst erwähnte, wodurch er sehr viel zu deren weiterer Verbreitung in Deutschland beitrug. Die erste deutsche Schokoladenfabrik soll vom Fürsten

[1]) Hartwich, Die menschlichen Genußmittel, ihre Herstellung, Verbreitung, Geschichte pp. Leipzig 1911.

Wilhelm von der Lippe um das Jahr 1756 in Steinhude (Fürstentum Lippe) errichtet worden sein; er zog hierzu Portugiesen in sein Land, die sich diesem Erwerbszweig widmeten.

c) Zucht und Pflege des Kakaobaumes; Krankheiten und Schmarotzer.

Über die Zucht des Kakaobaumes in Mexiko haben wir erst durch den Einfall der Spanier dortselbst Kunde. Vor diesem Zeitpunkte fehlen uns alle Anhaltspunkte, um darüber Gewisses sagen zu können. Der Baum gedeiht angepflanzt am besten in Lagen, die eine Durchschnittstemperatur von 24—28° Celsius aufweisen. Lang anhaltende Feuchtigkeit und eine weiche, lockere, humusreiche Beschaffenheit des Bodens, sowie vor allem Schatten, der die sengenden Sonnenstrahlen abhält, sind die wichtigsten Lebensbedingungen. Aus diesem Grunde wählen die Pflanzer für Kakaoanlagen, um lohnende Erträge zu erzielen, eben urbar gemachtes Gelände, dessen jungfräulicher Boden durch keinerlei Anbau geschwächt ist. Entweder werden die Bäume in Baumschulen bis zu einem gewissen Alter gezogen und dann versetzt, oder an dem Platze der künftigen Anlage aus Samen gezogen. Der Versand keimfähiger Samen nach neuen Anpflanzungsgebieten ist mit Schwierigkeiten verknüpft, da sich die Keimkraft sehr schnell verliert. C. Chalot[1]) empfiehlt, um sie zu erhalten, die ganze Frucht kurz vor der vollkommenen Reife abzunehmen, in verflüssigtes Paraffin zu legen und nach dem Erkalten in Papier einzuhüllen, worauf die Frucht, ohne daß sie irgendwelchen Verlust ihrer Keimkraft erleidet, verschickt werden kann.

In den geschützten Tälern der tropischen Länderstriche, deren weicher und humusreicher Boden durch große Wasserläufe feucht erhalten wird, blüht der Kakaobaum das ganze Jahr hindurch. Wildwachsend steht er meist vereinzelt im Schatten großer Bäume. In der Zucht wird der junge Kakaobaum vielfach in den Schatten von Bananen gesetzt, später dient ihm als Schattenspender namentlich der Korallenbaum (Erythrina Corallodendron oder Erythrina indica), von den surinamensischen Holländern Coffiemama, von den Spaniern analog madre del cacao genannt. Doch soll dieser, ebenso wie die Maniok-Pflanze, nicht so langlebig sein wie der Kakaobaum, der 40—50 Jahre alt werden kann; es wird daher neuerdings vielfach Castilloa oder auch Caesalpina dasyrhachis als dauernder

[1]) Revue des sciences pures et appliquées 1899, No. 4, pag. 127.

Schattenbaum empfohlen, letzterer namentlich deshalb, weil er auch in der Trockenheit (z. B. beim Ostmonsum auf Java) seine Blätter nicht verliert. Da der Kakaobaum den Schatten dieser Bäume dringend zu seinem Fortkommen bedarf, so wächst er auch unter diesen nur verteilt und bildet höchst selten ganze Wälder. Die Kakaopflanzungen beanspruchen demzufolge einen bedeutenden Flächenraum. Man rechnet auf etwa 20 000 Bäume einen Raum von fünfzig Hektaren, dessen Fruchtmenge in Vorkriegszeiten einem jährlichen Erntewert von 25000—26000 Mk. entsprach. Beim Anpflanzen der Samen verfährt man in der Weise, daß man alle 1—2 m je 4—5 Samen in Reihen setzt, die 8—10 m von einander entfernt sind, und die bereits erwähnten Schattenbäume dazwischen verteilt. Von den fünf eingepflanzten Samen versagt oft die Mehrzahl, teils durch die klimatischen Einflüsse, teils durch tierische Feinde zerstört; geht aber davon mehr als eine Pflanze auf, so entfernt man die Schwächeren zugunsten der Stärkeren. Die Setzlinge werden bis zu einem Alter von 2—3 Jahren in einem gedeckten, nach einer Seite hin offenen Schuppen gezogen, worauf die ungefähr 1 m hohen Pflanzen beschnitten und verpflanzt werden. Die großen Feinde aller tropischen Pflanzungen, das massenhaft vorkommende Unkraut, die Luftwurzeln, Insekten, Bakterieninfektion etc., müssen nun fern gehalten werden, um das weitere Gedeihen nicht zu gefährden; der Boden muß, falls er nicht feucht genug ist, bewässert, im entgegengesetzten Falle entwässert werden, kurz, der Baum verlangt, soll er reichliche Früchte tragen, eine aufmerksame gärtnerische Pflege. Die Samen keimen ungefähr vierzehn Tage nach ihrer Unterbringung im Boden, die Pflänzchen selber blühen jedoch erst nach drei bis fünf Jahren. Früchte werden erst gegen Ende des vierten Jahres erzielt, dann aber trägt der Baum bis zum fünfzigsten Jahre. Den Hauptertrag liefert der Kakaobaum vom zwölften bis dreißigsten Jahre.

Wie alle Kulturpflanzen und -tiere besonders unter Krankheiten zu leiden haben, da ihre Widerstandsfähigkeit nicht stets von neuem durch fortwährenden Kampf ums Dasein und die dadurch bedingte Auslese gestählt wird, so auch der Kakaobaum. Ja, es scheint, als ob grade der Kakaobaum besonders unter allerhand Schädlingen zu leiden hätte! Wer sich hierfür eingehender interessiert, der sei auf die treffliche Arbeit[1]) aus der Kaiserl. Biologischen Anstalt für Land-

---

[1]) Band VII, Heft 2: Die Krankheiten und Parasiten des Kakaobaums. Eine Monographie mit besonderer Berücksichtigung der Verhältnisse in den deutschen Kolonien von Dr. F. C. von Faber. Berlin 1909. Parey & Springer.

und Forstwissenschaft hingewiesen, in der man alle bisher bekannten Tatsachen zusammengestellt findet. Hier gebricht es dafür an Raum, und es können nur die wichtigsten und häufigsten Krankheiten kurz erwähnt werden: so besonders die Gummikrankheit, bei der infolge von Gummibildung im Holzkörper und den Rindenpartien der ganze Baum bald abstirbt, ebenso wie bei der durch verschiedene Pilzarten hervorgerufenen Krebskrankheit, ferner der Kräuseltriebkrankheit („krulloten"), durch die die Kakaobestände Surinams für eine Reihe von Jahren nahezu vernichtet wurden, der Hexenbesenkrankheit u. a. m. Auch kommt es häufig vor, daß Käferarten (Holzbohrer, Rindenwanze, Bohrkäfer etc.) Stamm und Äste angreifen und durch ihre Tätigkeit zum Absterben bringen; andere Schmarotzer wieder zerstören zwar nicht den ganzen Baum, sondern nur die Frucht, richten aber dadurch nicht weniger Schaden an, da eine Ernte ebenfalls aussichtslos ist, wie bei der berüchtigten Braunfäule, dem Fruchtkrebs, der Kakaomotte usf. Ja auch große Tiere, wie Erd- und Hamsterratten, Eichhörnchen sind Liebhaber der fleischigen Kakaofrucht, zerstören sie (namentlich die tiefer hängenden und liegenden) durch Nagen und machen so dem Pflanzer das Leben schwer.

d) Die Ernte und das Rotten.

Das Einsammeln der Früchte geschieht mittels langer Stangen, an deren Ende ein halbmondförmiges Messer angebunden ist; damit durchschneidet man den Stengel, worauf die Frucht zu Boden fällt. Man spaltet nun die Früchte durch einen Schnitt in zwei Hälften, befreit die Bohnen möglichst von dem sie umgebenden Fruchtmuße und bringt sie auf luftige Trockenböden (Horden aus Bambusrohr), wo sie der Sonne ausgesetzt allmählich trocknen. Die so behandelten Bohnen nennt man „ungerottet". — In den meisten Produktionsländern wird indessen ein anderes Verfahren eingeschlagen, das den Geschmack der Früchte verfeinert und die wertvollen Bestandteile der Kakaobohne erst richtig zur Entwicklung kommen läßt. Es ist dies das sogenannte Rotten (aus dem Englischen: „der Fäulnis unterwerfen"). Danach werden die frisch gepflückten Bohnen nur teilweise vom Fruchtmus befreit, aufgehäuft, mit Bananenblättern und Kokosmatten oder dergl. zugedeckt, damit der Luftzutritt möglichst behindert sein soll, und so längere Zeit der Ruhe überlassen, wobei sich eigenartige, mit starker Erwärmung einhergehende chemische Vorgänge („Gärungen") vollziehen. Diese Vorgänge werden je nach Witterung sowie nach Reife und Art der Kakaobohnen mehrere Male unterbrochen durch Umschaufeln oder Ausbreiten in der Sonne; über Einzelheiten, sowie darüber, wie oft und wie lange dies zu geschehen hat, um eine möglichst hervorragende Ware zu erzielen, muß lediglich die Erfahrung entscheiden[1]). Allgemein kann man sagen, daß der Gärungsvorgang so lange dauern sollte, bis der „Kern" der Bohnen (d. h. die Samenlappen) eine hell- bis schokoladenbraune Färbung angenommen hat. Vielfach wird jedoch gerade hiergegen gesündigt und nicht lange genug vergoren, weil mit zunehmender Gärung ein entsprechender Gewichtsverlust verbunden ist, die Bohnen aber bekanntlich nach Gewicht gehandelt werden. Mangelhaft gerottete, aber gut ausgereifte Bohnen zeigen im Kern eine violette Farbe; sie können vor der fabrikatorischen Verarbeitung noch nachfermentiert werden. Gar nicht oder doch nur unvollständig läßt sich dies nachholen bei unreif gepflückten Bohnen, in denen begreiflicherweise die wertvollen Samenbestandteile noch nicht zur Entwicklung gekommen sind, deren Vergärungsfähigkeit somit auch nur beschränkt ist. Man erkennt derartige Bohnen daran, daß die violette Färbung des Kernes beim Rotten in schiefergrau übergeht und die Struktur gummiartig und schleifig geworden ist. Bei vollreifen Bohnen ist der Verlauf der Gärung gesetzmäßig, wenn das Innere der Bohnenschicht am ersten Morgen nach der Ernte 30—33° C., am zweiten Tage 35—38° C., am dritten Morgen 43° C. nicht übersteigt. Bekommt die äußere Schale größere schwärzliche Brandflecke, so ist die Erhitzung zu stark gewesen. In Ländern, die während der Haupterntemonate viel unter regnerischer Witterung zu leiden haben, hilft man sich oft durch Trocknen der gerotteten Bohnen über Holzkohlenfeuern[2]). Bei unachtsamer Behandlung wird durch den Rauch, der mit den Bohnen hierbei nicht in Berührung kommen darf, manche Ware stark entwertet. Doch kamen in früheren

---

[1]) Anscheinend haben sich sogen. Fermentierhäuser, wie sie L. Kindt empfiehlt (vgl. Kultur d. Kakaobaues und seine Schädlinge, Hamburg 1904), recht gut bewährt. Immerhin lassen sich bei dem noch lange nicht genügend geklärten Chemismus der Fermentation genauere Vorschriften für ein quantitativ wie qualitativ möglichst ertragreiches Verfahren nicht geben. (Vgl. die Literatur bes. Dr. A. v. Preyer im Tropenpflanzer V. (1901) Nr. 4 p. 157 ff.; auch Dr. Schulte im Hofe, Die Kakaofermentation. Berlin 1908.)

[2]) Man hat hierfür auch besondere Öfen (System Mayfarth) sowie ganze Heiz- und Trockenanlagen konstruiert.

Jahren unter den Bahia-, San Thomé-, Accra- und Kamerun-Bohnen viel häufiger „rauchige“ Partien in den Handel als heute, wo man diesen Übelstand zu vermeiden gelernt hat. Nach der Gärung erfolgt in den meisten Pflanzungen eine Reinigung von den anhaftenden Fruchtresten durch Waschen, in einigen Ländern auch (etwas weniger appetitlich) durch Abtreten mit bloßen Füßen. Man läßt dann die Bohnen an der Luft trocknen und verpackt sie in Säcke; Berührung mit Metall ist bei dem ganzen Verfahren streng zu vermeiden, auch Steinwände sind, weil sie als gute Wärmeleiter stark abkühlend wirken, unvorteilhaft. Will man schon, anstatt die Bohnen in freien Haufen aufzuschichten, sie in „Bassins“ fermentieren lassen, so sind lediglich Kästen aus Holz zu verwenden, die womöglich noch mit schützenden Zwischenwänden (Luftschichten, Korksteinplatten oder dergl.) versehen sind. Am besten hat sich (nach Kindt) rohes Zedernholz wegen seiner starken Widerstandsfähigkeit bewährt.

Während man früher annahm, daß beim Rotten (ähnlich wie bei der Malzbereitung aus Gerste) zunächst eine Keimung der Samen erzielt würde, hat man jetzt nachgewiesen, daß diese bei der Fermentation niemals eintritt, der Keimling vielmehr durch dieses Verfahren sehr bald getötet wird[1]). Da der Samen an sich schon sehr empfindlich ist und auch unter natürlichen Bedingungen (in der Erde) nur schwer keimt, so erscheint dies sehr erklärlich. Dagegen erfolgt beim Rotten, wie schon angedeutet, eine bedeutende chemische Umlagerung der ursprünglichen Stoffe des Kakaosamens. Welcher Art diese Umsetzungen sind, darüber ist man sich mangels eingehender chemischer Untersuchungen an Ort und Stelle allerdings noch durchaus im unklaren. Es hat daher auch keinen Wert, die mannigfachen Theorien und Vermutungen darüber hier näher anzuführen, um so weniger als bei den immer noch recht verschiedenen Arten, die Fermentation sich vollziehen zu lassen, auch die chemischen Vorgänge verschieden sein dürften. Als sicher darf lediglich gelten, daß sich in frischen Bohnen ein sogen. Glykosid[2]) vorfindet, das in Traubenzucker, in einen gleichfalls stickstoffreien Farbstoff (das sogen. Kakaorot) und

---

[1]) Diese Beobachtung findet sich schon bei J. Hinchley Hart: Kakao (Trinidad 1892); es ist daher unverständlich, wie sich die Ansicht von der „Keimung“ des Kakaosamens solange halten konnte.

[2]) Nach Schweitzer (Pharmazeut. Ztg., 1898, p. 389) käme dieser Substanz die chemische Formel $C_{60}H_{86}O_{15}N_4$ zu, entspr. 1 Molekül Kakaorot, 6 Mol. Traubenzucker und 1 Mol. Theobromin.

die stickstoffhaltigen Alkaloïde Theobromin und Koffeïn gespalten wird[1]). Der Zucker würde dann weiter in Alkohol und Kohlensäure vergoren werden. Genau nachgewiesen ist dies allerdings nicht.

Während man also über die chemische Seite der Fermentation noch nicht genügend unterrichtet ist, herrscht über die biologische dank den Untersuchungen Dr. v. Preyers an Ort und Stelle (in Ceylon) mehr Klarheit. Preyer[2]) hat durch eingehende und systematische Ermittelungen festgestellt, daß bei gesetzmäßigem Verlauf einer Fermentation, die „erstklassige" Ceylonware lieferte, an Lebewesen lediglich Sproßpilze, und zwar eine spezifische Hefeart (von ihm als Sproßpilz der Kakaogärung, Saccharomyces Theobromae Preyer bezeichnet und eingehend beschrieben[3]) in Frage kommen, nicht aber irgendwelche Bakterien. Preyers Versuche sind durchaus einwandfrei und lassen erkennen, daß das Vorkommen von Bakterien, das ebenfalls ziemlich häufig beobachtet wurde, lediglich als unerwünschte Nebenerscheinung zu gelten hat, ja daß die Ware um so besser ausfiel, je gründlicher alle fremden Lebewesen einschließlich der Bakterien ferngehalten wurden. Wir würden also bei der Kakaofermentation dieselbe Erscheinung haben, wie sie bei der Bierbrauerei schon seit langem, und ebenso bei der Weinbereitung festgestellt worden ist, während Tee- und Tabak-Fermentation hierin noch der Aufklärung harren.

Der Kern der frischen Bohne („Nips"), wie er aus der reifen Frucht kommt, ist weiß bis blaßgelblich, auch rosa oder violett und von bitterem Geschmack. Schon durch die bloße Einwirkung der Sonnenwärme, die, wie wir gesehen haben, auch für die ungerotteten Bohnen in Anspruch genommen wird, bildet sich das braune Kakaopigment; jedoch wird durch das einfache Austrocknen der herbe und bittere Geschmack nicht in dem Maße beseitigt, wie dies bei den gerotteten Bohnen der Fall ist. Bei diesen hat der Kern meist eine dunklere Farbe angenommen, ihr Gewicht hat sich bedeutend verringert und der Geschmack ist milde und ölig-süßlich geworden, ohne daß sich das ursprüngliche Aroma vermindert hätte[4]).

Für den Handel und die Industrie sind von den Vegetationsorganen des Kakaobaums nur die Samen von Interesse. Der Wurzelrinde soll aber nach Mitteilung von Herrn Loher in Manila auch bei

---

[1]) Vgl. Hilger, Apotheker-Ztg., 1892, p. 469.

[2]) Vgl. Tropenpflanzer V, 4 (1901 Aprilheft).

[3]) Loc. cit. p. 167.

[4]) Auch die Blätter der Tabakpflanze müssen ja vorher fermentiert werden, wodurch sie erst ihre braune Farbe und das besondere Aroma erhalten.

gewissen Frauenkrankheiten ein arzneilicher Wert als ein die Menstruation beförderndes Mittel, innewohnen, und die Eingeborenen der Philippinen bedienen sich ihrer seit langem als Abortivmittel. Ferner enthält die als wertlos betrachtete Fruchthülle nach Th. Peckoldt[1]) eine beträchtliche Menge schleimliefernder Substanz, die sich beim Trocknen nicht verändert und daher medizinisch zum Ersatz von Leinsamen benutzt werden kann.

e) Beschreibung der Kakaobohnen.

Von den einzelnen Arten des Kakaobaumes, die uns die im Handel vorkommenden Bohnen liefern, unterscheiden wir hauptsächlich folgende:

Theobroma Cacao Linné, der wahre Kakaobaum, ist am weitsten verbreitet und wird fast ausschließlich zum Anbau auf den Pflanzungen benutzt, wenn auch in verschiedenen Abarten (Criollo, Forastero etc.).

Theobroma bicolor, zweifarbiger Kakaobaum, dessen Samen werden den Caracas- und Brasil-Bohnen beigemengt.

Theobroma speciosum Wildenow, liefert mit Theobroma cacao Brasil-Bohnen. (Prächtiger Baum.)

Theobroma quayanense, liefert die Guayana-Bohnen.

Theobroma silvestre, Waldkakao.

Theobroma subincanum, weißblättriger Kakaobaum, und

Theobroma microcarpum, kleinfrüchtiger Kakaobaum, finden sich den Brasil-Bohnen beigemengt; die Früchte von

Theobroma glaucum, grauer Kakaobaum, finden sich unter den Caracas-Bohnen.

Für mexikanische Handelsware dürfte

Theobroma angustifolium, der schmalblättrige, und

Theobroma ovatifolium, der rundblättrige Kakao anzusprechen sein.

Ehe wir auf die Beschreibung der für den Handel wichtigen Kakaosorten eingehen, deren Kenntnis dem Fabrikanten vor allem wichtig sein muß, erscheint es nötig, die Bohne nach ihrer äußeren Gestalt und nach ihrem mikroskopischen Bau zu betrachten, um bei der später folgenden Beschreibung der einzelnen Handelssorten

---

[1]) Berichte der Deutschen Pharm.-Gesellschaft 1900, Heft 5, S. 115.

das Verständnis einzelner wissenschaftlicher, schlechterdings aber unentbehrlicher Ausdrücke zu erleichtern.

Die Bohne, pag. 3, Fig. 2 C-G, besteht nach Hanausek[1]) aus der Samenschale, der Samenhaut und dem Keimling (Embryo) oder Kern mit den Würzelchen. Die Größe der platt-eiförmigen Samen beträgt durchschnittlich 16—28 mm Länge, 10—15 mm Breite und 4—7 mm Dicke. Am unteren stumpfen Ende der Bohnen ist ein vertiefter, platter, oft kreisrunder Nabel zu erkennen, von dem aus sich die mäßig hervortretende Nabellinie (der „Nabelstrang") zu dem spitzen Ende, der „Chalaza" oder dem Scheitel längs einer Schmalseite des Samens hinzieht. Auf diesem selbst endigt sie an einem gewissen Punkt, dem Hagelfleck, der zum Ausgangspunkte strahlig verlaufender, erhabener und bis zur Mitte der Bohnen verstreichender Längsrippen, der Gefäßbündel, wird, die in der Folge sich auch in der äußeren Samenhaut ausbreiten und bis zum Nabel zurücklaufen.

Die äußere Samenhaut (Samenschale) [vgl. Fig. 3] ist papierdünn, spröde, außen schieferig, rotbraun, innen von einem durchsichtigen, farblosen, trockenen Häutchen, dem sogenannten Silberhäutchen (früher fälschlich: innere Samenhaut genannt) ausgekleidet, das in vielen unregelmäßig verteilten Falten in die Umbiegungen des Kernes eindringt. Die Schalen werden bei einigen edleren Sorten (z. B. Caracas und auf Trinidad) außen oft mit einem zähe anhaftenden, schweren, braunroten, erdigen Pulver gefärbt; es ist das ein eisenoxydhaltiger Lehm, dessen feiner Überzug den Zweck hat, den Kern vor Angriffen der Insekten und Schimmelpilze zu schützen[2]).

Der gerottete Kern besteht aus den zwei großen, die ganzen Samen ausfüllenden, fettglänzenden, rotgrauen oder schwärzlichbraunen, oft violett angehauchten Samen, oder Keimlappen; diese zerfallen bei sanftem Drucke leicht in viele eckige Stücke, die als Begrenzung ihrer Flächen meist das helle Silberhäutchen haben[3]). An ihrer Berührungsfläche zeigen die beiden Keimlappen eine scharfkantig hervortretende Mittelrippe und zwei seitliche Nebenrippen in Verbindung mit dem am breiteren Ende eingeschlossenen Würzelchen. Ohne Zweifel ist der reife, frisch

[1]) J. F. Hanausek, Die Nahrungs- und Genußmittel aus dem Pflanzenreiche. 1. Aufl., pag. 437.

[2]) Über die Zweckmäßigkeit dieses Verfahrens sind die Ansichten indessen sehr geteilt.

[3]) Besonders gut zu erkennen, wenn man die Bruchstückchen in Wasser legt.

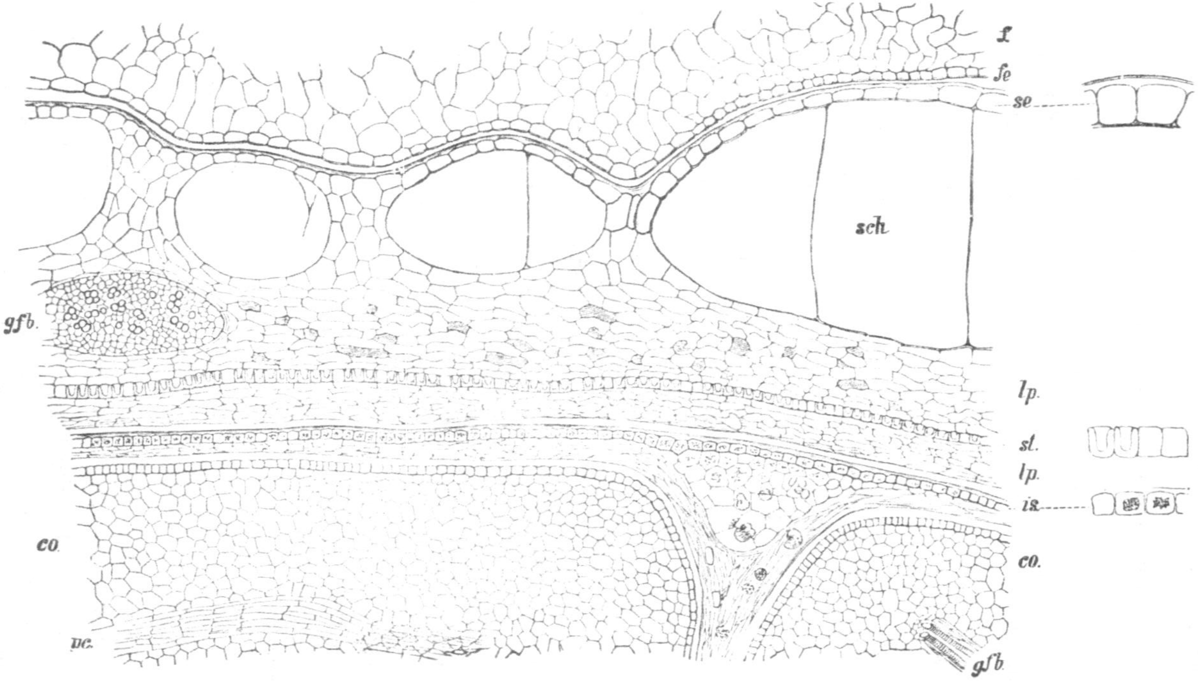

Fig. 3. Querschnitt durch die Kakaoschale (nach Tschirsch).

gfb Gefäßbündel.
co Kotyledon (Samenlappen).
pc Leitbündel.
f Fruchtmus.
fe Endokarp.
se Samenoberhaut (Epikarp).
sch Schleimzellen.
lp Leitparenchym.
st Steinzellen (Sklereïden).
is Silberhäutchen.
co Kotyledon (Samenlappen).
gfb Gefäßbündel.

geerntete Kakaokern ursprünglich von weißer Farbe, und das braunrote Pigment bildet sich erst beim Fermentieren aus, so daß die uns gewöhnlich vorliegenden trockenen Kakaosamen ausnahmslos die bekannte schokoladenbraune Färbung zeigen. Es ist jedoch erwiesen, daß es außer dem braunen auch einen weißen Kakao (cacao blanco) gibt. Dieser ist allerdings nach einer Mitteilung von Dr. C. Rimbach, Ecuador, ziemlich selten und wird in größeren Mengen nicht angepflanzt. Auch auf Trinidad ist im botanischen Garten im Jahre 1893 durch den Kurator aus Zentralamerika

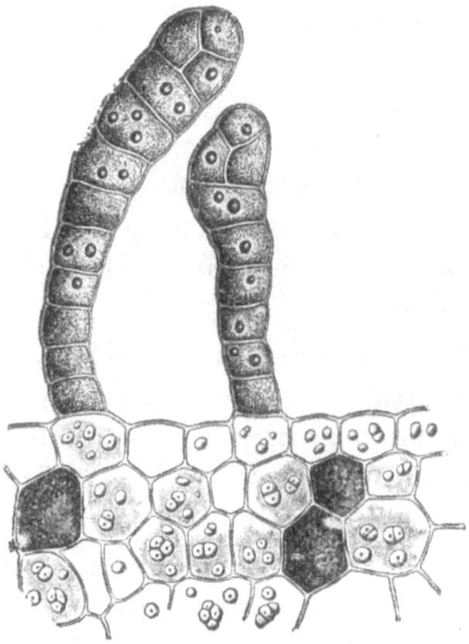

Fig. 4.
Querschnitt des Keimblattrandes mit aus der Epidermis entspringenden Haaren („Mitscherlichsche Körper") nach Moeller.

eine völlig weißsamige Kakaobohne eingeführt worden, die große Früchte und prächtige Kerne treibt.

Der mikroskopische Bau der Samenschale (Fig. 3) bietet im allgemeinen wenig Bemerkenswertes und Auszeichnendes; wir werden bei Gelegenheit der Besprechung der Schalen darauf zurückkommen.

Sehr wichtig ist dagegen die innere zarte mehrschichtige Haut, das Silberhäutchen (Fig. 3 is), das die Keimblätter überzieht und in deren Falten überall eindringt. Mit ihr im Zusammenhange beobachtet man drüsige Gebilde, Fig. 4, die ein keulenförmiges Aussehen besitzen und aus mehreren dunkelgefärbten Zellen zusammengesetzt sind, die sogen. Mitscherlichschen Körperchen. Sie entstammen nach A. F. W. Schimper[1]) nicht, wie bisher angenommen wurde, dem Silberhäutchen selbst, sondern entspringen aus der Epidermis der Kotyledonen; es sind von diesen abgesonderte Haare (Fig. 4).

Diese nach ihrem Entdecker benannten Körperchen wurden früher als Algen oder Zellen des Keimsackes angesehen, die außer Zusammenhang mit dem Gewebe der Samenzellen stehen. Sie sind aber als echte Epidermoidalgebilde den Haaren anderer Pflanzen gleichzustellen[2]).

Die Mitscherlichschen Körperchen sind nicht nur das charakteristische Kennzeichen für die Samenhaut, sondern auch für den ganzen Samen und die daraus gefertigten Präparate. Wo sich Kakao in Mischung mit anderen Stoffen befindet, wird die allerdings hier etwas mühevolle und zeitraubende mikroskopische Untersuchung in diesen unzweifelhaft nur dem Kakao eigentümlichen Gebilden dessen Vorhandensein feststellen können.

In den großen, langgestreckten, sechseckigen Zellen der Samenhaut finden sich Einschlüsse, von denen man bei 250facher Vergrößerung deutlich zwei Formen unterscheiden kann, deren eine große kristallinische Drusen zeigt, während die zweite aus ungemein kleinen zu Büscheln vereinigten Nädelchen besteht.

Durch Zusatz von Petroläther lösen sich erstere auf, es sind also Fettsäurekristalle, die zweiten bleiben ungelöst. Mitscherlich hat diese als Theobrominkristalle angesprochen, da deren kristallinische Formen den auf chemischen Wege gewonnenen Theobrominkristallen im Mikroskope sehr ähnlich sehen. Genaueres ist indes bis heute nicht bekannt geworden (vgl. pag. 43 Anm. 1, Klimont).

Die Keimblätter erscheinen unter dem Mikroskope als ein Gewebe vieleckiger, lückenlos aneinanderliegender, dünnwandiger Zellen, zwischen denen verteilt sich Zellen mit gelbbraunem, braunrotem und violett gefärbtem Inhalte abheben. Dies sind die Pigmentzellen, die das sogenannte Kakaorot führen, einen den Gerbstoffen nahe verwandten Körper, der mit dem Theobromin verbunden den feinen Geschmack und das Aroma des Kakaos ver-

---

[1]) Anleitung zur mikroskopischen Untersuchung der Nahrungs- und Genußmittel Jena, Gust. Fischer.

[2]) Vgl. die neueren Feststellungen v. J. Greger in der Ztschrft. d. allgem. österr. Apothek.-Vereins 1919, Nr. 42/4. (Referat: Pharm. Zentralh. 1920 p. 47).

ursacht. Die übrigen Zellen des Gewebes sind mit ungemein kleinen Stärkemehlkörnchen, deren Größe selten 0,005 mm übersteigt, sowie mit Fett in Form spießiger Kristalle und mit Eiweißstoffen erfüllt.

Um diese Stoffe auseinanderzuhalten, muß man sie durch verschiedene Reagenzien färben. Das Theobromin läßt sich nach Molisch[1]) in Schnitten des Samenkorns nachweisen, indem man ein Tröpfchen Salzsäure und nach einiger Zeit ein ebenso großes Tröpfchen Goldchloridlösung (3 proz.) hinzugibt. Sobald ein Teil der Flüssigkeit verdunstet ist, treten am Rande der Flüssigkeit die langen gelben, zu Büscheln vereinigten Kristalle von Theobromingoldchlorid auf. — Das Fett wird auf Zusatz von Osmiumsäure braungrau gefärbt. — Fügt man zu dem mikroskopischen Schnitte einen Tropfen Jod, gelöst in wässrigem Jodkalium, so erscheint die Stärke blau, während zugleich die Eiweißstoffe sich gelb färben. Die Kakaostärke gehört zu den kleinsten derartigen Gebilden und könnte nur mit der Stärke einiger Gewürze, wie des Piments oder der Quaranapaste, bereitet aus dem Samen von Paullinia sorbilis, verwechselt werden. Die auf Jodzusatz[2]) erfolgende Blaufärbung der Kakaostärke soll nach Moeller sehr langsam eintreten, was indessen schon von Zipperer und später auch von anderen widerlegt worden ist.

Um die Stärkemehlkörnchen, sowie auch die mit Kakaorot gefüllten Zellen unter dem Mikroskop gut unterscheiden zu können, empfiehlt es sich, die mikrokospischen Schnitte in einem Tropfen Mandelöl zu betrachten, da auf Zusatz von Wasser (die gewöhnliche Art, in der mikroskopische Bilder betrachtet werden) die großen vorhandenen Fettmengen die Bilder höchst undeutlich erscheinen lassen. Ein weiteres vorzügliches mikroskopisches Beobachtungsmittel für Kakao besitzen wir nach Schimper[3]) in einer Choralhydratlösung (8 Teile Choralhydrat auf 5 Teile Wasser), wodurch die Bilder sehr schön aufgehellt werden.

Auf diese Weise wird man auch leicht erkennen, daß das Pigment oder Kakaorot der verschiedenen Handelssorten mehr oder minder in der Färbung wechselt.

Zur vollständigen Beschreibung des mikroskopischen Bildes der Keimblätter müssen wir hier noch die kleinen, meist spiralig auf-

---

[1]) Grundriß einer Histochemie der pflanzlichen Genußmittel. Jena, Gust Fischer, 1891, pag. 23.

[2]) Oder besser Chlorzinkjod.

[3]) Siehe pag. 17 loc. cit.

gewundenen Gefäßbündel erwähnen, die in geringer Zahl in dem Gewebe der Keimblätter verteilt sind und unter dem Mikroskop in einem Tropfen Öl oder Chloralhydratlösung leicht aufgefunden werden können.

f) Die Handelssorten der Kakaobohne.

Die Verwendbarkeit der einzelnen Sorten wird in Fabrikantenkreisen oft so verschieden beurteilt, daß schon aus diesem Grunde eine andere als rein geographische Einteilung nicht tunlich sein dürfte. Überdies kann der Handelswert einer Sorte schon infolge zollpolitischer Maßnahmen der verschiedenen Verbrauchs-Länder nicht überall gleich sein, und auch Geschmackgewohnheiten der schokoladeessenden und kakaotrinkenden Völker spielen dabei eine Rolle.

Dieser letztere Umstand schafft denn auch die Abweichungen von der naheliegenden Regel, daß das Mutterland der größte Verbraucher jener Kakaosorten ist, die in seinen Kolonien wachsen. Die unter dem Sammelnamen Akra gehende Kakaosorte der englischen Goldküste hat sich den deutschen Markt erobert, Trinidad-Kakao erfreut sich in Frankreich großer Beliebtheit, und die Holländer geben den größten Teil ihrer Java-Einfuhren an andere Verbrauchsländer ab. Allerdings ist bei dieser letzteren Sorte die beschränkte Verwendbarkeit zum Färben der Kakaomasse und zu Kuvertüren zu berücksichtigen.

In den meisten Fällen geben natürlich das Herkunftsland oder der Hauptverschiffungshafen den Kakaosorten ihren Namen. Doch gibt es geradezu paradoxe Ausnahmen: die geringen und mittleren Venezuela-Sorten des Distriktes Barlovento, die von La Guaira nach Übersee verschifft werden, gehen allgemein unter der Bezeichnung „Carâcas“, obwohl die 1000 m über dem Meere, also ganz außer der Kakaokulturzone liegende Hauptstadt der Republik Venezuela dem Kakaohandel fast ganz fernsteht. Für die Kakaos der Dominikanischen Republik gilt von jeher, wenigstens in Deutschland, der Sammelname „Samanâ“, obgleich von diesem auf einer kleinen bergigen Halbinsel gelegenen Hafenplatz nur ganz geringfügige Mengen Kakao verschifft werden. Der Franzose benutzt daher auch mit Recht den Sammelnamen „Sanchez“, nach dem Hauptkakaoausfuhrhafen der Republik Santo Domingo. Arriba, die vornehmste ekuadorianische (Guayaquil) Sorte hat ihren Namen von dem spanischen Wort arriba, oben, weil die Pflanzungen sämtlich an den oberen Quellflüssen des Rio Guayas liegen (den Rios Daule, Vinces und Zapotal). Andere Guayaquil-Kakaos nennen sich nach den Flüssen (Balao, Naranjal) und den Distrikten (Machala) ihrer Hauptkulturen.

Die Verschiedenheit der Arten wird durchaus nicht nur durch die verschiedenen Spezies der Bäume bedingt, hängt vielmehr, wie bei so manchen anderen Kulturpflanzen auch, in der Hauptsache von dem Zusammenwirken von Boden- und Klimaverhältnissen ab. Ob der Sämling Criollo, also die einheimische edle Kreolen-Bohne Venezuelas, oder von der ertragreichen und weniger empfindlichen, dafür aber auch ordinäreren Forastero-Art ist (forastero, spanisch = fremd, auswärtig), spielt dann erst in zweiter Linie eine Rolle.

Wichtig ist aber auch das Verfahren und die Sorgfalt bei der Bereitung. Technisch vollkommene Hilfsmittel sind dabei allerdings nicht immer ausschlaggebend; die Erfahrung lehrt sogar, daß bei den ganz primitiven Bereitungsmethoden, wie sie z. B. noch in Ekuador und Venezuela angewandt werden, die wertvollen chemischen Substanzen der Kakaobohne am besten zur Entwicklung kommen. Das Primitive des Verfahrens darf natürlich die Sorgfalt nicht ausschließen; wo diese fehlt, da bleiben auch die Mängel nicht aus. Auf der Insel Haiti/Domingo wird z. B. ein an sich sehr brauchbarer Kakao geerntet, wie vereinzelt an den Markt kommende sorgfältig gerottete Partien beweisen; als Handelsware ist diese Sorte aber der unzuverlässigsten eine, weil sie drüben meistens in einem so unfertigen Zustande auf den Markt gebracht wird, daß der Kakao oft erst während der Seereise nachfermentiert, was natürlich nur in ungenügendem Maße geschehen kann. Während dieser Zeit entwickeln sich denn auch die unangenehmen Begleiterscheinungen, das Schimmeln von innen und außen, meist mit dem Ausdruck Landbeschädigung (französisch: vice propre) bezeichnet, und die Bohnen, die schon in nicht völlig ausgereiftem Zustande gepflückt waren, entwickeln sich überhaupt nicht mehr, sondern behalten jenen schiefergrauen bis grünlich-schwarzen Bruch, der in Fabrikantenkreisen als schleifig (französisch: gommeux) mit Recht gefürchtet ist. In diesen beklagenswerten Zuständen auf Haiti-Domingo Wandel zu schaffen, ist von jeher von europäischen Interessenten versucht worden, immer aber an der Indolenz des dominikanischen Kakaobauers gescheitert. So lange aber die in diesen beiden Negermischlings-Republiken herrschenden korrupten politischen und wirtschaftlichen Verhältnisse nicht von Grund aus reformiert werden, was nur durch Intervention eines Kulturstaates geschehen könnte, so lange wird auch wohl mit einer wesentlichen Verbesserung der Qualität des Samanâ- und Haiti-Kakaos nicht zu rechnen sein, zumal auch nicht, da auf der ganzen Insel, mit verschwindenden Ausnahmen, rationeller Plantagenbau nicht betrieben wird.

Was aber auch der Kleinbetrieb bei primitiver Bereitungsmethode unter richtiger, behördlicher Anleitung zu leisten vermag, dafür ist die westafrikanische Goldküste, wie bereits gesagt, ein Musterbeispiel; nicht nur was den quantitativen Fortschritt anbelangt, sondern auch in qualitativer Beziehung haben die von den Eingeborenen betriebenen kleinen Kakaokulturen sich von Jahr zu Jahr gebessert.

Als Gegenbeispiel können wir Kamerun anführen, einem gleich der Goldküste ebenfalls jüngeren Kakao-Produktionslande. Hier herrschte von Anbeginn der Plantagenbau vor mit allen technischen Hilfsmitteln, und dennoch geht es sehr langsam, die Qualität so zu entwickeln, daß Kamerun-Kakao auf die Bezeichnung einer wirklichen Konsumsorte Anspruch machen kann. Vor allem hat der große Säuregehalt sie über ihre Verwendung als Verschnittsorte noch nicht hinauskommen lassen, wenn auch einige Pflanzungen schon ziemlich milde Kakaos hervorbringen. Ob die Bodenverhältnisse oder die Tatsache, daß man fast ausschließlich Forastero-Bäume gepflanzt hat, die Entwicklung der Qualität beeinträchtigt, soll hier nicht untersucht werden.

Es muß aber doch erwähnt werden, daß in ganz Afrika die Forastero-Bohne vorherrscht, wie in Kamerun so auch an der Goldküste, auf Sao Thomé und im Kongostaat. Auch der Bahia-Kakao entstammt durchweg dem Forastero-Sämling.

Wir wollen nun aber diese Einleitung nicht weiter ausspinnen, um der nachfolgenden Besprechung der verschiedenen Handelssorten nichts vorwegzunehmen.

I. Amerikanische Kakaosorten.

A. Mittelamerika.

Mexiko, ist das klassische Kakaoland, aber es kommt für den Welthandel nicht in Betracht, da seine Erzeugung, etwa 60 000 Zentner im Jahr, bis auf einen kleinen Teil, der in die Vereinigten Staaten geht, im Lande selbst verbraucht wird. Von den übrigen mittelamerikanischen Staaten verdient neben

Nicaragua, dessen venezuelaähnlicher großbohniger Kakao auch von Zeit zu Zeit an den Hamburger Markt kommt, vor allem

Costa Rica Erwähnung, das seit 1902 mit etwa 1200 Zentnern begonnen hat, sein Landesprodukt auszuführen; 1909 waren es schon etwa 7000 Zentner, die zumeist nach England und Nordamerika gingen, und zwar von dem Hauptausfuhrhafen Port Limon.

B. Süd-Amerika.

Columbien. Aus dieser Republik kommen zwei ganz verschiedenartige Sorten; die edlere, runde, vollkernige, dem Maracaibo nahe verwandte

Cauca-Bohne, die in den mittleren Tälern des Cauca- und Magdalenen-Flusses wächst, und meistens von Baranquilla am Caraibischen Meer, zuweilen aber auch von Buenaventura am Stillen Ozean verschifft wird, und der

Tumaco-Kakao, nach dem kleinen Ausfuhrhafen hart an der ekuadorianischen Grenze benannt, der den geringen Ekuador-Küstensorten ähnelt.

Cauca- und Tumaco-Kakaos kommen nur selten ganz frei von Fehlbohnen und Wurmfraß in den Handel, was jedoch weniger der primitiven Aufbereitungsmethode als vielmehr der schwierigen Beförderung vom Innern zur Küste zuzuschreiben ist. Sehr viel bleibt übrigens auch für den Hausgebrauch der Columbianer im Lande.

Ekuador ist die Heimat des aromareichsten Kakaos, das Land, das zuerst Plantagenbau größeren Stiles rationell betrieb und noch bis etwa zum Jahre 1909 mit seiner Jahreserzeugung von rund 720 000 Zentnern an der Spitze aller Ernteländer marschierte. Neuerdings ist Ekuador an Bedeutung stark zurückgetreten gegen die westafrikanische Goldküste, auch von Bahia ist es überflügelt worden, so daß es sich jetzt mit dem dritten Platz unter den Ernteländern begnügen muß. Unter dem Namen des Hauptausfuhrhafens

Guayaquil werden die meisten und wertvollsten Sorten zusammengefaßt, nämlich:

1. Arriba, d. h. oben, weil diese Kakaos von den oberen Zuflüssen des Rio Guayas (Rio Daule, Vinces, Puebloviejo und Zapotal) kommen. Die Arribas, wie die Guayaquilbohnen überhaupt, dienen überwiegend zur Kakaopulverfabrikation. Sie bilden z. B. den Hauptbestandteil des holländischen Kakaopulvers, vor allem die sogen. superior

Sommer-Arriba, die meist hübsch braunbrechende, aromareiche Sorte, die von April bis Juni geerntet zu werden pflegt. Alles, was in der übrigen Jahreszeit gepflückt wird, geht gemeinhin unter dem Namen „Arriba superior de la época". Die Kakaos der auf die Sommerernte folgenden Monate, die „rebuscos", d. h. die der Nachlese, sind in der Regel die in Qualität geringsten Arribas des ganzen Jahres, während die Weihnachtsernte (cosecha de Navidad) im Dezember/Januar oft recht hübsche Ware hervorbringt.

2. Machâla, die zweitbedeutendste Guayaquilsorte, noch etwas fettreicher als Arriba und von diesem an Aroma und Farbe des Kernes, die mehr schwarzbraun ist, verschieden. Hauptkulturen in den der peruanischen Grenze zu und der Insel Jambeli gegenüber gelegenen Niederungen, in denen trotz der unbedeutenden räumlichen Entfernung ganz andere klimatische Verhältnisse herrschen, als in den Arriba-Distrikten. Es sind denn auch August und September die Haupterntemonate für Machâla. Früher wurde diese Sorte zu einem großen Teile von dem derzeit neu geschaffenen kleinen Hafenplatz Puerto Bolivar verschifft. Seitdem aber die Seedampfer dort nicht mehr anlaufen, geht wieder alles auf dem Umwege über Guayaquil.

3. Balâo. Diese Sorte kann man als Mittelding zwischen Machala und Arriba bezeichnen. Sie hat im Charakter von beiden etwas, nur ist die Bohne von mehr runder Form.

4. Naranjâl und Tenguél sind gleichsam wieder Untersorten der vorgenannten, nur ist die Bohne durchweg größer und flacheiförmig. Da die Ernte aller drei, insbesondere von Balao, weit größer ist, als was unter diesen Bezeichnungen in den Handel kommt, so darf man füglich schließen, daß vieles mit anderen Sorten gemischt unter anderer Flagge segelt. Kulturdistrikt: die von Machala-Distrikt nördlich am Kanal von Jambeli gelegene und vom Rio Balâo und Rio Narajâl durchflossene Küstenstrecke.

5. Pegâdos (d. h. zusammengeklebte) oder Pelôtas (d. h. Bälle) nennt man die zu 4—10 Bohnen zusammengeballten Kakaos, meist von überreifen Früchten stammend, welche, offenbar durch die Einwirkung des kleben bleibenden Fruchtmuses, eine besondere Gärung durchmachen, die dem hellfarbigen Kern ein fades süßliches Aroma gibt. Schon seit längerer Zeit kommen diese Kakaos nur noch selten an

die europäischen Märkte, werden vielmehr zumeist im Lande selbst verbraucht.

6. Oscuros, d. h. dunkle, die von allen Fabrikanten mit Recht gefürchtete Abfallsorte — in Wasser aufgeweichte Pelotas oder in den Ritzen der Trockendielen sitzengebliebenen Bohnen — schwarz von Schale und im Kern schmutzig braun bis schwärzlich und von unangenehm süßlichem Geruch, meist auch schimmelig.

Für alle diese vorgenannten Ekuadorsorten ist Guayaquil der Verschiffungshafen; außerdem kommen aber noch geschätzte Kakaos von anderen ecuatorianischen Häfen, nämlich von:

a) Bahia de Caraquéz (und auch von dem kleinen, etwas südlicher gelegenen Manta) eine Machâla-Balâo ähnliche Sorte von meist mittlerer, zuweilen aber auch hellbraun brechender, aromatischer Qualität, allgemein kurzweg „Caraquéz“ genannt (wohl zu unterscheiden von „Caràque“, wie der Franzose die Carácas-Kakaos nennt) Haupt-Erntemonate Juni/Juli; die April/Mai-Ankünfte pflegen jedoch qualitativ besser zu sein, da mit dem Einsetzen der Regenzeit im Juni das Trocknen des Kakaos schwieriger wird. Ernte in normalen Jahren etwa 40 000 bis 50 000 Zentner.

b) Esmeraldas, ähnlich wie vorige, jedoch, trotz der Anbaufähigkeit des ausgedehnten Hinterlandes wesentlich geringere Ernte (nur etwa 3000 Zentner im Jahr).

Perû, das südlichste Kakaoland der Westküste mit einer meist im Lande verbrauchten unbedeutenden Erzeugung.

Brasilien hat mit seinen zwei großen Konsumsorten, Bahia- und Pará-Kakao und seiner Jahresernte von rund 1 100 000 Zentnern sich neuerdings wieder den zweiten Platz unter den Ernteländern erobert. Vor allem bedeutet der

Bahia-Kakao einen wichtigen Faktor im Weltmarkte. Es ist hier wiederum der Verschiffungshafen, der der Kakaosorte den Namen gibt. Geerntet wird er in den südlich gelegenen drei Distrikten: Ilheos, Belmonte und Canavieiras mit den Hafenplätzen gleichen Namens, von wo er in Segelschiffen, die zum Teil bis zu 1000 Sack fassen, nach Bahia gebracht wird.

Ilheos liefert mehr als zwei Drittel der ganzen Bahiaernte, und zwar die geringere der beiden Hauptsorten „fair fermented“ und „superior fermented“, also die erstgenannte. Die Kakaokulturen im

Ilheos-Distrikt sind nämlich ziemlich hoch in dem bergigen Terrain gelegen, wo starke und anhaltende Niederschläge oft gerade zur Haupterntezeit vorherrschen. Außerdem nötigt das Fehlen jeglicher Wasserstraßen, den Kakao durch Lasttiere auf zur Regenzeit oft grundlosen Wegen nach Bahia zu schaffen. Die ungünstigen Witterungseinflüsse im Bunde mit einer gewissen Sorglosigkeit der Pflanzer beim Aufbereiten tun denn auch der an sich recht guten Qualität der Bahiabohne Abbruch, zumal in den regenreichen Monaten Juni, Juli und August. In dieser Zeit sind 10—20 Prozent Fehlbohnen keine Seltenheit, und meistens können nur die Monate Dezember bis Februar qualitativ eine gewisse Gewähr bieten. Regeln lassen sich hierüber aber nicht aufstellen.

Belmonte und Canavieiras sind die Distrikte der „superior fermented" Kakaos. Die niedrigere Lage bedingt andere klimatische Verhältnisse, überdies liegen beide Hafenplätze an den Mündungen von Flüssen, die ebenso bequeme wie sichere Transportwege bilden. Der Kakao, der an sich schon besser gerottet wird (einige Pflanzer trocknen sogar mittelst Öfen) kommt denn auch in viel besserem Zustande an den Markt und wird durchweg um 5—7 sh je Zentner höher bezahlt als die „fair fermented" von Ilheos.

Die Aufbereitung geschieht in allen drei Distrikten in Holzkästen, die man mit Bananenblättern zudeckt und in denen man, nach mehrfachen Umschütten, die Ilheosbohnen 2—3, die superior 4—5 Tage gären läßt. In Belmonte trocknet man sehr viel auf Sand, den der Fluß in großen Mengen anschwemmt.

Die Ernte wird in der Regel vom 1. Mai bis 30. April gerechnet. Juli/August sind die Monate der Zwischenernte, während Oktober bis Februar die stärksten Erträge liefern.

Die Bahia-Distrikte brachten in letzter Zeit jährlich etwa 800 000 Zentner, von denen ein beträchtlicher Teil nach den Vereinigten Staaten gesandt wird, während der Rest vorwiegend nach Deutschland, Frankreich und der Schweiz geht.

Pará-Kakao heißt alles, was von den Ufergeländen des Amazonas und seiner mächtigen Zuflüsse, insbesondere von Manáos und Itacoatiára über den am Ostarme des Deltas gelegenen Hafen Pará verschifft wird, eine Sorte, die man zwischen Bahia und guten Samaná rangieren könnte. Die Jahreserzeugung (Haupt-Erntemonate Juni/August) beträgt etwa 40 000 bis 50 000 Zentner, eine immerhin noch kleine Ziffer im Verhältnis zu den ungeheuren kulturfähigen Ländereien, in denen der Kakaobaum zum Teil noch wild, vielfach aber doch mindestens verwildert wächst. Das Jahr 1919 brachte allerdings auch schon einmal 128 000 Zentner, 1920 dagegen nur 34 000 Zentner. Das weitaus größte Konsumland für Pará-Kakao ist Frankreich; andere Staaten sind dieser Sorte aus Geschmacks- und Preisgründen weniger geneigt.

Guayana. Von den drei gleichnamigen Kolonien Frankreichs, Hollands und Groß-Britanniens kam für den Welthandel von jeher eigentlich nur die mittlere, also die holländische, mit dem Ausfuhrhafen Paramáribo in Betracht, und zwar unter dem Namen

Súrinam-Kakao. Der Ertrag, der in normalen Jahren zirka 45 000 Zentner betragen sollte (1899 lieferte mit ca. 80 000 Zentner den Rekord), ist seither aber durch Baumkrankheiten (Krulloten) und Schädlinge stark beeinträchtigt worden. Das Jahr 1923 brachte nur zirka 36 000 Zentner. Die holländische Regierung hat aber inzwischen energische Maßregeln zur Bekämpfung der Baumfeinde getroffen und die letzten Jahre hatten denn auch wieder einen besseren Ertrag. Die Qualität der Bohne hat eine gewisse Ähnlichkeit mit Trinidad.

Venezuela, eines der ältesten Kakaokulturländer, ist die Heimat der Criollobohne und der edelsten Sorten überhaupt, die vornehmlich für die Schokoladen-Fabrikation eine hervorragende Rolle spielen. Die Venezuela-Bohne ist länglich rund, der Kern schön hellbraun und von mildem, leichtsüßem Geschmack. Leider sind die Pflanzungen neuerdings stark mit Forastero- oder mit Trinidad-Criollo-Bäumen — in Venezuela „Trinitarios" genannt, weil von Trinidad bezogen — durchsetzt, die weniger sorgfältiger Pflege bedürfen und ertragreicher sind, dafür aber auch eine geringere Bohne — langsamer gärend und daher meist violett brechend — liefern.

Die Aufbereitung geschieht mit den einfachsten Mitteln, das Trocknen in den kleinen Haciendas (Pflanzungen) meist sogar nur auf Lehmdielen (Patios oder Tendales), von denen, zumal bei Regenwetter, oft Erdreste an den Bohnen haften bleiben.

Eine besondere Eigenart bildet das Färben der Venezuelabohnen, besonders der mittleren und feinen Sorten, mit einer ockerartigen Erde, die zumeist aus der Gegend von Choroni nach Puerto Cabello und La Guaira, den beiden Hauptverschiffungshäfen, gesandt wird, woselbst das Färben oder Terrieren des größten Teiles des zu exportierenden Kakaos erfolgt. Die schmutzig-gelbe bis ziegelrote Erde wird mit Seewasser zu einem dünnen Brei angerührt, die

Bohnen werden hineingetan, darin umgerührt und hinterher auf großen Sieben oder Zementdielen an der Sonne getrocknet. Wo das Färben schon auf den Pflanzungen geschieht, bedient man sich dazu meistens der am Platze vorkommenden gelbbraunen Erde, und wo Seewasser nicht erhältlich, wie z. B. am Tuyflusse, da färbt man die Bohnen mit der dortigen hellgelbbraunen Erde in dem Fruchtmuse, weil die Verwendung von Süßwasser geringeren Widerstand der Bohnen gegen Schimmelpilze im Gefolge haben soll. Solche in dem Fruchtmuse gefärbten Kakaos, also die Tuy- und zuweilen auch die Ocumare-Sorten, sind daher vielfach mit einer dickeren Erdkruste bedeckt.

Die Ansichten über die Zweckdienlichkeit des Färbens sind in Fachkreisen sehr verschieden. In Frankreich, dem Hauptverbrauchslande der Venezuela-Kakaos, glaubt man von jeher, daß die dünne Erdkruste die Bohne nicht nur gegen das Eindringen von Schimmelpilzen widerstandsfähig mache, sondern daß sie auch eine Art Nachfermentation, ein Entwickeln und Konservieren der wertvollsten Bestandteile des Kernes ermögliche. Bei allen Puerto Cabello- und den feineren Carácas-Sorten ist das Färben daher die Regel; auch in Carúpano wird es betrieben für den Export nach Spanien.

Die Venezuela-Kakaos werden wie folgt eingeteilt und — mit einer Ausnahme — nach den Hauptverschiffungshäfen benannt, zu denen sie auf kleinen Segelschiffen von den Küstendörfern gebracht werden.

1. Maracaibo-Kakao, die großbohnige, stets ungefärbte Edelsorte der Ufer des Maracaibo-Sees.

2. Puerto Cabello, die feinste aller Kakaosorten überhaupt mit folgenden nach den kleinen Puerto Cabello benachbarten Küstenplätzen benannten Untersorten: Chuáo, Borburata, Chichiriviche, San Felipe (mit eigener hellbrauner Erde gefärbt) Ocumare, Choroni.

3. Carácas-Kakao, seltsamerweise so genannt, obwohl nur ein ganz kleiner Teil, nämlich die auf Eselkarawanen über die Berge gebrachten Kakaos des Gebietes am Rio Tuy, die Landeshauptstadt berührt. La Guaira ist vielmehr der Verschiffungshafen für die sogen. Carácas-Sorten, zu denen vor allem die Kakaos des fruchtbaren vom Rio Tuy und Rio Chico durchflossenen Distriktes Barlovento, östlich von La Guaira, gehören, mit den Plätzen Rio Chico (hiernach wird die geringste Sorte benannt) Higuerote, Capaya. Die hart

am Abhange der Küsten-Cordilleren gelegenen Pflanzungen Naiguatá und Cepe bringen ein sehr edles dem Pto. Cabello gleichwertiges Gewächs hervor.

4. Carúpano-Kakao, eine gute, meist ungefärbt in den Handel kommende Mittelsorte Venezuelas; auch die Zufuhren von dem östlich gelegenen Hafenplätzchen Rio Caribe gehören dazu, ferner auch die Kakaos von Irapa, Guiria und Cano Colorado, die meistens von dem gegenüber gelegenen Trinidad nach Übersee verschifft werden.

Aus Angostura (Ciudad Bolivar) am Orinoco und San Fernando am Apure kommen nur geringe Mengen.

Man spricht in Venezuela von einer Weihnachts- und einer Johannisernte; die ersten vier Monate des Jahres sind aber meistens die ergiebigsten. Die Gesamterzeugung Venezuelas beläuft sich auf etwa 400—450 000 Zentner; davon entfallen auf Ausfuhren von

La Guaira	etwa 50%
Puerto Cabello	etwa 20%
Carúpano	etwa 27%
Maracaibo und über Trinidad .	etwa 3%.

C. Die Antillen.

Trinidad erzeugt einen Kakao, der auf vielen größeren Pflanzungen (Estates) sachverständig betriebene Aufbereitung erhält und im Handel, zumal in Frankreich und England, sehr geschätzt wird. Die besten und meistens ganz leicht terrierten Sorten heißen „Plantation“, die mittleren „Estates“ (eigentlich nur der englische Ausdruck für Plantation), die geringeren „middling red“ und die geringsten „fair shipping Trinidad cocoa“. Die Bohne, Trinidad-Criollo, ist eiförmig, jedoch nicht so rundlich wie die Venezolaner, der Kern auch meist dunkler gefärbt, bei den besseren Sorten immerhin noch braun, bei den geringeren jedoch oft tintig.

Es ist in Trinidad Brauch, den Kakaos, die durchweg nach Typemustern gehandelt werden, den Namen einer Pflanzung beizulegen, der aber durchaus nicht immer die wahre Herkunft bezeichnet. „Soconusco“ und „San Antonio“, sowie C. P. A. (Cocoa Plantors association = Pflanzer-Vereinigung) haben besonders guten Klang; ferner nennen wir „Montserrat“, „La Gloria“, „Maraval“, „Belle fleur“, „El Reposo“ etc. Haupternte von Dezember bis Februar inkl., Zwischenernte Mai bis August.

Die Gesamtausfuhr von Trinidad hat sich in den letzten Jahren beträchtlich gesteigert und beläuft sich auf etwa 600 000 Zentner jährlich. Die wesentlich kleinere, ebenfalls britische Insel

Grenada steuerte früher jährlich etwa 100 000 Zentner, jetzt etwa 80 000 Zentner zur Welternte bei. Wegen der gleichen klimatischen und geologischen Bedingungen sind auch die Ernte- und Qualitätsverhältnisse ähnlich wie auf dem benachbarten Trinidad. Der Hauptverbraucher der Grenada-Kakaos ist das englische Mutterland, desgleichen auch für die unbedeutende Ernte der kleinen britischen Inseln St. Vincent, Santa Lucia und Dominica, die für den Welthandel keine Bedeutung haben.

Martinique- und **Guadeloupe**-Kakao von den beiden gleichnamigen, Frankreich gehörigen Inseln kommen mit etwa 10 000 bzw. 15 000 Zentnern Jahreserzeugung nur für den Verbrauch des Mutterlandes in Betracht, das ihnen 50 Prozent Zollnachlaß gewährt.

Santo Domingo, der größere östliche Teil der Insel Haiti, steuert schon etwa 400 000 Zentner zur Welternte bei. Gerade in den letzten Jahrzehnten hat der Kakaobau dort von Jahr zu Jahr an Ausdehnung gewonnen (Ernte 1894 40 000 Ztr., 1904 270 000 Ztr., 1923 410 000 Ztr.) und da noch unermeßliche geeignete Ländereien vorhanden sind, würde dieses Land zu den schönsten Hoffnungen berechtigen, wenn im Hinblick auf die allgemeinen politischen und wirtschaftlichen Verhältnisse in dieser Mischlings-Republik nicht immer mit einer gewissen Indolenz der Pflanzer, durchweg kleiner Bauern, gerechnet werden müßte.

Ein regelrechtes Aufbereiten findet nur selten statt. Die meisten beschränken sich auf ein notdürftiges Trocknen, so daß der an sich recht brauchbare Kakao als Handelsqualität nur geringes Ansehen genießt. Die Haupternte findet in den Monaten Mai, Juni und Juli statt. Die Ausfuhrhäfen sind Puerto Plata an der Nordküste, Sanchez und Samaná an der Bucht von Samaná, und La Romana, San Pedro de Macoris und Santo Domingo (die Hauptstadt) an der Südküste. Das kleine S a m a n á auf einer schmalen Landzunge, also ohne Hinterland, gelegen, hat dem Domingo-Kakao als Handelsorte den Namen gegeben, weil von hier die ersten kleinen Verschiffungen ausgingen. Die Franzosen sprechen allerdings nur noch von

S a n c h e z - Kakao, da Sanchez der Haupt-Kakaoausfuhrhafen der Republik ist, wo die Bahn aus dem fruchtbaren Distrikt Cibáo (bis La Vega) mündet. Aus demselben Distrikt, von Santiago aus, geht noch eine Bahn nördlich zur Küste nach Puerto Plata. Der Kakao aus dieser Nordprovinz Cibáo ist im allgemeinen geschätzter als das aus den Südhäfen kommende Produkt.

Unter den Verbrauchsländern sind die Vereinigten Staaten, die sich aus politischen Gründen sehr für das Land interessieren, seit einigen Jahren in die erste Stelle aufgerückt; es folgen Frankreich und dann Deutschland. Neuerdings ist zwar eine Besserung in der Aufbereitung der Ware festzustellen, aber bis heute sind völlig einwandfreie Partien leider selten. Ein einheitliches Gewicht der Säcke hat sich nicht durchführen lassen, wegen der Verschiedenartigkeit der Transportmittel. Die der Bahnstrecke oder den Häfen nahegelegenen Betriebe bedienen sich durchweg großer, 80—100 Kilo haltender Säcke. Wo man dagegen an den Transport durch Lasttiere gebunden ist, sind Säcke von 65—70 Kilo die Regel.

Haiti-Kakao, aus der Negerrepublik gleichen Namens, ist unter allen Handelssorten die geringste und zwar lediglich wegen der unglaublich nachlässigen Aufbereitung, denn Ausnahmen beweisen, daß sich aus den Bohnen ein recht brauchbares Erzeugnis machen läßt. Die Regel sind aber mit einer dicken grauen Erdkruste überzogene, oft sogar mit Steinchen untermischte Bohnen, mit schimmeligem und — wo gesund — schwarzbraun brechendem Kern. Die „Freiheit und Gleichheit" der Neger und Mulatten jener korrumpierten Republik zeigt sich eben auch in ihren Kakao-Pflanzungen, die zum größten Teile in ganz verwildertem Zustande, so gut es geht, ausgebeutet werden. Um hierin Wandel zu schaffen, müßte vor allem das haitianische Gesetz aufgehoben werden, wonach es jedem Fremden verwehrt ist, in Haiti Grundbesitz zu erwerben.

Die Ernte, etwa 40 000 Zentner, kommt hauptsächlich von Jérémie zur Ausfuhr, dann aber auch von den Hafenplätzen Cap Haitien, Port de Paix, Petit Goave, Port au Prince. Frankreich und die Vereinigten Staaten sind die Hauptabnehmer. Das benachbarte

Cuba liefert ebenfalls den größten Teil seiner Erzeugung, die in den letzten Jahren zwischen 8- und 30 000 Zentnern schwankte, an die Vereinigten Staaten, was aus geographischen, politischen und Frachtrücksichten nur zu begreiflich ist. Außerdem wird dank der sorgfältigeren Aufbereitung die Bohne, die in manchem der Domingo-Sorte ähnelt, dieser vorgezogen und auch entsprechend höher bezahlt. Hauptausfuhrhafen ist das im südöstlichen Teil der Insel gelegene Santiago de Cuba.

Jamaica versorgt mit seiner Jahresernte von etwa 60—70 000 Zentnern vornehmlich das Mutterland England.

II. Afrikanische Kakaosorten.

Der Kakaobau in Afrika ist erst verhältnismäßig jüngeren Datums. Die ältesten Kulturen befinden sich auf den drei kleinen Inseln des Golfes von Guinea: Sao Thomé, Principe (portugiesisch) und Fernando Poo (spanisch). Besonders erstere brachte es nicht nur durch die Tatkraft der portugiesischen Pflanzer, sondern auch durch die Gunst des Klimas und der Arbeiterverhältnisse zu so überraschend schnell anwachsenden Ernteerträgen, daß man davon auch wohl ein gut Teil Antrieb auf andere heute ebenfalls große afrikanische Produktionsländer herleiten darf. Die flache, längliche Forastero-Bohne ist in Afrika überall vorherrschend, und somit sind denn auch nirgends Edelsorten anzutreffen. Es sind vielmehr durchweg für den großen Konsum geeignete Kakaos. Sao Thomé und die Goldküste liefern heute schon mehr als zwei Fünftel der Welternte und besonders in dem letztgenannten Erntelande sind die geologischen und klimatischen Bedinungen derart, daß die

Goldküste für den Rohkakaomarkt das wurde, was die brasilianische Provinz Sao Paulo für den Kaffeehandel geworden ist.

Mitte der achtziger Jahre legten Schweizer Missions-Gesellschaften durch Anpflanzungen bei ihren Stationen den Grund zu den heute im ganzen Lande blühenden Kakaokulturen. 1891 kam die erste kleine Sendung nach Europa, 1894 schon 400 Zentner, 1901 20 000 Zentner, 1906 gegen 200 000 Zentner, 1911 über 800 000 Zentner, und das Jahr 1923 hat mit dem Riesenergebnis von rund 3,2 Millionen Zentnern abgeschlossen. Wohl wurde lange mit Recht über unreife, schleifige Qualität geklagt, weil die Eingeborenen sich nicht die Mühe des guten Aufbereitens nahmen; seit einigen Jahren hat sich aber eine erfreuliche Wandlung zum Besseren vollzogen. Es kommt jetzt auch, und zwar in gewaltigen Mengen richtig fermentierter Kakao an den Markt, der sich bei den Verbrauchern aller Länder steigender Beliebtheit erfreut. Und das alles hat man durch verständige regierungsseitige Anleitung und Kontrolle des eingeborenen Kleinbauers erreicht, ohne jeden rationellen Großplantagenbetrieb! Dem

Akra-Kakao, wie der Sammelname der Goldküsten-Sorten nach einem der zahlreichen Hafenplätze lautet, gehört denn auch die Zukunft, wenn er quantitativ und qualitativ weiter so fortschreitet, wie in den letzten Jahrzehnten. An geeignetem Kulturland und an Arbeitskräften mangelt es in jenen Gegenden wahrlich nicht. Außer Akra, Addah, Axim, Cape Coast Castle, Prampram, Winnebah, Saltpond muß vor allem Sekondi als Ausfuhrhafen genannt werden. Haupternte von Oktober bis Februar.

Togo, die frühere kleine deutsche Nachbarkolonie der britischen Goldküste, erzeugte bisher nur gegen 5000 Zentner dem Akra ähnlichen Kakao. Ausfuhrhafen ist Lome.

Lagos, die von der vorgenannten, östlich gelegenen und die Dahomey angrenzende britische Kolonie im Flußgebiete des Nigers mit den Kakao-Ausfuhrhäfen Lagos, Bonni und Old Calabar und einer Jahreserzeugung von etwa 50 000 Zentnern Kakao, im Charakter der Akrabohne ähnlich, aber meist weniger gut aufbereitet und daher von geringerem Handelswert. Die Kakaopflanzungen der Kolonie Lagos (eigentlich Südnigeria genannt) liegen zu beiden Seiten des großen Nigerdeltas, somit im Tieflande mit ganz anderen klimatischen und geologischen Verhältnissen, als die der benachbarten früheren deutschen Kolonie

Kamerun, wo die tiefsten Abhänge und der schmale Küstenstreif um den gewaltigen 4000 m hohen Kamerunberg das Kakaokulturland bilden. Bei gleichen Sämlingen (Forasteros) zeigt sich hier denn auch die Verschiedenartigkeit der Frucht. Die Kamerunbohne hat einen ganz eigenen Charakter; sie ähnelt zwar den Kakaos der gegenüberliegenden Inseln Fernando Poo, Principe und San Thomé, und die milderen Sorten der Pflanzungen „Viktoria“ und „Moliwe“ dienen oft genug als Thomé-Ersatz. Wie keiner anderen Sorte ist der Kamerunbohne jedoch ein Säuregehalt eigen, der, wenn er auch mit den Jahren schon wesentlich geringer geworden sein mag, diese Sorte doch vornehmlich nur zu Verschnittzwecken tauglich macht.

In ganz Kamerun — Duala ausgenommen — herrscht Plantagenbetrieb und die Produkte der einzelnen Pflanzungen: Victoria, Bibundi, Moliwe, Bimbia, Debundscha etc. — durchweg frühere größere Berliner und Hamburger Gesellschaften — weichen je nach der Art der technischen Hilfsmittel bei der Aufbereitung von einander ab. Es gibt schwarzschalige glatte und rötlichbraunschalige runzlige mit Fruchtmusspuren und wieder heller gefärbte, die mitunter noch schwarze Flecke von zu scharfer Ofendarre tragen.

Die Haupternte beginnt im September und endet im Januar. Die erste Ausfuhr begann 1889 mit 5 Zentnern; 1898 betrug die Jahresproduktion schon 4000 Zentner und 1913 war sie auf 105 300 Zentner angewachsen. Die Erträge in den Nachkriegsjahren sind zuverlässig nicht bekannt geworden.

Kongo ist ein dem fein Thomé ähnlicher, aber fast durchweg kleinbohniger Kakao, dem häufig Rauchgeschmack anhaftet. Er kommt fast ausschließlich über Antwerpen an den Markt. Die französische Kongo-Kolonie produziert bis jetzt nur ein paar tausend Zentner, dagegen hat der belgische Kongostaat es in einem Jahrzehnt schon auf etwa 15 000 Zentner gebracht.

Sao Thomé, die im Golf von Guinea, fast genau unterm Äquator gelegene kleine portugiesische Insel, bringt eine Kakaosorte hervor, die sich, insbesondere in Deutschland, großer Beliebtheit erfreut. Deckt Deutschland heute doch nahezu den fünften Teil seines Kakaoverbrauches aus Herkünften jener Insel, die

1889	erst etwa	40 000 Zentner,
1894	schon etwa	120 000 Zentner,
1899	schon etwa	230 000 Zentner,
1904	schon etwa	410 000 Zentner und
1913	sogar über	700 000 Zentner ausführte.

Während der Weltkriegsjahre behaupteten die Ernten sich auf gleicher Höhe, aber 1920 trat infolge von Krankheiten in den Pflanzungen ein erheblicher Ernte-Rückgang ein, der nur eine Ausfuhr von wenig mehr als 400 000 Zentnern gestattete. Auch 1921 brachte noch keine wesentliche Besserung im Ertrage und 1923 wurden nur etwa 350 000 Zentner ausgeführt.

Fein Thomé wird die Hauptsorte genannt, das ist alles, was ordnungsmäßig geerntet und gerottet wird. Die unter diesen ausgesuchten geringeren Kakaos, die kleinbohnigen, grauschaligen oder leicht beschädigten nennt der Portugiese „Escolhas", d. h. ausgesuchte; sie kommen unter diesem Namen jedoch nicht in den Handel, sondern werden meistens nach Mustern angeboten, zum Unterschiede von den regulären fein Thomé, die von Lissabon im Allgemeinen „auf Approbation der Andienungsmuster" gehandelt werden.

In Lissabon laufen auch alle den Sao Thomé-Kakaohandel betreffenden Fäden zusammen; denn zollpolitische Gesetze der portugiesischen Regierung machen direkte Verschiffung von der Insel San Thomé nach den Verbrauchsländern fast ganz unmöglich. Frankreich wählt jedoch zur Vermeidung seiner Surtaxe den Weg mit Umladung in Madeira. In Lissabon wird der Kakao in den großen Zollhäusern gelagert und versandfähig gemacht. Die fein Thomés werden allerdings fast ausschließlich in den Originalsäcken weiterverladen.

Die Andienung geschieht unter Nennung der Marken, die entweder die Initialen der Pflanzer oder die Namen der Pflanzungen selbst sind. Wir nennen einige der bekanntesten: U. B., D. V., R. O., ‚M. Valle Flor', ‚Boa Entrada', ‚Monte Café', ‚Santa Catarina', ‚Pinheira', ‚Ague Izé', ‚Colonia Açoriana', ‚Queluz', ‚Gue Gue', ‚Rosema', ‚Pedroma', ‚Monte Macaco'.

Die Qualitäten sind ziemlich verschieden, was das Aussehen der Schale und des Kernes anbelangt, je nach dem Aufbereitungsmodus sowie dem Alter der betreffenden Pflanzung und deren Bodenbeschaffenheit. Viele, die in früheren Jahren Marken von anerkannten Ruf waren, sind, weil der Boden inzwischen sein Bestes hergegeben haben mag, heute nicht mehr unter den bevorzugten, und unter diesen sind wieder neue Namen aufgetaucht. Der Charakter der verschiedenen Marken ist aber doch immer geblieben: es gibt milde und herbe, glattschalige und runzlige, wie gewaschen aussehende, hellschalige und kamerunartig schwarzschalige Sorten. Alle aber sind andienbar als fein Thomé, weil sie schließlich auch allen Geschmacksrichtungen genügen.

Mittel Thomé ohne Einwurf werden im Handel die meistens von kleinen Pflanzern gelieferten Kakaos genannt, die mangels nötiger Vorrichtungen nur ungenügend aufbereitet werden, und daher auch stets mit schwarzen und Fehlbohnen durchsetzt sind. Soweit diese Kakaos von den größeren Pflanzungen geliefert werden, stammen sie zumeist von überreifen Früchten, die beim Absuchen der Bäume auf dem ausgedehnten Gelände vorher übersehen wurden; auch steuern Bohnen solcher Früchte dazu bei, die von den Ratten, einer auf San Thomé vergeblich bekämpften Plage, angefressen noch an den Bäumen hängen oder auf der Erde herumliegen.

All diese geringen Kakaos werden meistens erst in den Lissabonner Zollhäusern gesichtet, und zu dem Qualitätstyp „mittel ohne Einwurf" zusammengestürzt. Die beiden Monate Juli und August der Sommerernte bringen einen etwas besseren Kakao dieser Mittelsorte hervor, der im Handel als „Pajol", d. h. wörtlich: der vom Lande (von Bauern) stammende, bekannt ist und in der Regel eine Kleinigkeit höher bezahlt wird. Während der Winterernte, die auf Sao Thomé von November bis Februar einschließlich dauert, kommen die großen Zufuhren der mittel Thomés gewöhnlich erst zu Jahresbeginn an den Markt, da sich vorher alles mit der regulären Ernte, also den feinen Thomés, befaßt. Die geringeren Sorten kommen dann erst in zweiter Linie an die Reihe. Alle von den Konsumenten angestellten Versuche, diese Mittelqualitäten zu verbessern, sind leider fruchtlos geblieben, weil diese Kakaos auf den großen Pflanzungen gleichsam als Abfall-Erzeugnis behandelt werden, und die kleinen Bauern nicht die nötigen Vorrichtungen für eine ordentliche Aufbereitung besitzen. Überdies sieht man auch, daß diese geringen Sorten ebenfalls zu Rechnung lassenden Preisen vom Markte aufgenommen werden.

Fernando Poo, gebirgige Insel, unmittelbar Kamerun vorgelagert, kommt als Kakaolieferantin mit etwa 80 000 bis 90 000 Ztr. hauptsächlich für das Mutterland Spanien in Frage, das schon durch erhebliche Zollermäßigung den Wettbewerb jedes anderen Verbrauchslandes schwierig macht. Die Qualität steht hinter der von Sao Thomé und Kamerun zurück, hauptsächlich, weil die meisten Pflanzungen in Händen von Schwarzen sind und schlecht gepflegt werden.

Deutsch-Ostafrika, Madagaskar, Mayotta (Comoren) und **Réunion** mit ihren winzigen Erträgen erwähnen wir schließlich nur beiläufig.

III. Asiatische Kakaosorten.

In Asien befinden sich nur auf den beiden Inseln **Ceylon** und **Java** nennenswerte Kakaokulturen, beide älteren Datums als die afrikanischen und das Produkt von diesen schon durch Art des Sämlings, vorwiegend Trinidad-Criollo, völlig verschieden. Die Ceylon- und Java-Bohne ist wie die echte Criollo eiförmig rund, an den beiden Enden kegelartig verlaufend, der Kern hellbraun und bei den besseren Sorten geradezu weißlich im Bruch. Beide Sorten, zumal die Java-Bohne, finden daher ihre hauptsächliche Verwendung zum Hellfärben der Kakaomasse und zu Kuvertüren, denn beide haben auch keinen ausgesprochenen kräftigen Geschmack. Die Schale ist durch das Waschen bei der Aufbereitung hellgelblich bis rötlichbraun und glatt, da von allen Fruchtmusspuren befreit. Sie sitzt, zumal bei den Java-Kakaos, lose um den Kern, der infolgedessen oft mit viel Bruch in den Handel kommt.

Ceylon, mit dem Ausfuhrhafen Colombo, erzeugt in guten Jahren 60—80 000 Zentner, von denen etwa zwei Drittel über London gehandelt werden.

Die verschiedenen Sorten — oder besser gesagt „Qualitäten“ — denn die Sorgfalt bei der Aufbereitung bedingt in der Hauptsache die Güte der Ware — werden auf Bezeichnung, wie z. B. fine, middling, ordinary, vielfach aber auch nach Type-Mustern gehandelt. Die bessere Ware kommt durchweg von Pflanzungen, die geringe aus Eingeborenen-Betrieben, und wird daher auch „native cocoa" genannt.

Auf **Java** wird vorzugsweise auf der Nordseite der langgestreckten Insel Kakao gebaut. Mehr als die Hälfte wird von dem Hafen Samarang in Mittel-Java ausgeführt, dann folgen Batavia, Soerabaja und einige kleinere Plätze mit insgesamt etwa 20 bis 40 000 Zentnern. Der weitaus größte Teil hiervon, etwa zwei Drittel, wird in monatlich abgehaltenen Auktionen in Amsterdam und Rotterdam holländischen Händlern verkauft, die die Ware an den Konsum weiterhandeln. England, Nordamerika, Australien, China und die Philippinen sind in zweiter Linie als Abnehmer zu berücksichtigen.

Als Untersorten von Java darf man jene insgesamt etwa 1500 Zentner Kakao betrachten, die von den benachbarten Inseln Célebes, Bali, Lombok, Timor und Amboina kommen.

IV. Australische Kakaosorten.

In Australien steckt der Kakaobaum noch in den Anfangsstadien. Am weitesten fortgeschritten ist

Samoa, das im Jahre 1900 nur 30 Zentner, jetzt schon etwa 4000 Zentner ausführt, darunter recht hübsche Qualitäten, zumal die von Criollo-Bäumen stammenden. Neuerdings wird aber auch sehr viel der veredelte Forastero angepflanzt, der, allerdings auf Kosten der Qualität, reicheren Ertrag liefert und weniger sorgfältiger Pflege bedarf. Die Samoa-Criollobohne ähnelt großbohnigem feinen Ceylon, hat aber einen kräftigeren Geschmack.

Neuguinea und der **Bismarck-Archipel** können heute nur erst gleichsam als Versuchsstationen für den Kakaobau genannt werden.

B. Chemische Bestandteile der Bohnen.

a) Die chemischen Bestandteile der Kakaobohne.

Da die Bohne der Kakaofrucht, wie wir gesehen haben, dem botanischen Begriffe nach „Samen" sind, so sind auch ihre chemischen Bestandteile im großen und ganzen dieselben, wie sie in jedem anderen Samen gefunden werden. Es sind dies die sogenannten Vorratsstoffe, die dem Samen von der Mutterpflanze mit auf den Weg gegeben werden, damit er während jener Zeit davon zehren kann, in der er durch die mangelhafte Ausbildung der Organe, die sein späteres Fortkommen bedingen, zu einer selbständigen Ernährung noch unfähig ist, ähnlich wie das Eiweiß im Hühnerei dem jungen, aus dem Dotter sich entwickelnden Hühnchen zur Ernährung dient. Der Kakaosamen enthält jedoch neben den allgemein in dieser Periode des Pflanzenwesens vorkommenden Stoffen, wie: Eiweiß, Stärke, Wasser, Fett, Zucker, Zellfaserstoff (Zellulose) und Mineralbestandteilen (Asche), zwei ihm eigentümliche Stoffe, das Theobromin und das Kakaorot. —

Wir lassen hier eine Reihe von chemischen Untersuchungen der Mengenverhältnisse, in denen sich alle diese Stoffe im Samen vorfinden, folgen und glauben auch, die Untersuchungen der älteren Autoren, die sich mit Kakaoanalysen beschäftigt haben, anführen zu sollen, weil diese verdienstvollen Arbeiten grundlegend für die späteren Untersuchungen geworden sind und die Meinungen über die „normale" Zusammensetzung der Kakaobohnen immer noch recht geteilt sind.

Tabelle 1.

Analyse der enthülsten Bohne nach ihrer chemischen Zusammensetzung in Prozenten.

Namen der Analytiker	Payen[1])	Lampadius[1])	Mitscherlich[1])	
Namen der Sorten	Unbenannte Sorte	Westindisch. Kakao	Guayaquil	Caracas
1. Wasser	10	5,2	5,6	—
2. Stickstoff-Substanz . .	20	16,70	14,39	—
3. Theobromin	2,2		1,2	—
4. Fett	52	53,10	45,0-49,0	46,0-49,0
5. Kakaorot	—	2,07	3,5	—
6. Zucker	—	—	0,6	—
7. Stärke	10	10,91	—	—
8. Gummi und Schleim .	—	7,75	14,3	13,5
9. Holzfaser	2	0,90	5,8	—
10. Asche	4	3,43	3,5	—

Tabelle 2.

	Laube & Aldendorff					C. Heisch			
Namen der Sorten	Caracas	Guayaquil	Trinidad	Puerto Cabello	Surinam	Granada	Bahia	Cuba	Parà
1. Wasser . .	4,04	3,63	2,81	2,96	3,76	3,90	4,40	3,72	3,96
2. Stickstoff-Substanz . .	14,68	14,68	15,06	15,03	11,00	12,45	7,31	8,56	12,50
3. Fett	46,18	49,04	48,32	50,57	54,40	45,60	50,30	45,30	54,30
4. Stärke . . .	12,74	11,56	14,91	12,94	—	—	—	—	—
5. Sonst. stickstoffreie Körper	18,50	12,64	12,06	11 49	28,35	35,70	35,30	39,41	26,33
6. Holzfaser . . .	4,20	4,13	3,62	3,07	—	—	—	—	—
7. Asche . . .	3,86	3,72	3,22	3,94	2,35	2,40	2,60	5,90	3,06

[1]) Vergl. Mitscherlich pag. 75.

Die im Jahre 1886 ausgeführten Analysen Zipperers ergaben folgende Zahlen:[1])

Tabelle 3.

A) Analyse der rohen geschälten Bohne (Kerne).

Bestandteile nach Prozenten	Namen der Sorten							
	Arriba	Machala Guaya-quil	Caracas	Puerto Cabello	Surinam	Trini-dad	Port au Prince	Mittel
1. Feuchtigkeit. . . .	8,35	6,32	6,50	8,40	7,07	6,20	6,94	7,11
2. Fett	50,39	52,68	50,31	53,01	50,86	51,57	53,66	51,78
3. Kakaogerbsäure, Zukker, Umwandlungsprodukte, Phlobaphene	8,91	13,72	10,76	7,85	8,31	9,46	11,39	10,05
4. Theobromin. . . .	0,35	0,33	0,77	0,54	0,5	0,40	0,32	0,45
5. Stärke	5,78	8,29	7,65	10,05	6,41	11,07	8,96	8,33
6. Zellulose (Z) und Proteïnstoffe (P) . .	22,10	14,45	19,84	15,83	24,13	18,43	15,81	18,71
7. Verhältnis P:Z . .	7,3:1	5:1	6,6:1	5,3:1	8:1	6:1	5,25:1	6,2:1
8. Asche	4,12	4,11	4,17	4,32	2,72	2,87	2,92	3,60

Tabelle 4.

B) Analyse der gebrannten geschälten Bohne (Kerne).

Bestandteile nach Prozenten	Namen der Sorten							
	Arriba	Machala Guaya-quil	Caracas	Puerto Cabello	Surinam	Trini-dad	Port au Prince	Mittel
1. Feuchtigkeit. . . .	8,52	6,25	7,48	6,58	4,04	7,85	6,27	6,71
2. Fett	50,07	52,09	49,24	48,40	49,88	48,14	46,90	49,24
3. Kakaogerbsäure, Zukker und Phlobaphene	8,61	7,84	6,85	8,25	8,08	7,69	7,19	7,78
4. Theobromin . . .	0,30	0,31	0,5	0,52	0,54	0,42	0,36	0,43
5. Stärke	9,10	11,59	9,85	10,96	10,19	8,72	12,64	10,43
6. Zellulose (Z) und Proteïnstoffe (P) . .	19,43	18,17	22,16	21,21	24,39	23,06	21,82	21,43
7. Verhältnis P:Z . .	6,5:1	6:1	7,7:1	7:1	8:1	7,6:1	7,3:1	7,1:1
8. Asche	3,89	3,75	3,92	4,08	2,88	4,12	4,82	3,92

---

[1]) Untersuchungen über Kakao und dessen Präparate, pag. 56 u. 57.

Außerdem liegen über die Bestandteile der rohen und gebrannten Kakaobohne noch die Ergebnisse einer von Ridenour[1]) ausgeführten Analysenreihe vor. Im Einklange mit Filsinger[2]) können wir indeß diese Analysen nicht als einwandfreie Beweise für die Zusammensetzung normaler Kakaobohnen ansehen, da sie im Fett-, Stärke-, Eiweiß- und Aschegehalt Werte zeigen, die von allen bisher gewonnenenen Erfahrungen wesentlich abweichen. Dagegen mögen von neueren Untersuchungen hier noch (Tabelle 5) die Daten Platz finden, die von König in seinem bekannten Buche: Chemie der menschlichen Nahrungs- und Genußmittel (1904, Bd. 2 p. 1112) nach Arbeiten von H. Weigmann angegeben werden:

Tabelle 5. **Weigmann.**

	Wasser	Stickstoff-Substanz	Theo-bromin	Fett	Stärke	N-freier Extrakt	Roh-faser	Asche
Ungeschälte Bohnen **roh**	7,93	14,19	1,49	45,57	5,85	17,07	4,78	4,61
gebrannt	6,79	14,13	1,58	46,19	6,06	18,07	4,63	3,87
Geschälte Bohnen **roh**	5,58	14,13	1,55	50,09	8,77	13,91	3,93	3,45
gebrannt	4,16	13,97	1,56	53,03	9,02	12,79	3,40	3,46

Die vorstehenden Tabellen vermitteln uns ein Gesamtbild der chemischen Bestandteile der Kakaobohnen, wir müssen aber auch deren chemische und physikalische Eigenschaften näher betrachten; denn erst im Besitz dieser Kenntnisse werden wir einerseits erkennen, daß man manchen Verlusten bei der Verarbeitung der Kakaobohnen vorbeugen kann, andererseits werden uns auch gewisse Teile der Fabrikation verständlicher erscheinen.

Wie wir gesehen haben, finden sich in den Kakaobohnen in wechselnder Menge die nachstehend angeführten Stoffe vor:

1. Wasser.
2. Fett.
3. Kakaorot.
4. Theobromin.

---

[1]) Ridenour, American Journ. of Pharmacie 1895. Bd. 67 p. 207.
[2]) Filsinger, Chem. Ztg. 1887, p. 202.

5. Eiweiß.
6. Stärke.
7. Zellfaserstoff (Zellulose) oder Rohfaser.
8. Geringe Mengen Trauben- und Rohrzucker.
9. Mineralische oder Aschenbestandteile.

Die ganze Kakaobohne besteht, wie die Mehrzahl aller Pflanzen und Pflanzenteile, aus einer Menge allseitig geschlossener und fest aneinanderliegender Bläschen oder Zellen. Die Haut dieser Zellen wird duch den Zellfaserstoff (Zellulose) gebildet. Den Inhalt der Zellen bilden Fett, Eiweiß, Wasser, Stärke, Theobromin, Kakaopigment, sowie geringe Mengen von Zucker und Salzen.

1. Das Wasser oder die Feuchtigkeit.

Wasser ist, wie wir gesehen haben, zu 6 bis 8 Prozent in der Bohne vorhanden; es ist überhaupt für die Keimfähigkeit eines jeden Samenkorns von unerläßlicher Wichtigkeit. Entzieht man einem Samen die Feuchtigkeit, d. h. also trocknet man ihn scharf, so stirbt er ab. Auch die trockensten, bereits abgestorbenen Bohnen enthalten indeß, wie aus obigen Analysen hervorgeht, noch geringe Mengen von Feuchtigkeit.

2. Das Fett.

Das Fett ist einer der wichtigsten Vorratsstoffe der Pflanze, da auf seine Kosten die Atmung bewirkt wird. Es ist hierzu doppelt geeignet, einmal als Substanz von hohem Kohlenstoffgehalt und großen Wärmewert, und andererseits, weil der lebende Organismus mit den ihm zu Gebote stehenden Mitteln Fett besonders leicht oxydieren, d. h. verbrennen kann; wir finden es darum auch in den meisten Samen in größeren Mengen aufgestapelt. Unter dem Mikroskop gesehen bildet es zusammengeballte Massen oder auch Krystalldrusen, die sich besonders deutlich von den übrigen Inhaltsstoffen der Zelle abheben, falls wir Osmiumsäurelösung hinzu bringen, die das Fett schwärzlich färbt. In Kakaobohnen findet sich Fett in Mengen von 50—56 % vor, beträgt also rund die Hälfte des ganzen Gewichtes der geschälten Bohne; auch in der Schale der Bohnen befinden sich noch bis zu 4 und 5 %[1]). Ungerottete Bohnen haben oft neben ihrem bitteren auch einen ranzigen

[1]) Im frischen Zustande enthalten die Schalen der Bohnen kein Fett; dieses tritt indes schon beim Rotten und Trocknen aus den Keimlappen aus und teilt sich den Schalen mit. Am meisten Fett nehmen die Schalen aber während des Röstens auf, wo sie viel Feuchtigkeit verlieren und sich alsdann mit Fett vollsaugen.

Geschmack, der auf das Ranzigwerden des darin enthaltenen Fettes zurückzuführen ist.

Die rohen Bohnen enthalten meist um ein Geringes mehr Fett als die gebrannten; während dies bei ersteren 50—55 Prozent im Durchschnitt beträgt, gewinnt man aus letzteren 48 bis höchstens 52 Prozent. Die Ursache dieser Erscheinung dürfte sowohl in der Anreicherung der Schalen an Fett gesucht werden, wie auch in einzelnen Fällen (bei denen die Bohnen zu scharf geröstet wurden) in den chemischen Veränderungen, die die Hitze des Brennens auf die Fettstoffe ausübt (Akroleïnbildung). Chemisch genommen, ist das Kakaofett ein Gemisch von sogen. Estern, und zwar von Glyzerinestern oder Glyzeriden der Fettsäuren, und enthält neben Stearin, Palmitin und Olein[1]) auch das Glyzerid der Arachinsäure. Früher glaubte man auch, daß in der Kakaobutter Ameisen-, Essig- und Buttersäure enthalten seien, was jedoch von Lewkowitsch[2]) als irrig erwiesen wurde, ebenso wie die Gegenwart der von Kingzett[3]) gefundenen Theobrominsäure, die von Graf[4]) in Frage gestellt worden ist. Das Kakaofett ist von gelblich weißer bis gelber Farbe, ziemlich hart und hat einen angenehmen Geruch und Geschmack. Frisch gepreßte Kakaobutter besitzt häufig eine ins Bräunliche spielende Färbung. Diese geht nach kurzer Zeit in Blaßgelb über, und nach längerem Lagern erscheint sie fast weiß. Die ins Bräunliche spielende Färbung frisch gepreßter Kakaobutter ist auf schwimmende Pigmentteilchen zurückzuführen, was daraus hervorgeht, daß bei einer bräunlichen Kakaobutter, die man einige Zeit in geschmolzenem Zustande stehen läßt, sich diese Schwemmteilchen senken und die Butter die übliche gelbliche Färbung annimmt. Diese letztere ist aber nicht von aufgeschwemmten, sondern von im Öl gelöstem Pigment und in zweiter Linie von den im Öl gelösten Röstprodukten abhängig. Auch der angenehme Geruch und Geschmack der Kakaobutter wird vermutlich zu dem gelösten Pigment und den Röstprodukten in Beziehung stehen.

Durch Extraktionsmittel aus Kakao ausgezogenes Fett unterscheidet sich wesentlich von dem hydraulisch abgepreßten Fette, was bei früheren Untersuchungen über Kakaobutter immer noch übersehen wurde und daher gar nicht scharf genug

---

[1]) Klimont, Ber. d. dtsch. chem. Ges., 34 p. 2636. Monatsh. f. Chem. 1902 (23) 51, 1904 (25) 929, 1905 (26) 536.

[2]) Journ. of the Soc. of Chem. Industry 1899, p. 195.

[3]) Chevalier u. Baudrimont, Dictionnaire des altérations p. 195.

[4]) Archiv de Pharmacie 1888, Bd. 26 p. 830.

betont werden kann. Ausgezogenes Fett ist gelblich weiß bis grau und wird beim Liegen, von Außen nach Innen fortschreitend, rasch weiß (Zeichen des Ranzigwerdens); der Bruch dieses Fettes ist zum Teil körnig, der Geschmack ist scharf und der Geruch schwächer als bei abgepreßtem Fett, zuweilen sogar unangenehm (bei mangelhafter Ware, vgl. Seite 48).

Die Haltbarkeit der Kakaobutter ist, entgegen der gewöhnlichen Annahme, nicht wesentlich größer als die anderer vegetabilischer Fette. Auch das Kakaofett wird, wie besonders von Lewkowitsch[1]) nachgewiesen worden ist, ranzig. Mit „Ranzigwerden" bezeichnet man bei Fettstoffen jenen Zustand üblen Geruches und Geschmackes, der sich besonders bei mangelhafter Aufbewahrung nach längerer oder kürzerer Zeit einstellt. Durch welche chemische Umlagerung in den Fettstoffen das Ranzigsein bedingt wird, ist auch heute noch nicht mit Sicherheit erforscht. Aus den Versuchen von Lewkowitsch und anderen[2]) ergibt sich, daß beim Ranzigwerden der Fette nicht, wie man zumeist anzunehmen geneigt ist, Säurebildung allein im Spiele ist (obwohl meistens eine deutliche Anreicherung an Fettsäuren stattgefunden hat), sondern daß die eigentliche Ursache des Ranzigwerdens wahrscheinlich in aldehyd- und ketonartigen Oxydationsprodukten des Glyzerins zu suchen ist.

Auch das spezifische Gewicht des Kakaofettes ist sehr verschieden, je nachdem es gepreßt oder mit Lösungsmitteln ausgezogen worden ist. Es läßt sich nach White[3]) auch nur dann mit Sicherheit bestimmen, wenn das Öl bereits seit mehreren Tagen erstarrt ist. Nach Rammsberger soll das spezifische Gewicht eines durch Pressen gewonnenen Fettes 0,85, des mit Äther ausgezogenen 0,958 betragen. Nach Hager dagegen ist das übliche spezifische Gewicht der frischen Kakaobutter bei 15° C. 0,95—0,952, das einer alten 0,945—0,946, welche Zahlen auch von anderer Seite bestätigt worden sind; nach Dietrich 0,98—0,981 bei **100° C.** — Der Schmelzpunkt wird im allgemeinen zu 33° C angenommen. Es ist jedoch auch hier wieder zwischen gepreßtem und ausgezogenem Fette streng zu unterscheiden. Gepreßtes, längere Zeit aufbewahrtes Fett zeigt einen Schmelzpunkt zwischen 34 und 35° C, der äußerst konstant ist; es empfiehlt sich daher, den Schmelzpunkt nicht bei

---

[1]) Vergl. vorig. Seite, Anm. 3.

[2]) Schmidt, Ztschr. analyt. Ch. 1898, Bd. 37 p. 301; P. Welmans, Pharm. Ztg. 1894, p. 776.

[3]) Pharm. Ztg. 1898, No. 10.

frischem, sondern bei bereits länger aufbewahrten Fett zu bestimmen und die so erhaltenen Werte als die eigentliche Schmelzpunktzahl der Kakaobutter zu betrachten. Alle anders gewonnenen Kakaofette haben niedrigere Schmelzpunkte.

Da das frisch geschmolzene Kakaofett stets seinen Schmelzpunkt verändert, so ist es, um einen konstanten Wert zu erhalten, unbedingt nötig, das eingeschmolzene Fett mindestens sechs bis acht Tage im Dunkeln und durch Eis gekühlt liegen zu lassen, und, weil nur nach dieser Zeit der Schmelzpunkt konstant bleibt, erst dann zur eigentlichen Bestimmung zu schreiten.

Die auf besondere Weise (vgl. im 4. Abschnitt) von Zipperer ausgeführten Schmelzpunkt-Bestimmungen des Kakaofettes zeigten folgende Werte[1]):

Sorte der Bohne:	Schmelzpunkt ° Celsius roh	gebrannt
Machala Guayaquil	34,5	34,0
Caracas	33,5	34,0
Arriba	33,75	31,5
Port au Prince	34,25	33,8
Puerto Cabello	33,5	33,0
Surinam	34,2	34,0
Trinidad	34,0	34,0

White und Oldam[2]) erhielten folgende Zahlen:

Sorte der Bohnen:	Schmelzpunkt ° C
Guayaquil	33,6—33,9
Granada	33,0—33,3
Trinidad	31,5—32,5
Ceylon	33,0—33,6
Caracas	33,9—34,2

Filsinger und Henking[3]) fanden:

Sorte der Bohnen:	folgende Schmelzpunkte = ° Celsius
Kauka-Bohnen	32,1—32,4
Bahia-Bohnen	32,7—33,4
Porto Plata-Bohnen	33,1—33,6

---

[1]) Vergl. auch Tabelle 6.

[2]) The Brit. & Colon. Druggist 1897 No. 21.

[3]) Korr. der Verb. Dtsch. Schokoladefabr. 1889, Jahrg. V p. 65.

Wie man sieht, differieren die von verschiedenen Forschern beobachteten Schmelzpunkte um ein Geringes, und es dürften diese Differenzen auf die bei der Ermittelung eingeschlagene Methode, also auch auf die individuelle Beobachtungsweise der einzelnen Analytiker zurückzuführen sein. Im allgemeinen ist festzuhalten, daß der Schmelzpunkt echter Kakaobutter nicht unter 33 und nicht über 35 Grad C. liegen soll. Jener Punkt, bei dem Kakaofett wieder erstarrt (Erstarrungspunkt), liegt zwischen 21,5—23,0° C. Die aus dem Kakaofett abgeschiedenen Fettsäuren schmelzen bei 48—52 Grad C. und beginnen bei 45° C. zu erstarren; das Erstarren ist in den meisten Fällen bei 51—52° C. beendet (vgl. auch Tabelle 6).

Danach soll der Schmelzpunkt unverfälschter Kakaobutter zwischen 32° und 35° C liegen; doch können, wie viele Versuche nachgewiesen haben, Verfälschungen des Kakaofettes durch die Verschiedenheit der Schmelzpunkte allein nicht festgestellt werden. Um dem Kakaofett beigemengte Fremdkörper wie Talg, Wachs und Paraffin zu erkennen, ist die Björklundsche Ätherprobe[1]) sehr geeignet, über deren Ausführung im vierten Abschnitt berichtet ist.

Wie alle Fette, so hat auch das Kakaofett die Eigenschaft, mit Alkalien Seifen zu bilden, das heißt, chemische Verbindungen der in dem Fett als Fettsäuren vorhandenen Stoffe mit den Alkalien, wie Kali, Natron, Ammoniak etc. einzugehen. Auf Zusatz von Mineralsäuren werden aus diesen Seifen dann (unter Bildung der jeweiligen Salze) die reinen Fettsäuren abgeschieden. Von diesen Fettsäuren existieren in der Natur im allgemeinen zwei Arten:

1. Die flüchtigen Fettsäuren, das heißt solche, die sich bei einer Hitze von etwa 100—110° C. (allein oder leichter mit Wasserdampf) als Dämpfe verflüchtigen. Sie sind im Kakaofett gewöhnlich nur in ganz geringen Mengen vorhanden; ihr Gehalt kann jedoch bei Fetten aus schlecht gerotteten, havarierten oder sonst minderwertigen Bohnen erheblich steigen[2]).

2. Die festen Fettsäuren, das sind solche, die bei den obigen Hitzegraden nicht in Dampfform übergeführt werden

---

[1]) Ztschr. analyt. Ch., Bd. 3 p. 233.

[2]) Die später zu erörternde Reichert-Meissl'sche Zahl beträgt nach einer brieflichen Mitteilung P. Welmans für gepreßtes Fett unter 1° Burstyn (auf 100 gr Fett, Anzahl ccm $\frac{n}{1}$ Kaliauge), bei extrahierten Fetten bis 1,6 ccm.

können. Sie resp. ihre Glyzeride bilden den hauptsächlichsten Bestandteil der Kakaobutter.

Nun sind durch die Björklundsche Ätherprobe nur Wachs, Paraffin und Talg, also Stoffe von relativ höherem Schmelzpunkt zu erkennen, wenn sie zur betrügerischen Vermengung von Kakaofett benützt werden. Um dagegen Gemenge des Kakaofettes mit Fetten von niederen Schmelzpunkten, wie Kokosöl etc. oder flüssigen Ölen, wie Cotton- oder Sesamöl etc. zu erkennen, muß man einen andern Weg einschlagen.

Von den hier gebräuchlichen, analytischen Methoden kommen beim Kakaofett besonders die Jodzahl, die Verseifungszahl, die Säurezahl, die Bestimmung des Schmelzpunktes der Fettsäuren, sowie die Refraktometeranzeige im Zeißschen Butterrefraktometer in Betracht. Auch die Reichert-Meißlsche Zahl kann zur Prüfung von Kakaofett herangezogen werden.

Die Jodzahl gibt an, wie viele Prozent Jod ein Fett zu addieren vermag; sie bildet demnach ein Maß für den Gehalt an ungesättigten Fettsäuren. Da dieser bei den verschiedenen Fetten pflanzlichen und tierischen Ursprungs verschieden, aber für die einzelnen Fette konstant ist, so sind wir dadurch auch in den Stand gesetzt, echte Fette zu erkennen und deren mögliche Verfälschungen zu bestimmen. Die von den Fetten aufgenommene Menge Jod wird in Prozenten der angewandten Fettmenge angegeben und als Jodzahl bezeichnet. Die Ermittelung der Jodzahl hat infolge der „Vereinbarungen" nach dem v. Hüblschen Verfahren[1]) zu geschehen, und zwar erscheint es nach den Erfahrungen von Filsinger[2]) empfehlenswert, die Jodlösung 10—12 Stunden bei zerstreutem Tageslicht auf das Fett einwirken zu lassen. Vor der Bestimmung der Jodzahl soll das Kakaofett nach Welmans[3]) bei einer Temperatur von 100 bis 105° C. getrocknet werden, damit etwa vorhandenes Akroleïn, das sich bei zu starkem Rösten der Kakaobohnen gebildet hat, verflüchtigt wird; andererseits ist aber auch beim Trocknen ein zu starkes Erhitzen des Fettes zu vermeiden, da hierdurch leicht wieder Akroleïn entstehen kann. Filsinger bestimmte die Jodzahl mehrerer reiner Sorten Kakaobutter und erhielt dabei folgende Werte:

---

[1]) Dinglers polytechn. Journal, Bd. 253 p. 281. Bezüglich der Ausführung dieser Methode vergl. auch P. Welmans, Ztschr. öffentl. Ch. 1900, Heft 5.

[2]) Ztschr. analyt. Ch. 1896 p. 519.

[3]) Ibid. 1900 p. 95.

Sorte:	Jodzahl:
Kauka	36,2—36,7
Bahia	36,8—37,1
Porto Plata	36,6—36,9
Arriba	35,1—36,8

Reine Kakaobutter zeigt im Durchschnitt eine Jodzahl von 34—37,5[1]).

Die Verseifungszahl oder Köttstorfersche Zahl[2]) gibt an, wie viel Milligramm Kalihydrat zur vollständigen Verseifung von 1 g Fett erforderlich sind, d. h. die zur Verseifung des Fettes notwendige Menge Kalihydrat in Zehntelprozenten. Sie beträgt bei reiner Kakaobutter nach Filsinger[3]) 192—202; gewöhnlich bewegt sich diese Zahl aber zwischen 194 bis 195. Ihre Bestimmung läßt namentlich Verunreinigungen durch Kokosbutter und deren Präparate im Kakaofett erkennen.

Die Bestimmung der Säurezahl hat sich ebenfalls als erforderlich oder doch als sehr empfehlenswert erwiesen, namentlich infolge der Verwendung der sogenannten holländischen IIa. Kakaobutter, Schalenbutter, die aus Kakaoabfällen gewonnen wird und oftmals ranzig ist. Diese Zahl gibt jene Menge Kalihydrat in Zehntelvolumprozenten für 100 g Fett an, die zur Neutralisation der darin befindlichen freien Fettsäuren nötig ist und bildet daher ein Maß für den Gehalt an freien Fettsäuren. Da die Konstanten nach verschiedenen Methoden (Merz, Burstyn) festgesetzt worden sind, so muß man dem bei Beurteilung der Literaturangaben über die Säurezahl des Kakaofettes Rechnung tragen. Während die „Vereinbarungen" (Heft I, 1897) im Abschnitt „Speisefette und Öle" noch zwei verschiedene Methoden zur Bestimmung der freien Fettsäuren und auch zwei Arten der Verwertung und Angabe des Resultates (als „Säuregrad" und als „freie Säure", berechnet auf Ölsäure) kennen, gibt die im Anschluß an das Margarinegesetz am 1. April 1898 vom Reichskanzler bekanntgegebene amtliche „Anweisung zur chemischen Untersuchung von Fetten und Käsen" unter c) nur eine einzige, genau festgelegte Ausführung zur „Bestimmung der freien Fettsäuren (des Säuregrades)".

---

[1]) Ausnahmsweise ist von Strobl, Ztschr. analyt. Ch. 1896, Bd. 35, p. 166, bei einer Sorte von Bahia-Kakaofett auch eine Jodzahl von 41,7 beobachtet worden, ein Resultat, das indes auf überröstete Bohnen oder Anwendung von hochsiedendem Petrol-Äther zurückgeführt werden muß. (Vgl. auch Tabelle 6).

[2]) Ztschr. analyt. Ch. 1882, Bd. 21, p. 394.

[3]) Korr. d. Verb. Dtsch. Schokoladefabr. 1889, X. Jahrg. No. 5.

Es handelt sich hier um Grade Burstyn, dessen Methode daher hier angegeben werden soll, zumal sie jetzt allgemein und allein üblich ist. Schließlich darf nicht übersehen werden, daß Herstellungsart und Alter der Bohnen, sowie das Alter des Fettes auf die Höhe der Säurezahl von erheblichem Einfluß sind.

Die Reichert-Meißlsche Zahl ergibt den Prozentgehalt eines Fettes an flüchtigen Fettsäuren; sie beträgt, wie bereits erwähnt, bei ausgezogenem Kakaofett bis zu 1,6 ccm; Milchschokoladen liefern nach Welmans ein Fett, dessen Reichert-Meißlsche Zahl 2,5 beträgt.

Auch die Bestimmung des Lichtbrechungsvermögens von Kakaobutter im Zeißschen Butterrefraktometer hat wertvolle Anhaltspunkte für die Beurteilung der Reinheit des Kakaofettes ergeben, zumal diese Bestimmung eine Kontrolle der Jodzahl erlaubt. Nach den Untersuchungen von Roques[1]) stehen Jodzahl und Brechungsindex in gleichem Verhältnisse zueinander dergestalt, daß eine hohe Jodzahl einen hohen Brechungsindex bedingt und umgekehrt. Der Brechungsindex von Kakaofett schwankt bei 40° C. zwischen 1,4565—1,4578, entsprechend 46—47,8° der Skala des Zeißschen Butterrefraktometers. Die Refraktometerprobe empfiehlt sich nach Filsinger besonders zur allgemeinen Vorprüfung von Kakaobutter; denn man wird in manchen Fällen, bei normaler Refraktion des aus einem Kakaopräparate ausgezogenen Fettes, von den übrigen umständlichen Feststellungen der Jod-, Verseifungs-, Säurezahl und des Schmelzpunktes absehen können. Zum Schlusse lassen wir noch eine Tabelle 6 folgen, in der die verschiedenen Konstanten für Kakaobutter verschiedener Herkunft zusammengestellt sind[2]).

Wie schon erwähnt, enthalten nicht nur die Kerne des Kakaosamens Fett, sondern auch die Schalen; allerdings beträgt deren Gehalt nur 4—5 %, doch hat man seit langem versucht, auch dieses Fett zu gewinnen und zu verwerten. Es gelangt unter dem Namen holländische IIa Kakao- oder auch künstliche Kakaobutter in den Handel, kann aber nicht, wie das Fett der Kerne, durch mechanischen Druck (Auspressen) gewonnen werden, sondern wird durch Extraktion mittels eines Lösungsmittels (Benzin oder dergleichen) erhalten. Der Geruch des Benzins ist aber aus der Schalenbutter nur

---

[1]) Ztschr. angew. Ch. 1898 p. 116.

[2]) Wir verdanken diese Tabelle der Liebenswürdigkeit des † Herrn Dr. Fritzsche, Vorstand der Fleischbeschaustelle Cleve.

Tabelle 6.

Physikalische und chemische Analysenwerte abgepreßter Stollwerckscher Kakaobutter verschiedener Herkunft.

	Accra	Arriba	Bahia	Guaja-quil	Kame-run	Puerto Gabello	Thomé	Trini-dad	Schwankungen der Analysenwerte	
									von	Mittel-wert
a) Fett.										
Berechnungszahl bei 40°	64,3	46,1	46,1	46,5	46,0	46,0	46,8	46,3	46,0 — 46,9	46,4
Schmelzpunkt[1]) nach Polenske, S. P.	33,1	33,2	31,95	32,5	33,65	32,7	32,95	32,9	31,95— 33,65	32,9
Erstarrungspunkt nach Polenske, E. P.	20 0	21,55	19,35	19,8	20,95	20,8	18,60	20,60	18,6 — 21,55	20,2
Differenzzahl[2]) nach Polenske, D Z.	13,1	11,65	12,60	12,5	12,70	11,9	14,35	12,30	11,65— 14,35	12,7
Reichert-Meißlsche Zahl	0,49	0,33	0,38	0,55	0,33	0,41	0,55	0,55	0,33— 0,55	0,45
Polenskesche Zahl[3])	0,50	0,50	0,60	0,42	0,40	0,40	0,55	0,55	0,4 — 0,6	0,49
Köttstorfersche Zahl	192,4	191,7	191,4	190,8	193,2	191,6	191,6	191,5	190,8 —193,2	191,8
v. Hüblsche Jodzahl	35,24	34,89	37,87	36,54	34,0	32,72	37,24	33,72	32,72— 37,87	35,28
Belliersche Reaktion[4])	violett	wie 1	wie 1	wie 1	wie 1	wie 1	wie 1	wie 1	—	—
R. Cohnsche Reaktion[5])										
a) Fett im frischen Zustand	negativ	"	"	"	"	"	"	"	—	—
b) Fett im[6]) ranzigen Zustand	stark positiv	schwach positiv	positiv	schwach positiv	positiv	Opales-cenz +	Opales-cenz +	Opales-cenz +	—	—
b) Fettsäuren.[7])										
Brechungszahl bei 40°	34,66	34,55	34,50	34,40	33,70	33,50	34,70	33,50	33,5 —34,6	34,18
Schmelzpunkt[8])	52,90	52,95	51,80	52,90	52,00	51,45	52,05	52,50	51,45—52,95	52,32
v. Hübl'sche Jodzahl	35,88	36,27	39,78	37,78	36,02	33,85	39,60	36,02	33,85—39,78	36,90

Bemerkungen

1) Endpunkt schwer erkennbar, deshalb jeder einzelne Wert das Mittel mehrerer Bestimmungen.

2) Arbeiten aus dem Kaiserlichen Gesundheitsamte 1907, 26, 444—463.

3) Arbeiten aus dem Kais. Gesundheitsamte 1904, 20, 545—558.

4) Zentralblatt für das Deutsche Reich 1908, 36, 100.

5) Zeitschrift für öffentl. Chemie 1907, 16, 308.

6) Erzielt durch vierwöchiges Stehen in einem mit Fließpapier bedeckten Erlenmeyerschen Kölbchen.

7) Nicht flüchtige, wasserunlösliche Fettsäuren von der Bestimmung der Reichert-Meißlschen Zahl.

8) Wie unter a) ermittelt. Erstarrungspunkt, Gemisch 1 bis 8 = 47,8 – Schmelzpunkt minus Erstarrungspunkt: 52,3 — 47,8 = 4,5.

schwierig zu entfernen, weshalb dieses Produkt geringen Handelswert besitzt und seine Fabrikation wenig lohnt. Die Schalenbutter weist nach Filsinger[1]) eine höhere Jodzahl auf, als die Butter der Kerne, nämlich 39—40; ihr Säuregehalt kann, zumal wenn das Fett ranzig geworden ist, bis zu 50—60^0 Burstyn, d. h. 50—60 ccm Normal-Alkali für 100 g Fett, steigen[2]). Wird die freie Säure der Kakaoschalenbutter mit Natriumkarbonat oder Magnesiumkarbonat entfernt, so erhält man in dem entsäuerten Fette die gewöhnliche Jodzahl der reinen Kakaobutter von 36,5. Um bei der Beurteilung reiner Kakaobutter Irrtümer zu vermeiden, muß man also, falls die untersuchte Probe eine ungewöhnlich hohe Jodzahhl zeigt, noch die Säurezahl bestimmen. Sollte sich auch diese als zu hoch erweisen, so muß man die Fettsäuren entfernen; man erhält dann bei einem unverfälschten Fette die richtige Jodzahl. (Filsinger.)

Die Kakaobutter besitzt einen erheblichen Handelswert und ist deshalb mannigfachen Verfälschungen mit geringwertigeren Fettstoffen pflanzlichen und tierischen Ursprungs ausgesetzt. Unter diesen sind Rinds- und Hammeltalg, die gereinigten Fettsäuren des Palmkernöles (Kakaoline), Wachs, Paraffin, Stearinsäure, Dickafett (Nucoabutter?), Kokosnußöl und dessen verschiedene Verarbeitungen (Lactine, Pflanzenbutter, Schokoladenbutter, Laureol, vegetabilische Butter, Palmin, Kunerol etc.) hervorzuheben. Auch Cotton-, Sesam- und Erdnußöl, Margarine und Haselnußöl kommen in Betracht.

Zum Nachweis dieser oder ähnlicher Verfälschungen dienen die angeführten Reaktionen und analytischen Methoden, deren genaue Ausführung sich im 4. Abschnitt findet. Nach R. Benedict[3]) erniedrigen Zusätze von Wachs und Paraffin die Verseifungszahl beträchtlich, Kokosnußöl erhöht sie, erniedrigt aber die Jodzahl, Stearinsäure erhöht die Säurezahl. Die Gegenwart von Kokosbutter verrät sich übrigens nach A. Ruffin) auch bei der Esterifizierung der erhaltenen Fettsäuren (mit Alkohol und Schwefelsäure) durch die Entstehung des eigentümlich riechenden Kokossäureäthylesters. Talg wird durch die Björklundsche Probe erkannt. Zusätze von Pflanzenölen, wie Mandel-, Cotton-, Erdnuß-, Sesam- und Haselnußöl erniedrigen den Schmelzpunkt der Fettsäuren und erhöhen die

---

[1]) Benedikt-Ulzer, Analyse der Fette und Wachsarten. Daselbst auch Literatur.

[2]) Diese hohen Säuregrade dürften aber vermutlich durch einen Säuregehalt des zur Herstellung benutzten Benzins verursacht sein.

[3]) Loc. cit.

[4]) Pharm. Rdsch. 1899, No. 51 p. 820.

Jodzahl. Sesamöl wird leicht durch die Baudouinsche Reaktion erkannt. Es entsteht dabei eine himbeerrote Färbung, während reines Kakaofett hellgelb bis dunkelbraun bleibt. Durch die Baudouinsche Reaktion gelingt es bis zu 1 % Sesamöl in der Kakaobutter nachzuweisen.

Die nachstehende Tabelle 7 enthält eine Zusammenstellung der Analysenergebnisse jener Fettarten, die als Verfälschungsmittel für Kakaofett möglicherweise in Betracht kommen und soll dazu dienen, den Überblick über dieses Gebiet zu erleichtern.

Das Kakaofett findet sowohl bei der Fabrikation gewisser Kakaoerzeugnisse selbst (zu Kuvertüren, zu den fettreichen sogen. Schmelzschokoladen, sowie zum Schmieren jener Maschinenteile, die direkt mit Kakao in Berührung kommen etc.), wie auch in der Parfümerie und in der Pharmazie zur Anfertigung von Stuhlzäpfchen (Suppositoria), Salben etc. Verwendung. Für die Seifenfabrikation besitzt das Kakaofett keine Bedeutung, da es nur ein wenig ansehnliches Erzeugnis liefert. Als Speisefett im eigentlichen Sinne des Wortes, also wie Kuhbutter, Schweineschmalz etc., ist Kakaobutter infolge ihrer schweren Verdaulichkeit in ungemischtem Zustande nicht verwendbar, wiewohl sie in Form von Schokolade gegeben nach den Studien von Benedict[1]) u. a. vom Organismus des Menschen mindestens ebenso gut ausgenutzt wird wie das Milchfett, von dem wir nach den geläufigen Anschauungen annehmen, daß es die günstigsten Bedingungen für die Aufnahme im Darme bietet. Die Ausnutzung beider Fette schwankt in den Breiten von 92,3 und 95,38 %. Diesen beiden Fetten stehen an Ausnutzungsfähigkeit sehr nahe das gereinigte, gepreßte, von den löslichen Glyzeriden der Hauptsache nach befreite Fett der Kokosnuß und die Kuhbutter, von denen das erstere nach den Versuchen von Bourot und Jean[2]) zu 98 %, die letztere zu 95,8 % verdaut werden.

Die Kakaobutter wird bei der Verarbeitung des Kakaos auf Puderkakao als Nebenprodukt gewonnen. Demzufolge vermögen jene Länder, in denen hauptsächlich Puderkakao erzeugt wird, dem Markt stets größere Mengen Kakaofett zuzuführen. Vor allem kommt hier außer Deutschland Holland in Betracht, das allmonatlich bedeutende Mengen Kakaobutter auf den Amsterdamer Markt wirft; so hat die bekannte Firma van Houten schon im Jahre 1899 allein 855 Tonnen dieses Produktes zum Verkauf gebracht.

---

[1]) Therapeutische Monatshefte 1895, p. 345 u. f.

[2]) Comptes rendus hebdomadaires des séances de l'Académie des sciences de Paris. Tome 123 p. 587.

Tabelle 7.

	Schmelzpunkt, Grade Celsius	Schmelzpunkt der Fettsäuren Grade Celsius	Jodzahl	Verseifungszahl	Säurezahl	Refraktometer-Anzeige im Zeißschen Butterrefraktometer
Kakao-Butter	**32,0-34,5**	**48,0-52,0**	**34-37,5**	**192-202** (meist 194-195)	**9,24-17,9**	**46-47,8** bei 40° C.
Mandel-Öl . .	—	14,0	93,0-101,9	189,5-195,4	—	64-64,8 bei 25° C.
Sesam-Öl . .	—	26-30	106,4-109	187-192	—	67-69 bei 25° C.
Erdnuß-Öl (Arachis) . .	—	27-31	92-101	190-197	—	65,8-67,5 bei 25° C.
Haßelnuß-Öl .	—	27-35	83,2-88	191,4-197,1	—	—
Cotton- oder Baumwollensamen-Öl . .	—	38-40	106-111	191-197	—	67,6-69,4 bei 25° C.
Oleo-Margarine	32,4-32,5	42	43,8-48.5	195-197,4	—	48,6 bei 40° C.
Rinder-Talg. .	43-49	43-46	35,4-36,5	193,2-198	—	49 bei 40° C.
Wachs . . .	62-64	—	8,0-11,0	97-107	19-21	—
Paraffin . . .	38-82	—	3,9-4,0	—	—	—
Stearinsäure .	71,0-71,5	—	—	195-200	195-200	—
Sebin	37,6-37,8	—	43,7-43,8	192,4-192,6	—	—
Kokos-Butter .	20-28 meist 26,2-26,4	24-25	8,0-9,0	254,8-268,4	—	35,5 bei 40° C.

3. Kakaorot — oder — Kakaopigment.

Die Mehrzahl der Forscher, die sich bis heute mit der eingehenden Untersuchung der Kakaobohnen befaßt haben, ist darüber einig, daß die Kakaobohne ihr eigentümliches Aroma, wie auch zum größten Teile den ihr eigenen Geschmack dem Kakaorot verdankt. Wie wir bereits angeführt haben, ist die junge Bohne vollkommen farblos, das Pigment bildet sich also erst später, wie das bei vielen vegetabilischen Farbstoffen, z. B. dem Eichen- und Chinarot, bei Krapp, Indigo und (wohl am ähnlichsten) beim Kolarot, dem Farbstoff der afrikanischen Kolanüsse (Sterculia acuminata) zu beobachten ist. Wie Untersuchungen von Hilger[1]) gezeigt haben, ist in der noch farblosen, frischen Kakaobohne zunächst ein diastatisches Ferment, sowie ein Körper glykosidischer Natur vorhanden, den C. Schweitzer[2]) Kakaoglykosid oder „Kakaonin" genannt hat[3]). Beim Trocknen der reifen, weißen Samen wird durch die Einwirkung des diastatischen Fermentes auf das Kakaoglykosid letzteres zum Teil zersetzt und es bilden sich daraus Traubenzucker, das reine stickstoffreie Kakaorot, sowie ein Gemenge von Theobromin und Koffeïn, Stoffe, die sämtlich neben einer gewissen Menge unzersetzt gebliebenen Kakaoglykosides im Samen nachgewiesen werden können, der alsdann die bekannte bräunliche bis violette Färbung angenommen hat. Die ungerotteten Bohnen können nach den Untersuchungen von Schweitzer noch bis zu 0,6 % des unzersetzten Glykosides enthalten. Beim Rotten vollziehen sich ähnliche Vorgänge wie beim Trocknen, doch wird auch hier das Glykosid nicht vollkommen aufgespalten; denn das auf die gewöhnliche Art isolierte Kakaorot der rohen, gerotteten Bohne besteht nach Hilger ebenfalls aus einem Gemenge von reinem stickstoffreiem Kakaorot und Glykosid. Die vollständige Aufspaltung des Kakaoglykosides ist nur künstlich auf chemischem Wege, nämlich durch Kochen des zerkleinerten, entfetteten Samens mit verdünnten Säuren zu erzielen. Diese Erkenntnis hat es ermöglicht, die Bestimmung der Diureïde der Kakaobohne in einwandfreier Weise durchzuführen, da durch die Säurebehandlung das gesamte im Kakao sich bildende Theobromin und Koffeïn in Freiheit gesetzt wird.

Das Molekül des Kakaoglykosides ist nach Schweitzer (loc cit.) als eine esterartige Verbindung aufzufassen, die aus einem Molekül stickstoffreien Kakaorots, sechs Molekülen Stärkezucker und einem Molekül Theobromin mit zweiseitiger Bindung besteht und die empirische Formel $C_{60}H_{86}O_{15}N_4$ besitzt.

Alle Angaben chemischer Natur, die über Kakaorot bis zum Erscheinen der Hilgerschen Forschungsresultate vorlagen, bezogen sich auf ein Gemenge des reinen stickstoffreien Pigments mit

[1]) Apoth.-Ztg. 1892 p. 469 und Deutsche Vierteljahrsschrift für öffentliche Gesundheitspflege 1893, Heft 3.

[2]) Pharm. Ztg. 1898, p. 389.

[3]) Mit dem Namen Glykoside bezeichnet man jene fast ausschließlich im Pflanzenreiche auftretenden Stoffe, die durch Einwirkung von Alkalien, Säuren oder Fermenten derart gespalten werden, daß neben indifferenten Stoffen als eines der Spaltungsprodukte eine Zuckerart, meist Dextrose, entsteht. Diese Glykoside sind also, vom chemischen Standpunkte aus betrachtet, als esterartige Abkömmlinge der betreffenden Zuckerarten anzusprechen.

Glykosid. Um das reine, stickstoffreie Pigment zu erhalten, muß man zuerst diese Kakaorot-Glykosidmischung herstellen. Man gewinnt sie nach Hilger und Lazarus[1]), indem man dem gerösteten Kakaosamen das Fett und einen Teil des freien Theobromins durch Petroläther entzieht, hierauf den Rest des Theobromins und Koffeïns, den Zucker und die Salze durch Ausziehen mit Wasser entfernt und dann das in den Bohnen verbliebene Glykosid-Pigment, das bisher den Namen „Kakaorot" trug, mittels Alkohol auszieht. Der Verdampfungsrückstand des alkoholischen Auszuges wird möglichst rasch auf Tontellern getrocknet. Das so gewonnene Material ist ein rotbraunes amorphes und bitterschmeckendes Pulver, das sich in Wasser kaum löst; Alkohol und verdünnte Alkalien lösen es dagegen leicht auf während es aus alkalischen Lösungen durch Säurezusatz wieder ausfällt. Unterwirft man das Pulver der Sublimation, so läßt sich in dem Sublimat Theobromin nachweisen. Durch Kochen mit 5proz. Schwefelsäure tritt vollständige Spaltung des beigemengten Glykosides in Zucker, Theobromin und Koffeïn, sowie in das eigentliche Kakaorot ein. Dieses letztere besitzt die Formel $C_{17}H_{12}(OH)_{10}$. Es scheint in sehr naher Beziehung zu den Gerbstoffen zu stehen, denn wie diese zerfällt es bei Einwirkung von ätzenden Alkalien in Ameisensäure, Essigsäure und Brenzkatechin. Das reine stickstoffreie Kakaorot besitzt vorläufig ausschließlich wissenschaftliches Interesse; für praktische Zwecke ist nur das rohe Kakaorot, Kakaorot + Glykosid, wie es natürlich in den Bohnen vorkommt, von Bedeutung. Je besser und genauer beim Rotten der Bohnen gearbeitet wurde, desto schärfer ist auch das Kakaorot ausgebildet, namentlich auch auf bestimmte Zellen und Zellgewebe als Inhaltsstoff beschränkt. Daher erklärt es sich, daß die Farben der verschiedenen Kakaosorten und deren wässriger Auszüge so verschieden sind. Insbesondere bei den wenig sorgfältig getrockneten Bohnen sehen wir statt der braunen Farbe des Kotyledonargewebes oft ein schmutziges Gelb oder Braun; hier ist das Pigment meist nicht auf einzelne Zellen beschränkt, sondern es hat den Anschein, als ob es auch in die benachbarten eiweißhaltigen Zellen eingedrungen wäre. Das rohe Kakaorot ist in den Bohnen in Mengen von 2,6—5 % enthalten; es ist zum Teil in heißem Wasser, ferner in Alkohol und Äther löslich; vollständig wird es den Bohnen durch stark verdünnte Essigsäure entzogen.

---

[1]) Vergl. Schweitzer, Pharm. Ztg. 1898 p. 389.

Quantitativ kann das rohe Kakaorot aus seinen Lösungen auch durch essigsaures Blei gefällt und durch Zerlegung des so gewonnenen Niederschlages mit Schwefelwasserstoff, der das Blei als unlöslichen Schwefelblei-Niederschlag ausscheidet, gewonnen werden, wenn man das entstandene schwarze Schwefelblei durch Filtrieren entfernt und das Filtrat, worin das Kakaorot enthalten ist, eindampft.

Der wässrige Auszug der Bohnen, der das Kakaorot enthält wird durch Alkalien grünbraun, durch Säuren rot gefärbt; die essigsauren Salze geben damit eine graue bis gelbliche Fällung, ebenso geben Jodtinktur, Zinnchlorür und salpetersaures Quecksilberoxydul rosa bis braune Niederschläge. Eisen und Kupferoxydsalze bringen graue, allmählich braun und schwarz werdende Niederschläge hervor. Alaunhaltige wässerige Leimlösung gibt einen reichlichen gelben Niederschlag, ebenso Eiweißlösungen.

Flecken, die durch Kakao auf Wäschestücken entstanden sind, haften hauptsächlich infolge der Färbekraft des Kakaorots. Sie lassen sich durch Behandeln mit heißem Wasser und nachheriges vorsichtiges Bleichen mit wässriger schwefliger Säure entfernen; im Notfall dient frischer Zitronensaft als Ersatz hierfür.

4. Theobromin.

Diejenigen Stoffe, die wir als Genußmittel bezeichnen, wie Kaffee, Tee, Schokolade, Tabak etc., verdanken diese Bezeichnung hauptsächlich der eigentümlichen nervenbelebenden Wirkung, die ihr Genuß erzeugt. Diese ist aber an die Anwesenheit von Stoffen gebunden, die in nur geringer Menge in den Samen und Blättern der betreffenden Pflanzen vorhanden sind, und denen der Chemiker die Benennung „Alkaloïde" oder Pflanzenbasen gibt. Die physiologisch wirksamen Stoffe des Tees, Kaffees und Kakaos werden in die Sondergruppe der Xanthin- oder Purin-Basen eingereiht, die die neuere Forschung als eine besondere Gruppe der Harnstoffabkömmlinge oder „Ureïde" erkannt hat. Da in die Zusammensetzung der Ureïde des Kaffees, Tees und Kakao indes zwei Moleküle Harnstoff eingetreten sind, so werden sie im besonderen als „Diureïde" bezeichnet.

Schon von Schrader wurde in der Kakaobohne ein bitterer Stoff nachgewiesen. Es gelang jedoch erst 1841 Woscressenzky[1]), ihn zu isolieren; es ist das Diureïd Theobromin.

[1]) Ann. Ch. u. Pharm. 1841, Bd. 41, p. 125.

Das Theobromin ist in den ungerotteten und gerotteten Kakaosamen in zwei Formen enthalten: als freies Theobromin, das bereits während des einfachen Trocknens und Rottens durch Fermentwirkung aus dem Glykoside abgespalten wurde; eine andere Menge von Theobromin ist in dem noch ungespalteten Glykosid[1]) des Kakaosamens, an Dextrose und Kakaorot gebunden, vorhanden und kann nur durch chemische Eingriffe aus dieser Bindung in Freiheit gesetzt werden.

Das Theobromin steht dem Koffeïn, das heißt dem Diureïde des Tees und Kaffees, sehr nahe. Vergleichen wir die beiderseitigen chemischen Formeln, so finden wir:

$$\underbrace{C_5H(CH_3)_3N_4O_2}_{\text{Koffeïn}}, \qquad \underbrace{C_5H_2(CH_3)_2N_4O_2}_{\text{Theobromin}},$$

es ist also nur an Stelle eines H-Atoms eine sogenannte Methylgruppe CH_3, ein einwertiges organisches Radikal oder Alkyl in dem Theobromin weniger enthalten als im Koffeïn. Den unmittelbaren Zusammenhang zwischen Theobromin und Koffeïn zeigte zuerst Strecker[2]) dadurch, daß er ersteres künstlich in letzteres überführte, indem er Jodmethyl 24 Stunden lang bei 100° C. auf Theobrominsilber einwirken ließ. Es bildet sich hierbei ein Gemisch von Koffeïn und Jodsilber, das dadurch getrennt wird, daß man Alkohol hinzufügt, der das Koffeïn löst, Jodsilber dagegen unverändert läßt.

Den Zusammenhang des Theobromins und des Koffeïns mit der Harnsäure hat E. Fischer[3]) erwiesen, indem er diese beiden Stoffe künstlich, durch Synthese, aus Abkömmlingen der Harnsäure aufbaute. Er ging dabei von der Monomethylpseudoharnsäure aus, die er durch Kochen mit Salzsäure in die 7-Methylharnsäure überführte, die ihrerseits beim Erhitzen ihres Bleisalzes mit Jodmethyl und Äther die 3,7 Dimethylharnsäure lieferte. Diese Säure ergab beim Behandeln mit einem Gemische von Phosphoroxychlorid und Phosphorpentachlorid das Dimethyldioxychlorpurin, das durch Erhitzen mit Ammoniak in die entsprechende Aminoverbindung, mit Phosphoroxychlorid und darauffolgende Reduktion in 3,7-Dimethyl-6-amino-2-oxypurin übergeht, aus welchem schließlich durch Einwirkung von

---

[1]) Nach Kreutz (Festschrift zur 31. Versammlung des deutschen Drogistenverbandes 1912) handelt es sich indessen hier um keine chemische Bindung zwischen Theobromin, Dextrose und Kakaorot, sondern nur um ein Gemisch von Kakaogerbstoffen mit Theobromin.

[2]) Ibid. Bd. 118, p. 151.

[3]) Ber. d. dtsch. chem. Ges. 1897, p. 1839.

salpetriger Säure, unter Verlust der Aminogruppe, das Theobromin entsteht. Die synthetische Darstellung des Theobromins ist eine glänzende Geistestat Fischers, und es wäre nicht unmöglich, daß in einer späteren Zeit, in der die Darstellungsmethode entsprechend vereinfacht und vor allem verbilligt worden ist, synthetisches Theobromin in den Handel gelangen und als ein Konkurrent des natürlichen, aus dem Kakao gewonnenen auf dem Markte erscheint. Vorläufig ist jedoch hierzu keine Aussicht vorhanden, und die Kakaoschalen, aus denen bisher das Theobromin für den Markt hergestellt wurde, können nach wie vor als ein zu diesem Zwecke willkommenes Abfallprodukt der Schokoladefabrikation gelten.

Gleich den Alkaloïden oder Pflanzenbasen besitzen die Diureïde Theobromin und Koffeïn eine stark ausgeprägte physiologische Wirksamkeit, die sich bis zur Giftwirkung steigern kann, wenn größere Mengen genommen werden.

Aus den Versuchen Mitscherlichs geht klar hervor, daß das Theobromin ganz ähnliche Wirkungen erzeugt wie das Koffeïn, doch sind diese infolge der geringeren Löslichkeit des Theobromins in den Körpersäften der Tiere etwas schwächer.

Die Versuchstiere, deren sich Mitscherlich bediente, waren: Frosch, Taube und Kaninchen. 0,05 g bewirkten den Tod des Frosches in 40 Stunden, 0,5 g töteten die Taube in 24 Stunden und 1 g das Kaninchen innerhalb 20 Stunden. Der Tod erfolgte in allen diesen Fällen unter der Erscheinung von Rückenmarkskrämpfen, entweder im Anfalle selbst durch Erstickung oder durch nachfolgende Lähmung.

Wir sollen uns durch die Ergebnisse dieser Versuche aber durchaus nicht von dem Genusse des Kakaos abschrecken lassen, denn der menschliche Organismus bedürfte einer zehnfach größeren Quantität Theobromins als das Kaninchen, um Vergiftungserscheinungen zu verspüren; das aber würde bei 1 % Theobromin-Gehalt in der Kakaomasse einer Menge von ca. 2500 g oder 5 Pfund Schokolade gleichkommen, die auf einmal zu sich zu nehmen ein Ding der Unmöglichkeit ist. Ähnlich liegen die Verhältnisse beim Tee, Kaffee und vor allem beim Tabak, wo man allerdings infolge des hier erheblich höheren Gehalts an Alkaloïd schon Vergiftungserscheinungen wahrgenommen hat (Nikotinvergiftungen bei starken Rauchern); auf jeden Fall bleibt von allen diesen Genußmitteln der Kakao resp. die Schokolade hinsichtlich dieser Erscheinungen bei weitem am günstigsten gestellt.

Nach den Versuchen von Albanese[1]), Bondzynski und Gottlieb[2]) sowie von Rost[3]) wird das innerlich gereichte Theobromin in verhältnismäßig größerer Menge (3 %) unverändert im Harn ausgeschieden. Von dem im Organismus zersetzten Theobromin finden sich jedoch 20—30 % als Monomethylxanthin wieder[4]).

Die Hauptmenge des Monomethylxanthins ist Heteroxanthin (= 7 Methyl-X.), die geringere 3 Methyl-X. Die Ausscheidung von Theobromin scheint in engem Zusammenhang mit der Menge des abgehenden Harnes zu stehen, die sich bei Verabreichung von Theobromin außerordentlich steigert. Von dieser bereits im Jahre 1888 durch W. v. Schröder[5]) nachgewiesene Wirkung macht die praktische Heilkunde seit dem Jahre 1890 Gebrauch, indem sie vermittels des durch Theobromin erzeugten Anreizes zur vermehrten Tätigkeit der Niere die im Körper aufgestauten Flüssigkeitsmengen zu beseitigen sucht, die sich bei Herz- und Nierenkranken ansammeln. Das Theobromin besitzt vor allen Arzneimitteln, denen eine ähnliche Wirkung eigen ist, den Vorzug, einen äußerst geringen Einfluß auf das Herz auszuüben, was seinen arzneilichen Wert außerordentlich erhöht[6]). Das Theobromin gelangt in der Heilkunde sowohl in Gestalt von reinem Theobromin, als auch in Form seines salicylsauren Salzes und gewisser Doppelverbindungen, die aus Theobromin-Natrium oder -Lithium und Natrium- bzw. Lithiumsalicylat zusammengesetzt sind, zur Verwendung.

Die letzteren Verbindungen, Diuretine und Uropherine genannt, sind in Wasser leicht löslich und werden daher vom Körper leichter aufgenommen als das reine Theobromin, das sehr schwer löslich ist. Durch die Einführung des Theobromins in den Arzneischatz, die wir Chr. Gram[7]) und G. See[8]) verdanken, gewannen die bis dahin von der Schokoladenfabrikation als lästiges Abfallprodukt wenig geachteten Kakaoschalen wesentlich an Wert, da sie als Ausgangsmaterial für die Darstellung des Theobromins dienen.

Der Gehalt von Theobromin in den Bohnen wird sehr verschieden angegeben; so fand z. B. Eminger in einer größeren Anzahl von Handelssorten von Kakaobohnen 0,88—2,34 % Theo-

---

[1]) Arch. f. experim. Path. u. Pharmak. 1895, Bd. 35, p. 449.

[2]) Ibid. 1896, Bd. 36, p. 53.

[3]) Ibid. 1896, Bd. 36, p. 66.

[4]) Vergl. Krüger u. Schmidt, ibid. 45, p. 259 (1905).

[5]) Ibid. 1888, Bd. 24, p. 101.

[6]) Vergl. Bock, ibid. 43, p. 667 (1903).

[7]) Therapeutische Monatshefte 1890, p. 10.

[8]) Semaine médicale 1893, p. 366.

bromin, in den Schalen der Kakaobohne im Mittel 0,76 %. — Diese Schwankungen können darauf zurückgeführt werden, daß man den Fermentationsprozeß im wesentlichen sich selbst überläßt, weil es noch nicht gelungen ist, ihn in bestimmten Grenzen und auf vorgeschriebener Bahn sich bewegen zu lassen; natürlich muß dann auch das Endergebnis verschiedenartig ausfallen. Kreutz glaubt dagegen festgestellt zu haben, daß diese Differenzen hauptsächlich auf die mangelhaften Methoden zur Theobromin-Bestimmung zurückzuführen sind. Es gelang ihm schließlich nachzuweisen, daß der durchschnittliche Gehalt der gangbarsten Sorten Kakaobohnen an Theobromin etwa 3 % beträgt.

Nach C. C. Keller[1]) findet sich auch in den Kakaoblättern wie in der Fruchthülle Theobromin vor. Der Koffeïngehalt des Kakaos beträgt 0,05 bis 0,36 %.

Das Theobromin ist ein luftbeständiges, rein weißes Produkt; mit der Lupe betrachtet zeigt es kleine, prismatische Kristalle oder Kristalldrusen. Der Geschmack ist anfänglich nur in geringem Grade, bei längerem Verweilen im Munde jedoch stärker bitter; die Bitterkeit der Kakaobohne und ihrer Erzeugnisse rührt somit zumeist von dem Theobromin her. Es sublimiert bei 220° C., ohne zu schmelzen. Durch diese Eigenschaft dürfte sich die Tatsache erklären, daß sogenannte überbrannte Bohnen, das heißt Bohnen, bei denen durch Zufall die Temperatur, der sie während des Brennens ausgesetzt waren, höher als auf 130—150° C. gestiegen ist, ärmer an Theobromin sind als deren Schalen. Steigert man die Temperatur auf 310° C., so schmilzt Theobromin zu einer klaren Flüssigkeit, die beim Erkalten wieder kristallisiert.

1 Teil absolut reinen Theobromins löst sich nach Eminger in 736,5 Teilen Wasser bei 18° C., in 136 Teilen Wasser bei 100° C., in 5399 Teilen Alkohol (90 %) bei 18° C., in 440 Teilen siedendem (90 %) und in 818 Teilen absolutem, siedendem Alkohol, ferner in 21 000 Teilen Äther bei 17° C., in 4856 Teilen Methylalkohol bei 18° C., in 5808 Teilen Chloroform bei 18° C. und in 2710 Teilen siedendem Chloroform[2]). Durch Zusatz von starken Alkalien wird Theobromin zum Teil zersetzt; bei vorsichtigem Zusatz von Alkalien entsteht eine Verbindung von Theobromin und

[1]) Schweiz. Wchschrft. f. Chem. u. Pharm. 1895, p. 453.

[2]) Nach Dekker (Schweiz. Wchschrft. f. Chem. u. Pharm.) 40, p. 436, 441, 451 u. 463 sind die Zahlen bei 15° die folgenden: Wasser 1800 Teile, Weingeist 1600, absolut. Alkohol 3570, Chloroform 3845, Äther 25000, Essigester 3845, Benzol 100000, Amylalkohol 1250.

Alkali, die durch Lösungen von Natrium-Salicylat und -Benzoat außerordentlich leicht aufgenommen wird. Diese Doppelverbindungen werden unter dem Namen Diuretine und Uropherine als Heilmittel verwandt[1]). Auch Natriumsilicat und besonders Trinatriumphosphat besitzen nach Brissemoret[2]) große Lösungsfähigkeit für Theobromin. $1\frac{1}{2}$ Molekül des letzteren Salzes kann 1 Molekül Theobromin lösen, so daß sich auf diese Weise etwa 2prozentige Lösungen herstellen lassen. Größere Mengen von Theobromin werden nach Maupy[3]) auch von Phenol gelöst und dieser Autor hat hierauf eine Bestimmungsmethode des Theobromins gegründet, wobei er die entfetteten und mit Wasser befeuchteten Kakaopräparate mit einer Mischung, bestehend aus 15 % Phenol und 85 % Chloroform, extrahiert.

Wie das Koffeïn, so gibt auch Theobromin die sogenannte Murexid-Reaktion, wenn es mit Chlorwasser rasch eingedampft wird (Bildung von Amalinsäure), indem man während des Eindampfens der letzten Tropfen der Flüssigkeit ein Uhrglas darüber stürzt, das mit ein wenig Ammoniakflüssigkeit befeuchtet wurde. Der auf solche Weise gewonnene Rückstand zeigt eine blutrote Farbe, wodurch das Theobromin leicht von anderen basischen Pflanzenstoffen, die nicht zur Xanthingruppe gehören, unterschieden werden kann.

Wenngleich das Theobromin der wertvollste Bestandteil der Kakaobohne ist, so wurde doch der Einfluß, den eine größere oder geringere Menge von Theobromin für den Wert einer Handelsware haben sollte, sehr überschätzt.

Die Untersuchungen Dragendorffs und anderer haben bewiesen, daß die Güte der verschiedenen Genußmittel, wie Tabak, Kaffee, Tee, durchaus nicht von der Menge des darin gefundenen Alkaloïdes abhängt, sondern daß das Zusammenwirken aller Bestandteile, aus denen diese Genußmittel bestehen, insbesondere das der aromatischen, den Maßstab für ihren Handelswert gibt. So haben relativ geringwertige Kaffeesorten bedeutende Mengen Koffeïn gegenüber der kostbaren Mokkabohne aufzuweisen, und die geschätzten Habanatabake rangieren in ihrem Nikotingehalte weit unter den Sumatrasorten; wir glauben daher nicht fehl zu gehen, wenn wir dasselbe Verhältnis auch für Kakao gelten lassen. Zur Stütze für diese Behauptung sei hier eine Analyse Wolframs[4]) aufgeführt.

---

[1]) Vergleiche oben p. 59.
[2]) Journ. de Pharm. et Chim. 1898, p. 176.
[3]) Ebenda 1897, p. 329.
[4]) Ztschr. analyt. Ch. Bd. 18, p. 346.

Theobromingehalt der bei 100° C. getrockneten Substanz.

Namen der Handelssorten	% Theobromingehalt %			
Caracas	In den Bohnen	1,63	In den Schalen	1,11
Guayaquil (bedeutend geringwertiger als die erstere		1,63		0,97
Domingo		1,66		0,56
Bahia		1,64		0,71
Puerto Cabello (feine Sorte)		1,46		0,81
Tabasko		1,34		0,42
	Mittel	= 1,56 %		= 0,76 %

Da die Schalen nicht zu Kakaopräparaten verarbeitet werden dürfen, so ist deren Theobromingehalt hier auch nicht in Rechnung zu ziehen und die obige Tabelle zeigt uns, daß Caracas (die feinste und teuerste Ware), was den Theobromingehalt betrifft, entweder gleich oder sogar ein wenig unter den minderwertigen Kakaobohnen von Guayaquil und Domingo steht.

5. Eiweiß.

Der bedeutende Gehalt der Kakaobohne an Eiweißstoffen, der von 14—15 % schwankend gefunden wurde, bedingt hauptsächlich den Wert des Kakaos als Nahrungsmittel. Leider ist das Eiweiß in den Pflanzen zumeist nicht in einer Form vorhanden, die dessen unmittelbare Aufnahme und Verwertung im tierischen Körper ermöglicht, vielmehr ist es oft nur ein kleiner Bruchteil vom Gesamteiweißgehalte, der sich so verhält. Bevor wir jedoch zu der Betrachtung des Nährwertes des Eiweißes der Kakaobohne übergehen, wollen wir uns mit den allgemeinen chemischen und physikalischen Eigenschaften des Eiweißes insoweit befassen, als es in den Rahmen dieser Abhandlung gehört, um dadurch zum Verständnis des Nachfolgenden vorzubereiten.

Die in der Natur in den Pflanzen vorkommenden Eiweißstoffe oder Proteïne finden sich entweder aufgelöst in den Säften der Pflanzen oder in fester, gallertiger Form im Protoplasma der Pflanzenzellen oder aber auch in Form von körnigen Niederschlägen (Aleuronkörner[1]) vor. Im Kakao sind, allem Anschein nach, alle drei Vorkommnisse vertreten.

[1]) Die Aleuronkörner wurden von H. Molisch (Grundriß e. Histochem. d. pflanzlichen Genußmittel) in den Zellen des Gewebes der Kakaobohnen mikroskopisch nachgewiesen. Sie sind den Stärkekörnern des Kakao sehr ähnlich und enthalten in ihrem Innern ein verhältnismäßig großes Globoid (Kalk- und Magnesiumdoppelsalz einer mit einer organischen Substanz (Zucker) gepaarten Phosphorsäure), das beim Veraschen der Schnitte in Gestalt von Kügelchen sichtbar wird.

Unter der Bezeichnung pflanzliches Albumin in engerem Sinne versteht man jene Proteïne, die im Wasser löslich sind und durch Hitze gerinnen. Der größere Teil des in den Säften und Samen, also auch im Kakao vorhandenen und durch Hitze gerinnenden Albumins besitzt aber nicht Albumin- sondern Globulinnatur, d. h. er ist unlöslich in Wasser, löst sich aber in Neutralsalzlösungen.

Während manche von den Proteïnen in wässriger Lösung noch eine Temperatur von 100° C. ertragen und erst dann gerinnen, d. h. unter gewöhnlichen Verhältnissen unlöslich werden, tritt bei anderen die Gerinnung schon bei 65° C. ein. Konzentrierte Essigsäure löst in der Wärme alle Eiweißstoffe; durch konzentrierte Salpetersäure färbt sich das Eiweiß gelb (Xanthoproteïnreaktion). Beim trockenen Erhitzen beginnt die Zersetzung schon von 150° C. an: die Eiweißstoffe färben sich dunkler, blähen sich auf, schmilzen und verbrennen unter Ausstoßen eines charakteristischen unangenehmen Geruches, wobei eine schwer verbrennbare Kohle zurückbleibt

Mit wässerigen Alkalien, wie Kali, Natron, Ammoniak etc., gehen die Globuline Verbindungen ein, die sogenannten Alkalialbuminate. Behandelt man die Globuline mit Säuren, so bilden sich die Acidalbuminate oder Syntonine. Beiden Albuminaten ist die Eigenschaft gemeinsam, daß sie in reinem Wasser unlöslich sind, sich aber in schwach angesäuertem oder alkalisch gemachtem Wasser und in schwachen Salzlösungen leicht lösen und dann durch Kochen nicht mehr gerinnen.

Durch die Verdauung im Magen und Darme, ferner bei der hydrolytischen Spaltung des Eiweißes mit Säuren oder Alkalien, durch Einwirkung von gespanntem Wasserdampf (d. h. unter einem Drucke von mehreren Atmosphären), sowie bei der Fäulnis gehen die Eiweißkörper in Albumosen (Proteosen) und schließlich in Peptone über. Erstere sind, mit Ausnahme der sogenannten Heteroalbumose, in Wasser löslich. Die Peptone lösen sich sämtlich und werden in diesem Zustande vom tierischen Organismus aufgenommen.

Die Albumine werden durch starken Alkohol aus ihren Lösungen ausgeschieden. Auf diese Weise gelang es Zipperer aus dem wässerigen Auszuge von Trinidad-Kakao 4,25 % Eiweiß niederzuschlagen, was ungefähr 25 % des Gesamteiweißgehaltes der Bohnen entspricht.

Zipperers Untersuchungen haben bewiesen, daß im allgemeinen in den ungerotteten Bohnen mehr wasserlösliches Eiweiß vorhanden ist als in den gerotteten. Es scheint somit, daß bei den feineren Kakaosorten, die beim Rotten einer sehr sorgfältigen Behandlung unterzogen worden sind, durch die hierbei eintretenden, fermentativen Umsetzungen das Eiweiß schwerer löslich wird.

Die Zusammensetzung der Eiweißstoffe ist immer noch unvollkommen bekannt, trotzdem auch hier E. Fischer durch seine hervorragenden Untersuchungen sehr zur Klärung beigetragen hat. Im allgemeinen zeigen sie folgende mittlere Zusammensetzung, wie sie aus dem Ergebnis der Elementaranalyse abgeleitet ist:

Kohlenstoff C	52,31—54,33 %
Wasserstoff H	7,13— 7,73 %
Stickstoff N	15,49—17,60 %
Schwefel S	0,76— 1,55 %
Sauerstoff O	20,55—22,98 %

Durch die Annahme einer obigen Zahlen entsprechenden mittleren Formel ($C_{27} H_{112} N_{18} SO_{22}$) für die Eiweißstoffe gelangt man auch dazu, sie in den sie beherbergenden Pflanzen etc. quantitativ bestimmen zu können; es ergibt sich dann nämlich ein mittlerer Stickstoffgehalt von 16 %. Indem man nun von diesem ausgeht, ihn bestimmt und den gefundenen Stickstoff durch Multiplikation mit dem Faktor 6,25 (= 16 Prozent) auf Eiweiß umrechnet, erhält man den Gehalt an Eiweißstoffen (Rohproteïn). Die Einzelheiten der analytischen Ausführung vgl. im 4. Abschnitt.

Wie erwähnt, ist in den Kakaobohnen das Eiweiß in Form von Globulinen, d. h. in schwer löslicher Form enthalten. Bei gewissen Kakaoerzeugnissen aber, die für Kranke, insbesondere Magenleidende Verwendung finden sollen, kommt es sehr darauf an, die Eiweißstoffe in leicht löslicher oder sogenannter „aufgeschlossener“ Form zu liefern. Dies hat die Schokoladenindustrie auf verschiedenen Wegen zu erreichen gesucht, wie wir das später beleuchten und kennen lernen werden. Zunächst aber wollen wir an dieser Stelle jene Methoden besprechen, die die Wissenschaft benutzt, um die leichtere oder schwerere Verdaulichkeit der Eiweißstoffe zu ermitteln.

Professor Stutzer[1]) hat sich eingehend mit der Wirkung der Verdauungsfermente des tierischen Organismus auf die menschlichen Nahrungs- und Genußmittel befaßt und ein Verfahren ausgearbeitet, wodurch diejenige Menge von Eiweißstoffen

[1]) Ztschr. physol. Ch. Bd. 11. pag. 207—232.

gefunden wird, die im allgemeinen als „verdaulich“ angesehen werden kann.

Dies Verfahren beruht darauf, daß die Mund-, Magen-, und Darmverdauung im Laboratorium künstlich herzustellen versucht wird. Da durch den Mundspeichel bloß Stärke verdaut wird, der rein und in genügender Menge nur schwierig zu beschaffen ist, so wird statt dessen Malzdiastase angewendet, die denselben Dienst leistet. Die Eiweißstoffe hingegen werden nur durch Säfte des Magens und Darmes verdaut, wie man sie aus frischen Schweinemagen bzw. Rindergekröse gewinnt.

Nehmen wir im Kakaopulver einen mittleren Gesamteiweißgehalt von 16 % an, so dürfte sich nach Stutzers Methode das Ergebnis der Untersuchung folgendermaßen gestalten:

Von 16 % Gesamteiweiß sind im Mittel

		entsprechend in Prozenten der Gesamtmenge	
Eiweiß	7,6% magenlösliches	47,5%	65%
	2,8% darmlösliches	17,5%	
	5,6% unlösliches	35,0%	
	16,0%.	100,0%.	

Wie jedoch schon aus den Versuchen von Forster[1]) hervorgeht, gibt die künstliche Verdauung kein vollkommen richtiges Bild der wirklichen Ausnützbarkeit eines Nährmittels im menschlichen Körper. Forsters Versuche, bei denen Kakaopulver gesunden Menschen verabreicht wurde, lieferten nämlich weit höhere Werte, und zwar 80 % verdaulicher stickstoffhaltiger Stoffe, während der Verdauungsversuch im Glase nach obiger Tabelle nur 65 % verdaulicher Stickstoffsubstanzen (Eiweiß) ergibt.

6. Stärke.

Das Stärkemehl ist eines der wichtigeren Bestandteile der Kakaobohne, da auf ihm, dem Fette und dem Eiweiß hauptsächlich deren Nährwert beruht. Wie vorausgehend schon dargelegt wurde, ist die Kakaostärke eine der kleinsten Arten, die im Pflanzenreiche vorkommt und dadurch leicht von den Stärkekörnern anderer Pflanzen zu unterscheiden. Wegen ihrer außerordentlichen Kleinheit sind unter dem Mikroskop auch die konzentrischen Ringe, durch die sich der geschichtete Bau des Stärkekornes äußert, nur schwer wahrzunehmen. Das Kakaostärkemehl ist kugelig, meist

---

1) Hygienische Rundschau 1900, Seite 314 u. 315.

einfach, mitunter aber auch zu Aggregaten von zwei und mehreren Körnern vereinigt. Ein klares Bild von dem Aussehen und der Lage der Stärkekörner im Gewebe der Kakaobohne wird durch Fig. 7 gegeben, die einen 750fach vergrößerten Schnitt durch Arriba-Kakao nach E. S. Bastin[1]) vorstellt.

Auf demselben sind durch a die Interzellularräume, durch b die Zellwände, durch c die Stärkekörner und durch d die Fettkristalle, somit sämtliche durch das Mikroskop ohne weiteres aufschließbaren Inhaltsstoffe und Formelemente der Kakaozelle gekennzeichnet.

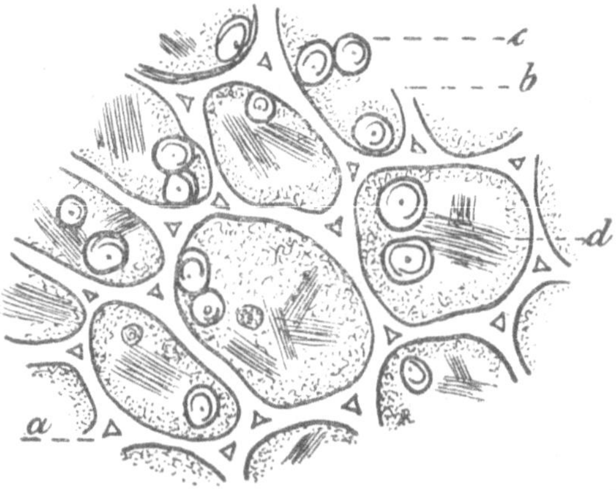

Fig. 5.

Die Kakaostärke besitzt im allgemeinen dieselben chemischen Eigenschaften wie die gewöhnliche Stärke, nämlich:

1. Durch heißes Wasser geht sie in den Zustand der Verkleisterung über, d. h. die aufeinander ruhenden Schichten des Stärkemehlkornes werden durch das Wasser auseinander gedrängt; das Wasser tritt an dessen kleinste Teile heran, so daß Wassermoleküle zwischen die kleinsten Teile Stärke zu liegen kommen, wodurch eine starke Quellung verursacht wird. Man hat angenommen, daß die Stärke der Kakaobohnen schwieriger verkleistere als die anderer Pflanzen. Dies ist jedoch nach den Forschungen Soltsiens[2]), denen wir ebenfalls unbedingt beipflichten müssen, nicht der Fall; denn die Kakaostärke verkleistert unter entsprechenden Bedingungen ebenso leicht wie jedes andere Stärkemehl.

---

[1]) Americain Journal of Pharmacie 1894, pag. 369.

[2]) Chem. tech. Centralanzeiger 1886, No. 53, pag. 777.

2. Die Blaufärbung der Stärke auf Jodzusatz. Diese Blaufärbung soll bei Kakaostärke langsamer vor sich gehen als bei anderen Stärkemehlen (vgl. pag. 19). Auch das ist nicht der Fall, insbesondere wenn die Kakaostärke einmal verkleistert ist, tritt die Blaufärbung auf Zusatz von genügend starker Jodlösung sofort ein.

Es sind in den Kakaobohnen allerdings gewisse Stoffe vorhanden (wie z. B. Fett), die dadurch, daß sie die Stärke mehr oder weniger einhüllen, den Wassereintritt in die Schichten der Stärkekörner und hiermit die Verkleisterung verzögern, oder aber (wie Eiweiß und Kakaorot) die Jodreaktion etwas beeinflussen können, zumal wenn die angewandten Jodlösungen sehr verdünnt sind. Im übrigen aber kann von einer trägen Reaktion nicht die Rede sein.

Werden nach Soltsien 2 Teile Kakaobohnen mit 1 Teil gebrannter Magnesia und Wasser erhitzt, so erzielt man eine schnell und klar filtrierende Abkochung, in der sich sofort auf Jodzusatz Blaufärbung zeigt. Wenn man die filtrierte Flüssigkeit bis zur Neutralisation mit Essigsäure versetzt und dann 3—4 Teile starken Alkohol zugibt, so fällt die Stärke als Niederschlag aus.

3. Die Stärke wird durch Kochen mit verdünnten Säuren sowie durch Einwirkung von Fermenten, wie Speichel, Diastase etc., in Stärkezucker (Glukose, Dextrose) übergeführt. Die empirische Formel für Stärke ist $C_6H_{10}O_5$, die Formel für Traubenzucker $C_6H_{12}O_6$; es ist somit hier noch ein Molekül Wasser ($+ H_2O$) eingetreten, wodurch sich die chemische Natur der Stärke sehr verändert hat, und sie vor allem in Wasser leicht löslich geworden ist. Diese Umwandlung gestattet ferner, die Stärke quantitativ zu bestimmen, weil die gebildete Dextrose die Eigenschaft besitzt, eine alkalische Kupfersulfatlösung (nach ihrem Erfinder Fehling'sche Lösung genannt) zu reduzieren, d. h. das darin vorhandene Kupfersulfat in unlösliches rotes Kupferoxyd zu verwandeln. Da eine bestimmte Menge Dextrose auch immer nur eine bestimmte Quantität Kupferoxydul zu fällen vermag, so kann man hierdurch einen Rückschluß auf die vorhandene Menge Stärke ziehen.

Zur Erkennung einer möglichen Beimengung fremder Stärke in Kakaoerzeugnissen ist die chemische Bestimmung der Stärke wenig geeignet (vgl. Abschnitt 4). Finden wir bei der chemischen Untersuchung einen Stärkegehalt, der 10—15 % (auf Rohkakao berechnet) überschreitet, so müssen wir infolge der Menge allerdings annehmen, daß eine Beimischung von fremder Stärke vorliegt, die Chemie gibt uns aber kein Verfahren an die Hand, die fremde Stärke von der genuinen Kakaostärke zu unterscheiden und zu trennen. Wir müssen uns daher zum Zweck des Nachweises fremder Stärke des Mikroskops bedienen, mittels dessen es gelingt, den Beweis für die Anwesenheit fremder Stärke zu erbringen. Auch eine annähernde Schätzung der vorhandenen Menge und Art der Fremdstärke auf mikroskopischem Wege ist möglich; immerhin ist bei der Schätzung der Stärkemenge große Vorsicht geboten, da sie leicht zu hoch ausfällt.

7. Zellulose oder Rohfaser.

Wir haben diesen Stoff bereits als den Hauptbestandteil der Wandungen der Zellen und der Gefäße kennen gelernt. Diese bestehen aus den Anhydriden der Hexosen und Pentosen (zuckerartigen Stoffen), sind aber mit manchen Verunreinigungen, wie Kakaorot, Gummi, Schleim etc., inkrustiert. In chemischer Hinsicht kommt der Zellulose dieselbe Formel zu wie der Stärke, nämlich: $C_6H_{10}O_5$, oder ein Vielfaches derselben, geschrieben: $(C_6H_{10}O_5)_n$. Eine ihrer chemischen Eigentümlichkeiten ist ihre Löslichkeit in Kupferoxydammoniak und ihre Lockerung durch verdünnte Alkalien, wie Kali, Natron, Ammoniak, was in der Quellung begründet ist, die die Alkalien im Zellfaserstoff verursachen.

Für die Bestimmung des Faserstoff-(Rohfaser-)Gehalts in Vegetabilien hat bis heute als gebräuchlichste Methode das von Henneberg ausgearbeitete sogenannte Weender'sche Verfahren[1]) gegolten. Doch haben H. Suringar und B. Tollens[2]) und besonders König[3]) darauf hingewiesen, daß durch das Weender'sche Verfahren die sogenannten Pentosane, d. h. zuckerähnliche Stoffe von der Zusammensetzung $C_5H_{10}O_5$, die einen nicht unbeträchtlichen Teil der Rohfaser ausmachen, ganz ungleichmäßig verändert werden, weshalb auch die auf solche Weise gewonnenen Analysenresultate kein richtiges Bild des Zellulosegehaltes liefern können. Es mußte sich daher darum handeln, die Rohfaser gänzlich pentosefrei zu

---

[1]) Beiträge zur Begründung einer rationellen Fütterung der Wiederkäuer. Sog. Weender'sche Beiträge, Heft 1864, pag. 48 u. Landwirtsch. Versuchsstationen. Bd. 6, p. 497.

[2]) Ztschr. angew. Ch. 1896, p. 712 u. 749.

[3]) Ein neues Verfahren zur Bestimmung der Rohfaser in den Futter- und Nahrungsmitteln. Z.U.N.G. 1898, p. 3.

gewinnen. Hierfür sind die verschiedensten Verfahren von König, Matthes, Streitberger u. a. vorgeschlagen worden, worauf im 4. Abschnitt noch zurückzukommen sein wird. Filsinger, der verdiente Forscher auf dem Gebiete der Kakaountersuchungen, hat eine Reihe von Kakaosorten auf ihren Rohfasergehalt geprüft und die erhaltenen Analysenergebnisse veröffentlicht[1]). Hiernach beziffert sich der Rohfasergehalt der entschälten, gerösteten Bohnen wie folgt:

1. Puerto Cabello	5,37 %
2. Java	3,97 „
3. Arriba Guayaquil I	4,10 „
4. Arriba Guayaquil II	4,07 „
5. Machala Guayaquil I	4,43 „
6. Para	4,01 „
7. Surinam Guayana	3,01 „
8. Bahia	2,81 „
9. Grenada	3,10 „
10. Guatemala	3,50 „
11. Machala Guayaquil II	3,58 „
12. Caracas	3,65 „
13. Samana	4,58 „
14. St. Thomé A I	4,13 „
15. St. Thomé A II	2,95 „
16. St. Thomé B	3,15 „
17. Haiti	3,12 „

Diese Werte dürfen als Durchschnitt gelten. Aus ihnen lassen sich nicht nur Schlüsse über das Arbeiten der Kakaoschälmaschinen, sondern auch über die mögliche Beimengung von Kakaoschalen etc. zu Kakaoerzeugnissen ableiten, da die Schalen weit mehr Rohfaser aufweisen wie die Kerne. Doch ist leider dieses Verfahren in den Fällen unzureichend, wo die Schalen vorher sehr fein vermahlen worden sind.

8. Zucker- und Pflanzensäuren.

Die Anwesenheit von Glukose (Traubenzucker) in den rohen Kakaobohnen ist zuerst von Schweitzer[2]) in einwandfreier Weise dargetan worden. Der Zucker bildet sich durch die Fermentwirkung auf das Kakaoglykosid während des Trocknens und Rottens der

---

[1]) Ztschr. öffentl. Ch. 1900, pag. 223.
[2]) Pharm. Ztg. 1898, p. 390.

Bohnen. Neben Zucker wurde in den Bohnen auch noch Äpfel- und Weinsäure nachgewiesen. Diese Stoffe sind jedoch nur für den Pflanzenphysiologen wichtig, und es genügt aus diesem Grunde, sie hier beiläufig erwähnt zu haben.

9. Die mineralischen oder Aschenbestandteile.

Wenn die Kakaobohnen verbrannt werden, so verflüchtigen sich sämtliche Bestandteile organischer Natur, es bleiben nur die anorganischen zurück, die feuerbeständig sind. Diese bestehen aus: Kali, Natron, Kalk, Eisen, Magnesia, Kieselsäure, Phosphorsäure, Schwefelsäure und Chlor.

Der Aschengehalt der rohen, enthülsten Kakaobohnen schwankt von 3—4 %. Er wurde von Tuchen[1]) zu 2,9—3 % gefunden. Trojanowsky[2]) fand 2,08—3,93 %, Zipperer[3]) 2,7—4 %, L'Hôte[4]) 2,2 bis 4,0 %, H. Beckurts[5]) 2,20—3,75 %, J. Hockauf[6]) 2,84—4,4 %. Von jenen Kakaosorten, die in neuerer Zeit viel gehandelt werden, zeigen Ceylon 3,30 %, Java 3,20 % und Kamerun 2,95 % Aschengehalt (Beckurts).

Quantitative Analysen der Aschen von Kakaobohnen sind durch verschiedene Forscher ausgeführt worden; wir wollen nachstehend eine der ausführlichsten Tabellen folgen lassen, die von R. Bensemann[7]) herrührt[8]).

Wie wir bereits früher gelegentlich der Besprechung der Aleuronkörner des Kakaos erwähnt haben (pag. 62), ist in deren Innern ein verhältnismäßig großes Globoïd enthalten. Dasselbe bleibt nach Molisch) bei vorsichtigem Erhitzen von Schnittpräparaten auf dem Platinblech in der Asche als ein ebenso großes Kügelchen zurück. Diese zahlreich vorhandenen Globoïde verleihen der Asche der Kakaobohne ein äußerst eigentümliches Aussehen und können als ein gutes Erkennungsmerkmal für den Kakao dienen, zumal sie an den kleinsten Mengen von echten Kakaopräparaten festzustellen sind.

---

[1]) Arch. d. Pharm. 1860, Bd. 153, p. 59.

[2]) Beitrag zur pharmakog. und chem. Kentnisse des Kakaos. Inaug-Dissert. Dorpat, 1875.

[3]) Untersuchungen über Kakao und dessen Präparate. 1887.

[4]) Jahresbericht über die Fortschritte der Pharmakognosie etc. 1883, p. 314.

[5]) Arch. d. Pharm. 1893, Bd. 231, p. 694.

[6]) Ztschr. des allg. österr. Apoth.-Vereins, 1898, p. 434.

[7]) Repertorium f. analytische Chemie, 1885, Bd. 5, p. 178.

[8]) Vgl. hierzu auch die Untersuchungen von Matthes u. Müller (loc. cit.).

[9]) Grundriß einer Histochemie der pflanzl. Genußmittel.

Tabelle 8.

Aschen-Analysen von Kakaobohnen nach R. Bensemann.

Die bei 100 ° C. getrocknete Asche der von den Hülsen befreiten Kerne enthielt:

In verdünnter Salz- resp. Salpetersäure unlösliche Stoffe	Maracaibo	Caracas	Trinidad	Machala	Porto Cabello	Mittel
a) Verbrennliche trocken bei 100° C.	0.142	0.076	0.144	0.074	0.198	0.127
b) Unverbrennliche (geglüht) . .	0.312	1.663	0.553	0.630	1.075	0.846
In verdünnter Salz- resp. Salpetersäure lösliche Körper:						
c) Kali K^2O	35.889	33.844	30.845	30.686	29.989	32.251
d) Natron Na^2O	0.515	0.766	1.964	4.173	3 427	2.169
e) Kalk CaO	4.118	5.030	4.638	3.112	2.923	3.964
f) Magnesia MgO	15 750	15.151	16.060	16.172	17.562	16.139
g) Eisenoxyd Fe^2O^3	0.182	0 217	0.491	0.629	0.303	0.364
h) Thonerde Al^2O^3	0.080	0 326	0 490	0.432	0.305	0.327
i) Kieselsäure SiO^2	0.214	0.211	0.169	0.134	0.240	0.194
k) Phosphorsäure P^2O^5	27.741	29.302	28 624	37.000	35.274	31.588
l) Schwefelsäure SO^3	2.632	2.740	3.957	2.042	3.952	3 065
m) Chlor Cl	0 295	0 341	0.427	0.279	0.085	0.285
n) Kohlensäure CO^2	10.349	8.435	8.453	2.788	3.481	6.801
o) Wasser H^2O	1.847	1 975	2.781	1.912	1 205	1.944
Chloräquivalenter Sauerstoff . .	0.066	0.077	0.090	0.063	0.019	0.064

Eine merkwürdige Tatsache sei hier noch erwähnt, nämlich das Vorkommen geringer Quantitäten Kupfer in der Asche von Kakaobohnen sowie in deren Schalen. Von Duclaux[1]) wurde zuerst auf dieses Vorkommen hingewiesen, das mehrere andere Forscher, wie Skalweit[2]) und Galippe[3]), in der späteren Zeit bestätigten. Die gefundenen Kupfermengen schwankten in der Schale von 0,02 bis 0,025 %, in den Bohnen von 0,0009—0,004 % (Duclaux). Das Kupfer wird in solchen Mengen durchaus in allen Sorten der Bohnen wie der Schalen gefunden, und der Grund für dessen Gegenwart dürfte daher in der Aufnahme des Kupfers durch die Pflanze aus dem Boden und einer allmähligen Anreicherung in den Früchten zu suchen sein.

[1]) Bulletin de la société chimique, 1872, p. 33.
[2]) Pharm. Ztg., 24. Jahrg., p. 243.
[3]) Journ. de Pharm. et Chim. 1883, V. Ser. Bd. 7, p. 506.

b) Die Kakaoschalen.

Die meisten derjenigen Stoffe, die wir in den Kakaokernen kennen gelernt haben, finden wir auch in den Schalen wieder, und auch die Art und Weise, diese Stoffe zu isolieren und zu bestimmen, ist dieselbe. Nach Laube und Aldendorff[1]) ist die Zusammensetzung der Schalen wie folgt:

Tabelle 9.

Name der Sorten	Gehalt an Schalen %	Wasser %	Stickstoff-Substanz %	Fett %	Stickstoff-freie Extrakt-stoffe %	Holzfaser %	Asche %	Sand %
Caracas . . .	20.09	7.47	11.68	5.99	35.29	12.79	8.32	18.62
Guayaquil . .	—	9.11	12.94	10.75	47.08	13.12	6.79	0.21
Trinidad . .	14.04	8.30	15.14	4.23	46.95	18.00	7.06	0.92
Puerto Cabello	14.92	6.40	13.75	4.38	47.12	14.83	6.06	7.46
Soconusco . .	18.58	6.48	19.12	6.48	33.39	15.67	8.15	4.71
Mittel . . .	16.33	7.83	14.29	6.38	45.79	14.69	7.12	5.90

Nach Zipperers Analysen[2]) betragen die Bestandteile der ungerösteten Schale:

Tabelle 10.

Namen der Sorten Gehalt nach Prozenten	Surinam	Caracas	Trinidad	Puerto Cabello	Machala	Port au Prince	Arriba	Mittel
Feuchtigkeit	13.02	11.90	13.09	12.04	—	—	—	12.51
Fett	4.17	4.15	4.74	4.00	—	—	—	4.23
Kakaogerbsäure in Alkohol von 80% löslich .	5.1	3.80	4.87	9.15	—	—	—	4.58
Theobromin	0.33	0.30	0.40	0.32	—	—	—	0.33
Asche	7.31	16.73	7.78	8.99	—	—	—	10.20
Holzfaser	14.85	17.99	18.04	15.98	—	—	—	16.71
Gesamtstickstoffgehalt .	—	2.25	2.13	—	—	—	—	2.19
Auf 100 gr der rohen Samen treffen Hülsen in % wie folgt:								
Schalen %	14.60	15.00	14.68	12.28	16.14	16.00	18.68	15.34

[1]) König, Die menschlichen Nahrungs- und Genußmittel, IV. Aufl. 1903. Berlin, Band I, p. 1026ff; daselbst auch weitere Daten und vollständige Literatur.

[2]) Untersuchungen über Kakao und dessen Präparate p. 55.

Geröstete Kakaoschalen enthalten nach G. Paris' Untersuchungen[1]) folgende Bestandteile:

12,57 % Feuchtigkeit, 14,69 % Stickstoffsubstanz, 3,3 % Fett, 45,76 % Extraktivstoffe, 16,33 % Rohfaser, 7,35 % Asche.

Eine Abkochung, bereitet aus 50 g der Schalen in 500 g Wasser, enthält:

25,08 % Extrakt, 20,68 % organische Stoffe, 4,4 % Asche, 0,21 Prozent reduktionsfähigen Zucker, 0,79 % Theobromin und 0,12 % Säure, auf Weinsäure berechnet.

In der Asche der Kakaoschalen hat R. Bensemann[2]) folgende Bestandteile gefunden:

Tabelle 11.

Handelssorte	Maracaibo	Caracas	Trinidad	Machala Guayaquil	Porto Plata
Die bei 100° C. getrocknete Asche der Schalen enthält %:					
I. In unverd. Salz- resp. Salpetersäure unlösliche Stoffe:					
a) Verbrennl. trockne	0.113	0.421	0.979	0.306	1.247
b) Unverbrennl. geglüht	1.919	47.711	29.215	37.662	51.513
II. In verd. Salz- resp. Salpetersäure lösliche Stoffe:					
c) Kali Ka^2O	31.517	11.812	25.866	23.117	12.174
d) Natron Na^2O	4.188	3.298	2.726	1.210	2.780
e) Kalk CaO	10.134	4.458	5.097	3.503	4.401
f) Magnesia MgO	9.546	4.703	5.206	4.837	4.090
g) Eisenoxyd Fe^2O^3	0.647	0,931	0.339	0.958	0.462
h) Thonerde Al^2O^3	0.281	1.554	0.710	1.854	1.046
i) Kieselsäure SiO^2	1.180	7.975	2.416	4.321	6.780
k) Phosphorsäure P^2O^5	9.068	7.630	4.703	7.288	7.242
l) Schwefelsäure SO^3	3.041	1.478	3.398	1.741	2.012
m) Chlor Cl	1.005	0.220	1.022	0.255	0.444
n) Kohlensäure CO^2	25.454	5.399	16.290	11.834	4.247
o) Wasser H^2O	2.135	2.499	2.263	1.171	1.662
p) Chloräquivalenter Sauerstoff O	0.221	0.049	0.290	0.057	0.100

Wie aus den vorstehenden Angaben ersichtlich ist, weichen die Ergebnisse, wie sie die verschiedenen Verfasser bei der Bestimmung des Schalengehaltes ermittelt haben, ziemlich weit voneinander ab.

[1]) Z.U.N.G., 1898, Heft 6.

[2]) Repertorium der analytischen Chemie, 1885, Bd. 5, p. 178.

Laube und Aldendorff fanden 14—20 %, während Zipperer 12—18 % Schalengehalt nachwies. Diese Unterschiede sind meist durch den Gehalt der Schalen an Sand und eisenoxydhaltigem Ton bedingt, die manchen Sorten noch vom Trocknen und Rotten anhaften und das Gewicht erheblich vermehren. Wenn die Bohnen bei der Ernte sorgfältig behandelt werden und nicht mit erdigen Materialien in Berührung kommen, so sinkt auch der Prozentsatz der Schalen gegenüber den Kernen entsprechend, und man kann heute bei gut behandelten Bohnen wohl einen Durchschnittsgehalt von nur 10 % Schalen annehmen; bei Bohnen mit sehr holzigen Schalen, wie Arriba, Machala, steigt der Schalengehalt indessen bis zu 15 %. Die besseren Reinigungsmaschinen für Kakaobohnen trennen die Schalen in so vollkommener Weise von den Kernen, daß in den fertigen Kakaoerzeugnissen nur mehr geringe Mengen (bei dünnschaligen Bohnen Teile eines Prozentsatzes, bei ganz starkschaligen Bohnen (Arriba) höchstens bis zu 2 %) von Schalen verbleiben. Noch vor ca. 2 Jahrzehnten war eine so gute Trennung der Schalen von den Kernen nicht möglich; deshalb wiesen auch die fertigen Kakaoerzeugnisse stets wesentlich größere Schalenmengen auf und eine betrügerische Beimengung von Schalen zu Kakaofabrikaten war schwierig zu erkennen. Da aber die Schalen doppelt so viel Asche enthalten als die Kerne, so konnte man durch das Anwachsen der Aschemenge in Kakaopräparaten auf einen absichtlichen Zusatz von Schalen schließen, die Aschebestimmung war somit unter allen Umständen geboten, sobald Verdacht auf Schalenzusatz vorlag. Bei den heutigen Verhältnissen werden so hohe Zusätze von Schalen, daß sie schon durch Anschwellen des Aschegehaltes erkennbar sind, kaum mehr in Betracht kommen; es muß daher zu anderen Verfahren gegriffen werden, um etwaige geringere Zusätze von Schalen oder eine Verarbeitung von Kakao mit den Schalen festzustellen. Ein solches Mittel bildet neben der Rohfaserbestimmung und der Kieselsäurebestimmung in der Asche[1]) namentlich die mikroskopische Untersuchung, da sich die Formelemente der Kotyledonen-(Kern-)Masse und der Schalen unter dem Mikroskop gut unterscheiden lassen.

Die Abbildung, Fig. 3, auf Seite 15, läßt die Formelemente der Kakaoschalen deutlich zutage treten.

Sie stellt einen Längsschnitt der Schale von Bahiabohnen in 500facher Vergrößerung vor und zeigt durch Buchstaben erkenntlich

[1]) Nahezu der zehnte Teil der Asche der Kakaoschalen besteht nämlich aus Kieselsäure.

gemachte Gliederung in sechs verschiedene Zellelemente. Zuerst bemerken wir nach außen zu mehrere parallellaufende Reihen stark zusammengedrückter Zellen der Epidermis, worauf ein weitmaschiges, dünnwandiges, parenchymatisches Zellengewebe folgt, das zuweilen größere, leere Räume (sch) einschließt, in denen eine Auflösung der Zellwandung durch Schleimbildung erfolgt ist. Diese Zellschicht (lp) wird auch durch Bündel von Spiralgefäßen (gfb) durchsetzt, die neben den Steinzellen (st) das Leitelement zur Erkennung der Schalen bilden, da sie in den Kakaokernen nur in ganz geringer Menge vorhanden sind. Es folgen nun wieder einige parallele Reihen von Zellen (lp), die den Epithelialzellen ziemlich ähnlich sind und nach innen zu von einer Reihe von Zellen mit verdickten Wänden, den Steinzellen (st), durchbrochen werden, wonach wieder mehrere Reihen von langgestreckten Zellen (lp) das eigentliche Gewebe der Schale nach dem Kerne zu abschließen. Zwischen der Schale und dem Kerngewebe schiebt sich das Silberhäutchen (is) ein, das bei Loslösung des Kernes von der Schale sehr leicht an dieser in Bruchstücken hängen bleibt. Zusammenfassend erkennen wir also an der Kakaoschale, daß sie sich aus den inneren Teilen der Fruchtwand und aus der eigentlichen Samenschale zusammensetzt[1]) und folgende Schichten sich unterscheiden lassen:

1. das Fruchtmus (f in Fig. 3), zarte, schlauchförmige Zellen mit größeren Lücken,
2. das Endokarp (fc), eine einfache Lage zarter, sehr schmaler, schräggelagerter Zellen ohne Lücken,
3. die Samenoberhaut (se), polygonale, gestreckte Zellen mit etwas verdickter Außenwand,
4. das Schwammparenchym (lp), großzellig und vielgestaltig, mit den spiraligen Leitbündeln (gfb), den großen Schleimzellen (sch), und
5. der Steinzellen- oder Sklereidenschicht (st), eine einfache Lage hufeisenförmig nach innen verdickter Zellen, schließlich
6. das Silberhäutchen (is), der früheren inneren Samenhaut, aus 2 einfachen fettführenden Zellreihen bestehend.

Betrachten wir die Kakaoschale in der Flächenansicht (Fig. 6), so tritt uns als das charakteristischste Merkmal zunächst die aus

[1]) Vgl. zu dem folgenden Moeller, Mikroskopie der Nahrungs- und Genußmittel, Berlin, Jul. Springer.

großen, ziemlich langgestreckten, unregelmäßig vieleckigen Zellen bestehende Oberhaut (Epidermis ep) entgegen. Auf der Epidermis merken wir bei sorgfältiger Beobachtung ein zartes Maschenwerk der Zellen des Fruchtmuses (p). Unter der Oberhaut liegt eine sehr zarte Querzellenschicht (qu), auf die das Parenchymgewebe der

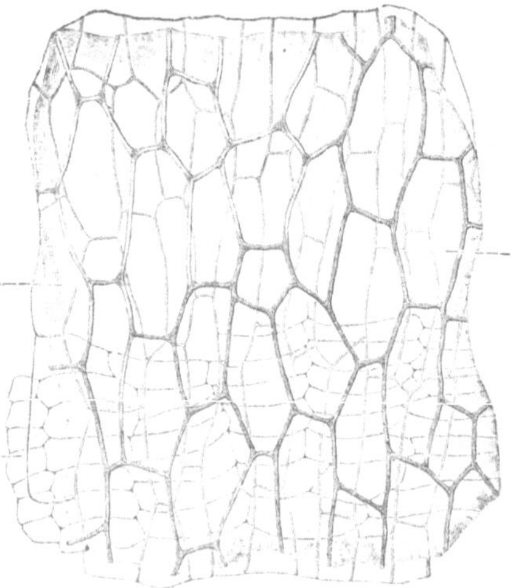

Fig. 6. Flächenansicht.

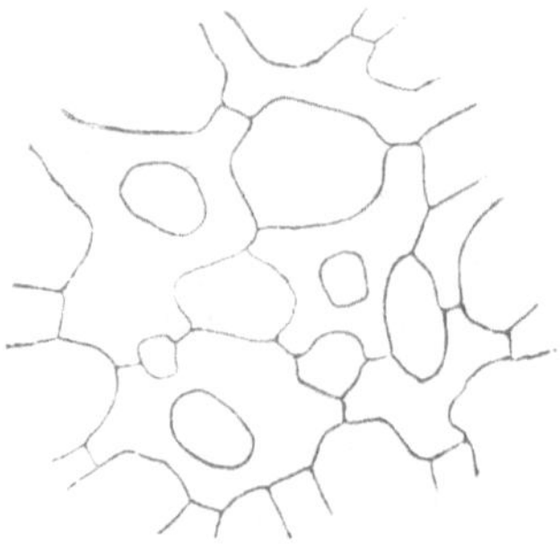

Fig. 7.
Schwammparenchym (nach Schimpert).

Schale folgt, das wir bereits im Längsschnitte unter der Bezeichnung (se) kennen gelernt haben. Die übrigen Formelemente der Schale können auf der Flächenansicht nicht zur Beobachtung gelangen und zeigen sich nur auf den Längsschnitten deutlich. Doch seien hier einige Abbildungen dieser Schichten (nach erfolgter Isolation aus der Schalenhaut) gegeben: (Fig. 7) das Schwammparenchym (ep), (Fig. 8) die Steinzellenschicht (st) (Sklereïden) und (Fig. 9) das Silberhäutchen (is) mit zwei daraufgelagerten Mitscherlichschen Körpern (tr).

Für die mikroskopische Beobachtung müssen die Schalenfragmente erst durch Entfetten mit Petroläther oder Schwefeläther

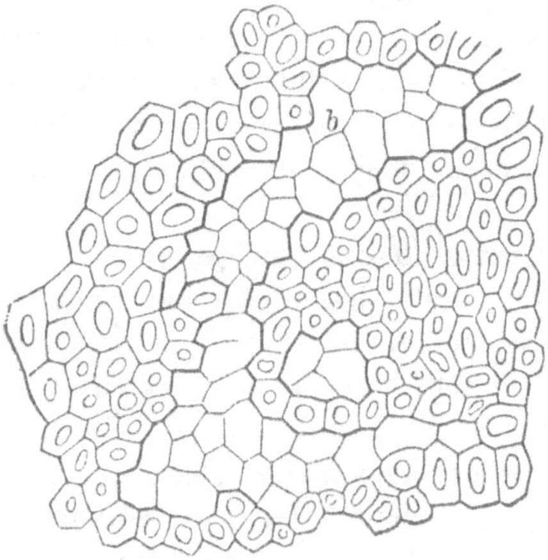

Fig. 8.
Steinzellen- oder Sklereïdenschicht (nach Schimper).

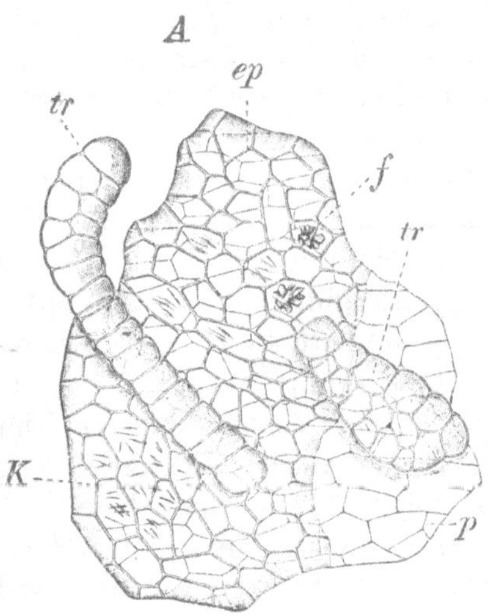

Fig. 9.
Silberhäutchen mit Mitscherlichschen Körpern (nach Moeller).

vorbereitet werden; zur Aufhellung der Bilder verwendet man Chloralhydratlösung (8 : 5). Handelt es sich darum, in einem Kakaoerzeugnis die etwa vorhandene Menge von Schalen zu bestimmen, so wird diese Bestimmung ebenfalls mittels des Mikroskopes ausgeführt, indem man sich der von Filsinger[1]) angegebenen Schlämmethode bedient, durch die eine Anreicherung jener Teile des Kakaos erzielt wird, die in Wasser schwer suspendierbar sind und beim öfteren Ausschütteln hierin zu Boden sinken. Zu diesen gehören vorzugsweise die Schalenbestandteile, deren Aufsuchung und Bestimmung unter dem Mikroskope durch die Schlämmethode sehr erleichtert ist. Die Einzelheiten dieser Methode sollen bei der Untersuchung der Kakaoerzeugnisse auf Schalenbeimengung näher besprochen werden.

Die Kakaoschalen sind das einzige Abfallprodukt der Schokoladenindustrie und sammeln sich infolge der mächtigen Entwicklung, die unsere Industrie genommen hat, in sehr erheblichen Mengen an, so daß ihre rationelle Ausnützung ein dringendes Erfordernis geworden ist. Da nun ein Schalenzusatz, selbst für geringwertige Schokoladensorten oder Kakaopuder durchaus unzulässig ist und als Fälschung aufgefaßt werden muß, so können auch die Kakaoschalen in unserer Industrie keine ausgiebige Verwendung finden. Allerdings werden sie als sogenannter Kakaotee in den Handel gebracht, auch sucht man sie dadurch schmackhafter zu machen, daß man sie mit Zucker überzieht; diese kandierten Kakaoschalen bilden insbesondere in Ostdeutschland einen beliebten Naschartikel. Doch verbraucht diese Verwendungsart nur verhältnismäßig geringe Mengen Schalen und daher sind Vorschläge aller Art aufgetaucht, um dieses Abfallprodukt entsprechend auszunützen. Wie wir gesehen haben, kann den Schalen der Fettgehalt entzogen werden; man gewinnt hierdurch bis zu 5 % Fett, das meistens unter der Bezeichnung holländische IIa Kakaobutter in den Handel kommt; die derart vom Fett befreiten Schalen können weiterhin zur chemischen Darstellung von Theobromin im großen verwandt werden, auf welche Verwendungsart Zipperer bereits in der ersten Auflage dieses Buches aufmerksam gemacht hat.

Kathreiners Nachfolger in München[2]) benutzen heiß gewonnene wässerige Auszüge von Kakaoschalen, um Kaffeebohnen während der Röstung zu verbessern und den Geschmack von Kaffeesurrogaten aus Getreide und Malz zu verfeinern. Auch Kakaoextrakte werden aus den Schalen hergestellt[3]), indem man sie mit Wasser oder Wasserdampf durchtränkt, dann mit Wasser auskocht und den er-

---

[1]) Ztschr. öffentl. Ch., 1899, pag. 27.
[2]) D. R. P. No. 71373 vom 8. Januar 1873.
[3]) Engl. Patent No. 14624 v. 16. Juni 1897.

haltenen Auszug in geeigneter Weise abdampft. Dieser eingedickte theobrominhaltige Auszug soll entweder für sich oder als Beimengung zu Kakaopuder, Schokolade etc. Verwendung finden.

Strohschein in Berlin[1]) stellt aus Kakaoschalen ein dickflüssiges Erzeugnis her, das er „Martol“ nennt. Für seine Darstellung war die Erwägung maßgebend, daß Kakaoschalen einen beträchtlichen Gehalt an natürlich gebundenem Eisen aufweisen. Dieses Metall befindet sich im Martol als gerbsaure Verbindung, außerdem enthält das Präparat noch Theobromin, Kohlehydrate und Phosphorsäure, und soll als Arzneimittel gegen Bleichsucht angewandt werden, hat sich indessen wenig oder gar nicht einzuführen vermocht.

Alfred Michel in Eilenburg[2]) verwertet die Kakaoschalen zur Herstellung einer braunen Farbe, indem er die von Unreinigkeiten befreiten Kakaoschalen in weichem Wasser, ohne oder mit Zussatz von Schwefelsäure, zuerst einquillt und dann nach dem Auswaschen mit starker 35prozentiger Ätznatronlauge behandelt. Aus der Lösung wird der Farbstoff mittels einer Säure oder eines sauren Metallsalzes niedergeschlagen. Der reine Farbstoff wird auf dem Filter gesammelt und ausgesüßt, und ist dunkelbraunrot und von teigartiger Konsistenz. Eingetrocknet bildet er eine schwarzbraune Masse von glasigem Bruch. Die Ausbeute an Farbstoff beträgt 20 bis 25 % des Gewichtes der verwendeten Kakaoschalen. Durch Hinzufügen von Alkali kann der Teig unter Beibehaltung seines Farbtons wieder in Lösung übergeführt werden, je nachdem die Anwendung flüssige oder Teigform wünschenswert erscheinen läßt. Die Farbe kann abgetönt werden entweder durch Einquellen der Schalen in mehr oder weniger verdünnter Schwefelsäure oder durch Fällen aus der alkalischen Lösung bei verschiedener Temperatur. Selbstverständlich stufen auch einige Metalloxyde die Farbe entsprechend und eigentümlich ab, indem sie sich damit zu Lacken verbinden.

In Paris verfertigte man nach Boussignault[3]) aus den Kakaoschalen Briketts, auch hat Zipperer[4]) nach dem Vorgange von Boussignault bereits vor 30 Jahren vorgeschlagen, die Schalen als

---

[1]) Pharm. Rdsch. 1898, p. 781.

[2]) Ztschr. für chemische Industrie 1878, p. 303, D. R. P. Nr. 2112. 24. Sept. 1878;

[3]) Annales de Chemie et de Physique, Vol. 183, p. 423.

[4]) Ztschr. für Pferdekunde und Pferdezucht, 1888, Nr. 7. Heute werden die Kakaoschalen wieder vielfach dem Pferdemelassefutter hinzugefügt.

Viehfutter (bei Pferden) zu verwenden. Es wurden auch dahin abzielende Versuche angestellt, die aber aus äußeren Gründen unterbrochen werden mußten. Kurz vor dem Kriege war die Frage nach einer rationellen Ausnützung der Kakaoschalen, besonders infolge eines Preisausschreibens des Verbandes Deutscher Schokoladefabrikanten, wieder in Fluß gekommen, hatte aber bedauerlicherweise infolge leidiger Konkurrenzstreitigkeiten eine unerfreuliche Wendung genommen.

Eine Untersuchung Maerckers[1]), die die Bestimmung des Futterwertes der Kakaoschalen zum Gegenstande hatte, ergab folgende Zahlen:

Tabelle 12.

Kakaoschalen	ganz, staubfrei %	feingemahlen %	ganz und staubhaltig %
Feuchtigkeit	9.08	6.50	9.95
Eiweiß	13.56	14.13	12.69
„ verdaulich	6.06	7.07	4.38
Fett	2.65	6.76	3.96
Rohfaser	29.14	25.80	21.55
Asche	6.32	6.44	7.26
N-freie Extraktivstoffe	39.25	40.37	44.59

Fütterungsversuche, die an einigen landwirtschaftlichen Anstalten vorgenommen wurden, zeigten ferner, daß die Kakaoschalen im Nährwerte ungefähr zwischen gutem Wiesenheu und Weizenkleie stehen, und nicht nur ein gern genommenes Mastfutter für Stiere, sondern auch ein wertvolles Futter für Milchkühe und das Hochwild darstellen[2]). Diese Versuche fanden durch die Beobachtungen von Prof. Ferruccio Faelli in Turin[3]) Bestätigung. Die Vorteile der Kakaoschalen als Futtermittel gegenüber Weizenkleien sind bei den recht erheblichen Preisunterschieden in die Augen springend.; überdies besitzen die Kakaoschalen eine weit bessere Haltbarkeit, denn sie lagerten ohne irgend welche Veränderungen zu erleiden 18 Monate lang, während Professor Faelli nach dieser Zeit an der Kleie bereits eine saure Gärung feststellen konnte.

---

[1]) Mitt. d. Verb. Dsch. Schokoladefabr., 1896, pag. 32. Vierteljahrsschrift N. & G. 1899 (2) pag. 589.

[2]) Zitiert nach Filsinger, Ztschr. öffentl. Ch. 1899, p. 27.

[3]) Mitt. d. Verb. Dtsch. Schokoladefabr., XIX. Jahrg., No. 7.

Ein weiterer Vorzug der Kakaoschalen besteht darin, daß sie die vierfache Menge ihres Gewichtes an Wasser aufzunehmen vermögen, während die Kleie nur das dreifache Wassergewicht einsaugt. Das Rindvieh gewöhnt sich leicht an das Futter und nimmt es schließlich gern. Die Versuche, die an drei Gruppen von Milchkühen, Holländer-, Schweizer- und Parmesaner-Rassen, vorgenommen wurden, ergaben in dieser Beziehung die besten Resultate. Schon am 10. Tage nach Verabreichung des neuen Futtermittels ergab die Analyse der Milch eine Vermehrung der Butter und Laktose (Milchzucker); auch der durchschnittliche tägliche Gesamtertrag der Milch von drei Kühen steigerte sich von 44 auf 49,5 kg. Nachdem die Fütterung durch Kakaoschalen eingestellt worden war, ging auch der Milchertrag wiederum zurück. Faelli kommt zu dem Schlusse, daß Kakaoschalen, von denen man bis zu 4 kg im Tage verfüttern kann, auf Milchkühe einen durchaus wohltätigen Einfluß ausüben.

In einem Bericht der Experimental Farms of Canada 1898, pag. 151, wird ferner auf die Verwendbarkeit von Kakaoschalen als ein Düngemittel hingewiesen, wodurch man den Feldern reiche Mengen Stickstoff und Kali zuführen könne, ein Vorschlag, der sich übrigens schon in Boussignaults Arbeit vorfindet.

ZWEITER ABSCHNITT.

Fabrikation der Kakao-Erzeugnisse.

A. Die Herstellung von Schokoladen.

Geschichtliches.

Allgemeines zur Schokoladenbereitung.

Bis zu Ende des 18. Jahrhunderts beschränkte sich die Schokoladenfabrikation auf den Handbetrieb, der dadurch, daß man ängstlich die überkommenen Formen einhielt, eine höchst mühsame Arbeit bildete. Die Bohnen wurden ehedem in eisernen Mörsern gestoßen, wobei der Arbeiter am Boden kniete, und erst Buisson führte 1732[1]) einen Tisch ein, der diesen lästigen und ungesunden Gebrauch aufhob. Selbst heute noch führte auf den philippinischen Inseln der chinesische Koch, der die dort wachsende Kakaobohne zu Schokolade für den Hausbedarf verarbeitet, seine ganze „Fabrik" mit sich, bestehend aus einem kleinen hölzernen Brett, das auf den Knien des auf den Fußboden kauernden Arbeiters ruht. Hier werden die enthülsten Bohnen in einem marmornen Mörserchen mit einem erwärmten Pistille zermalmt und diese Masse dann auf dem Brettchen mit Zucker, Pfeffer und anderen beliebten Gewürzen zu Schokoladenmasse geknetet. Von solchen Ausnahmen abgesehen, ist heute in der Schokoladenfabrikation fast alle Handarbeit durch z. T. großartige Maschinen ersetzt worden, deren erste Doret 1778 der medizinischen Fakultät zu Paris vorzeigte. Nach Belfort de la Roque[2]) soll indessen schon der Genuese Bozelly eine Mühle konstruiert haben, womit es ihm gelang, täglich 600 bis 700 Pfund

---

[1]) Siehe Mitscherlich p. 111.

[2]) Guide pratique de la Fabrication du Chocolat, pag. 112. (Die Jahreszahl von Bozellys Erfindung gibt der Autor leider nicht an. D. Verf.)

Schokolade zu erzeugen, während bis dahin mittels Handarbeit höchstens 30 Pfund am Tage hergestellt werden konnten. Im Jahre 1819 beschreibt Pelletier[1]) eine von ihm gebaute Maschine zur mechanischen Herstellung von Schokolade, die allein die Arbeit von 7 Mann auszuführen vermochte. Seit dieser Zeit sind unsere Maschinen fortwährend verbessert und auch umgestaltet worden, wenn auch im Prinzip immer derselbe Zweck erstrebt wurde, nämlich die Kakaomasse zu unfühlbarer Feinheit zu verreiben und mit anderen Substanzen auf das Innigste zu vermengen.

Die ersten modernen Maschinen für Schokoladenfabrikation wurden im Jahre 1830 von dem Pariser Ingenieur Georg Hermann (1801—1883) konstruiert, dem wir die Erfindung des Systems der Feinzerreibung mit Differentialgeschwindigkeit verdanken, worauf die neuere Schokoladenfabrikation beruht. Gegenwärtig beschäftigen sich eine Reihe großer Fabriken mit dem Bau von Spezialmaschinen für die Kakaoverarbeitung.

Wie groß oder klein auch der Betrieb einer Schokoladenfabrik sein mag, stets umfaßt er eine Reihe von überall gleichen Arbeitsvorgängen, denen die Kakaobohne unterworfen werden muß, bis aus ihr das Erzeugnis entstanden ist, das wir im Handel als „Schokolade“ bezeichnen.

Diese Arbeitsvorgänge sind im wesentlichen folgende:

I. Die Vorbehandlung der Bohnen:

a) Das Lagern, Reinigen und Auslesen der rohen Bohnen.
b) Das Rösten oder Brennen der gereinigten Bohnen.
c) Das Brechen, Entschälen, Reinigen (Entkeimen etc.) der gerösteten Bohnen.
d) Das Mischen der Bohnen verschiedener Sorten.

II. Herstellung der Schokoladenmasse:

a) Das Mahlen der Kakaobohne zu einer in der Wärme homogenen flüssigen Masse.
b) Das Mischen der flüssigen Kakaomasse mit Zucker, Gewürzen etc.
c) Das Feinreiben (Walzen, Schleifen und Conchieren) der Mischung.

---

[1]) Comptes rendus de l'Exposition de 1819, zitiert nach B. de la Roque.

III. Fertigstellen der verschiedenen Schokoladen:

a) Das Entluften, Teilen und Formen der Schokolade.
b) Das Kühlen der fertigen Schokolade.
c) Verpacken und Lagern.

Das ist im allgemeinen der Gang der Fabrikation; im folgenden wollen wir diese einzelnen Arbeitsvorgänge und die dazu erforderlichen maschinellen Einrichtungen eingehend besprechen; sie sollen in der bisher festgehaltenen Reihenfolge dargelegt werden.

I. Vorbehandlung der Bohnen.

a) Das Lagern, Reinigen und Auslesen der Bohnen.

Die rohen Kakaobohnen müssen bis zu dem Augenblicke der Verarbeitung hell und luftig gelagert werden. Sind die Bohnen auf dem Transport der Feuchtigkeit ausgesetzt gewesen oder haben sie bei der Ernteaufbereitung eine schlechte Beschaffenheit angenommen, so müssen sie sofort aus den Säcken entleert und in einem hellen, luftigen Raume, auf dem Boden ausgebreitet und unter öfterem Umschaufeln getrocknet werden. Auch ist empfohlen worden, derartige beschädigte Bohnen mit einer stark verdünnten Kalilösung (Ätzkali : dest. Wasser wie 1 : 5000) zu waschen und schnell zu trocknen.

Ungerottete, bei der Ernte schlecht behandelte oder überhaupt schlecht gerottete Ware zeigt gewöhnlich eine graue bis grauweißlich, fleckig braune bis hell violette Farbe der Keimblätter, sowie einen unangenehmen, bitterlich herben Geschmack, Eigenschaften, die sich auch bei den daraus hergestellten Kakaopräparaten in unangenehmer Weise geltend machen. Man kann diesem Übelstande teilweise durch das sogenannte „Nachrotten“ abhelfen. Gordian[1]) schlägt zu diesem Zweck vor, solche Bohnen in Tonnen zu füllen und sie mit warmem Wasser von ca. 40° C. zu übergießen, so daß das Wasser ungefähr 3 cm über den Bohnen steht, wonach man die Mischung in einem warmen Raume 24 bis 48 Stunden der Ruhe überläßt. Man gießt sodann das überschüssige Wasser ab und trocknet die Bohnen in einer Wärmekammer bei 40—50° C. Durch diese Behandlung verbessern sich die Bohnen nach Farbe und Geschmack wesentlich.

---

[1]) Gordian, A. Die deutsche Schokoladen- und Zuckerwaren-Industrie. Heft 1, p. 22.

Auf den Speichern, in denen die rohen Kakaobohnen lagern, stellt sich zuweilen ein schlimmer Gast ein. Es ist dies eine Made, die nach W. Hauswaldt[1]) gerade die feinsten Sorten Caracas sowie Trinidad befällt. Da die Eier der Maden in mehreren Fällen im Innern der noch mit Schale bedeckten Caracasbohnen gefunden wurden, so ist anzunehmen, daß sie durch einen Schmetterling, eine Tineaart, deren Spezies noch nicht genau untersucht und bestimmt ist (vermutlich Ephestia cahiritella Zeller, vgl. von Faber loc. cit. pag. 335), entweder vor oder nach der Rottung in die Bohne gelangen. Zuweilen zeigen sich die Maden an der Oberfläche der Säcke, die sie in wenigen Tagen überspinnen. Entfernung der infizierten Packung, Ausbürsten und Sonnen der Säcke, Reinigung aller Fugen des Kakaospeichers hat wohl einigen, aber nicht durchgreifenden Erfolg gegen den Eindringling. Am besten ist es noch, die Motten während ihrer Flugperiode in den heißen Monaten Juni, Juli und August zu vernichten.

Man bewirkt dies, indem man nach Hauswaldt, Stollwerk[2]) und G. Reinhardt[3]) in den Kakaospeichern große, flache Wasserbehälter aufstellt und in diese bei Anbruch der Dunkelheit je eine brennende Petroleumlampe stellt, welche in entsprechender Höhe auf einer Lage von Ziegelsteinen postiert, den Wasserspiegel hell erleuchtet. Die Motten werden von dem Licht in Massen angezogen und fangen sich entweder im Wasser oder verbrennen sich am Lichte die Flügel; selbst die Larven der Motten wissen das Wasser zu finden und ertrinken darin. Das Wasser muß täglich erneuert werden, weil sonst der sich an der Oberfläche ansammelnde Flügelstaub die nachfolgenden Motten wieder loskommen läßt. Bei eintretender kühler Witterung läßt man alsdann die Fenster der Speicher Tag und Nacht geöffnet stehen, um durch den eventuell eintretenden Frost den Rest der Maden zu vertilgen.

Das Reinigen und Auslesen der rohen Kakaobohnen ist der w i c h t i g s t e F a k t o r bei der Schokoladenfabrikation und auch vielfach für die Rentabilität maßgebend; denn bei sorgfältiger Reinigung, Auslese, sowie Sortierung und zweckmäßiger Mischung mit besseren Sorten lassen sich auch geringere, im Ankauf billigere Sorten sehr vorteilhaft verwenden. Der Hauptzweck, der hierbei verfolgt wird, ist die Entfernung von fremden Körpern und zufälligen Beimischungen wie Sand, Steinen, Embellagefragmenten etc., die im späteren Verlaufe der Fabrikation die zu passierenden Mahlsteine beschädigen oder beim Röstprozesse dem Röstgut einen fremdartigen und unangenehmen Geruch verleihen könnten. Diese Bei-

---

[1]) Korr. d. Verb. Dtsch. Schokoladefabr. 1878, pag. 17.

[2]) Korr. d. Verb. Dtsch. Schokoladefabr. 1891, No. 5.

[3]) Ibid. 1891, No. 7.

mischungen sind so verschiedenartiger Natur, daß zu ihrer völligen Entfernung eine ausschließlich mechanisch arbeitende Vorrichtung allein nicht ausreicht, sondern durch eine Auslese mit der Hand vervollständigt werden muß. Die Maschinen beschränken sich in der Hauptsache auf die Entfernung des Staubes, der Steine und etwaiger Eisenteile, worauf die in dieser Weise vorgereinigten Bohnen auf Laufbänder gelangen und hier von Hand nachgelesen werden. Wer sich der Mühe unterwirft, alle diese Fremdkörper zu sammeln und zu sichten, wird nach Jahren eine Ausstellung von manchmal sehr interessanten Gegenständen besitzen[1]).

In früherer Zeit wurde das Reinigen der rohen Bohnen durch sogenannte Rollfässer erreicht. Diese Fässer liegen horizontal und sind um eine Achse drehbar, die jedoch die Böden der Fässer nicht in ihrem Mittelpunkt durchschneidet, sondern unten in den einen Fußboden eintritt und schief durch die Lichtweite des Fasses nach oben verläuft. Durch diese Vorrichtung erreichte man ein starkes Durcheinander-Kollern und Aneinander-Reiben der Bohnen, sodaß Fremdkörper entfernt werden, worauf das Auslesen der Bohnen mit der Hand vorgenommen wurde. Im Laufe der Zeit sind die Rollfässer durch rotierende Siebzylinder verschiedener Konstruktion verdrängt worden, die durch motorische Kraft getrieben werden.

Bei einer von Lehmann, Dresden gebauten Reinigungsmaschine, die viel zur Anwendung gelangt, wird der abgesiebte Staub durch einen Exhaustor abgesaugt und nach einer Staubkammer geführt, während Steine, Holz- und Blütenteile, Stückevon Bohnen oder kleine Bohnen etc. gesondert aufgefangen werden. Die so gereinigten Bohnen gehen dann an einem Magnetapparat vorbei, an den sie evtl. vorhandene Eisenteile abgeben und fallen schließlich wieder auf ein Laufband, auf dem die erwähnte Nachlese durch Hand erfolgt.

Vielfach werden auch noch (namentlich in solchen Betrieben, die Kugel- oder Zylinderröster mit direkter Beheizung haben) die Bohnen vor dem Rösten einer intensiven Bürstwirkung unterworfen, um sie von allen anhaftenden Schmutz- etc. -Teilchen zu befreien. Eine solche Bürstmaschine für Kakaobohnen stellt Fig. 11 dar.

Der Arbeitsgang vollzieht sich folgendermaßen:

Die zu reinigenden Kakaobohnen werden entweder direkt oder vermittels Elevator durch eine elastische, jeden Bruch vermeidende Speisevorrichtung, der Maschine gleichmäßig zugeführt und gelangen zunächst auf eine im oberen Teile der Maschine angebrachte Bürstvorrichtung. Diese besteht aus einer rotierenden Bürstenwalze und einem bogenförmigen Bürstensegment, das vermittels einer außenliegenden, bequem zu handhabenden und auch während des Betriebes leicht zu regulierenden Stellvorrichtung mehr oder weniger dicht an die Bürste herangedrückt werden kann, je nachdem man eine mehr oder weniger kräftige Bürstwirkung auszuüben wünscht. Besondere Vorteile bietet das Bürsten der Kakaobohnen bei der Bearbeitung von grobschaligen Sorten, an deren rauher Oberfläche

---

[1]) Wilhelm Schütte-Felsche, Leipzig.

Fig. 10.

Fig. 11.
Kakaobohnen-Bürst-, -Reinigungs-, -Sortier- und -Auslese-Maschine (Hermann Bauermeister, Altona).

Schmutz und sonstige Unreinigkeiten besonders fest haften. Alle diese Teile lösen sich ohne Bürsten erst im Röstapparat und müssen, sofern nicht ventilierte Röster verwendet werden, in der Trommel verkohlen. Bei der Verarbeitung von dünnschaligen und daher empfindlicheren Kakaobohnen kann die Bürstvorrichtung so weit auseinander gestellt werden, daß eine Bürstwirkung überhaupt nicht mehr stattfindet, so daß also je nach Bedarf und nach Belieben die Bürstvorrichtung im Betriebe reguliert und sogar vollständig ausgeschaltet werden kann. Die durch die Bürstvorrichtung losgelösten Teile sowie alle zwischen den Kakaobohnen befindlichen leichten Unreinigkeiten werden durch einen kräftigen Windstrom, der von einem in die Maschine eingebauten Exhaustor erzeugt wird, abgesaugt. Es wird daher jede Staubentwicklung in der Maschine oder im Arbeitsraum vermieden.

Die vorgereinigten, von leichten Beimengungen befreiten Kakaobohnen gelangen nunmehr zur weiteren Bearbeitung auf zwei übereinanderliegende Flachsiebe, um die gröberen Unreinigkeiten, wie kleine Steine, Holzstückchen, Strünke, Sackbänder usw. sowie gebrochene Bohnen auszuscheiden und die gereinigten Bohnen in zwei Sorten, der Größe nach, zu trennen; dies ist für den nachfolgenden Röstprozeß von großer Wichtigkeit, da große Bohnen eine längere Zeit zur Röstung benötigen als kleine.

Die Abfälle verlassen in drei getrennten Ausläufen die Maschine auf der Rückseite, während die gereinigten Bohnen, in kleine und große getrennt, auf der Vorderseite der Maschine austreten.

Jede Bohnengröße fällt auf ein Transportband, damit vermittels Hand die noch in den Bohnen enthaltenen Fremdkörper, ferner auch wurmstichige und kranke Bohnen ausgelesen werden können.

In die Einfalltrichter der Auslesetische sind kräftige Magnetapparate eingebaut, die dazu dienen, Eisenstücke, die sich zwischen den Bohnen befinden, auszuscheiden. Die Magnetapparate sind jederzeit sichtbar und bequem zugängig, so daß auf den Magneten etwa haftende Eisenstücke von dem Bedienungspersonal der Maschine sofort entfernt werden können.

b) Das Rösten oder Brennen der Bohnen.

Die sortierten und gereinigten Bohnen werden dann höheren Wärmegraden ausgesetzt, das heißt geröstet.

Durch dieses Rösten soll ein mehrfacher Zweck erreicht werden:

1. wird das Aroma der Kakaobohnen entwickelt;
2. wird das Stärkemehl in Quellung versetzt;
3. werden die herbschmeckenden Stoffe derart umgewandelt, daß der Geschmack der Bohnen milder wird, also wesentlich gewinnt („Aroma“-Entwicklung);
4. wird durch die mit dem Rösten verbundene Austrocknung die Schale sehr spröde, wodurch sich später die Enthülsung leichter bewerkstelligen läßt;
5. werden die Bohnen selber besser verreiblich.

So hohe Hitzegrade, wie die Röstung des Kaffees, erfordert indessen die der Kakaobohne nicht, um die oben angegebenen chemischen und physikalischen Veränderungen zu erleiden. Die Erfahrung hat gezeigt, daß die beste Temperatur hierfür bei etwa 130 ° C. liegt. In neuerer Zeit wird vielfach von dieser Temperatur abgewichen; man röstet, wie wir später sehen werden, je nach Verwendungsart des Kakaos, mit viel geringeren Temperaturen, läßt dann aber zumeist nach dem Schälen und Brechen noch ein Nachrösten folgen.

In den Rösttrommeln oder Röstmaschinen kann der Prozeß des Röstens auf verschiedene Art durchgeführt werden:

A. Der **Wärmequelle** nach:

Röstung mit

1. direktem Feuer.
   a) Kohlen- und Koksfeuerung,
   b) Gasfeuerung.
2. indirektes Feuer (Heißluftstrom).

B. Der **Trommelform** nach:

1. In Kugelröstern.
2. In Zylinder-Trommeln.

Beim Rösten muß große Vorsicht obwalten, um die Bohnen nicht zu wenig oder zu stark zu rösten; vor allem sollen stets nur Bohnen *gleicher Größe und Sorte* miteinander geröstet werden. Auch ist es eine sehr irrige Meinung, wenn man glaubt, daß man an eine Röstmaschine jeden unerfahrenen Arbeitsburschen stellen könne. Bildet doch die Erkennung der richtigen Röstung, wie sie der Sorte und deren Verwertung entspricht, die qualitative Unterlage zu der später zu fabrizierenden Schokolade. Selbst dem besten „Chocolatier“ ist es unmöglich, das wieder gut zu machen, was beim Rösten versehen worden ist. Man stelle deshalb stets einen erfahrenen, mit gutem Geschmacks- und Geruchssinn begabten Arbeiter an die Röstmaschine. Ferner haben sich die sogenannten *Sicherheitsröster*, von denen gleich die Rede sein wird, gegen ein etwaiges Überbrennen gut bewährt.

Der Zeitpunkt des Überbrennens ist durch das Auftreten eines brenzlichen, unangenehmen Geruches (der an angebrannten Kaffee erinnert) gekennzeichnet; die Schalen verkohlen, die Kerne zerbröckeln und zeigen ebenfalls oberflächliche Verkohlung. Auch ist dementsprechend der Geschmack unangenehm scharf geworden, zugleich ist, wie schon früher erwähnt (vergl. pag. 60) in den Kernen eine Abnahme des Theobromingehaltes eingetreten, in den Schalen dagegen eine Erhöhung. Aus dem überhitzten Kakaofett bildet sich das flüchtige, stechend riechende Akroleïn, das hauptsächlich den brenzlichen Geruch überbrannter Bohnen verursacht.

Als allgemeine Verhaltungsmaßregeln beim Brennen sind zu beachten: 1. daß die Bohnen nicht zu lange in der Rösttrommel bleiben dürfen; 2. daß sie beständig durcheinander geworfen werden müssen, weshalb auch die Apparate hierzu beweglich und um ihre Achse drehbar sind; 3. daß die Feuerung aufs Genauste reguliert wird; 4. daß die fertiggerösteten Bohnen sofort nach ihrer Ent-

Fig. 12.

fernung aus dem Röstapparate rasch gekühlt werden, um einem Verluste an Aroma durch Nachrösten vorzubeugen.

Da, wie schon erwähnt, der Kakao je nach Qualität, Größe oder Dickschaligkeit der Bohnen und vor allem nach seiner Verwendungsart, weniger oder stärker geröstet sein soll, so muß die Röstbarkeit von dem damit betrauten Arbeiter an den betreffenden Apparaten empirisch erlernt werden und läßt sich theoretisch schwer beschreiben. Bestimmte Normen über die hierbei nötige Zeitdauer und die Hitzegrade aufzustellen, ist deshalb nicht empfehlenswert.

In nachstehendem soll zunächst eine Röstmaschine beschrieben werden, wie sie wohl in den meisten Fabriken zu finden sein dürfte. — Sie gehört der Beheizung nach zur Gattung der Heißluftröster — wobei zur Unterstützung die direkte Feuerung teilweise mitwirkt —, der Form nach zu den Zylinderröstern.

Diese Maschine ist in Fig. 12 im Bild, in Fig. 12a und b im Durchschnitt dargestellt. Um eine Wärmeausstrahlung möglichst zu vermeiden, Brennmaterial zu sparen und Feuersgefahr auszuschließen, ist der ganze Apparat eingemauert. An der hinteren Seite befindet sich die Antriebswelle, während am vorderen Trommelboden der Fülltrichter angebracht ist. Der Heizraum liegt direkt unter der Trommel, während zu seinen beiden Seiten frische Luft in Kammern eintritt, die mit Heizrippen versehen sind und eine genaue Regulierung der Luftzufuhr gestatten. Sie stehen indessen in keinem Zusammenhange mit den Feuergassen,

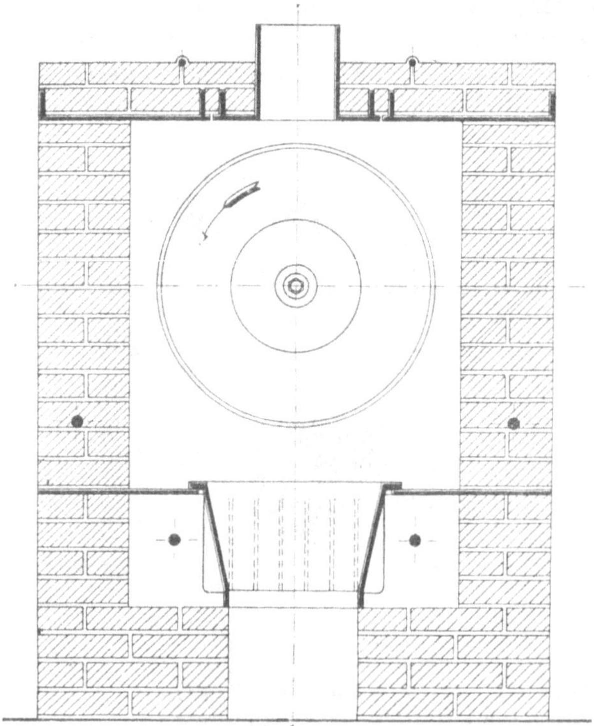

Fig. 12a.

weshalb nur die darin erhitzte Frischluft durch einen Kanal in die mit Röstgut gefüllte Trommel treten kann. In dieser selbst befinden sich entsprechend angeordnete Wurfschaufeln, die die Bohnen in wellenartiger Bewegung halten und den Zutritt der heißen Luft in der günstigsten Weise gestatten. Bei geschlossenem Fülltrichter werden die entstehenden Röstgase durch ein daran seitlich angeordnetes Abzugsrohr abgeführt, wobei das wässrige Kondensat am tiefsten Punkt zum Abfluß gelangt und aufgefangen wird. Zur Ermittelung des gewünschten Röstgrades sowie überhaupt zur Kontrolle und Überwachung des ganzen Röstprozesses dient ein Probenehmer, der sich in die Mitte des Bodens einführen läßt. Die Entleerung der Trommel geschieht während des Ganges, durch Abschwenken des türähnlichen Trommelbodens, wobei durch die im Innern der

Trommel befindlichen Wurfschaufeln das Röstgut in den herangeschobenen Entleerungswagen befördert wird.

Die Wärmeausstrahlung ist sehr gering, da die Maschine völlig eingemauert ist. Zur Beheizung kann jedes Brennmaterial benutzt werden. Da die Feuerung sowie die Rußentleerung von vorn geschieht, braucht man zu beiden Seiten keinen Platz, sodaß man bei Aufstellung mehrerer Röstmaschinen die eine neben die andere setzen kann. Ein großer Vorteil dieses Apparates besteht darin, daß durch Abschwenken des vorderen Trommelbodens das Innere der Trommel voll-

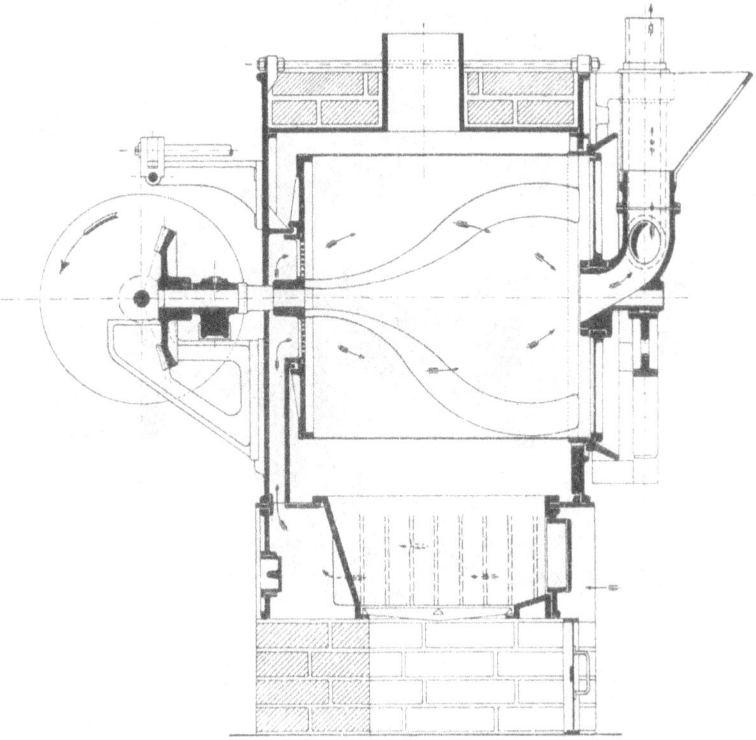

Fig. 12b.

ständig freigelegt wird, sodaß eine gründliche Reinigung von Zeit zu Zeit sichtbar vorgenommen werden kann. Hierdurch ist es ein Leichtes, Teilchen, die sich im Innern festgesetzt haben, zu entfernen und dadurch zu verhüten, daß sie nochmals mit geröstet und verbrannt werden, um sich so den nachfolgenden Röstpartien sehr zum Nachteil des Geschmacks beizumengen.

Es sei noch erwähnt, daß die oben beschriebene Maschine in verschiedenen Dimensionen bis zu 400 Kilo Füllung gebaut wird.

Von anderweitigen Röstapparaten erfreuen sich wegen ihrer mannigfachen technischen Vorzüge die „Kugelröster" einer großen Beliebtheit. Man geht hierbei von der Überlegung aus, daß die vollkommen gerundete Kugelform auch eine bessere und gleichmäßigere Röstung ermögliche. Einen typischen Vertreter dieser Rösterform sehen wir in der „verbesserten Röstmaschine“ mit hohler Achse und Lüftungskegel (Fig. 13) vor uns.

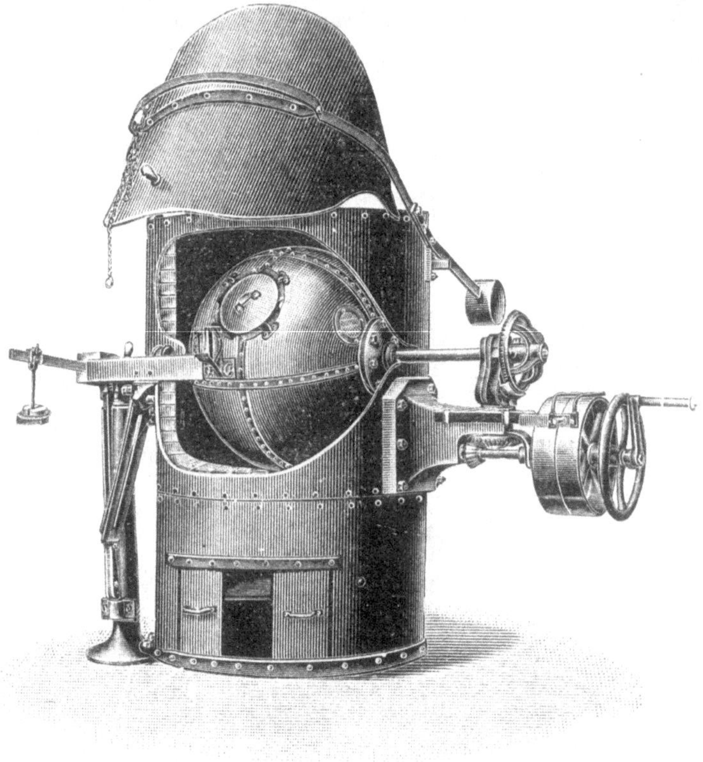

Fig. 13.

Die Abbildung stellt die Maschine in geöffnetem Zustande dar. Zum Gebrauche wird die Röstkugel durch eine Hebelvorrichtung in das Feuer des viereckigen Röstofens gesenkt, wobei sie einen Kreisbogen von 90° beschreibt. Ist die Kugel in die Röstlage gebracht, so wird die Lüftungskugel als Mantel darübergedeckt und die Röstkugel durch die Welle in rotierende Bewegung gesetzt. Die Röstgase verlassen die Kugel durch eine im Innern derselben befindliche Laterne, die auf der hohlen Achse angebracht ist. Die Probenahme kann mittelst eines geeigneten Probestechers durch die Achse der Röstkugel vorgenommen werden, ohne daß man die Kugel aus dem Feuer zu nehmen braucht. Die Kugeln dieses Röstapparates werden mit einem Fassungsvermögen bis zu 80 Kilogramm Röstgut konstruiert; ihre Drehung erfordert je nach der Größe $^1/_4$ — $1^1/_2$ Pferdekräfte, wobei in der Minute 40 Umdrehungen erfolgen.

Wie schon erwähnt, bieten die sogenannten Sicherheitsröster eine gute Gewähr gegen ein Anbrennen der Bohnen, indem durch einen automatisch wirkenden Sicherheits-Regulator der Röstkessel mit den Bohnen vorher aus dem Feuer gehoben wird.

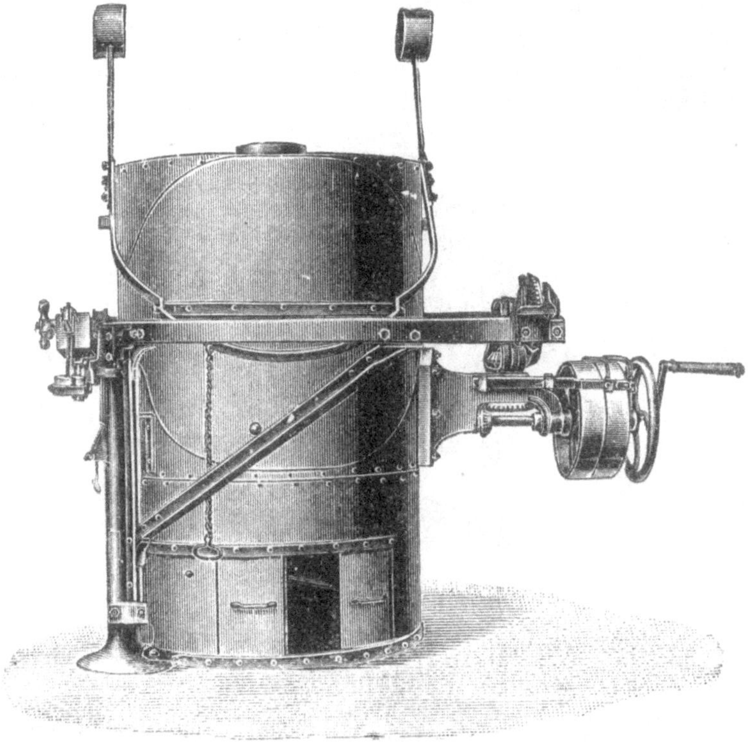

Fig. 14. Sicherheitsröster geschlossen.

Das Konstruktionsprinzip dieser von der Firma Bauermeister, Altona gebauten Röster beruht auf der Tatsache, daß jede Röstung mit einem Gewichtsverlust verbunden ist, und zwar wird logischerweise ein bestimmter Röstgrad ein und derselben Bohnenqualität stets auch dieselbe Gewichtsabnahme aufweisen; im Durchschnitt verliert der Kakao 6—7%. Danach läßt sich also die Abnahme, die eventuell auch (z. B. bei einer neuen Bohnensorte) vorher empirisch festgestellt werden kann, berechnen und auf einem, nach dem Prinzip der römischen Schnellwage funktionierenden Regulator einstellen. Haben nun die Bohnen den betreffenden Gewichtsverlust erlitten, so hebt das Gegengewicht des Regulators die Achse der Röstkugel, wodurch dann schließlich die weitere Funktionierung des Gesamtmechanismus eingeleitet wird.

Es sei nochmals hervorgehoben, daß es unumgänglich notwendig ist, nur immer Bohnen einer und derselben Qualität und von tunlichst gleicher Größe zusammen zu rösten und zu brechen, da einesteils durch die dickere oder dünnere Beschaffenheit der Schalen sich die einzelnen Handelssorten beim Rösten der Zeit nach sehr verschieden verhalten, andernteils auch eine gleiche Größe der Bohnen eine möglichst gleichmäßige Arbeitsleistung der Brechmaschine bedingt. Die Schalen des gerösteten Kakaos sind hygroskopisch und die geröstete, ungeschälte Bohne enthält daher nach längerem Stehen mehr Wasser als sie in rohem Zustande aufweist. Je trockner aber die Bohne ist, desto leichter läßt sie sich entschälen.

Fig. 15.

Der geröstete Kakao soll daher möglichst rasch verarbeitet oder, wenn dies nicht angeht, in gutschließenden Blechkästen aufbewahrt werden, bis eine weitere Verarbeitung stattfinden kann.

Als Wärmequellen für die Röstvorrichtungen begegnen wir außer direkter und indirekter Steinkohlenfeuerung und dem Leuchtgas in größeren Fabrikanlagen auch zuweilen dem Dowsongas, das sich für diese Zwecke gut eignet, da es hierbei nicht gerade auf sehr hohe Flammentemperaturen ankommt, während sich die Kosten wesentlich geringer stellen als bei der Verwendung von Leuchtgas.

Die in Fig. 15 abgebildete Röstmaschine für Dowson- oder auch Leuchtgas gehört zur Gattung der Röster mit direkter Beheizung. Was ihre Beschickung und Entleerung anbetrifft, so entspricht sie der in Fig. 14 abgebildeten. Auch hier ist der vordere Trommelboden als abschwenkbare Tür ausgebildet und legt bei Abschwenkung das Innere der Rösttrommel vollständig frei. Die Verbrennung des Gases geschieht bei Leuchtgas unter Luftdruck von ca. 1 Atm. Zu diesem Zweck ist die Maschine mit einer Luftpumpe kombiniert, die erforderlichenfalls bis zu vier Maschinen mit komprimierter Luft versorgen kann. Der Trommelinhalt beträgt 150 Kilogramm. Die Regulierung der zu erzeugenden Hitze ist natürlich hierbei die denkbar einfachste und empfindlichste. Ein weiterer Vorzug dieser Gasröstmaschinen ist ferner die große Reinlichkeit und schnelle In- und Außerbetriebsetzung. Für 100 Kilogramm Bohnen werden 3—4 cbm Leuchtgas beansprucht, während bei der Verwendung von Dowsongas, dessen Heizwert bekanntlich bedeutend geringer ist, größere Gasmengen und infolgedessen stärkere Rohrzuleitungen erforderlich sind, die Luftpumpe dagegen nicht gebraucht wird.

Fig. 16. Schnellröster (Bauermeister, Altona).

Die Dampfröstvorrichtungen, auf welche man große Hoffnungen setzte, haben sich nicht einzuführen vermocht, da die bisherigen Versuche ergeben haben, daß diese Art der Röstung für Kakaobohnen wenig geeignet ist, weil man hierdurch ein genügendes Durchrösten nicht erzielen kann. Eine der bekannter gewordenen Dampfröstvorrichtungen ist der Firma Gebr. Stollwerk in Köln a. Rh. patentiert (D.R.P. No. 28 244 und Z.P. 35 181).

Diese besteht aus einem zylindrischen Blechkasten, dessem Inneres die Rösttrommel birgt, die durch eine Welle in rotierende Bewegung gesetzt wird. Das Dampfröhrensystem läuft an der Wand der Trommel in zehn spiraligen Windungen und ist mit der rotierenden Welle innerhalb der Rösttrommel in der Weise verbunden, daß eine Bewegung der Röstschlange auch unabhängig von der Rösttrommel ermöglicht wird.

Fig. 17. Schnellröster (Bauermeister, Altona).

Dagegen erfreuen sich die Heißluftröster einer steigenden Beliebtheit, zunächst weil sie ebenfalls mit indirekter Feuerung arbeiten, dann aber, weil sie eine wesentliche Abkürzung des Röstprozesses (der sonst 30—45 Minuten dauert) gestatten, ohne daß die Gefahr des Anbrennens oder Versengens der Bohnen vorliegt. Den Typus eines solchen „Schnellrösters" zeigen die Fig. 16 und 17.

Hier zieht der heiße Luftstrom zentral durch die in Bewegung befindliche Röstkugel, während das regenförmig zerstreute Röstgut nach dem Gegenstromprinzip ihm zugeworfen wird, so daß also tatsächlich jede einzelne Bohne allseitig von der heißen Luft bespült, die Wirkung der starken Hitze demnach auf die gesamte Oberfläche aller Bohnen gleichmäßig verteilt wird. Gleichzeitig aber, und das ist ein weiterer nicht hoch genug anzuschlagender Vorteil, entführt der Windstrom mit den Röstdämpfen alle Unreinigkeiten des Röstgutes,

Staub, Hülsen usw., die sonst verbrennen und einen üblen Geruch erzeugen würden; es gelingt auf diese Weise sogar, u. U. Kakao von einem schimmligen Geruche zu befreien.

Wie eben erwähnt, sollen die gebrannten Kakaobohnen möglichst sofort nach dem Rösten verarbeitet werden, andererseits sollen sie aber, damit sich die Schalen leicht ablösen, möglichst abgekühlt werden, bevor sie in die Brechmaschinen gelangen. Es sind auch dazu bestimmte Vorrichtungen erforderlich. Sind die Rösttrommeln in Räumen des Erdgeschosses untergebracht, lo läßt man die gebrannten Bohnen in weiten Körben oder Sieben abkühlen, ehe sie auf die Brechmaschine befördert werden. Im Falle jedoch die Röstvorrichtung hoch genug liegt, kann ein seichter Fall nach den niedriger liegenden Räumen, in denen die Brechmaschinen aufgestellt sind, gezogen werden. Beim langsamen Niedergleiten trifft dann ein durch einen Ventilator erzeugter kalter Luftstrom die Bohnen und kühlt sie ab.

Sehr zweckentsprechend und wohl für die meisten Verhältnisse passend ist der Kühlwagen mit Kühl- und Absaugevorrichtung, Fig. 18.

Fig. 18.

Dieser Wagen besitzt einen gelochten Zwischenboden und seitliche Schieber. Nachdem man den Inhalt der Röstmaschine in den Wagen entleert hat, wird er nach der auf der Zeichnung leicht erkenntlichen Absaugevorrichtung geführt, wo der Kakao binnen wenigen Minuten derart abgekühlt wird, daß ein Nachrösten nicht mehr stattfinden kann, während die entstehenden Röstdämpfe in der Pfeilrichtung den Ventilator verlassen. Der Absaugekasten kann beiderseitig benutzt werden.

Zu erwähnen ist noch der von der Firma v. Gülpen, Lensing & v. Gimborn zu Emmerich a. Rh.[1]) konstruierte Kühlapparat, wobei das Röstgut aus dem niedrigen Röstbehälter durch eine aufwärts führende Rinne mittelst eines kräftigen Luftstromes in den mit beweglichem Siebboden versehenen Kühlapparat befördert und dort durch Luftströme, die von oben oder unten durch das Röstgut gepreßt oder gesaugt werden können, abgekühlt wird.

[1]) D. R. P. No. 78450 vom 1. Oktober 1893.

c) Das Brechen, Entschälen und Reinigen der gerösteten Bohnen.

Ehe die gerösteten Bohnen nun zu Masse weiter verarbeitet werden können, müssen sie „gebrochen“, d. h. zerkleinert und von den anhaftenden Schalen befreit werden. Die Entfernung der Schalen, die zu $\frac{1}{4}$—$\frac{1}{5}$ aus unverdaulicher Zellulose bestehen, ist in Deutschland wie in den meisten Kulturstaaten gesetzlich vorgeschrieben; sie gelingt verhältnismäßig leicht. Für den Fabrikanten ergibt sich aber der Übelstand, daß dabei nicht unerhebliche Teile der wertvollen Bohnen selber als Abfall beseitigt werden, was im Laufe der Zeit einen ziemlichen materiellen Verlust bedeutet. Es muß daher sein Bestreben sein, diese Trennung zwar vollständig, aber zugleich verlustlos durchzuführen.

Noch vor ca. 20 Jahren war es nicht gelungen, das Brechen und Entfernen der losgelösten Schalen von den Kakaobohnen in der Art auszuführen, daß Schalen und Keime vollständig von den Kernteilen abgetrennt worden wären. Ebensowenig war es möglich gewesen, die kleinsten staubfreien Kakaokernfragmente (Grus), die durch den Ventilator mit den leichten Kakaoschalen entführt wurden, von diesen gesondert aufzufangen und so den immerhin beträchtlichen Verlust zu vermeiden. Nun haben sich aber die Ansprüche, die an eine gut arbeitende Brech- und Reinigungsmaschine gestellt werden, derart gesteigert, daß man nicht nur Gewinnung schalenfreier Kakaokerne, denn das läßt sich leicht durch vermehrte Luftzufuhr erreichen, sondern auch kernfreie Schalen beansprucht. Für die Lösung dieser Aufgabe hatte daher der um die Förderung der Schokoladenindustrie sehr bemühte Verband Deutscher Schokoladenfabrikanten schon vor langen Jahren einen Preis ausgesetzt, ohne indessen Erfolg zu haben; es gelang erstmalig der Firma J. M. Lehmann, Dresden-Löbtau, Brech- und Reinigungsmaschinen zu konstruieren, die den zu stellenden Anforderungen entsprachen; sie gehören dem System nach zu den mit Druckluft und Zylindersieben arbeitenden.

In Fig. 19 ist eine solche Kakaobrech- und Reinigungsmaschine veranschaulicht für eine Stundenleistung von durchschnittlich 300 Kilogramm Bohnen.

Bei sämtlichen Maschinen, die zum Brechen, Entschälen und Reinigen des gerösteten Kakaos dienten und gegenwärtig noch dienen, also auch bei der abgebildeten Maschine, werden die Bohnen zuerst in kleinere Stücke gebrochen. Die bei dieser Operation abgesprungenen Samenschalen werden einem der Bewegungsrichtung der Bohnen entgegengesetzt streichenden Luftstrome, der durch einen Ventilator erzeugt wird, ausgesetzt und gesondert abgeführt. Der Kakao

Fig. 19.

gelangt zunächst mittels eines Elevators zu dem oberhalb der Maschine gelegenen verstellbaren Brechapparat. Der Bruch fällt in ein Zylindersieb, das in seinem ersten Felde den Staub entführt, während die folgenden Felder des Zylinders mit Geweben von zunehmender Maschenweite bespannt sind, um die gebrochenen Kern- und Schalenstücke nach Größe zu sortieren. Unter jedem Felde befindet sich ein Kanal, der von einem Luftzug durchzogen wird. Dieser Luftzug wird von einem Ventilator erzeugt und ist regulierbar, für kleinen Bruch schwächer, für größeren Bruch stärker, und zwar ist für jedes Siebfeld ein eigener Ventilator vorhanden, dessen Luftzugregulierung die denkbar einfachste ist, sodaß die Scheidung der Kakaoteilchen von den gleich großen, aber leichteren Schalen (nach spezifischem Gewichte) mit größtmöglicher Peinlichkeit ausgeführ wird. Im Gegensatz zu älteren Maschinen arbeitet diese, da rüttelnde und schüttelnde Siebe und Kanäle vollständig vermieden sind, nahezu geräuschlos und vollkommen staubfrei, weil die Schalen in eine besondere Entstaubungskammer abgeführt werden. Zu alledem ist auch keine Abnutzung von Maschinenteilen vorhanden, außer der von Zeit zu Zeit nötigen Erneuerung der Brechwerkzeuge, deren Auswechslung leicht geschehen kann.

Die anfänglich erwähnten abgesiebten Staubteilchen (sogen. Grus), unter denen sich noch bis zur Hälfte Kakaoteilchen befinden können, müssen indessen noch auf einer besonderen Maschine bearbeitet werden, um den noch darin befindlichen Kakao zu erhalten.

Eine derartige Grusreinigungsmaschine ist folgendermaßen eingerichtet:

Der Grus gelangt mittels Elevators auf ein großes Flachsieb, wird durch dasselbe wieder in verschiedene Größen sortiert und in den Korngrößen entsprechende Luftströme geführt. Je nach Sorte bezw. Qualität des Kakaos gewinnt man aus dem Grus noch 50—54% ohne weiteres verwendbaren Kakao. Der Rest ist absolut wertlos und stellt lediglich Abfall dar, d. h. soweit die Schokoladenfabrikation in Betracht kommt.

Durch Verwendung dieser beiden geschilderten Maschinen gelingt es, die erforderliche Trennung von Bohnenteilen und Schalen in dem zu fordernden Masse durchzuführen. Immerhin ist die Anschaffung zweier so großer und kostspieliger Maschinen nicht jedermanns Sache; man begnügte sich vielfach mit einer Maschine und verkaufte den „Abfall“ weiter. Der Umstand aber, daß für diesen Schalenabfall teilweise sehr erhebliche Preise bezahlt wurden und noch werden, sollte doch aber jedem zu denken geben. — Besonders verdienstvoll ist auf diesem Gebiete das Bestreben der Firma Bauermeister, Altona, gewesen, der es nach vielen Bemühungen gelang, anstelle der beiden erwähnten Maschinen eine einzige zu setzen. Die Firma ging dabei von ihren Erfahrungen in der Müllerei aus, wo unter ähnlichen Verhältnissen die feinen Kleieteilchen von den Grießkörnchen z. B. zu trennen sind. Die wesent-

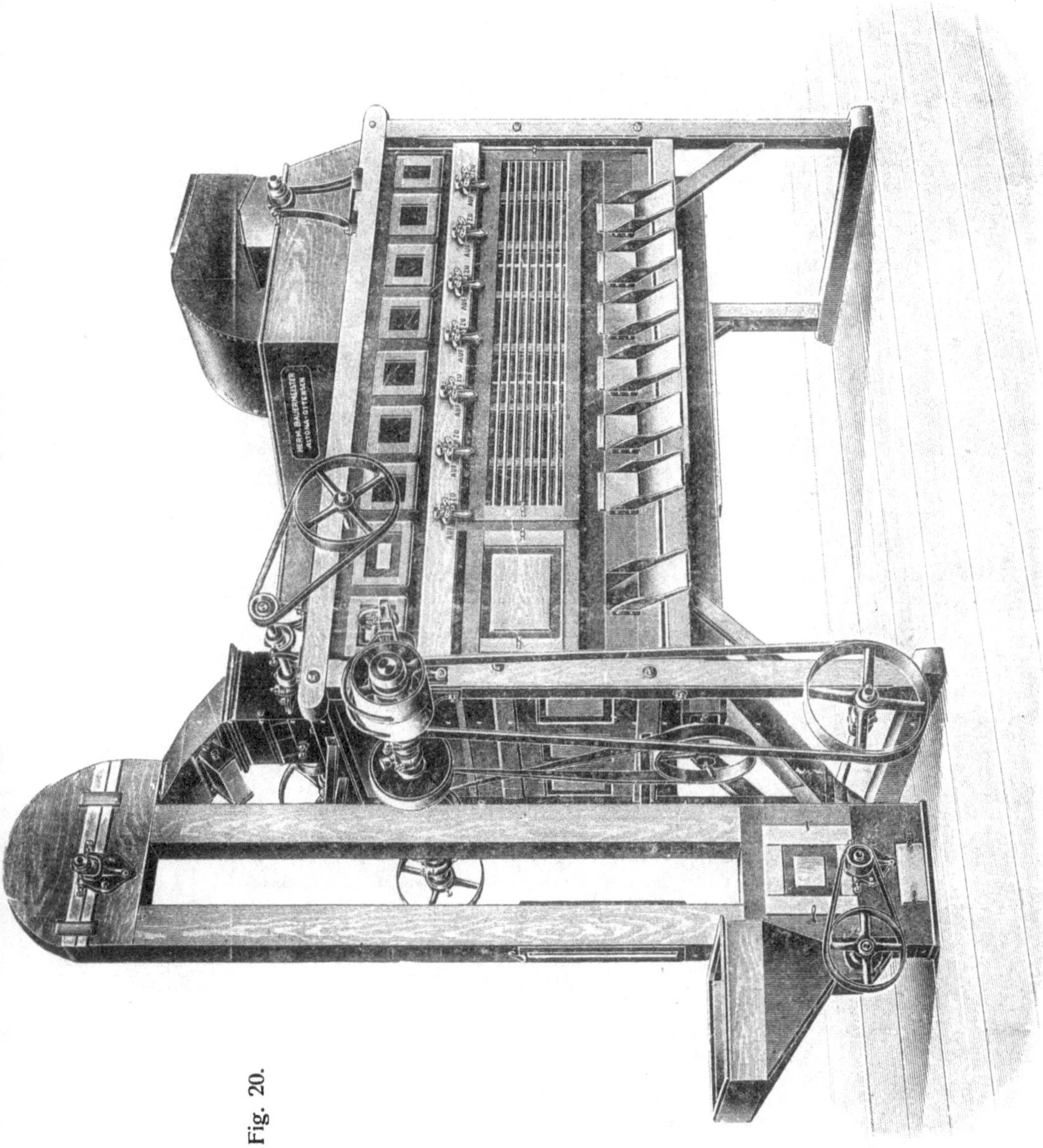

Fig. 20.

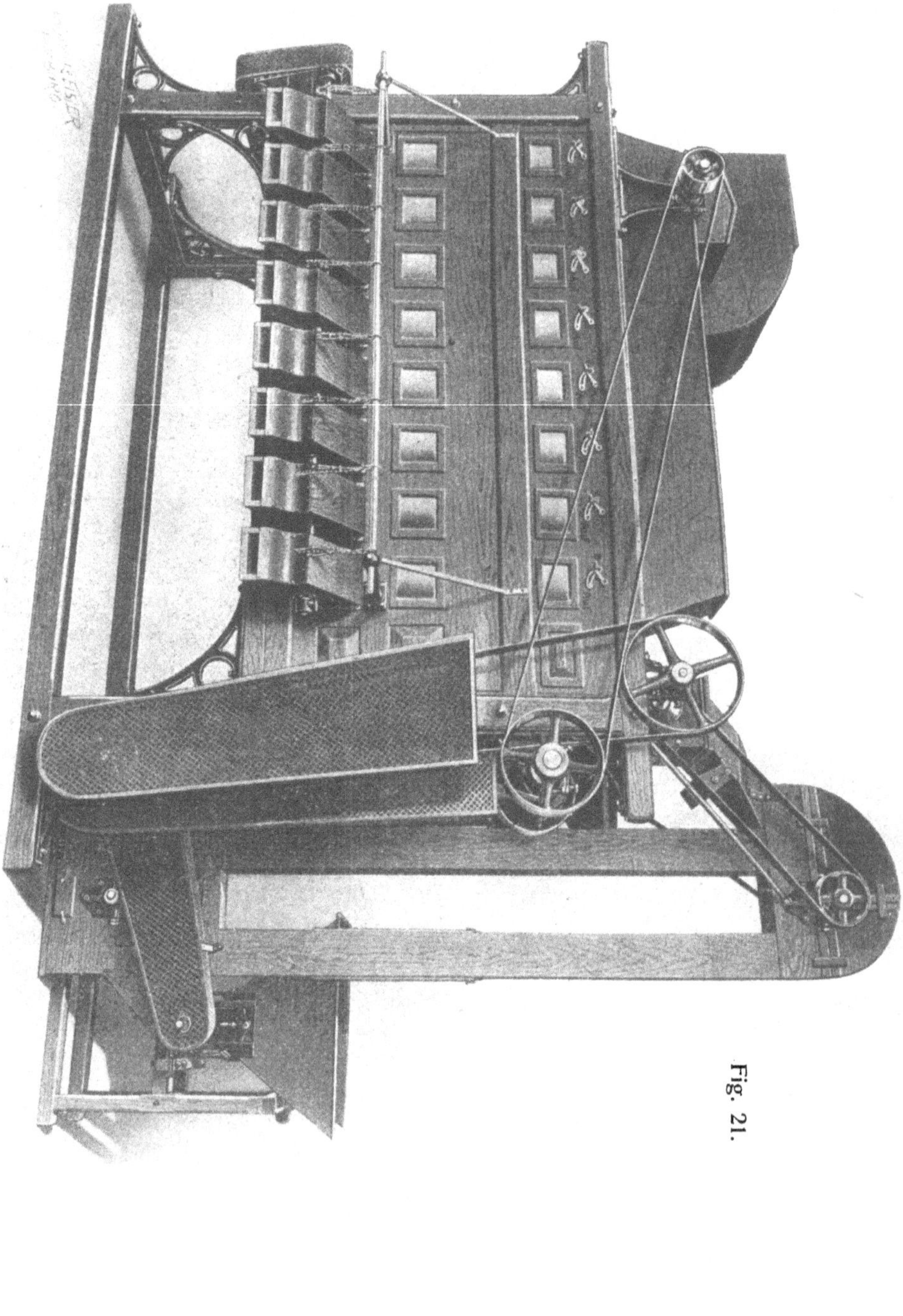

Fig. 21.

lichen Unterschiede der ihr patentierten Reinigungsmaschine bestehen in der Anwendung von 1. flachen Sortiersieben statt Zylindersieben, 2. Saugluft statt Druckluft und 3. besonderer Luftführungskanäle, bei denen nicht nur die Kerne, sondern auch die Schalen ohne Druck austreten. Trotz des anfänglichen Mißtrauens mit der man dieser „Universal"-Maschine vielfach begegnete, hat sie sich im Laufe der Jahre gut bewährt und erfreut sich jetzt weitester Verbreitung.

Fig. 20 stellt die Ansicht von der Vorderseite mit den Auslaufen für die Kerne dar, während Fig. 21 die Ansicht von der Rückseite mit Auslaufen für die Schalen erkennen läßt.

Ihre Wirkungsweise ist die folgende:

Die Kakaobohnen werden in den Einschütttrichter des Elevators gebracht, in dessen Fuß eine eingebaute Speisevorrichtung die Bohnen, ohne sie zu zerbrechen, mittels Elevatorbecher dem Brechapparat zuführt. Dieser ist in der Weise konstruiert, daß eine Zackenwalze gegen ein gezahntes und verstellbares Segment arbeitet. Vor dem Brecher befindet sich ein Magnetapparat, der Fremdkörper aus Eisen, die sich zwischen den Bohnen befinden sollten, anzieht und zurückhält. Die gebrochenen Bohnen fallen auf das Schüttelsieb, werden von diesem der Größe nach sortiert und dann den sogen. Putzkanälen zugeführt. In diesen fällt der zu reinigende Kakao im freien Raume je nach der Größe der Maschine 3—5 mal über eigenartige Fallkörper, die eine Trennung etwa noch lose zusammenhängender Schalen und Kernstückchen bewirken. Die hier angewandte Saugluft wirkt dadurch vorteilhafter als Druckluft, weil bei ihrer Anwendung nicht nur der Gewichts-, sondern auch der Flächenunterschied zwischen Bohnen- und Schalenteilchen ausgenutzt wird. Denn beim Füllen im freien Raume bieten die Schalen dem entgegenkommenden Windstrome eine bessere und größere Angriffsfläche dar als die Kerne; es genügt also ein verhältnismäßig schwacher Windstrom, um erstere zu entfernen ohne Kerne mitzureißen. Wichtig ist ferner die Art und Weise wie die Luft geführt wird und die Möglichkeit ihrer genauesten Regulierung in der Stärke. Jeder Putzkanal hat hierfür 3 Regulierschieber, an der Vorder-, der Rückseite und im Innern.

Für die moderne Fabrikation hat sich — wenigstens in größeren Betrieben — allmählich die Notwendigkeit herausgestellt, zum Entfernen der im Kakao vorkommenden Eisenteile nicht mehr einzelne in die verschiedenen Maschinen eingebaute Magnetfelder zu verwenden, sondern das magnetische Auslesen der gesamten Kakaomenge auf einer besonderen, eigens für diesen Zweck konstruierten Maschine vorzunehmen. Fig. 22 stellt eine solche elektromagnetische Auslesemaschine dar. Die Vorzüge dieses Systems bestehen vor allem darin, daß es die in ihrer Stärke beschränkten und leicht nachlassenden Stahlmagneten vermeidet und mit starken Elektromagneten arbeitet, wodurch eine vollständigere Reinigung bei größter Leistungsfähigkeit und dennoch einfachster Konstruktion

Fig. 22.

verbürgt wird. Über deren Einrichtung und Arbeitsweise möge das folgende Platz finden.

Die Maschine enthält einen Aufgabetrichter mit Schüttelrinne zur gleichmäßigen Zuführung der zu reinigenden Bohnen. Hieran schließt sich eine

Elektromagnetwalze, bestehend aus einem unmagnetischen Mantel, der sich um ein in seinem Innern angebrachtes Magnetfeld dreht.

Nach Durchlaufen der Schüttelrinne werden die Kakaobohnen in tangentialer Richtung an der Walze vorbeigeführt. Sobald sie in das Magnetfeld eintreten, werden etwa vorhandene Eisenteile angezogen und von dem sich drehenden Mantel mitgenommen, während die Bohnen überhaupt nicht mit dem Mantel in Berührung kommen, sondern direkt nach unten fallen. Die Eisenteile lösen sich auf der anderen Seite (außerhalb des Magnetfeldes) selbsttätig ab und werden dort aufgefangen.

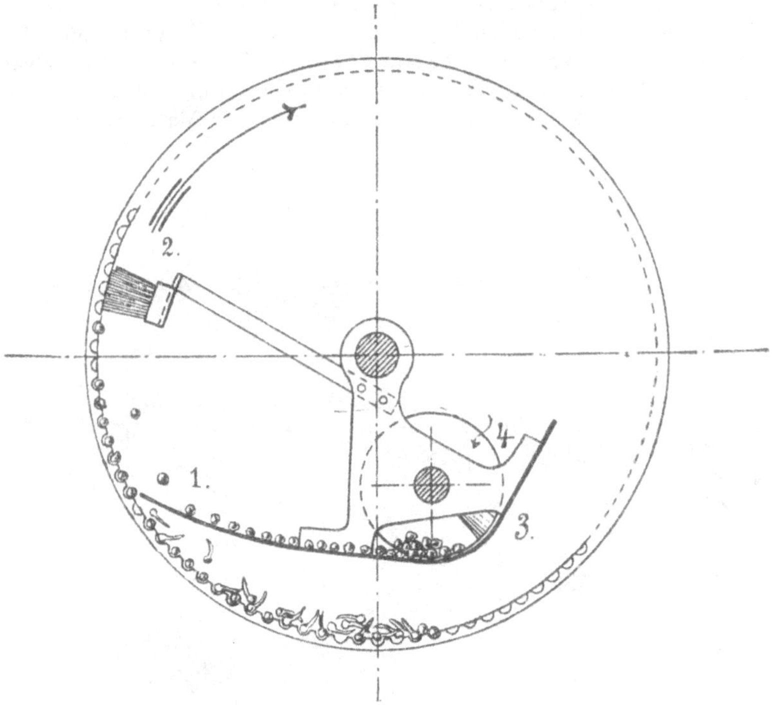

Fig. 23.

Für die Herstellung von Schokoladen und namentlich von Kakaopulver („leicht löslichem Kakao") ist es von Vorteil, den von der Brechmaschine kommenden Bruch nochmals einer Reinigung zu unterziehen, um die für die genannten Zwecke nachteiligen, harten Keime zu entfernen. Diese bilden nämlich den griesartigen Absatz, der sich in Aufgüssen von solchem Kakaopuder bildet, der nur aus enthülsten aber nicht entkeimten Kakao besteht. J. M. Lehmann erreicht die Entfernung dieser Keime durch seine Keimauslesemaschine D. R. G. M. No. 24 989, deren Zylinder-Schnitt wir in Fig. 23 zeigen.

In dieser Maschine werden die von der Brechmaschine kommenden kleineren Körnungen in die regulierbare Speisevorrichtung gebracht, unter der ein kleiner Ventilator sofort die Entfernung von etwa noch vorhandenen Schalenteilchen vornimmt Kakao und Keime fallen auf ein Rüttelsieb, das Keime und gleichgroße Kakaostücke durchfallen läßt, während der großkörnige Kakao, als gereinigt, über das Sieb in einen angehängten Sack fällt. Keime und Kakaoteile passieren nunmehr einen sogenannten gepunzten, d. h. einen im Innern mit Vertiefungen versehenen Zylinder (Fig. 23). Während nun die Kakaoteile bei der Rotation des Zylinders infolge ihrer Form in diesen Vertiefungen verbleiben, werden die länglichen, nicht der Form der Vertiefungen entsprechenden Keime durch besondere Abstreicher (1) von der Mitrotation abgehalten. Die Kakaoteile werden aber durch eine Bürste (2) in eine Rinne (3) befördert, wo eine Schnecke (4) die Vorwärtsbewegung des Kakaos veranlaßt. Dieses Spiel findet in der ganzen Länge des Zylinders statt, sodaß schließlich Keime und Kakao die Maschine sauber getrennt verlassen.

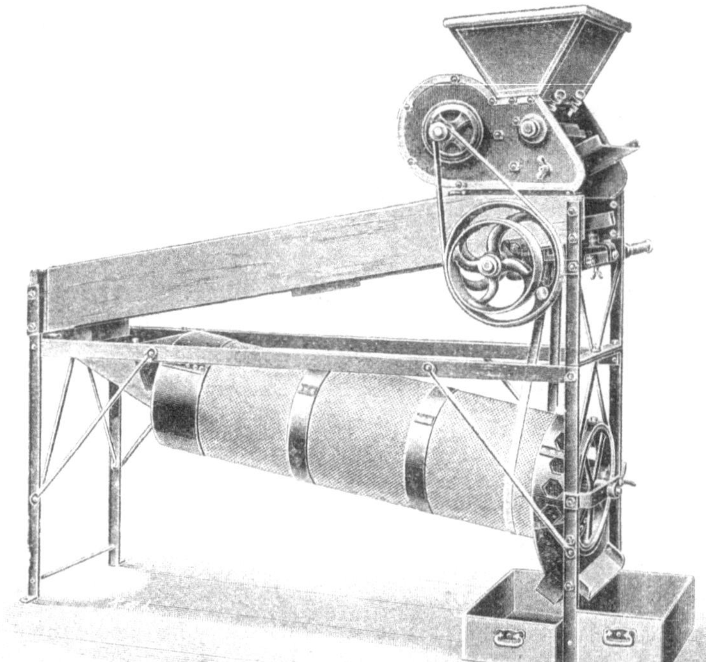

Fig. 24.

Eine ähnliche Maschine (Fig. 24) hat die Firma Hermann Bauermeister konstruiert.

Die Vorteile und Ersparnisse, die durch die Benutzung obiger Brech- und Reinigungsmaschinen erzielt werden, sind in die Augen springend, wenn man die nachstehenden in mehreren Versuchen erhaltenen Zahlen in Betracht zieht. Während früher mit einem Verluste von durchschnittlich 30 % gerechnet werden mußte, der bei der Vorbearbeitung des Kakaos durch Auslesen, Rösten, Brechen, Schälen und Reinigen resultierte, erhielt man bei Benutzung der obigen Brech- und Reinigungsmaschinen z. B. folgende Ergebnisse:

Von 823 kg Machalabohnen in ungeröstetem Zustand wurden verloren:

a) durch Auslesen	3,6	kg,
b) durch Rösten	63,3	„
c) Schalen	61	„
d) Grus	34	„
total	162,1	kg, gleich 20 %

ohne Berücksichtigung der Grusverwendung; ferner

von 2267 kg St. Thomé in rohem Zustand wurden verloren:

a) durch Auslesen	5	kg,
b) durch Rösten	170	„
c) Schalen	152	„
d) Grus	79	„
total	406	kg, gleich 20 %.

Es werden somit bei Benutzung dieser Maschinen, gegenüber dem früheren Arbeiten, ca. 10 % mehr zugute verarbeitet.

Bei Abschluß dieser Ausführungen dürfte es wohl noch von Interesse sein, einen Blick auf die qualitative und quantitative Zusammensetzung der verschiedenen Abfallprodukte dieses Fabrikationsabschnittes zu werfen. Filsinger[1]) hat auf Veranlassung des Verbandes Deutscher Schokoladenfabrikanten nach dieser Richtung ein Gemenge von je 50 Pfund großer und kleiner Machalabohnen untersucht, das durch eine Schälmaschine neuerer Konstruktion gelaufen war und erhielt:

70,0	Pfund	großer Kerne,
9,2	„	mittlerer Kerne,
0,8	„	Keime (radicula),
10,0	„	Hülsen (äußere holzige Schale),
4,0	„	Kakaoabfall,
6,0	„	Brenn- und anderer Verlust.

[1]) Ztschr. öffentl. Ch. 1898, S. 810.

Diese 4 Pfund Kakaoabfall gesichtet, lieferten weiter:

a) Kerne I. Sorte	. . . . .	250 g
„ II. „	. . . . .	50 g
„ III. „	. . . . .	220 g
„ IV. „	. . . . .	25 g
b) Schalen (Häutchen) I. Sorte		185 g
„ „ II. „		55 g
„ „ III. „		370 g
„ „ IV. „		80 g
c) Kakaostaub	. . . .	725 g
d) Kakaoabgang	. . . . . .	30 g
e) Verlust	. . . .	10 g
		2000 g

Die chemische Untersuchung obiger Anteile ergab:

		Asche %	Sand %	Fett %	Rohfaser[2]) %
1. Hülsen (äußere holzige Schale)	10% vom Rohkakao	11.15	1.90	4.50	21.63
2. Kakaoabfall	4% „ „	4.80	0.35	15.40	16.31
3. Samenschale I. Sorte	0.37% „ „	6 70	—	21.64	10.29
4. „ II. „	0.11% „ „	7.10	—	18.39	8.75
5. „ III. „	0.74% „ „	7.20	—	15 76	12.16
6. „ IV. „	0.160% „ „	7.80	—	16.40	12.74
7. Kakaostaub	1.45% „ „	11.75	—	22.06	8.46
8. Kakaoabgang	0.06% „ „	7.05	—	20.47	9.81

Hieraus geht hervor, daß in der chemischen Zusammensetzung des sogenannten klaren Kakaoabfalls und den äußeren, holzigen Kakaoschalen ein großer Unterschied obwaltet. Ersterer darf infolge seines hohen Fettgehaltes bekanntlich immer noch als Kakaobestandteil bezeichnet werden; seine Gegenwart in Kakaopräparaten ist somit nicht zu beanstanden, während die Schalen, die zu fast 20 % aus Rohfaser bestehen, als Kakaobestandteile nicht mehr angesehen werden können.

d) Das Mischen verschiedener Sorten von Kakaobohnen.

Schon bei der Beschreibung der verschiedenen Kakaobohnen ist erwähnt worden, wie verschiedenartig der Geschmack der ein-

[2]) Die Rohfaserbestimmung wurde nach dem Weender'schen Verfahren vorgenommen.

zelnen Sorten ist. Je besser gerottet eine Kakaobohne ist, um so milder und feiner aromatisch ist ihr Geschmack, während viele nicht oder zu wenig gerottete Bohnen herbe, ja oft kratzend schmekken, wobei zu beachten, daß von einer und derselben Sorte wiederum die größeren, ausgereiften Bohnen stets eine bessere Qualität aufweisen, als mittlere oder kleinere unreif gebliebene. — Der Fabrikant ist darum bestrebt, den Geschmack der geringeren Sorten Kakao durch Mischen mit feineren Sorten zu verbessern („Verschnitt" der Kakaobohnen, wie das auch bei anderen Produkten geschieht), bis ein Fabrikat erzielt ist, dessen Geschmack dem jeweiligen Zweck entsprechend voll und angenehm wirkt. Indessen gilt auch hier die Regel, daß zur Herstellung wirklich feiner und teuerer Schokoladen nur feine Bohnensorten (Caracas, Arriba, Puerto Cabello etc.) verwandt werden sollen, während man sich zur Erzielung mittlerer und geringerer Waren der verschiedensten Bohnenmischungen bedient, wobei selbstverständlich deren Marktpreise ausschlaggebend sind.

Viele solcher Mischungsverhältnisse werden von den Fabrikanten als Geheimnisse gehütet und jeder Fabrikant für sich hat wieder seine Spezialitäten.

Einige bewährte Mischungen seien jedoch hier vergleichsweise angeführt:

1.	2.
Caracas } je ein Teil Guayaquil }	Caracas = 1 Teil Bahia = 5 Teile
3.	4.
Maracaibo } je gleiche Teile Maragnon }	Trinidad } je gleiche Teile Maragnon }
5.	6.
Caracas = 1 Teil Maragnon = 2 Teile	1 Teil Machala 1 „ St. Thomé
7.	8.
1 Teil Arriba 1 „ Trinidad 1 „ Surinam 1 „ Caracas	3 Teile Arriba 1 „ Trinidad 1 „ Surinam 1 „ Caracas
9.	10.
1 Teil Arriba 1 „ Surinam 1 „ Trinidad	1 Teil Arriba 1 „ Ceylon 1 „ Cuba

Ceylon-Kakao wird meist nicht zu Mischungen, sondern für Milch- und Sahne-Schokoladen, Kuvertüren u. dgl. benützt, um diese hellfarbig (fast gelb) zu machen.

Die Bohnen werden nach derartigen Mischungsverhältnissen auf einer Dezimalwage abgewogen, worauf man die Verreibung der Kakaomasse vornimmt.

II. Herstellung der Kakaomasse.

a) Die Verreibung der Bohnen.

Früher unterwarf man die gerösteten, gebrochenen und geschälten Bohnen vielfach einer Vermahlung, bevor man sie in die später zu beschreibenden „Melangeure“ brachte, in denen die Masse noch feiner zerrieben und weiterhin mit Zucker versetzt wurde. Man benutzte zur Vermahlung meist Glockenmühlen verschiedener Systeme (Weldon, Pintus etc.). An Stelle dieser Vormahlmühlen trat aber im Laufe der Zeit der Melangeur, worin man jene feine Zerteilung der Kakaomasse zu erreichen bestrebt war, wie sie zur Herstellung einer vollkommen homogenen Masse (der Schokolade) aus einer Kakao-Zucker-Mischung erforderlich ist; vollkommen wurde dieser Endzweck jedoch nicht durch den Melangeur, sondern erst durch die Zylinderwalzwerke erzielt (französische Methode). Gegenwärtig verarbeitet man den ausgerösteten und gereinigten Kakaokern zunächst so fein, daß er in der Wärme eine dickflüssige Konsistenz aufweist, gleichviel zu welchen Zwecken man ihn verwenden will, für Schokolade oder Kakaopulver. Dies erreicht man auf besonderen Kakaomühlen, die nach Art der Flachmühlen konstruiert und mit Oberläufern versehen sind.

Diese Kakaomühlen, die früher in den meisten Fabriken fehlten, sind heute zu den unentbehrlichen Maschinen zu zählen, da sie den Vorteil bieten:

1. für Schokoladen den Kakao in dieser aufgeschlossenen und flüssigen Form bedeutend aufnahmefähiger für Zucker zu machen, was namentlich für gewöhnliche, wohlfeilere Schokoladen („Haushalt“- oder Konsum-Schokolade) mit hohem Zuckergehalt von Wichtigkeit ist;
2. für Kakaopulver in einem Zuge und auf die einfachste Weise zu der größtmöglichsten Kornfeinheit zu gelangen.

Mit der Anerkennung, die diese Mühlen gefunden haben, sind aber auch die Ansprüche, die man an sie stellte, stetig gewachsen — wie äußerste Feinheit, große Leistungsfähigkeit, geringe Erhitzung der Masse etc. — so daß aus der früheren einfachen Maschine bald eine Doppel- und sogar Drillingsmaschine wurde. — In Fig. 25 ist eine einfache Mühle dargestellt, die heute wohl nur noch für kleine Betriebe in Betracht kommt, wogegen Fig. 26 eine solche mit zwei hintereinander angeordneten Steinen veranschaulicht. Eine Drillingsmühle größter Konstruktion zeigt Fig. 27

Sie liefert bei feinster Verreibung des Kakaos und ohne das Aroma und den Wohlgeschmack der besten Kakaosorten ungünstig zu beeinflussen, Mengen von etwa 1000—1200 Kilo täglich. Je nach den Ansprüchen steigt die Leistung. Die Mühlen sind natürlich um so leistungsfähiger, je fetthaltiger der Kakao ist, gute Ausröstung vorausgesetzt.

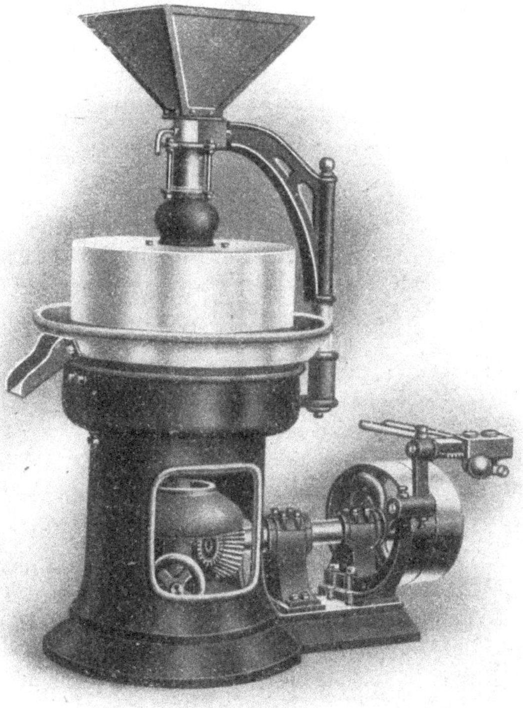

Fig. 25.

Die stehenden Wellen dieser Mühlen sind durch Stirnräder miteinander verbunden und die Wellen selbst laufen in Kugellagern, sodaß der Gang der ganzen Mühle nicht nur ganz geräuschlos, sondern auch sehr leicht ist, d. h. wenig Kraft beansprucht. Der Kakao gelangt entweder durch Elevator oder von höher gelegenen Etagen direkt in den Einschüttrichter, der mit einem vom Stand des Arbeiters aus regulierbarem Zulauf versehen ist, und wird dem obersten Steinpaare zugeführt, das in der Mitte eine Zerkleinerungsvorrichtung besitzt. So vorgearbeitet gelangt der Kakao zwischen die Steinflächen, die er in grobflüssigem Zustande verläßt. Auf einer Schlotte zur zweiten Mühle geführt, unterliegt er hier der weiteren Feinmahlung, während er auf der dritten Mühle den letzten Schliff erhält. Der Kakao verläßt die Mühle in flüssiger Form, und nur durch die geschilderte Arbeitsteilung ist es möglich, ihn ohne schädliches Erhitzen fein zu mahlen. Die Kakaomühle mit einem Steine genügt zum Vermahlen der Kakaokerne für Schokoladenmassen in kleinen Betrieben, während für die Puderkakaofabrikation Zwillings- oder besser Drillingsmühlen Anwendung finden müssen.

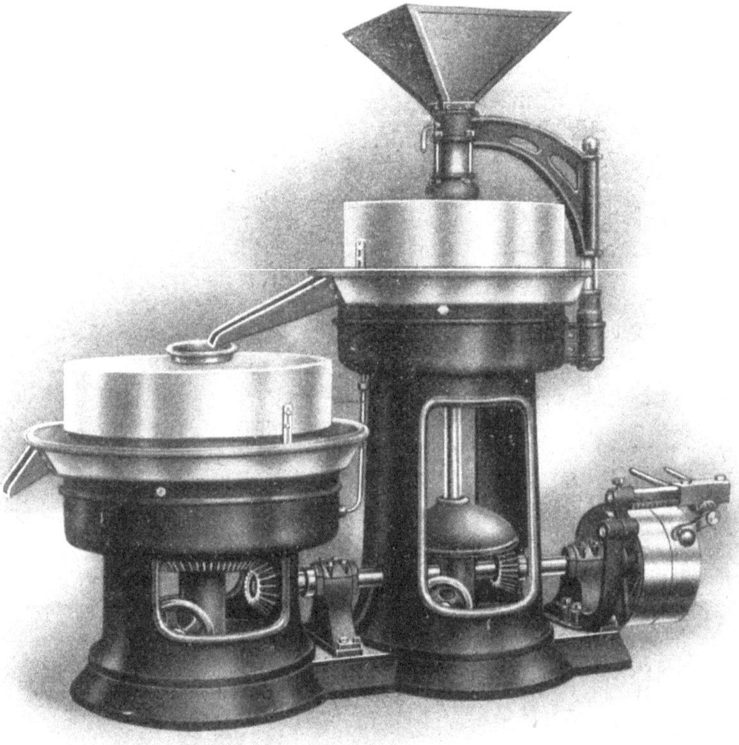

Fig. 26.

Von der Überlegung ausgehend, daß die Kakaomasse infolge der immer engeren Stellung der Mühlsteine zueinander in einer solchen mehrfachen Mühle von einem zum anderen Steinpaar immer feiner wird, daß also dementsprechend das zweite eine größere Leistung zu vollführen hat als das erste und das dritte wiederum eine größere als das zweite, ergibt sich das Resultat, daß entweder das dritte Steinpaar — wegen der notwendig erhöhten Tourenzahl —

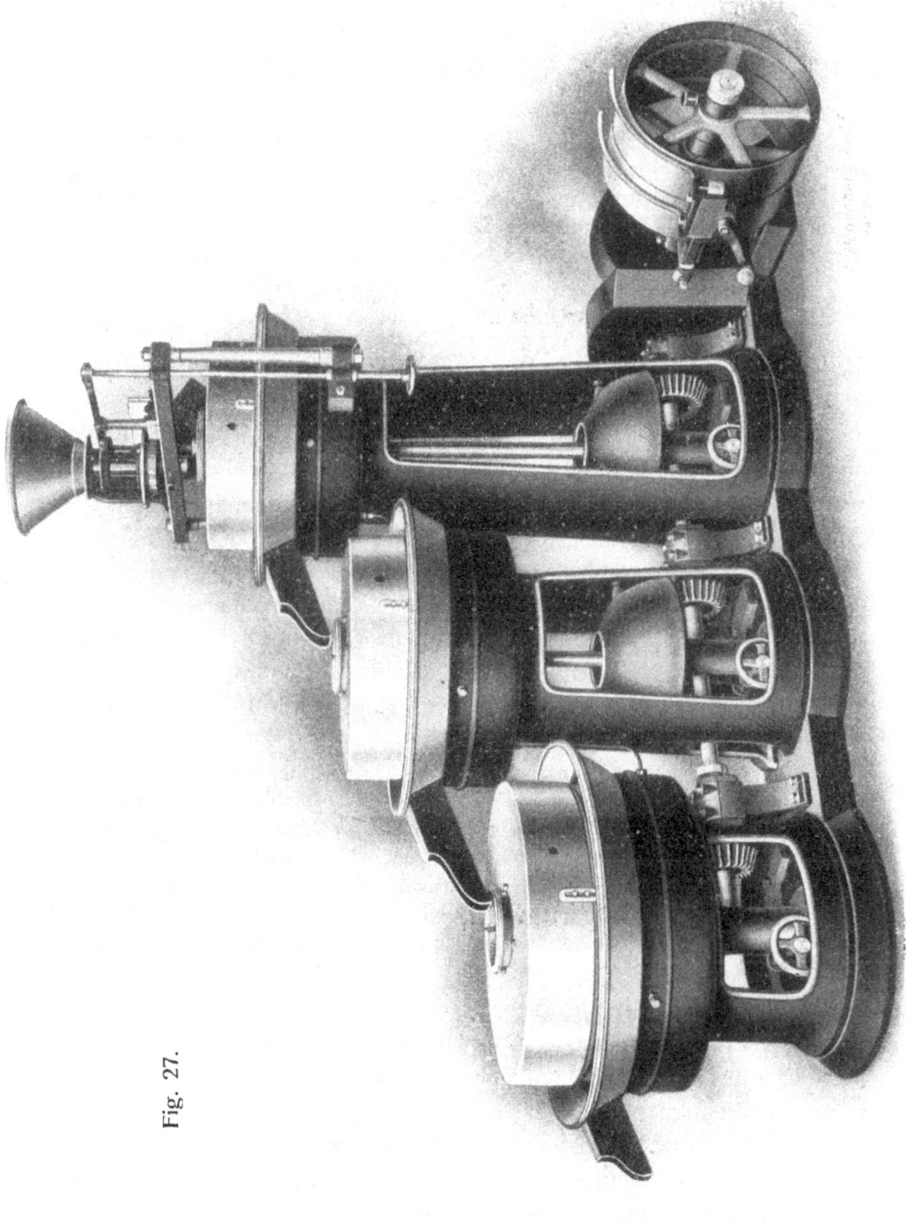

Fig. 27.

sich am schnellsten abnutzen muß oder daß man (falls das verhütet werden soll) die Leistungsfähigkeit des ersten und zweiten Steinpaares nicht voll ausnutzen kann. — Um diese beiden Umstände zu berücksichtigen, ist man dazu übergegangen, die Mahlflächen der Steine von Mühle zu Mühle zu vergrößern, und zwar jedesmal um ca. 35 %, was sich auch als zweckentsprechend erwiesen hat.

Fig. 27 stellt eine solche Drillingsmühle dar, wo die drei Steinpaare einen Durchmesser von 800, 900 und 1000 mm besitzen. Andere haben genannten Umständen dadurch Rechnung zu tragen gesucht, daß sie den Stein der unteren Mühle mit etwas größerer Drehzahl laufen lassen als die Steine der oberen Mühlen. Sie gehen mit Recht von der Behauptung aus, daß ein größerer Stein dementsprechend auch eine größere Abnutzung erfährt, also auch öfter repariert bzw. nachgeschärft werden muß.

Alle diese Mühlen sind sogenannte Oberläufer, wirken also nur durch das Eigengewicht und haben infolgedessen nicht die unangenehmen Einwirkungen auf den Kakao wie die schon früher versuchten Unterlaufmühlen.

Neuerdings ist man dazu übergegangen, an Stelle der Drillingsmühlen eine Kombination von Mühle und Walzwerk zu setzen. Bedenkt man nämlich, daß der Kakao verhältnismäßig viel Zeit braucht (durchschnittlich ca. 30 Minuten), um die drei Steinpaare zu passieren, daß er während dieser Zeit ständig eine Temperatur von 50—60° C. besitzt, was dem Aroma sicher nicht förderlich ist, daß ferner der abgeriebene Steinstaub der Mühlsteine in die Masse übergeht und deren Geschmack beeinträchtigt, so erscheint der Gedanke einer solchen Kombination ohne weiteres einleuchtend.

Fig. 28 zeigt eine solche Maschine. Die Mühle hat hier nur den Zweck, den Kakao vom festen Kern zur breiigen Masse zu zermahlen; dazu genügt eine ziemlich weite Stellung der Steine, eine nennenswerte Abnutzung findet also nicht statt; ebenso keine Erhitzung der Kakaomasse. Die zweite Mahlung ist dann durch ein Walzenpaar ersetzt, die dritte und vierte erfolgt auf einer Drillingswalze. Da man der schnellgehenden „Messerwalze“ hier eine größere Drehzahl (z. B. bei 350 mm Durchmesser bis 140 Umdrehungen die Minute) geben kann, läßt sich die Gesamtwirkung beträchtlich erhöhen.

Daß tatsächlich die Beeinträchtigung von Aroma und Geschmack des Kakaos durch Verarbeitung auf Drillingsmühlen gar nicht so unerheblich ist, wie sie vielfach angenommen wird, zeigt folgender Versuch:

Man verreibe eine kleine Menge desjenigen Kakaos, der sich gerade zur Verarbeitung auf der Drillingsmühle befindet, in einem Porzellanmörser und vergleiche Aroma und Geschmack mit derjenigen Kakaomasse, die von der Drillingsmühle abläuft; man wird

Fig. 28.

leicht den wesentlichen Unterschied herausfinden. Zu empfehlen ist es, den Versuch noch weiter durchzuführen in der Weise, daß man sowohl den im Porzellanmörser verriebenen Kakao wie den auf der Drillingsmaschine vermahlenen zu Schokolade weiterverar-

Fig. 29.

beitet und auch diese beiden Produkte in bezug auf Geschmack und Aroma prüft.

Die verschiedenen Arbeitsweisen haben es mit sich gebracht, den Kakao auch wenig oder selbst gar nicht geröstet zu vermahlen; man ist in diesem Fall natürlich gezwungen, zur Vermahlung die Mühle ganz auszuschalten. Es kommt dann ein Walzen-Riffelstuhl von bekannter Bauart in Betracht, ein sogen. Zwei- oder Vierwalzwerk mit geriffelten Hartgußwalzen. Siehe Figur 29.

b) Die Mischung der verriebenen Kakaomasse mit Zucker und Gewürzen zur Erzielung von Schokolade.

Die zerriebene Kakaomasse muß nunmehr mit Zucker auf das innigste gemengt werden. Diese Mischung läßt sich nur dann vorteilhaft erreichen, wenn man die Temperatur der Masse stets auf einer Höhe hält, die den Schmelzpunkt des Kakaofettes ein wenig übersteigt, also auf 30—40° C. Die betreffenden Maschinen, die später zu behandelnden Melangeure, denen das Mischen

Fig. 30.

des Zuckers mit der Kakaomasse in der Hauptsache obliegt, sind daher mit Heizvorrichtungen versehen. Ein wesentlicher und leicht zu erklärender Vorteil beim Mischen von Schokoladen besteht darin, daß man den Kakao in flüssigem Zustande zum Mischen gibt. Man stellt deshalb für die verschiedenen Kakaosorten Bassins auf (vgl. Fig. 30) die, mit Dampfheizung versehen, den von der Mühle kommenden Kakao aufnehmen. Durch Dickflüssigkeitshähne läßt sich der Kakao je nach Bedarf, eventuell in geeichten Gefäßen, aufs Sauberste entnehmen. In früheren Zeiten überließ man das Flüssigmachen dem Melangeur, indem man den Kakao in kalten Brocken aufgab. Der Melangeur wurde also als Heizapparat verwandt und man mußte ihn zu diesem Zweck gut heizen, wobei man jedoch immer Gefahr lief, die Bodenplatte zu sprengen; zugleich wurde durch die Verzögerung des Mischprozesses viel Zeit verloren. Heute wird jedoch nicht allein die Kakaomasse angewärmt, sondern man sucht auch dem Zucker durch Lagern

Fig. 31.

in warmen Räumen etwas Wärme zu geben, um den Temperaturausgleich der Massen möglichst vorher schon zu erreichen und dadurch eine Temperaturerniedrigung im Melangeur zu vermeiden, somit an Heizdampf, Arbeit und Zeit su sparen, ja es wird sogar der Zucker z. T. gleich in flüssiger (gelöster) Form heiß zugegeben.

In manchen größeren Betrieben geht dem eigentlichen Mischen im Melangeur das „Vormischen“ voraus, wodurch eine vorläufige Mischung großer Mengen von Kakaomassen und Zucker bezweckt wird, was dem Melangeur die Arbeit erleichtern und ein tunlichst staubfreies Arbeiten in den Maschinensälen ermöglichen soll.

Man bedient sich hierbei mit Vorteil einer Vormischmaschine, wie z. B. Fig. 31, die mit schwenkbarem Mischtrog versehen ist (s. Bild). In diesen Maschinen können 100 — 500 Kilo Schokoladenmassen auf einmal binnen zirka 30 Minuten bei verschlossenem Deckel gemischt werden. Das Mischen selbst wird durch zweckentsprechend geformte Mischarme ausgeführt. Die Erwärmung der Maschine findet mittels Doppelbodens statt, in den Dampf einströmt. Nachdem das Vormischen vollzogen ist, wird die Masse in einem fahrbaren Trog entleert und nach längerem oder kürzeren Verweilen im Wärmeraum dem Melangeur zur weiteren Verarbeitung zugeführt.

Es hat sich nämlich als vorteilhaft herausgestellt, die vorgemischten Schokoladenmassen, bevor sie fertig gewalzt werden, in geeignet geformten Gefäßen[1]) bei 20—40° C. mehrere Tage sich selbst zu überlassen, um dadurch ein inniges Durchdringen des Zuckers und der Masse zu erreichen. Erst danach wird das Fertigwalzen in Melangeuren und Walzmaschinen vorgenommen, worauf man, kurz bevor die Schokoladenmasse die Walzmaschine verläßt um geformt zu werden, die Zusätze von Gewürzen, Vanillin, ätherischen Ölen usw. vornimmt.

c) Das Walzen der Mischung.

1. Verreibung der Schokoladenmassen.

Die verreibende Wirkung wurde früher erzielt[2]):

1. durch Walzen, die auf dem Reibsteine hin- und herrollten;
2. mittels mehrerer, auf dem scheibenförmigen Reibsteine im Kreise herumrollender Kegel;
3. mittels rollender Steine in einem Troge;
4. mittels mehrerer, ähnlich wie bei einem Walzwerke angeordneter Zylinder;
5. mittels eines gefurchten Kegels und gleichfalls gefurchten Mantels.

Von diesen Maschinen sind heutzutage nur mehr die unter 1 und 4 angeführten, sowie die unter 3 erwähnten und auf die verschiedenste Art veränderten Maschinen in Gebrauch, die in folgendem näher beschrieben werden sollen.

---

[1]) Hierzu werden, neben den oben erwähnten fahrbaren Trögen, auch mit Handgriffen versehene Kästen verschiedener Größe (10—60 Liter Inhalt) benützt. Der Transport der Schokoladenmassen wird gleichfalls in diesen Kästen vorgenommen, die, aus einem Stücke Siemens-Martin-Stahlblech gepreßt, verzinnt und unverzinnt z. B. von dem Stanz- und Preßwerke A.-G. zu Brackwede bei Bielefeld hergestellt werden; auch die Firma A. Reiche und andere Firmen befassen sich mit der Herstellung von solchen Schokolade-Transportkästen.

[2]) Muspratt, Encyclop. Handbuch der techn. Chemie Bd. 4, p. 1902.

Die Maschinen 1 und 3 arbeiten der Zylinderwalzmaschine 4 vor. Da nämlich durch die ersteren die vollkommene Mischung der Kakaomasse mit Zucker und die Verreibung noch nicht geschehen kann, wird das eigentliche Fertigstellen der Schokolade erst durch die Zylinderwalzmaschinen bewerkstelligt.

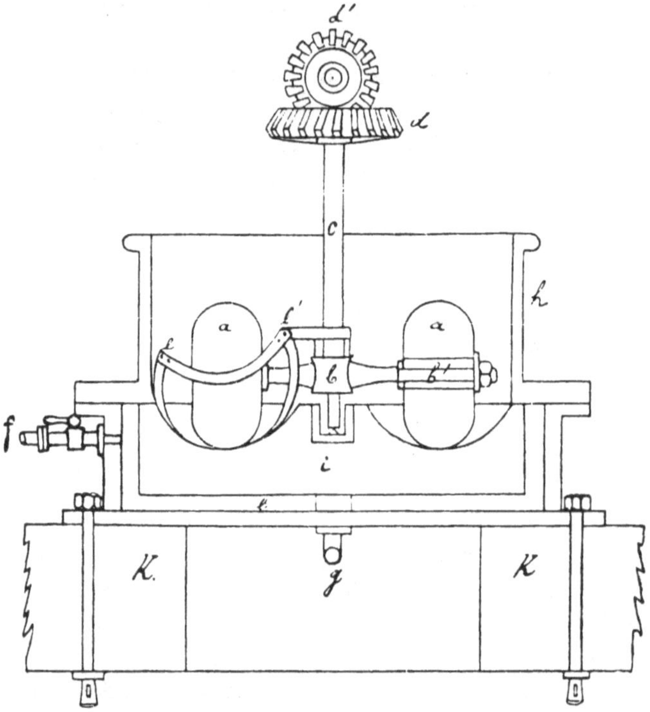

Fig. 32.

Kehren wir nun zur Beschreibung der unter 3 aufgeführten Konstruktion zurück.

Diese Maschinen sind seinerzeit von G. Hermann in Paris eingeführt worden und werden gegenwärtig kaum mehr gebaut. Da sie ein historisches Interesse beanspruchen und typisch für die Entwicklung des Melangeurbaues sind, so stellen wir dieselben hier in Fig. 32 im Aufrisse dar.

Die ellipsoïdischen Läufer *a* aus Granit laufen in dem ebenfalls granitenen Troge *i*, mit Aufsatz *h*. Sie sind um ihre Achse *b'* drehbar, sodaß sie eine radförmig walzende Bewegung erhalten. Der Doppelarm der Achse *b* hat in seiner Mitte die Gestalt eines elliptischen Ringes mit viereckiger Öffnung, die einen gleichgeformten Teil der Welle *c* umfaßt; die konischen Zahnräder *d* und *d'* dieser Welle werden durch Transmission in Bewegung gesetzt und teilen die Bewegung der Welle und dem Doppelarm des Läufers mit. Da der Doppelarm *b* nach unten etwas Spielranm hat, so kann er sich heben und senken, je nachdem sich mehr oder weniger der zu mahlenden Substanz unter ihm befindet. Die zwei stählernen Streichmesser *e* und *e'* sind nach dem Profil der Troghöhlung geformt; sie gehen, da sie mit der Welle *c* verbunden sind, gleich dieser im Kreise herum und streifen die der Waudung anhängende Kakaomasse ab. Zwischen den Fundamenten *k* und dem Troge *i* befindet sich der Zwischraum *l*, in den durch *f* Wasserdampf eingelassen werden kann. Das sich in *l* bildende Kondensationswasser verläßt bei *g* den Raum.

Alle derartigen Maschinen sind gegenwärtig durch die Melangeure und die modernen Knet- und Mischmaschinen verdrängt worden, die bei einem relativ geringeren Kraftaufwand ein viel größeres Arbeitspensum zu leisten vermögen. Das Mischen der Schokoladenmasse ist nämlich nicht ein bloßes Mengen, sondern es ist hierbei auch der Druck der Läufer unentbehrlich. Aus diesem Grunde haben sich auch gewöhnliche Mischmaschinen, gleichviel welcher Konstruktion, weniger bewährt, namentlich nicht bei fettarmen, also billigeren Schokoladen; für diese würde bei der Verarbeitung in einer Mischmaschine ein Zusatz von Kakaobutter nötig sein[1]), was die Herstellung der Schokolade erheblich verteuern müßte. Die Melangeure sind im allgemeinen nach dem Prinzip der heute so vielfach in der Technik gebrauchten Kollergänge oder Läufermühlen konstruiert, unterscheiden sich aber von diesen dadurch, daß sich beim eigentlichen Melangeur der Bodenstein dreht, während die Läufer feststehen und sich nur an ihrem Platz um die Achse drehen.

Der Melangeur mit rotierendem Bodenstein der Firma Bauermeister, den wir hier in Fig. 33 abbilden, ist mit einer Läuferaushebung versehen. Der Bodenstein und die Läufer sind aus Granit gefertigt. Jeder der Läufer hat eine in Hebelarmen ruhende Achse, wodurch er sich von dem andern heben kann. Durch diese Konstruktion wird eine schräge Stellung der Läufer verhindert, wie sie bei älteren Konstruktionen eintrat, wo der eine Läufer nach unten oder auf die äußerste Kante gedrückt wurde, sobald der andere Läufer sich etwas hob. Der Bodenstein ist rotierend und wird mittelst einer darunter angebrachten Dampfrohrschlange schnell und leicht erwärmt. Einen nicht zu unterschätzenden Vorteil bieten diese Maschinen dadurch, daß sie sehr niedrig gebaut sind und daher sehr leicht beschickt und entleert werden können. Das angebrachte Läuferhebewerk verhindert das Poltern und Aufschlagen der Läufer auf dem Bodenstein, wie es auch leichteres Ingangsetzen der Maschine ermöglicht. Ferner werden größere, aufgegebene Zucker- und Kakaostücke bei dieser Konstruktion leichter

---

[1]) Man kann sich freilich auch durch Zusatz warmen Wassers (4—5% der Schokoladenmasse) einigermaßen behelfen; doch bleibt ein solches Erzeugnis in jeder Hinsicht hinter den anderen Schokoladen zurück.

Fig. 33.

erfaßt, was wieder ein rascheres Arbeiten bedingt. Die Entleerung dieser Melangeurs wird bei der Rotation des Bodensteins und dem Feststehen der Läufer durch das Hineinhalten einer Schaufel bewirkt, wobei die Masse infolge der Rotation von selbst auf die Schaufel steigt.

Wenngleich diese Art Entleerung durch Hand keine großen Gefahren hat, so ist sie doch zeitraubend und unbequem; das Verlangen nach einer mechanischen automatischen Entleerung wurde daher immer lebhafter. Man baut daher eine mechanische Vorrichtung zum Entleeren ein, die sich gut bewährt hat. Durch eine Kurbel wird eine vertikal sich bewegende Schaufel hinter der Austrittöffnung gesenkt, wodurch die Masse allmählich gestaut und gezwungen wird, über den niedrigen Schüsselrand zu steigen und durch die Öffnung hindurchzufallen. Eine zweite horizontal (ebenfalls durch Kurbel) bewegte Vorrichtung führt noch den Rest der Masse der ersten Schaufel zu. Die Entleerung geschieht auf diese Art fast vollständig und binnen einigen Minuten. — Diese Melangeure werden für verschiedene Leistungen gebaut. Einen solchen für die bisher größten Leistungen stellt die Firma Paul Franke & Co., Leipzig-Plagwitz, her. Der Bodenstein mißt hier ca. 2 m im Durchmesser, das Fassungsvermögen beträgt 5 Zentner und mehr. Um ein Verstauben des Zuckers tunlichst zu vermeiden, ist der ganze Melangeur mit einer staubdichten Verkleidung versehen.

Voraussetzung für eine wirklich gute Schokolade ist, das muß festgehalten werden, gute Verarbeitung der Masse. Beim Fabrikationsprozeß kommt es sehr wesentlich darauf an, daß sich die verschiedenen Bestandteile der Masse, Kakao, Zucker usw. innig, bis zur völligen Homogenität vermischen. Mit welcher Maschine wird das am besten erreicht? Welche Maschine ist im Betrieb wirtschaftlicher, vorteilhafter, der Melangeur oder die moderne Knet- und Mischmaschine, von der nachstehend in Fig. 34 eine Abbildung wiedergegeben wird. Die Knet- und Mischmaschine hat den Melangeur in manchen Fällen, z. B. bei der Herstellung weicher Schokoladen und Kouvertüren, ferner bei der Präparation der Kakaomasse, teilweise verdrängt, ihn dagegen aber nicht bei der Fabrikation der mehr oder weniger festen Masse zu ersetzen vermocht.

Die Gründe hierfür sind durch die wesentlich verschiedenen Arbeitsvorgänge, wie sie sich in diesen beiden Maschinenarten vollziehen, zu finden.

Die Knet- und Mischmaschine faßt größere Mengen auf einmal als der Melangeur, und der Mischprozeß vollzieht sich auch, soweit es sich lediglich um die Verschiebung der Massen und ihre Vermengung handelt, schneller, jedoch ohne daß die zu mischenden Massen eine innige Verbindung unter sich eingehen.

Beim Melangeur dagegen erfolgt nicht nur eine Vermischung der Massen, sondern unter der drückenden und quetschenden Einwirkung der Läufersteine vollzieht sich eine innige Verbindung des Zuckers mit dem Kakao, denn beim Melangeur erhalten die feststehend angeordneten, sich nur um ihre Achse drehenden Läufersteine ihre Rotationsbewegung durch den sich drehenden Bodenstein resp. durch das Material, welches sich zwischen Bodenstein und Läufern befindet und gewissermaßen als Übertragungsmittel dient.

Um die Läufer in Bewegung zu setzen, hat das im Melangeur befindliche Material denjenigen Widerstand zu überwinden, welcher durch das

Beharrungsvermögen der Läufer einerseits und deren Gewicht andererseits gebildet wird, infolgedessen ständig eine Verschiebung der einzelnen Partikelchen erfolgt. Diese Verschiebung erfolgt aber nicht gleichmäßig, vielmehr bietet der trockene Zucker einen größeren Widerstand als die fetthaltige Kakaomasse, sodaß eine innige Mischung erzielt wird; durch den

Fig. 34.

Druck und die Reibung, welche die Läufer gleichzeitig auf die sich in jedem Augenblick verschiebenden Materialien hervorrufen, wird außer der vorzüglichen Mischung eine innige Verbindung der zu bearbeitenden Materialien erzielt.

Ferner kommt zugunsten des Melangeurs gegenüber der Knetmaschine noch eine gewisse Mahlwirkung in Betracht; wenn dieselbe auch nicht bedeutend ist, man daher die Kakaomasse auf Mühlen oder Walzenmaschinen und die Zuckerkristalle auf Pulverisieranlagen möglichst weitgehend zerkleinert, so ergeben die Melangeure doch durch die geschilderte Einwirkung auf die Masse bis zu einem gewissen Grade schon den Effekt, welcher in vollkommenem Maße allerdings erst durch Walzwerke erreicht wird, nämlich eine durchaus homogene Verbindung der Massen.

2. Das Feinwalzen oder Schleifen der Schokoladenmassen.

Die größte Feinheit und Gleichmäßigkeit der Schokoladenmischung wird durch die verschiedenen Systeme der Zylinderwalzmaschinen erreicht, deren Konstruktion wir G. Hermann in Paris verdanken. Jede Schokolade muß, selbst bei Verwendung von Staubzucker, mindestens 3—4 mal die Walzenmaschine passiert haben. Bei Verwendung von Staubzucker ist die Arbeit der Walzmaschine weniger ein Feinreiben als vielmehr ein inniges Mischen, bezw. Verreiben. Feine Schokoladen werden 6, 8 mal und noch öfter auf dem Walzwerke behandelt. Bei dem letzten Passieren wird die Masse in kalten Blöcken aufgegeben und abgeschliffen. Als Material für die Walzen verwendet man zumeist Granit, der sich infolge seiner Härte, Schleifkraft und indifferenten Eigenschaften für diesen Zeck gut bewährt hat. Doch nicht jede Granitart läßt sich zu Walzen verarbeiten. Abgesehen davon, daß sich Granit, wie jedes Naturgestein überhaupt, in festen, völlig fehlerfreien und gleichmäßig harten Blöcken seltener findet, so ist weder Porphyr noch die gewöhnliche unter dem Namen „Granit" bekannte Gesteinsart für Walzen geeignet. Man bedient sich hierzu besser einer Granitart, die der Härte nach zwischen Granit und Porphyr liegt, des sogenannten Diorits, eines Feingranites, der neben großer Härte die größte Schleifkraft besitzt. Mit diesem Diorit, von dem die bedeutendsten Walzmaschinen bauenden Firmen z. T. eigene Brüche besitzen, kann sich bezüglich der oben genannten Eigenschaften kein anderes Gestein messen. Dagegen haben in neuerer Zeit die Versuche mit Hartgußwalzen (Krupp-Stahl) sowie die Walzen aus Hartporzellan in gewisser Richtung vorzügliche Erfolge ergeben; hierauf wird noch genauer zurückzukommen sein.

Wir wollen uns nunmehr eingehender mit dem Prinzip der Walzmaschinen beschäftigen. Die weiche Schokoladenmasse erfordert, daß die Zylindermantelflächen bei ihrer in entgegengesetzter Richtung erfolgenden Bewegung eine ungleich große Geschwindigkeit haben. (Prinzip der Feinzerreibung durch bewegliche Zylinder mit Differentialgeschwindigkeit.) Man läßt daher zwei oder mehrere gleich große Walzen aufeinander wirken, zieht aber auf deren Achsen Räder auf, von denen jedes ungleich viel Zähne hat.

Dadurch wird diejenige Walze, die mehr Zähne besitzt, langsamer drehbar, während die mit weniger Zähnen ausgestattete andere Walze eine entsprechende Beschleunigung im Umlaufe erfährt.

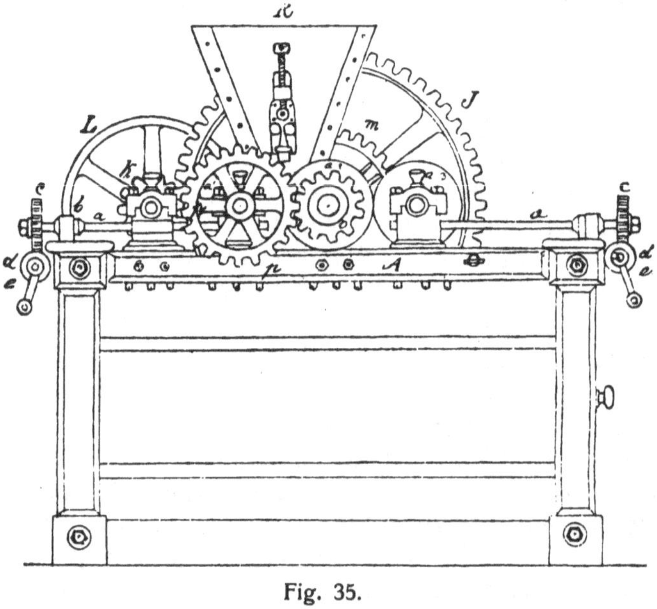

Fig. 35.

Die gegenwärtig im Gebrauch befindlichen Konstruktionen weichen von dem zuerst durch Hermann gefundenen Typus mehr oder weniger ab. Wir veranschaulichen hier die typische Walzenmaschine Hermanns im Aufriß und im Grundriß in Fig. 35 u. 36.[1])

Die granitenen Reibwalzen a^1, a^2, a^3 haben eiserne, im Innern etwas dicker werdende achtkantige Achsen, die auf die in der Figur ersichtlichen Weise auf dem Gestell gelagert sind. Die Lagerböcke der Mittelwalze a^2 stehen, jeder durch drei Druckschrauben befestigt, unbeweglich; jene der beiden anderen sind aber in Schlitzen der Gestellbahnen *A* schiebbar und werden erst dann mittelst der Schrauben *p* festgehalten, wenn dem Zylinder a^1 und a^3 die gerade erforderliche Lage gegen den Zylinder a^2 gegeben ist.

---

[1]) Die Beschreibung ist Muspratt, Encycl. Handb. d. Techn. Chemie, Band 4, p. 1808, und Mitscherlich, Der Kakao und die Schokolade, p. 115, entnommen.

Zu dieser Verstellung befindet sich an jedem Ende der Maschine eine horizontale schmiedeeiserne Achse *f*, mittelst Kurbel *e* umzudrehen und mit zwei Schrauben ohne Ende *d* versehen, in die die dazu gehörigen Räder *C* eingreifen. Diese stecken auf den Spindeln *a*, die in den Lagerböcken der Walze a^1 und a^3 sich ein- und ausschrauben können, in dem festen Docken *b* aber nur eine Drehung um sich selbst haben, ohne ihren Ort zu verlassen. Die Folge hiervon ist, daß beim Umdrehen einer der Kurbeln *e* der betreffende Zylinder a^1 oder a^3 dem Mittelzylinder a^2 genähert oder entfernt wird, während die Achsenlage stets parallel bleibt. Die Riemenscheibe *L'* mit der Leerscheibe *L* setzt die Welle *Q* in Betrieb. *Q* treibt zuerst den Trieb *K*, der dann an das Stirnrad *J* an der Achse der Mittelwalze a^2 greift. Diese letztere treibt durch Getrieb *O* und Rad *P* die Walze a^1, sowie mit dem Rade *M* und Getrieb *N* die Walze a^3. Infolgedessen

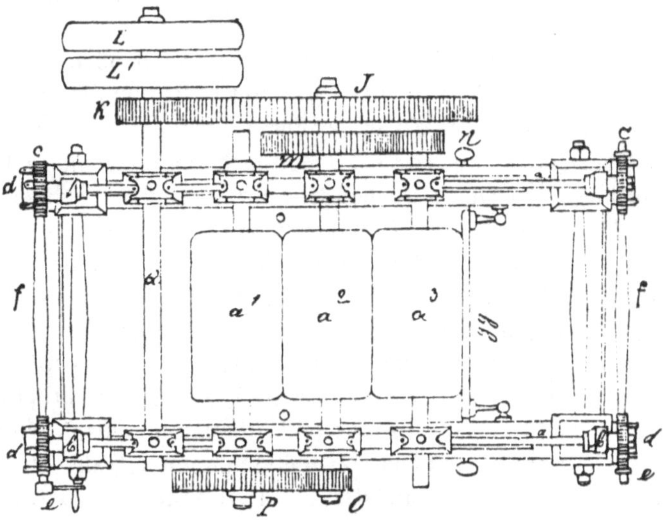

Fig. 36.

muß Achse a^2 $1\frac{3}{4}$ und a^3 $6\frac{1}{8}$ Umgänge machen, während in der gleichen Zeit a^1 nur einen Umgang macht.[1])

Das Aufgeben der Kakao- und Schokoladenmassen geschieht durch den Füllrumpf *R*, der sich zwischen Walze a^1 und a^2 befindet. Die teigartige Masse hängt sich an die Walzzylinder an, wird durch die schnellgehende Walze a^2 fortgeführt und zwischen a^2 und a^3 noch feiner zerrieben, worauf die Masse an der Außenseite von a^3 durch das verstellbare Streichmesser *gg* abgenommen wird und in ein darunter stehendes Becken fällt.

Im Laufe der Zeit hat die Walzenmaschine Hermanns verschiene Änderungen erfahren. Die Vorteile, die die gegenwärtigen Vertreter dieses Systems auszeichnen, sind: 1. Gleichzeitige, unveränderliche Regulierung durch Kuppelung, Rad und Schraube ohne

---

[1]) Im Fall Rad *M* 42, *N* 12, *O* 20, *P* 35 Zähne besitzt.

Ende, was eine große Regelmäßigkeit der Zerwalzung gestattet und Ersparnis an Arbeitslohn ermöglicht, da ein Arbeiter mehrere Maschinen überwachen kann. 2. Hin- und Herbewegung auf dem vorderen Zylinder, wodurch die Bildung von Schlieren des Trockenmaterials (Zuckers) verhindert wird. 3. Die Verwendung eines automatischen Zapfenlagers zum Schmieren mit Öl.

Das Prinzip der Hermannschen Walzenmaschinen ist längst Gemeingut aller Maschinenbaukundigen geworden, und so sehen wir denn, daß diese Maschinen, mit den mannigfaltigsten Änderungen, Neuerungen und Verbesserungen versehen, von den verschiedensten Fabriken hergestellt werden, die sich diesem Industriezweige widmen.

Hier sei zuvor ein Wort über die sich einer großen Beliebtheit erfreuenden Porzellanwalzen gestattet. Es wurde schon erwähnt, daß kein Naturgestein in größeren Stücken durch und durch gleiche Eigenschaften besitzt; so finden sich beim Granit und selbst beim Diorit etc. weichere Stellen vor, die sich dann schneller abschleifen. Der Vorzug der Kunstprodukte — das gilt ebenso gut vom Stahl — ist der, daß sie sich viel gleichmäßiger herstellen lassen. Zumal da sich das Hartporzellan in der Mühlenindustrie seit langem bewährt hat, war es vorauszusehen, daß es auch seinen Einzug in die Schokoladenindustrie halten würde. Seine Härte — es läßt sich nur mit schwarzen Diamanten bearbeiten! — ist unübertroffen, seine Indifferenz und Abnutzung desgleichen, wie ja allgemein bekannt. Seitdem es nun gelungen ist, die Porzellanwalzen in einer größeren Wandstärke (ca. 100 mm) herzustellen, die derjenigen der Granitwalzen nahe kommt und dadurch die Gefahr des Springens (beim Eindringen von Eisenteilchen u. dgl.) herabzumindern und derjenigen der Granitwalzen gleichzustellen, hat man für die feineren und feinsten Schokoladen den Porzellanwalzen unbedingt den Vorzug gegeben, während bei den minderen mehr die Stahlwalze in Aufnahme gekommen ist.

Eine bemerkenswerte Neuerung bildeten zeitweise die sogen. Batteriewalzwerke. Es leuchtet ein, daß, je mehr Walzen sich in einer Zylinderwalzenmaschine befinden, je größer deren Länge und Durchmesser ist, eine um so größere Leistungsfähigkeit erzielt werden kann. Man konstruierte deshalb Batterien von zwei Maschinen mit je drei Walzen, oder baute Maschinen, wobei zwei, drei und mehr Walzensysteme, zu je drei Walzen ein jedes, eines das andere, überragend, plaziert waren. Dieselben besaßen dann eine schief in die Höhe gehende Stellung.

Zumeist sind an die Stelle dieser Batteriewalzwerke die Walzenmaschinen mit 6, beziehungsweise 9 Walzen getreten, da die Batteriewalzwerke den Nachteil besaßen, viel Platz zu beanspruchen und sich

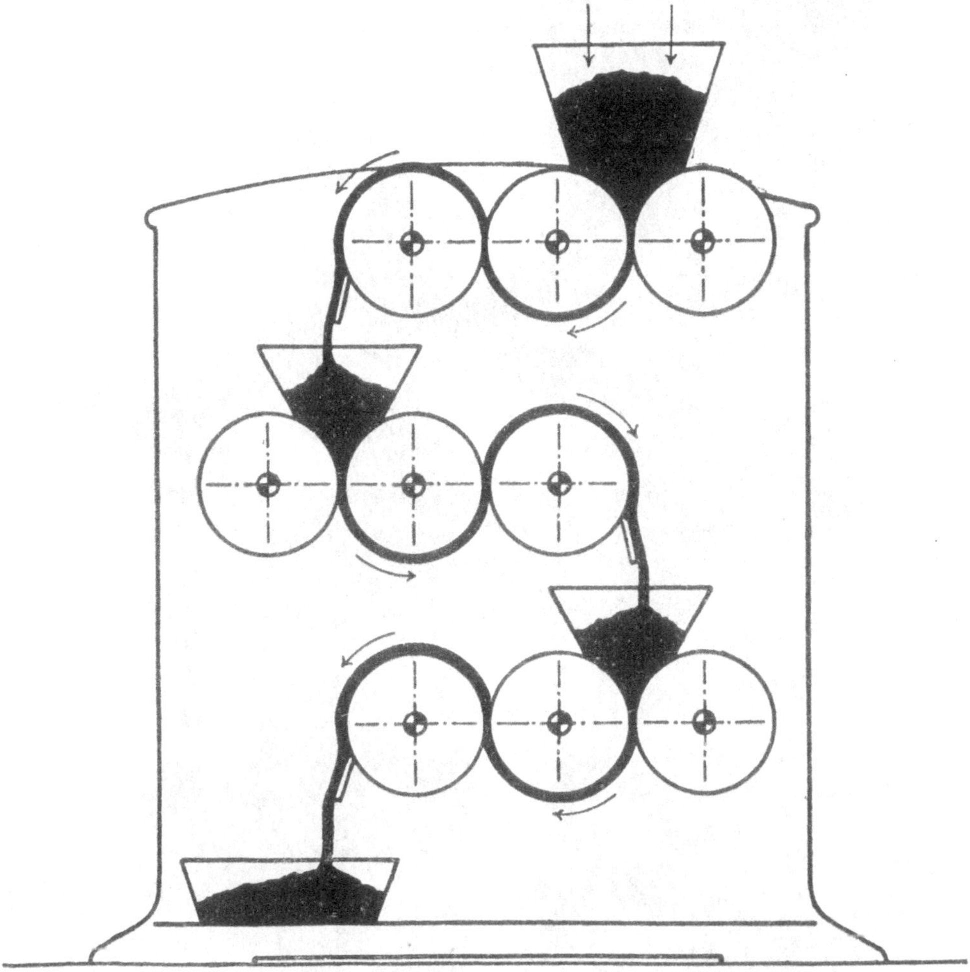

Fig. 37.

schlecht bedienen und regulieren ließen. Die heutigen Sechs- und Neun-Walzenwerke sind eigentlich übereinander angeordnete Drei-Walzwerke. Sie nehmen daher nur den Platz von einem Drei-Walzwerke ein und lassen sich ebenso leicht bedienen wie dieses.

Wie aus der vorstehenden, schematischen Zeichnung eines Neun-Walzwerkes, Fig. 37 zu ersehen ist, fällt die Schokolade von einem Walzensystem zum anderen.

Fig. 38.

Eine dreimal zu walzende Masse wird mit einem Male in einem Drittel der Zeit fein gewalzt; es wird also bei Anwendung dieser Maschinen im Vergleich zu Dreiwalzenmaschinen sowohl Arbeitskraft wie Zeit erspart. Die Neun-Walzwerke sind mit einem Podium und Treppe versehen und werden eventuell durch Fahrstühle oder Beschickung von Oben dem Fabrikationsgange eingereiht.

Fig. 39.

Schon wegen ihres hohen Preises sind indessen diese gewaltigen Aggregate wenig in Aufnahme gekommen. Außerdem aber stellte sich heraus, daß es für das Erzeugnis und seine Güte nicht gleichgültig ist, ob das Verreiben hintereinander auf einem 9-Walzwerk oder nach und nach in drei Stufen mit entsprechenden Pausen und Zwischenbehandlung dreimal auf einem 3-Walzwerk erfolgt. Das Letztere ist bei Qualitätsschokoladen entschieden vorzuziehen, da es nur hierbei möglich ist, die Masse kalt zu verreiben.

Eine neuere Konstruktion zeigt Fig. 38, ein Dreiwalzwerk (mit Hartgußwalzen, vgl. unten), das aufrecht stehend wenig Platz beansprucht und dessen Aufgabetrichter tief liegt, während der Abnehmer an der oberen Walze lagert und hochliegend die eventuelle Verwendung größerer Transportgefäße ermöglicht.

Während alle diese Konstruktionen hauptsächlich Walzen aus Granit oder Hartporzellan erhielten, hat man in den letzten Jahren, wie bereits erwähnt, gute Resultate mit Hartgußwalzen erzielt, und zwar finden sie Verwendung in Drei-, Vier- und Fünf-Walzmaschinen (Fig. 38 bis 40). Infolge der porenlosen Oberfläche dieser Stahlwalzen kann die feinste Verreibung mit einem Male erzielt werden und das sogenannte „Brennen" nicht gut vorgemischter Schokolade ist ausgeschlossen. Allerdings muß man diese Walzen, um ein zu starkes Erhitzen zu vermeiden, mit Wasserkühlung versehen. Sie eignen sich besonders zum Fertigreiben gewöhnlicher Schokoladen, werden indessen auch zum Schleifen der feineren Sorten benutzt. Denn selbstverständlich muß eine g u t e Schokolade trotz dieser einmaligen Feinverreibung doch noch mehreremal ein Walzwerk passieren, wozu man dann die vorhandene Granit- oder Porzellanwalze benützen kann. Dagegen ist man, seitdem man den letzten Schliff k a l t erfolgen läßt, von den 6-, 9- oder gar 12-Walzwerken mehr und mehr zurückgekommen, wie bereits oben bemerkt. — Zum Kaltschleifen wird man, falls eine Granit- oder Porzellanwalze noch nicht vorhanden, doch wieder an die Aufstellung einer solchen denken müssen, da die Hartgußwalze allem Anschein nach hierfür nicht leistungsfähig genug ist.

3. Mischungsverhältnis für Kakaomasse, Zucker und Gewürze etc.

Die Mischungsverhältnisse der Kakaomasse mit Zucker und Gewürzen etc., sind sehr verschieden. Im allgemeinen darf angenommen werden, daß 50—60 Teile auf 50—40 Teile Kakaomasse kommen.

Im nachstehenden seien als Beispiele einige Rezeptformeln zur Herstellung der gebräuchlicheren, reinen Schokoladensorten wiedergegeben:

A. Gesundheitsschokolade.

Kakaomasse }
Zuckerpulver } von beiden gleichen Teile.

Fig. 40.

B. Gewürzschokoladen.

a)

Kakaomasse	4 kg
Zucker	6 kg
Zimmt	72 g
Gewürznelken	38 g
Kardamomen	16 g

b)

Kakaomasse	4 kg
Zucker	6 kg
Zimmt	72 g
Koriander	8 g
Nelken	88 g
Zitronenöl	2 g
Kardamomen	16 g

c)

Kakaomasse	5 kg
Zucker	5 kg
Nelken	80 g
Zimmt	220 g
Macis	8 g

d)

Kakaomasse	5 kg
Zucker	5 kg
Zimmt	100 g
Vanille 100 g (od. Vanillin 2,5 g)	
Macis	2,0 g
Kardamomen	4,2 g

e) Spanische Gewürzschokolade.

Kakaomasse	5 kg	Kardamomen	82,0 g
Zucker	5 kg	Macis	44,0 g
Zimmt	116 g	Vanille 40 g (od. Vanillin 2,5 g)	
Nelken	50 g	Zitronenöl	1 g

C. Vanilleschokoladen.

a)

Kakaomasse	5 kg
Zucker	5 kg
Zimmt	160 g
Vanille 50 g (od. Vanillin 1,2 g)	

b)

Kakaomasse	$4^1/_2$ kg
Zucker	$5^1/_2$ kg
Zimmt	150 g
Vanillin	1,5 g

c)

Kakaomasse	4 kg
Zucker	6 kg
Zimmt	120 g
Nelken	20 g
Vanillin	1,6 g

Sind die aus gleichen Teilen Zucker und Kakaomasse zusammengesetzten Schokoladen infolge ölreicher Bohnen zu fett, um sich bequem formen zu lassen, so kann man bei teueren Sorten einen entsprechenden Prozentsatz der Masse durch die gleiche Menge entfetteten Kakaopulvers derselben Bohnenmischung ersetzen; bei billigeren Sorten läßt sich dasselbe Ziel durch einen entsprechend höheren Zuckerzusatz erreichen, z. B. 55—60 Teile auf 45—40 Teile Masse (vergl. Rezepte für Gewürzschokolade a und b und Vanilleschokolade b und c). Ganz billige Schokoladen sind vorab mit einem wesentlich geringeren Prozentsatze Kakaomasse dargestellt und zeigen dementsprechend einen höheren Zuckergehalt. Geht der Gehalt an Zucker über ca. 65 % hinaus, so lassen sich diese Schokoladen nicht mehr formen und es wird nötig, um eine formbare Masse zu erhalten, reine Kakaobutter zuzusetzen. Solche Schokoladen würden demnach etwa folgende Zusammensetzung zeigen:

Kakaomasse	25	Teile
Zucker	67	„
Kakaobutter	7	„
Gewürze und Vanillin nach obigen Verhältnissen	1	Teil.

Bei versuchsweiser Herstellung neuer Proben von Schokoladenmassen etc. empfiehlt es sich, um Material zu sparen, nicht zu große Mengen auf einmal anzusetzen, sondern zuerst kleine Mengen von 1—2 kg zu mischen. Man bedient sich hierbei mit Vorteil der für Handbetrieb eingerichteten und speziell für Versuchsarbeiten bestimmten kleinen Universal-Knet- und Mischmaschinen, wie sie von Werner & Pfleiderer, Cannstatt, Karl Seemann, Berlin, sowie den Draiswerken angefertigt werden und deren Konstruktion wir später noch besprechen werden. Für solche Zwecke werden diese Maschinchen auch mit Heizvorrichtung, Stopfbüchsen und dicht anliegendem Deckel usw. ausgeführt; die fertige Masse kann leicht daraus entfernt werden, da die Maschinen zerlegbar sind.

III. Weiterverarbeitung der rohen Schokolade.

a) Herstellung der „Chocolats fondants“.

In neuerer Zeit erfreuen sich die „Chocolats fondants“ oder weichen Schokoladen einer großen Beliebtheit und werden in erheblichen Mengen als Speiseschokoladen abgesetzt. Diese Schokoladen wurden unseres Wissens zuerst in der Schweiz fabriziert; sie sind leicht schmelzende Produkte, die sich dementsprechend auch durch einen etwas höheren Fettgehalt (Zusatz guter Kakaobutter) vor den gewöhnlichen Schokoladen auszeichnen. — Als sich die leicht schmelzenden Schokoladen einführten, war man der Ansicht, daß diese Eigenschaft sich nur durch einen sehr hohen Fettgehalt erreichen ließe. Ein zu hoher Fettgehalt von Speiseschokolade ist aber nachteilig für den Geschmack und die Bekömmlichkeit. Man ist daher von dem hohen Fettzusatz abgekommen und erzielt jetzt den schmelzenden Charakter jener Schokoladen durch entsprechende Verarbeitung z. T. in besonderen Maschinen. Diese werden Längsreibemaschinen, auch „conches" genannt, weil ihr Reibetrog eine muschelartige Form (lateinisch = concha, die Muschel) besitzt. Vorbedingung für Schokoladen, die in Conches zu verarbeiten sind, ist folgendes:

1. Die Schokoladen müssen vorher vollständig fein verrieben und verschliffen sein und sollen
2. einen derartigen Fettgehalt besitzen, daß sie im warmen Zustande dickflüssig sind, und zwar sollen sie nicht so dünn wie Kuvertüren, wohl aber weicher als gewöhnliche gute Tafelschokolade sein.

In Fig. 41 zeigen wir eine solche Längsreibmaschine mit runden Trögen.

Die Erwärmung der „conches" kann sowohl durch Dampf, Heißwasser, Gas etc. erfolgen, je nachdem die eine oder die andere Wärmequelle vorhanden bezw. die Maschine eingerichtet ist, und soll für Fondant 70—80°, für Milchschokoladen 50° nicht übersteigen. In Fabriken mit Wasserkraft oder Elektrizität kann der Betrieb mit Vorteil für eine Mehrleistung Tag und Nacht erfolgen. Ist man nur für Tagesbetrieb eingerichtet, so sind indes die „conches" auch über Nacht warm zu halten. Eine stete Bedienung der Maschine ist nicht nötig, da sie selbsttätig arbeitet. Nach 40—48stündiger Bearbeitung erhält die Schokolade jenen beliebten, schmelzenden Charakter und jenen abgerundeten Geschmack, der guten Marken eigen ist. — Auf den Conches können auch Milchschokoladen mit Vorteil verarbeitet werden; ebenso Kuvertüren aller Art, die hierdurch eine große Härte erlangen.

Fig. 42 zeigt eine vierfache Conche, wobei die 4 Tröge paarweise sich gegenüber angeordnet sind. Diese Conches werden auch mit 1—2 Trögen gebaut, ebenso in verschiedenen Größen mit einem Troginhalt von 120 und 200 Kilogramm, sodaß eine vierfache Conche 480 resp. 800 Kilogramm enthält. Die gekrümmten Böden sowohl als auch die hin- und hergehende Walze sind aus Granit, und die Stirnwände der Tröge mit der oberen Kante stark nach innen gekrümmt, sodaß ein Überschladen der Masse an den Stirnseiten eintritt; an diesen befinden sich auch große Öffnungen zur Entleerung. Lehmann liefert

Fig. 41.

diese Tröge, um eine Wärmeausstrahlung nach außen tunlichst zu verhindern, mit einer starken Korkschicht isoliert. — Fig. 43 zeigt einen Saal mit 15 Längsreibemaschinen einer modernen Schokoladenfabrik.

Die „Chocolats fondants" sind, vom gastronomischen Standpunkt aus beurteilt, zweifellos das feinste reine Schokoladenfabrikat, das bisher auf den Markt gelangte, und es ist nicht verwunderlich, daß dieser Zweig der Schokoladenfabrikation eine wesentliche Ausdehnung erfahren hat und wahrscheinlich noch mehr erfahren wird.

Fig. 42.

b) Wärmeräume und Wärmeschränke.

Eine erhebliche Erleichterung in der Schokoladenfabrikation ist durch die Einrichtung von Wärmeschränken und Wärmeräumen gegeben, die in keiner modernen Schokoladenfabrik fehlen sollten. In diesen Räumen wird die noch zu walzende sowie die gewalzte Schokolade in Kästen bei einer Temperatur von 60° C aufbewahrt, bis sie weiter verarbeitet (geformt) wird. Die Wärmeräume bedingen auch eine wesentliche Verbilligung der Herstellung, da Massen, die trocken sind und scheinbar einen Zusatz von mehr Fett verlangen, sich schon nach 24stündigem Lagern in der Wärme derart erholen, daß dieser Zusatz nicht mehr nötig ist. Namentlich aber ist ein Wärmeschrank unerläßlich bei Anwendung von Hartgußwalzen, da die Masse diese Walzen sehr trocken verläßt. Jede Fabrik sollte daher mindestens über so große Wärmeräume verfügen, daß das Fabrikationsquantum eines Tages darin Platz finden kann, doch ist

Fig. 43.

selbst der doppelte und dreifache Raum nicht zu viel. Kleinere Betriebe stellen am besten mit Dampf geheizte Wärmeschränke auf, wie wir sie in Fig. 44 vor uns sehen. Diese besitzen doppelte

Fig. 44.

Türen, sind eingemauert und fassen pro Meter Länge 250—300 kg Schokoladenmasse. Größere Fabriken werden sich am besten einen Raum schaffen, der das Betreten erlaubt und an dessen Wänden

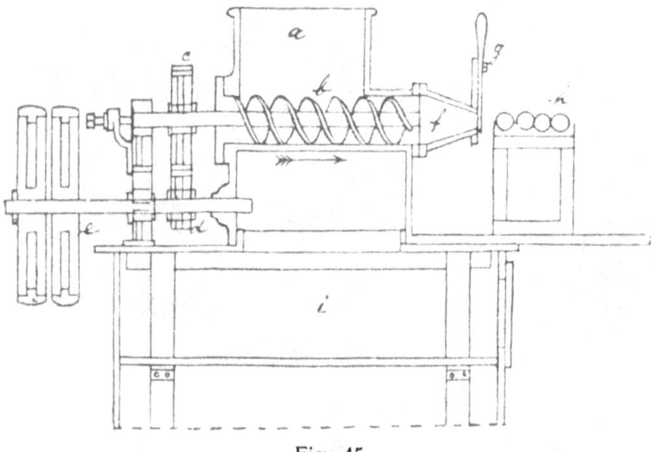

Fig. 45.

über unten liegenden Dampfheizkörpern Eisengestelle angebracht sind. Ein derartiger Raum von 2,8 m Breite (inkl. Gang) und 5 m Länge faßt etwa 2500 kg Schokolade.

c) Das Entluften und Abteilen der Schokolade.

Die fertig gewalzte Schokolade wird im Wärmeraume solange aufbewahrt, bis sie zum Einformen gelangt, dem das Entluften und Abteilen vorauszugehen hat. Sie kommt nun in eine für den Zweck besonders konstruierte, sogenannte Temperiermaschine, um hier nochmals durchgeknetet zu werden und eine durchweg gleich-

Fig. 46.

mäßige Geschmeidigkeit und für das Einformen richtige Temperatur zu erlangen.

Die festere Masse wird nach Erhalt der gewünschten Temperatur der Temperiermaschine in großen Klumpen entnommen und der Entluftungsmaschine zugeführt. Das Entluften ist deshalb nötig, weil die Klingen der Streichmesser die Schokoladenmassen in dünnen Lagen von den Walzen etc. ablösen, wobei Luft unter die einzelnen Schichten der Masse gerät. Man erzielt das Entluften vermittels Maschinen, von welchen wir hier eine ältere Konstruktion in Fig. 45 im Aufriß vorführen.

Fig. 47.

Diese Maschine ist bei *i* durch ein Kohlenbecken oder irgend eine andere Wärmevorrichtung zu erwärmen. Die Schokoladenmasse wandert in den zylindrischen Füllraum *a*, auf dessen Boden sich die archimedische Schraube *b* befindet, die durch Welle und Zahnradsystem *c d e* in der Pfeilrichtung getrieben wird. Durch diese Bewegung wird die Schokoladenmasse in der Büchse *f* festgedrückt und verläßt diese in Form einer zylindrischen Masse fast gänzlich entluftet, um durch die Leitwalze *h* aufgenommen und vorgeschoben zu werden.

Auf diesem Wege wird sie dann entweder durch ein an der Büchse *f* angebrachtes Messer *g* oder durch ein Doppelmesser (Messer mit verstellbaren Klingen) in möglichst gleiche] Teile geteilt, die etwa dem Gewichte einer Schokoladentafel entsprechen. Zu dieser Manipulation gehört natürlich eine ziemliche Fertigkeit,

Fig. 48.

doch ist diese einmal erlangt, so erfolgt die Teilung präzise und auf die einfachste Art. Man wird die eben beschriebene Arbeit mit der Maschine jedoch nur noch selten und nur in kleinsten Betrieben vorfinden.

Die neueren Entluftungsmaschinen, wiewohl auch heute noch nach obigem Prinzip gebaut, haben meist am Mundstück einen mechanischen Teil- oder Abwäge-Apparat und stehen am Einschüttkasten mit einer vertikalen Schnecke in Verbindung, die der horizontalen Druckschnecke die Masse gleichmäßig zuführt; dadurch fällt ein Nachstopfen von Hand weg.

Fig. 46 stellt eine derartige Maschine für feste und halbfeste Schokoladen dar, bei der die Masse direkt in einen revolverartigen Teilkopf tritt, der andererseits die Teilmengen auf ein endloses Band ausstößt, das sie auf einen in der Nähe stehenden Tisch führt, wo sie in die Formen eingelegt werden. Die Maschine ist kräftig gebaut und liefert Gewichtsmengen von 15—250 g bei 1000—2500 Teilungen in der Stunde.

Fig. 47 und 48 stellen schließlich zwei der bekanntesten und gebräuchlichsten Modelle dar, die eine große Vielseitigkeit besitzen und von J. M. Lehmann, Herm. Bauermeister, J. S. Petzhold, R. Gäbel u. a. vertrieben werden. Mit diesen Teilmaschinen können feste und halbfeste Schokoladenmassen sowie Nuß- und Mandelschokoladen auf jedes gewünschte Gewicht von 25—250 Gramm absolut genau geteilt werden.

IV. Das Formen der Schokolade.

a) Das Einstreichen.

Die abgeteilten Schokoladenstücke werden sodann in die Blechformen gelegt. Es ist hierbei zu beachten, daß die Blechformen dieselbe Temperatur besitzen müssen, wie die Schokolademasse, damit Fleckenbildung auf den fertigen Tafeln vermieden und ein schöner, nicht grauer Bruch erzielt wird. Die zum Einformen kleinerer Gegenstände nötige Temperatur beträgt etwa 27—32° C; bei größeren Stücken darf die Temperatur wesentlich niedriger gehalten werden. Im Sommer kann man kälter, im Winter wärmer einformen. Zweckmäßig soll im Sommer bei einer Außentemperatur

von	25 —31 ° C	mit	26 —27,5° C
„	18,5—25 ° C	„	28,5—30 ° C
„	12,5—18,5° C	„	31 —32,5° C

eingeformt werden. An kalten Tagen kann man, je nach der Dicke der Tafeln, mit 32,5—35° C einformen lassen. Die betreffenden Temperaturen werden durch ein in die Masse gestecktes Thermometer kontrolliert. Weiche bis flüssige Schokolade wird in den meisten Fällen in die Formen eingestrichen; hierbei ist die Tiefe der Form auf ein bestimmtes Gewicht gearbeitet.

In Fig. 49 ist eine Maschine veranschaulicht, die die flüssige weiche Schokolade in vorstehender Weise in die Formen bringt. Diese werden automatisch unter entsprechende Abstreichvorrichtungen geführt, während von oben durch ein kleines Rührwerk die Masse zuläuft. Die so gefüllten Formen gelangen auf eine Laufbahn von kombinierten Klopfapparaten und von hier aus evtl. direkt in

Fig. 49.

den Kühlraum. Bei obiger Maschine können Formen von 75—350 mm Länge und 75—225 mm Breite verwandt werden.

Wie sich schon aus den obigen Ausführungen ergibt, ist wohl der wichtigste und die Haltbarkeit der Ware stark beeinflussende Faktor in der Schokoladenfabrikation die Beobachtung der für das

Fig. 50.

Einformen richtigen Temperatur, deren Erzielung zumeist umständlich, zeitraubend und schwierig ist. Die bisher hierfür gebräuchlichen Apparate (Melangeure, Rührwerke usw.) bereiteten eine gewisse Menge vor, die in den meisten Fällen unzulänglich temperiert war und ein Nachtemperieren mittels Spachtel auf Tischen in umständlicher Weise erforderte. Fig. 50 zeigt eine Maschine, die nicht nur einen Apparat bildet, um einzuformende Schokolade auf eine geeignete Temperatur zu bringen, sondern auch teilweise ein brauchbares, erfolgreiches Verfahren zu diesem Zweck darstellt.

Die Maschine arbeitet kontinuierlich in der Weise, daß die in beliebiger Temperatur aufgegebene Schokolade — aus dem Wärmeraum kommend — innerhalb 1 Minute in gewünschter Temperatur die Maschine verläßt. Je nachdem mehr oder weniger Masse in der Einformerei bewältigt werden kann, ist die Maschine unbeschadet ihrer Wirksamkeit jederzeit still zu stellen oder in Bewegung zu setzen; sie reinigt sich noch dazu fast von selbst, sodaß, wenn erforderlich, ein schneller Wechsel der Qualität unbehindert erfolgen kann. Die besondere Wirkung dieser Maschine, in ihrer Konstruktion beruhend, liegt darin, daß die Schokolade in einer bisher nicht üblichen und bekannten Weise homogenisiert und hierdurch die Möglichkeit gegeben wird, mit höheren Temperaturen einformen zu können; das aber hat wiederum ein leichteres Ausschlagen zur Folge, damit eine Verdoppelung der Lebensdauer der Formen, ferner endlich — durch Fortfall der oft recht erheblichen Mengen „Bruch" eine wesentliche Entlastung der Einformerei. — Die Walzenstraße, die die Schokolade passiert, wird mittelst Wasser automatisch in der richtigen gewünschten Temperatur gehalten. Die Leistung der Maschine beträgt ca. 300—400 Kilogramm in der Stunde. Von dieser Maschine aus wird die Masse erst, wie vorher beschrieben, den Teil-, Einstreich- und Einformmaschinen zugeführt.

Man unterscheidet in der Hauptsache zweierlei Verkaufsformen von Schokoladen; erstens, die für den Hausbedarf geeignete und zweitens, die für die sogenannte Luxusschokolade bestimmte Form. Zur ersten Form gehört die Tafel-, Block- und Wellen- oder Rippenschokolade, in den Gewichten von 50, 100, 200, 250, 500 bis 5000 g. Zu ihrer Formung verwendet man ausschließlich die aus Weißblech hergestellten Formen, die gewöhnlich etwas mehr fassen, als Schokolade dem Gewichte nach geformt werden soll. Es wird daher die Schokolade, wie schon oben bemerkt, meist in die Formen, nach bestimmten Gewichtsmengen abgeteilt, gegeben. Die abgeteilte Menge wird bei festerer Schokolade in die Form mit der Hand eingedrückt und soweit es geht, glatt ausgebreitet; weichere Schokolade wird durch die Teilmaschine bereits als ein die Form ausfüllendes Band eingelegt. Dann wird die Schokolade in Form auf den später zu beschreibenden Schütteltisch gebracht, wo in kurzer Zeit ein vollständiges Eindringen der Masse in alle Vertiefungen der geprägten Blechform erzielt wird. Das Entfernen der abgekühlten Schokolade aus der Form geschieht mit der größten Leichtigkeit durch geringes Biegen der stets etwas federnden Blechform in ihrer Diagonale (windschiefe Verdrehung). Ein Schlagen auf die Form, wohl gar auf deren Rückseite, ist vollständig zwecklos und verdirbt sie nur.

Die Formen sind meist vier- bis zehnwellig, oder (bei Tafel-, Block- oder Riegelschokolade) mit ebenso vielen Riefen resp. Einkerbungen versehen, damit die Schokolade beim Verbrauch bequem zu teilen ist.

Diese Wellen oder Abteilungen können allerlei Inschriften (häufig die Firma der betreffenden Schokoladefabrik) erhalten und müssen dann mit der entsprechenden Prägung versehen sein.

Bruchschokolade ist meist besonders angefertigte, minderwertige Schokolade, die ohne Umhüllung in den Handel gebracht wird.

Bei den sogenannten Luxusschokoladen unterscheidet man zwischen:

1. solchen Formen, die einteilig und mit Schokolade vollständig angefüllt werden, so daß die überschüssige Masse durch Abstreichen mittels eines Messers etc. entfernt werden kann. Das Gewicht wird in diesem Falle genau durch den Inhalt der Form bestimmt;
2. solchen, die zum Formen von allerlei Figuren, Früchten etc. dienen, den sogenannten Doppelformen, bei denen zwei und mehr Teile ein ringsum geschlossenes Ganzes bilden, dessen innere Höhlung der nachzubildenden Gestalt entsprechend gemodelt ist.

Zu den unter 1. bezeichneten Formen gehören: die Formen für kleinere Tabletten, Crêmestangen, sogenannte Napolitains und Croquettes.

Zu den unter 2. genannten: die Formen für Schokoladezigarren, Schokoladeneier, sowie die eigentlichen Doppelformen.

Die Formen für kleinere Tabletten, Crêmestangen, Napolitains und Croquettes werden ebenfalls ausschließlich aus Weißblech geprägt, und die einzelnen Teile in einem starken Eisenrahmen zusammengesetzt, der oben sauber abgeschliffen ist, damit man die überflüssige Masse leicht abstreichen kann. Es werden infolgedessen sechs bis dreißig einzelne Teile mit nur einer Form auf einmal gebildet; die erkaltete Schokolade fällt schnell aus den Formen, wenn man mit einer Ecke der Vorderseite leicht gegen die Tischplatte schlägt. Bei den Napolitainformen sind zu diesem Zwecke besondere, vorstehende Haken angebracht, mit denen man aufschlagen kann, ohne die Form zu beschädigen.

Beispiele für die häufigeren Formen.

1. Schokoladezigarren.

Diese werden angefertigt, indem man die Masse zwischen eine zusammengesetzte Form bringt, von der jeder Teil der Hälfte der abzubildenden Zigarrenform entsprechend genau auf den andern paßt; oder aber man gießt die Masse in Hohlformen ein, die aus einem Stücke gestanzt sind. Für die Massenfabrikation dient die sogenannte Zigarrenformenpresse[1]), worin man die Zigarren mittels Formblechen formt, die nach dem Einformen der Schokolade durch Blechkammern zusammengehalten und unter die Presse gebracht werden. Für jede Größe und Fasson der Zigarren sind besondere Formenbleche und besondere Einlageplatten zur Presse erforderlich. Zur Imitation der Asche von Schokoladezigarren dürfen keine Verreibungen von Bariumsulfat oder Zinkweiß mit Sirup angewandt werden, da diese gesundheitspolizeilich beanstandet werden. Dagegen ist für diesen Zweck als eine vollkommen harmlose Farbe eine Verreibung von reinem, getrocknetem Kalkphosphat (Trikalziumphosphat) mit Stärkesirup zu empfehlen.

Auch andere kleine Figuren, wie Fische etc., lassen sich mittels dieser Formenpresse herstellen, wenn entsprechend geprägte Bleche als Formen eingelegt werden.

2. Schokoladeneier.

Man formt sie, wenn sie nicht zu klein sind, meist hohl, indem man zwei zusammengehörige und aus Weißblech hergestellte Eiformschalen in einer gewissen Stärke mit Schokolade ausdrückt und die beiden auf diese Weise geformten halben Eischalen zu einem ganzen Schokoladenei vereinigt. Eine andere, Th. Berger in Hamburg[2]) patentierte Herstellungsweise von Schokoladeneiern etc. erscheint weniger praktisch. Hierbei wird eine Form aus Weichgummi aufgeblasen, die aufgeblasene Form in die flüssige Schokoladenmasse eingetaucht und nach dem Erhärten der daran haftenden Masse die Luft aus der Form zum Ausströmen gebracht. Dieses Verfahren stellt sich durch den Verbrauch an Weichgummiformen, die durch den Wechsel der Temperaturen bald undicht werden, zu kostspielig und hat sich daher unseres Wissens auch nicht einführen können.

3. Figuren, Früchte, Tiere, kleine Gegenstände aus Schokolade.

Hierzu gebraucht man die eigentlichen Doppelformen, die aber oft auch aus drei bis vier Teilen bestehen; sie sind entweder aus Weißblech oder (für komplizierte Gegenstände) aus Zinnguß verfertigt. Die Formen aus Zinn sind allerdings bei weitem nicht so haltbar als die aus Weißblech mit starkem Eisenrahmen fabrizierten.

Man drückt wiederum die einzelnen Teile der Form mit weicher Schokoladenmasse aus, fügt die Formenteile zusammen und preßt durch mehr oder weniger Druck den Überschuß der Masse aus der Form heraus, eventl. unter Anwendung einer eigenen Doppelformpresse. In diese, ebenfalls von A. Reiche hergestellte Presse kann man eine größere Anzahl Formen zu gleicher Zeit legen. Bei ihrer Anwendung werden die Formen geschont und ein gleichmäßiges, scharfes Zusammenpassen, mithin auch ein besseres Aussehen der geformten Schokoladefiguren erzielt.

Nach dem Erkalten der Schokolade lösen sich die Figuren sehr leicht

---

[1]) Von A. Reiche, Blechemballagenfabrik in Dresden-Plauen angefertigt (vgl. weiter unten).

[2]) D. R. P. Nr. 62 785.

aus den Formen; diese brauchen nur gereinigt zu werden und jene kann man nach Belieben weiter dekorieren. Dies geschieht auf die mannigfachste Art, unter anderem durch farbige Kakaobutter, die man z. B. beim Formen von Schokoladefigürchen an die Stelle des Gesichts etc. bringt, um so auf schnelle und bequeme Art eine hübsche Ausschmückung zu erzielen.

4. Krümel-Schokolade.

Unter Krümelschokolade versteht man Schokoladestückchen von abgestumpft konischer Form, welche glatte, vier- bis fünfseitige Flächen zeigen. Sie werden mittelst der Reicheschen Krümelmaschine Nr. 1550 hergestellt, die aus einem von seinem Boden abnehmbaren viereckigen Kasten besteht. Innerhalb desselben befindet sich 1—2 cm oberhalb des eigentlichen, mit einer auswechselbaren Blechtafel belegten Bodenstückes ein Zwischenboden, in den fünfeckige Öffnungen eingestanzt sind; an der auf den Boden des Kastens aufpassenden Kante gleitet ein Messer. Die Handhabung der Maschine gestaltet sich wie folgt. Nachdem durch Schütteln auf dem Klopftische (siehe pag. 166ff.) die genügende Menge Schokolade durch die fünfeckigen Öffnungen gedrungen ist, wird das Messer schnell aus der Maschine gezogen und der Kasten vom Boden abgehoben. Die Blechtafel wird nun herausgenommen und gegen eine ihrer Kanten leicht aufgeschlagen damit die schiefstehenden Krümel sich durch den Stoß gerade richten.

5. Kleine Tabletten, Stangen, Früchte, Figuren etc. mit Crêmefüllung

werden hergestellt, indem man die Crêmeeinlagen in besondere Formen aus Holz oder Blech gießt, die mit Mehl ausgepudert sind, und dann die fertigen Crêmeeinlagen mit der durch entsprechenden Butterzusatz möglichst weich gehaltenen Schokolade in die betreffenden Formen zugleich einformt.

Früher wurden die Schokoladeformen ausschließlich aus Frankreich bezogen, wo die Fa. Létang in Paris diese Industrie ganz allein vertrat. Seit 1870 hat auch die erwähnte deutsche Firma Anton Reiche, Dresden-Plauen, die 1912 in eine Aktiengesellschaft umgewandelt wurde, die Herstellung der Schokoladeformen aufgenommen. Die Formen dieser Firma entsprechen allen Anforderungen, die man an derartige Produkte stellen kann. Namentlich haben sich die von ihr auf den Markt gebrachten Plattinol-Formen gut eingeführt. Plattinol ist ein Warenzeichen (Wortschutz); es werden darunter Formen verstanden, die aus einem besonders behandelten Stahl hergestellt werden. Die Vorzüge der Plattinol-Formen gegenüber Weißblechformen bestehen in einem außerordentlich hohen Glanze, der sich durch den Gebrauch der Formen nicht verliert, sondern durch Reinigen immer wieder erneut und der sich auch in der Schokolade wiederspiegelt; ferner auch in einer größeren Haltbarkeit. Das Unternehmen stellt auch alle kleinen Utensilien zur Anfertigung von Kakaowaren her, z. B. Bonbonausstecher, Bonbonschneidewalzen, Nummerier-Stempel, Schokoladespachteln, Trichter, Mulden etc. Ferner werden von dieser Firma auch einige Maschinen z. B. zur Massenfabrikation von Schokoladepastillen aus fester und dünnflüssiger Masse (Patent), für Schokoladestreusel ect. angefertigt.

Eine besondere Maschine zur bequemeren und rationelleren Reinigung der Formen sehen wir in Fig. 51 abgebildet.

An ihrem einen Ende ist eine Bürstenscheibe befestigt, gegen welche die zu reinigenden Formen gepreßt werden. Durch die große Umdrehungszahl dieser

Bürste lassen sich die beim Austafeln an den Formen zurückbleibenden Schokoladenreste zwei- bis dreimal schneller entfernen, als bei Handarbeit. An der anderen Seite der Welle ist eine Lappenscheibe befestigt, an der sich, unter Verwendung von Wienerkalk, die vorher an der Bürstenscheibe gründlich gereinigten Formen aufpolieren lassen. Der große Vorzug dieser Maschine besteht darin, daß die täglichen Ausgaben für Formenputzen verringert werden;

Fig. 51. Reiche's Formenreinigungs- und Poliermaschine.

ein Mädchen leistet soviel wie zwei Mädchen bei Handarbeit. Außerdem ermöglicht sie ein fortwährendes Auffrischen und damit eine Erneuerung des Formenmaterials; eine Ventilationseinrichtung entfernt schließlich noch den entstehenden Staub.

b) Der Rüttel- oder Klopftisch.

Die teigige Schokoladenmasse breitet sich zwar infolge ihrer weichen Beschaffenheit in den Formen von selbst aus; um sie aber vollkommen gleichmäßig zu verteilen, so daß sie sich jeder Bie-

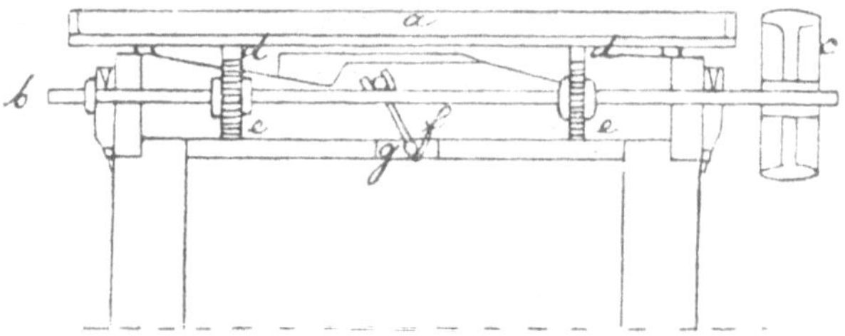

Fig. 52.

gung und Vertiefung der Formen genau anschmiegt, und um ferner zugleich noch etwa in der Masse vorhandene Luftblasen an die Oberfläche zu bringen, wird die Schokolade in den Formen noch einer stark rüttelnden Bewegung unterworfen.

Fig 53.

Man erreichte dies früher dadurch, daß man sie auf besonderen Brettern (sogenannten Tafelbrettern) auf die Rüttel- oder Klopftische brachte, wovon sich gegenwärtig noch verschiedene Konstruktionen im Gebrauch befinden, deren älteste und allen anderen zugrunde liegende Form nebenstehend in Fig. 52 im Aufriß abgebildet ist.

An der Unterseite der beweglichen, mit einem aufgebogenen Rande, versehenen Platte *a* sind zwei Nasen *d* befestigt, welche an die beiden tief eingeschnittenen Zahnräder *e* stoßen, die auf der Welle *b* befestigt durch die Riemenscheibe *c* getrieben werden. Die Zähne der Räder ergreifen bei jeder Umdrehung der Welle die Nase und schieben sie etwas lüpfend beiseite; gleitet nun die Spitze

Fig. 54.

des Zahnes unter der Nase weg, so erfolgt eine Senkung der Platte um ebensoviel als sie zuerst gehoben wurde. Jeder neue Zahn, der bei der Umdrehung die Spitze der Nase trifft, ruft dieselbe Erhöhung und Senkung der Platte hervor, wodurch diese in einer rüttelnden Bewegung erhalten wird.

Soll die rüttelnde Bewegung gehemmt werden, so wird durch einen einfachen Handgriff der Hebel *f* eingeschaltet, der auf der Welle *g* sitzt. Diese ist quer zur Achse der Welle *b* gerichtet, weshalb man sie auf der Zeichnung nur im Durchschnitt sieht. Der Hebel *f* greift unter die Tischplatte, hebt diese und entzieht so deren beide Nasen der Berührung mit den Zahnspitzen, wodurch Stillstand der Tischplatte hervorgerufen wird, ohne daß die Bewegung der Welle *b* unterbrochen würde.

Auch die Rütteltische haben mit der Zeit wesentliche Verbesserungen erfahren, mit denen wir uns hier eingehender befassen wollen, da die neueren Konstruktionen vom mechanischen Standpunkte aus manch Interessantes bieten.

Eine ältere Konstruktion, die jedoch in der Praxis noch vielfach im Gebrauch ist, sehen wir in Figur 53. Bei diesem Klopftische befinden sich unter der Tischplatte Schlagräder mit 6, 8 oder mehr Zähnen, die durch ihre Umdrehung die Platte zum Rütteln bringen; durch keilartige Teile läßt sich die Platte heben und senken, sodaß der Tisch mehr oder weniger intensiv arbeitet, je nachdem die Tafeln groß oder klein, schwer oder leicht sind, ob es sich um feste oder weiche Masse handelt.

Eine bedeutend verbesserte Konstruktion zeigt endlich die Fig. 54. Hier ist der Tisch auf einer Vertikalachse befestigt, die von einem an ihrem unteren Ende sitzenden gezahnten Rade die vertikale Bewegung empfängt. Die Führung

Fig. 55.

des Tisches wird aber nicht nur durch die Lagerung der Vertikalachse bewerkstelligt, sondern auch durch eine unter der Tischplatte liegende große Zylinderführung. Diese ist mit einer selbsttätigen Tauchschmierung versehen, sodaß eine Abnützung und hierdurch hervorgerufener unregelmäßiger Gang so gut wie ausgeschlossen ist.

Ist schon infolge des Aufschlagens der Formen die Arbeit des Rüttelns an sich sehr geräuschvoll, so wird dieses Geräusch noch wesentlich erhöht durch das Klappern des Tisches selbst. Da hierdurch unter Umständen eine Schokoladenfabrik für die Nachbarn außerordentlich lästig werden kann, hat man sich schon seit Jahren bemüht, Rütteltische zu konstruieren, bei denen nur das unvermeidliche Klappern der Formen hörbar war, der Tisch selbst aber geräuschlos arbeitet; Pneumatik und Gummi wurden hierzu zum Teil mit recht gutem Erfolge verwandt.

Die neueste Konstruktion für Rütteltische ist die Maschine, die wir in Fig. 55 und 56 (im Aufriß) wiedergeben. Dieser Tisch schmiert sich vollständig von selbst, da nur dann bei einer (760 Stößen in der Minute ausgesetzten) Maschine dauernd von Geräuschlosigkeit gesprochen werden kann, wenn die Abwartung gut ist.

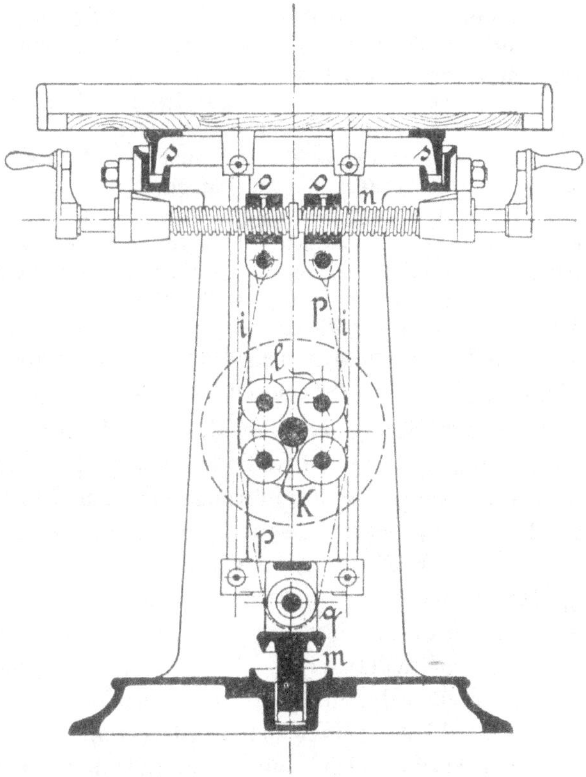

Fig. 56.

Hierauf muß um so mehr gesehen werden, als bekanntlich im Einformsaale die Abwartung der Klopftische in den Händen der bedienenden Mädchen liegt, die der Maschine selbst meist sehr wenig Verständnis und Interesse entgegenbringen.

Außer der Selbstschmierung, die für gute Instandhaltung der Maschine wohl schon eine gewisse Garantie bietet, sind an diesem Tische auch sich lockernde Muttern und Schrauben vollständig vermieden. Interessant ist dabei der Antriebsmechanismus. Durch eine besondere Konstruktion ist nämlich die hohe Umdrehungs- bezw. Hubzahl der Tischplatte (760 in der Minute) bei der direkten Antriebsrolle auf das Viertel, also 190, reduziert. Da sich der Hub des Tisches auf Null stellen läßt, ist eine lose Riemenscheibe vollkommen überflüssig, zumal die Welle nur eine geringe Drehzahl hat und in Öl läuft. Der rund ausgeführte Ständer dient als Führung des sich vertikal bewegenden Gestelles *i*, das oben die Tischplatte trägt, bei *s* in einer Schmiernut von großem Durchmesser geführt, unten aber durch den Zapfen *m* gelagert ist. Sowohl bei *m* wie bei *s* ist die Schmierung selbsttätig. Am Ständer selbst tragen die Lager der Spindel *n* (mit rechts- und linksgängigem Gewinde) die Muttern *o,o*. An diesen Muttern *o,o* hängt, an einem breiten Lederriemen *p* über die Rolle *q* laufend, das Gestell *i*. Die in Öl gelagerte Antriebswelle trägt in ihrer Mitte vier Rollen *l*, welche sich mit und um die Antriebswelle *k* drehen, dabei den Riemen *p* berühren und ihn gleichzeitig nach beiden Seiten herausdrücken. Dadurch wird aber der Riemen in der vertikalen Achse verkürzt und somit das Gestell *i* mit Tischplatte gehoben. Bei einer Umdrehung der Antriebswelle *k* geschieht dieser Vorgang viermal, sodaß bei einer Drehzahl von 190 in der Minute die Hubzahl des Tisches auf 760 gebracht wird. Je nachdem nun die Muttern *o* nach innen oder außen gebracht werden, ist die Bewegung des Tisches maximal oder minimal, in letzterem Falle gleich Null, d. h. die Rollen *l* berühren den Riemen *p* überhaupt nicht mehr, und der Tisch ist außer Tätigkeit. — Wenn es lokale Verhältnisse erheischen, lassen sich auch eine größere Anzahl solcher Rütteltische durch eine Welle treiben, sodaß am Ende nur eine Riemenscheibe und ein Riemen erforderlich ist, und sich doch jeder Tisch von dem andern unabähngig benutzen läßt.

Dieser Rütteltisch hat sich schnell eingeführt und eignet sich besonders für die Herstellung der dünnflüssigen Speiseschokoladen. Durch die eingestellte, leise vibrierende Bewegung des Tisches sowie durch seine exakte Geradeführung erhalten nämlich selbst die dünnsten Tafeln eine ganz gleichmäßige Stärke, ohne daß sich ihr Rand erhöht. Neben dieser Konstruktion (gleiche Drehzahl bei Veränderung des Hubs) bestehen auch noch andere Konstruktionen von Rütteltischen, die darauf basieren, daß der Tisch, gleichviel ob die Form leicht oder schwer, klein oder groß ist, stets gleiche Hubhöhe hat und sein mehr oder minder intensives Arbeiten durch Veränderung der Drehzahl herbeigeführt werden soll. Da das Manipulieren mit diesen Tischen sich schwieriger gestaltet als mit obiger Konstruktion, so dürfte dies wohl der Grund sein, weshalb sich diese seit Jahrzehnten bestehenden Maschinen weniger eingeführt haben.

An Stelle mehrerer Klopftische, die nacheinander mit Formen besetzt und wechselweise bedient werden müssen, sind in jüngster Zeit endlich die sogenannten Klopfbahnen getreten (s. Fig. 57). Es sind dies eine Anzahl von Klopftischen, die in ihren Gestellen untereinander verbunden sind, gemeinschaftlichen Antrieb besitzen und deren Tischplatten so aneinandergereiht sind, daß die von den Teilmaschinen kommenden gefüllten Formen in langsamem Gang selbsttätig über sie hinweggeführt werden. Am Ende werden die fertig geklopften Formen zur Weiterbeförderung abgenommen, oder aber sie treten von hier aus gleich ihre Wanderung durch die später zu beschreibende Kühlanlage an. Der Vorteil dieser oft 10—15 m langen Klopfbahnen beruht zunächst in einer Vereinfachung der Bedienung, die nur noch am Anfang und Ende der Bahn erforderlich ist und in der Gleichmäßigkeit inbezug auf Zeit und Stärke, mit der alle Formen dem Klopfen ausgesetzt sind.

Fig. 57.

c) Das Kühlen der Schokolade.

Die Erfahrung hat gelehrt, daß die geformten Schokoladen um so schöner im Bruche erscheinen, je schneller sie abgekühlt werden. Dies beruht auf dem Erstarren der in der Kakaobutter enthaltenen Fettsäureglyzeride (je nach Bildung von größeren oder kleineren Kristallen).

Ist die Abkühlung der Schokolade und infolgedessen das Erstarren des Kakaofettes rasch eingetreten, so bilden sich nur kleine Kristalle, erkaltet dagegen die Schokolade langsam, so entstehen verhältnismäßig große Fettkristalle und der Bruch der Schokolade ist matt, die Schokolade mithin unansehnlich („grau" im Bruch).

Vor einigen Jahrzehnten noch konnte man die im Sommer bereitete Schokolade von der im Winter fabrizierten unterscheiden, da sich diese durch den infolge raschen Erkaltens hervorgerufenen glänzenden muscheligen und dunklen Bruch sowie durch die harte Konsistenz von der im Sommer dargestellten vorteilhaft unterschied.

Gegenwärtig ist man jedoch nicht mehr auf die Gunst der atmosphärischen Einflüsse in dem Maße angewiesen, da man durch geeignete Einrichtungen imstande ist, die für das Erstarren notwendige Temperatur künstlich hervorzurufen, wodurch auch in heißen Ländern die Fabrikation wesentlich erleichtert, zum Teil überhaupt erst ermöglicht worden ist.

Als Kühlraum diente bis vor etwa zwei Jahrzehnten am besten ein im Kellergeschoß gelegener Raum, der jedoch so gelegen sein mußte, daß die Verbindung mit dem Einformraume durch einen Fahrstuhl leicht hergestellt werden konnte. Erfahrungsgemäß war ein Keller mit natürlicher Kühle, sofern er richtig angelegt und trocken war und seiner Größe nach der täglich zu kühlenden Menge Schokolade entsprach, die vorteilhafteste und billigste Kühleinrichtung für die Fabrikation. Die beste Kellertemperatur zur Kühlung von Schokolade beträgt + 8 bis + 10° C. Man läuft dabei weder Gefahr, daß die Schokolade im Lagerraum beschlägt, noch daß sie nach längerer Lagerzeit einen grobkörnigen Bruch erhält. Folgende Regeln mögen einen kleinen Anhalt in der Kühlfrage geben:

Im allgemeinen hat jene Schokolade den schönsten Bruch, die bei feinster Reibung am fettreichsten ist, sofern wir in dem Fette lediglich Kakaobutter vor uns haben. Einen weniger guten Bruch zeigen diejenigen Schokoladen, die weniger gut gerieben, fettarm oder unter Zusatz von Fremdfett mit höherem Schmelzpunkt hergestellt sind. Wohl kann man auch in einem weniger kühlen Keller (+ 16° C.) einen ebenso glasharten Bruch erhalten wie in einem kälteren, wenn man nämlich die einzutafelnde Schokolade bei einer der Kellerwärme entsprechenden Temperatur zum Einformen bringt (und zwar muß die Schokolade um so kühler eingeformt werden, je wärmer der Keller ist); doch dies ist im großen ganzen mit Rücksicht auf die Haltbarkeit der Ware nicht sehr empfehlenswert. Die Grenze gibt sich an den Tafeln durch das Erscheinen hellroter Flecken zu erkennen. Will man natürlich auf künstliche Kälteerzeugung verzichten, was freilich für moderne Betriebe kaum mehr möglich ist, so muß der Keller möglichst vollständig unter der Erdoberfläche gelegen sein und eine gewisse Höhe aufweisen (Höhen von 3 m sind nicht zu viel!). Sind Lage und Höhe des Kellers entsprechend, so darf man für etwa 5000 Kilo täglich zu kühlender Schokolade eine Gesamtoberfläche von 400 qm rechnen. Der Keller muß gut ventiliert, sämtliche Fenster sollen gut doppelt verglast sein und sich an der Nord- und Ostseite öffnen lassen. Warme Abfallwässer, ebenso Kondensatonswasserableitungen, Dampfheizungsröhren oder gar Feuerzüge müssen ihm unbedingt fern gehalten werden. Die innere Einrichtung des Kellers müßte derartig beschaffen sein, daß sämtliche Schokoladen am Boden gekühlt werden können, da hier die Kühlung am nachhaltigsten und stärksten ist. Zu diesem Behufe empfiehlt es sich, Podeste von zirka 25 cm Höhe zu bauen und sie der Reinlichkeit wegen mit möglichst hellen (weißen) Fließen zu belegen. Zwischen diesen Erhöhungen werden die Gangbahnen angelegt. Es soll möglichst wenig Personal einen solchen Kühlkeller betreten und darum ist es gut, wenn die gekühlten Tafeln gleich in den Blechformen zum Ausschlagen in einen besonderen Nebenraum gebracht werden, an den sich wieder die Pack- und Lagerräume reihen.

Die meisten Fabriken haben indes zur künstlichen Kälteerzeugung greifen müssen, weil sich fast in allen Fällen die täglich zur Kühlung gebrachte Schokolade im Laufe der Zeit verzehnfacht hat. Es haben die Maschinensäle eine Vergrößerung erfahren, Maschine hat sich an Maschine gereiht, während der Kühlkeller allein in seiner bescheidenen, früheren Größe geblieben ist. Aber nicht diese Verhältnisse allein waren für die Einführung der künstlichen Kühlung bestimmend, vielmehr gestatteten in den wenigsten Fällen die örtlichen Verhältnisse (Raum, Grundwässer etc.) neue, größere Kellerräume mit natürlicher Kühlung zu schaffen, und das war ein zwingender Grund.

Bei Anwendung der künstlichen Kälte zur Kühlung von Schokolade ist davon abzuraten, durch allzu niedere Temperatur in kleinen Räumen die Abkühlung großer Mengen beschleunigen zu wollen. Aus den Formen kommt zwar die Schokolade oft glashart heraus, doch ob bei sonst sachgemäßer Behandlung der Verbraucher nach Monaten noch die gleiche Beobachtung hinsichtlich der Konsistenz macht, ist sehr fraglich. Dies ist nur dann der Fall, wenn man mit großer Vorsicht die rasch gekühlte Schokolade erst auf Zwischenstufen langsam für die höheren Wärmegrade im Packsaal und Lager vorbereitet. Auch bei Benutzung der künstlichen Kühlung ist das Herabmindern der Lufttemperatur und Kühlen auf Podesten dem direkten Kühlen auf meist bereiften Rohrsystemen durchaus vorzuziehen, das doch im Grunde genommen nichts anderes ist, wie die oft als letztes Hilfsmittel benutzte Kühlung unmittelbar auf Eis.

Bei den künstlichen Kühlanlagen bedient man sich verschiedenartiger Kälteerzeugungsmaschinen, deren gemeinsamer technischer Grundgedanke darauf beruht, durch andauernd und in stetem Wechsel bewirkte Verdichtung bzw. Verflüssigung und nachher wieder erfolgende Verdampfung gewisser Gase wie Kohlensäure, Ammoniak, schweflige Säure oder auch flüssiger Luft, Verdunstungskälte zu erzeugen; denn bekanntlich entsteht bei schneller Verdampfung stets eine beträchtliche Abkühlung. Diese Kälte wird entweder unmittelbar zur Kühlung von Luft etc. verwandt oder man benutzt einen Träger, ein („Medium"), und zwar gewöhnlich eine Salzlösung (Chlorkalzium), bei nicht zu niederen Wärmegraden aber auch gewöhnliches Wasser, das die entstehende Kälte zunächst aufnimmt und an die zu kühlenden Stoffe später abgibt. Die Kälteerzeugungsmaschinen sind meist Kompressionsmaschinen, die Kohlensäure oder Ammoniak in der geschilderten Weise verwenden; sie bestehen in der Hauptsache aus 3 Teilen:

1. Dem Verdampfer (Refrigerator, Temperaturwechsler). Dieser ist zusammengesetzt aus schmiedeeisernen Rohrsystemen, worin das Kältemittel verdampft und hierdurch Kälte erzeugt; sie sind die eigentlichen Kältegeber.
2. Dem Kompressor, einer einfach- oder doppeltwirkenden Gas-Saug- und Druckpumpe, die das vergaste Kältemittel aus dem Verdampfer wieder absaugt, verdichtet und nach
3. Dem Kondensator drückt. Dieser besteht aus schmiedeeisernen oder kupfernen Rohren und kommt in dreifacher Ausführung vor, dem (jetzt am häufigsten gebrauchten) Doppelrohr-Gegenstrom-Kondensator, dem Riesel- und dem Tauchkondensator. Bei dem ersten sind doppelwandige Rohre wandartig übereinander verstrebt angeordnet. Durch das Rohrinnere fließt Kühlwasser, den Raum zwischen äußerem und innerem Rohrmantel dagegen nimmt das Kältemittel ein. Er kann gleichzeitig als Rieselkondensator Verwendung finden, in welchem Falle er mit einer Zuflußeinrichtung sowie mit Sammel- und Auffangschalen für das Berieselungswasser versehen wird. Die dritte Ausführung zeigt spiralförmig angeordnete Rohre, die dauernd von kaltem Wasser umspült sind; diese Art von Kondensator findet nur Anwendung, wenn genügend Kühlwasser billig zu haben ist.

Zur Luftkühlung selber, wie sie für die Schokoladen-Industrie in Betracht kommt, hat man zwei Verfahren. Man kann einmal die Luft in dem betr. Abkühlungs- und Aufbewahrungsraum unmittelbar dadurch kühlen, daß man die Refrigeratoren oder Wärmewechsler selber in diesem Raume, und zwar am besten an der Decke und den Wänden anbringt; das zeitigt indessen mancherlei Übelstände. Besser, weil zweckmäßiger und wirtschaftlicher, ist das andere Verfahren, nämlich diese Refrigeratoren in eine besondere Kühlkammer einzubauen, die zu kühlende Luft mit Hilfe eines Ventilators dorthin zu drücken und von da nach Abkühlung und Trocknung den Kühlräumen wieder zuzuführen. Bei etwaiger Berechnung der für einen Betrieb nötigen

Kältemenge ist zu beachten, daß die Schokolade aus der Eintafelei mit ca. 32° C. ankommt und auf etwa 5—8° C. abgekühlt werden muß; zur Abkühlung und Erstarrung sind daher etwa 40 Wärmeeinheiten je Kilogramm erforderlich, außerdem ist die Zeit zu berücksichtigen, innerhalb welcher die Tafeln zu kühlen sind.

Solche Kühlanlagen werden insbesondere von den Firmen C. G. Haubold, Wegelin & Hübner und der Alpinen Maschinenfabrik, Augsburg, gebaut.

Die Abbildung, Fig. 58, zeigt einen Luftkühler, wie er von Escher, Wyß & Cie. für Schokolade-Kühlanlagen gebaut wird.

Fig. 58.

Dieser Luftkühler wird speziell für direkte Kohlensäure-Verdampfung verwendet. Er besteht aus drei Gruppen schmiedeeiserner Rippenrohrsysteme, die auf einem Gerüst von U- und Winkel-Eisen ruhen. Die einzelnen Rippenrohre sind durch autogene Schweißung und Bogen zu einer Gruppe vereinigt. Die Rippenkörper selbst haben rechteckige Form und besitzen in der Mitte außer der Öffnung für das Rohr einen Hals, der auf das nahtlose Preßrohr fest aufgepreßt wird, um bei großer Auflagefläche eine günstige Wärmeübertragung zu erreichen, die durch die viereckige Form noch wesentlich erhöht wird.

Die Vorteile dieses Luftkühlers sind u. a. Fortfall des Refrigerators und der Salzwasserpumpe, sofortiges Einsetzen der Kältewirkung nach dem Arbeiten der Maschine, und bequeme Kontrolle, da sämtliche Flanschverbindungen nach vorn liegen.

Im Vordergrund des Bildes steht ein kleineres Rippenrohrsystem, das die Anordnung der Rippen deutlicher zeigt. Ein Ventilator führt die Luft in paralleler Richtung zu den Rippen den Kühlräumen zu, damit ihr eine große Kühlfläche geboten wird und die Widerstände möglichst klein ausfallen.

Ein anderes, besonders in Frankreich benutztes Kühlverfahren[1]) ist folgendes:

---

[1]) Villon-Guichard, Dictionaire de Chimie industrielle, Vol. I., Chocolat.

Die mit Schokolade beschickten, zu kühlenden Blechformen werden auf ein in geeigneter Höhe vom Boden angebrachtes, wagrecht laufendes Band ohne Ende gegeben, das sich langsam durch die ganze Länge des Kühlraumes fortbewegt. Das Kältemittel (meist verflüssigte Kohlensäure) durchströmt ein Schlangenröhrensystem, das an der Decke des Kühlraumes angebracht ist, bewirkt dort, indem es sich in Dampfform verwandelt, die nötige Abkühlung und kehrt darauf durch ein nach oben gerichtetes Abzugsrohr in die Kälteerzeugungsmaschine zurück. Ein Ventilator sorgt für die nötige Luftbewegung im Kühlraum, während unmittelbar unter dem Kühlrohrsystem in geeigneter Weise angebrachte Ablaufsrinnen das an den Röhren sich ansammelnde Kondenswasser hindern, auf die Schokoladetafeln zu fallen. Das Band ohne Ende durchläuft den Kühlraum so langsam, daß die an einem Ende von einem Arbeiter aufgegebenen Formen nach etwa 10—15 Minuten die ganze Länge des Raumes durchwandert haben und, an dessen anderm Ende angekommen, von einem zweiten Arbeiter abgenommen und auf die Transportwagen gebracht werden können, um sie dem Verpackungsraume zuzuführen.

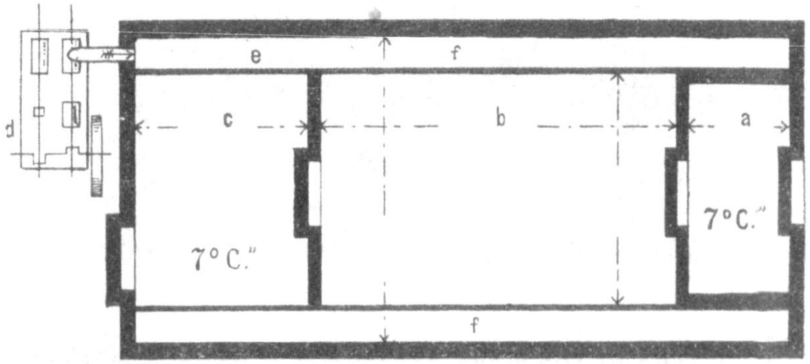

Fig. 59.

Eine weitere Art von vorzüglich, wenn auch nicht gerade billig arbeitender Kühlanlage für die Schokoladenindustrie bauen ferner T. & W. Cole, Park Road Iron Works, London, E. Die Anlagen dieser Firma, von der wir eine Planzeichnung in Fig. 59 vor uns sehen, bieten vor allem das Bemerkenswerte, daß hierbei durch geeignete Vorrichtungen die Gegenwart von Feuchtigkeit im Kühlraume nach Möglichkeit ausgeschlossen ist.

Die Kälte wird bei den Cole's Arctic-Patent Dry-Cold-Air-Maschinen durch Kompression atmosphärischer Luft und deren nachherige Expansion unter Wasserkühlung erzeugt, zugleich wird aber die komprimierte Luft vor der Expansion durch besondere Einrichtungen ihrer Feuchtigkeit beraubt. Die solid gebauten Artic-Maschinen arbeiten mit einem Druck von 70—80 Atmosphären und stoßen die trockene, kalte Luft durch eine Röhrenleitung in den Kühlraum, wo die Schokoladen entweder auf festen oder fahrbaren Gestellen oder, wie bei der vorigen Kühlanlage beschrieben, auf einem Transportbande liegen, sodaß sie den Kühlraum innerhalb einer bestimmten, zur vollkommenen Kühlung hinreichenden Zeit durchwandern. Dieses System kann nach Belieben Abänderungen erfahren.

Da ein plötzliches Überführen der gekühlten Schokoladen aus dem Kühlraum in die feuchten Außenräume das sofortige Beschlagen der Ware zur Folge haben würde, gelangt diese zunächst für einige Zeit direkt aus dem Kühlraum in den hoher temperierten Aufnahmeraum, um dort jene Temperatur zu erreichen, die ein späteres Beschlagen verhindert.

Der hauptsächlichste Vorteil der Arctic-Anlagen besteht darin, daß sie auch während des heißesten Sommers und selbst in sehr feuchten Klimaten, wie in den Tropen, trockene kalte Luft liefern. Cole gerantieren bei ihren Maschinen eine Kühlung auf 0,5 ° C.; die gekühlte Luft enthält nach dem Zeugnisse der Londoner Meteorologen Negretti und Zambra nur 40 % Feuchtigkeit. Die von den Arctic-Maschinen erzeugte kalte Luft kann vermittels einer gut isolierten Röhrenleitung leicht nach jedem beliebigen Teile der Fabrik geführt werden und gestattet so in verschiedenen Abteilungen Kühlräume anzulegen.

Alle diese Kühlanlagen arbeiten, wie erwähnt, mit Kompressionsmaschinen, die einen nicht unerheblichen Kraftaufwand beanspruchen, was bei der Wirtschaftlichkeit der Betriebe sich stark geltend macht. Daher ist man in neuerer Zeit daran gegangen, den in jeder Fabrik kostenlos vorhandenen Abdampf hier zur Verwendung heranzuziehen und durch ihn die Kälte erzeugen zu lassen. Das klingt zunächst vielleicht etwas sonderbar, ist aber tatsächlich kein Gegensatz, denn auch die Kompressoren erzeugen letzten Endes ihre Kälte durch die sie bewegende Dampfmaschine, also durch die Spannkraft des Dampfes. — Schon heute kann man sagen, daß die gestellte Aufgabe gelöst ist und sich die gebauten Konstruktionen in den verschiedenartigsten Betrieben durchaus bewährt haben. Bedenkt man, welch gewaltige Ersparnis durch eine solche Verwendung des bisher meist nutzlos in die Luft gehenden Abdampfes erzielt wird, so kann man diesem jungen Zweig unserer Technik unschwer eine große Zukunft vorhersagen.

Derartige Anlagen bauen u. a. Wegelin & Hübner und sowie als Spezialität C. Senssenbrenner, Düsseldorf-Oberkassel.

Die bisher beschriebenen Kühlanlagen lassen sich unter dem Namen „Raumkühlung" zusammenfassen, weil in jedem Falle ein gesonderter Raum des Gebäudes der Kühlung dienstbar gemacht werden muß, was einen nicht unerheblichen Aufwand bedeutet.

Bei einer kritischen Würdigung dieser Anlagen zeigen sich nun einige unverkennbare Mängel. Zunächst geht ein großer Teil der

Kälte an die Raumluft verloren, ohne an der Nutzleistung teilgenommen zu haben; ferner sind die Räume meist ungenügend, zum Teil gar nicht gegen die wärmeren Nebenräume isoliert[1]) so daß ein erheblicher Teil der Kälte durch die Wände verbraucht wird. Weitere Verluste entstehen durch wärmeerzeugende Einflüsse, wie Personenverkehr, Beleuchtung u. a. m. Je größer daher bei dieser Art Kühlung die Nutzleistung sein soll, desto größer müssen die Kühlräume und damit die Kälteverluste sein, desto mehr also auch die Wirtschaftlichkeit leiden.

Mit der Erkenntnis dieser Übelstände war die neue Aufgabe gestellt: Beseitigung der großen Kälteverluste und Beschränkung auf kleine Räume. Sie wird gelöst durch das System der „Schrankkühlung", das mit seinen je nach Bedarf größeren oder kleineren Kühlschränken, die infolge ihrer starken Isolation überall, sogar in warmen Räumen aufgestellt werden können, größte Leistung in kleinsten Räumen unter möglichster Vermeidung aller Kälteverluste gewährleistet. Infolge letzteren Umstandes kann die Kältemaschine vor allem wesentlich kleiner gewählt werden als für gleiche Leistung bei Raumkühlung; oder umgekehrt, und das ist noch wichtiger: die Leistung etwa vorhandener Maschinen kann durch Verbindung mit einem Schrank erheblich gesteigert werden.

Die Ausführung dieser Kühlschränke geschieht in zweifacher Art: einmal als sogen. Etagenkühlschränke, das andere Mal als Schränke mit selbsttätigem Formentransport. In beiden Fällen wird die Kühlung bewirkt durch Luftumlauf, derart, daß ein Ventilator gekühlte Luft von dem unterhalb einer wagerechten Scheidewand liegenden Rohrsystem absaugt und nach der oberen Kammer drückt, wo sie gleichmässig verteilt über die etagenförmig übereinander angeordneten und mit Formen beschickten Kühlbleche oder das dort in Bewegung befindliche und mit Formen besetzte Laufband streicht. An der entgegengesetzten Seite tritt die Luft wieder in die Rohrkammer, um hier die mitgebrachte Wärme abzugeben und frisch gekühlt den Kreislauf von neuem anzutreten. Die in den Schränken herrschende Temperatur beträgt bei normalem Dauerbetrieb stets zwischen + 8° C bis + 10° C, die Kühlung erfordert je nach Größe und Stärke der Tafel 10—30 Minuten. Da nirgends tiefere Temperaturen als + 8° C auftreten, ist ein

[1]) Falls solche Räume nachträglich noch isoliert werden sollen, so geschieht dies am vorteilhaftesten durch Verwendung sogen. „Korksteinplatten", wie sie von verschiedenen Firmen hergestellt werden.

Feuchtwerden der Tafeln an der wärmeren Außenluft ausgeschlossen. Die beifolgende Abbildung 60 zeigt einen solchen Kühlschrank von der Firma Haubold, Chemnitz.

Wer vor 15—20 Jahren die Eintafelei einer damals zeitgemäß eingerichteten, mittleren oder größeren Schokoladenfabrik betrat und dort außer den mit dem Einformen und Einklopfen beschäftigten Mädchen noch eine derselben mit leeren oder mit Formen belegten Blechen oder Tafelbrettern hin- und hereilen sah, die, um sich freie Laufbahn zu sichern, gellende Rufe ausstieß, der wird über das heute gänzlich veränderte Bild und die sich in Ruhe abwickelnde Arbeit der einzelnen Personen erstaunt, viel mehr aber noch befriedigt sein.

Wir sehen z. B. in der vielleicht z. Z. am vorteilhaftesten eingerichteten Eintafelei einer Dresdener Schokoladenfabrik die Temperiermaschinen erhöht aufgestellt und von dort aus die Massenkästen mittels Laufbahnen selbsttätig nach den Teil- bezw. Füllmaschinen gleiten, wo sie nur entleert zu werden brauchen. Auf gleiche Weise erfolgt auch der Rückweg der leeren Kästen. Die modernsten Eintafelmaschinen besorgen das Abteilen und Einlegen der Schokolade in

Fig. 60.

die Formen, die auf den bereits erwähnten Klopfbahnen wiederum selbsttätig dem Kühlapparat zueilen, um hier nur von Menschenhand der Breite des Laufbandes entsprechend verteilt zu werden. Ein Kühlapparat doppelter Breite nimmt die von 4 Eintafelmaschinen kommenden Formen zwecks Kühlung auf und führt sie in etwa 20 Minuten einigen, am anderen Ende des Apparates stehenden Mädchen zu, die die Tafeln ausschlagen und zum Verpacken weiter geben, während die leeren Formen durch ein Band in einen Formenwärm- und Putzraum getragen werden. In Fig. 61 sehen wir ein Schema eines solchen Fabrikationsraumes. Alle für die bedienenden Personen anstrengende und auch zeitraubende Arbeit sehen wir vermieden. Wir sehen aber auch, und das muß besonders hervorgehoben werden, daß die Arbeitsweise sich heute in hygienisch viel einwandfreierer Weise abspielt als in früherer Zeit.

Die deutsche Schokoladenindustrie verwendet zur Kälteerzeugung in der überwiegenden Mehrheit Kühlanlagen nach dem Kohlensäure-Kompressions-Verfahren, weil die Köhlensäure ungefährlich im Betrieb ist und sich gegen das Kühlgut völlig indifferent verhält. Es wird unmittelbare Verdampfung der Kohlensäure in den Kälte abgebenden Teilen der Anlage oder Übertragung der Kälte auf Salzwasser angewendet. Die unmittelbare Verdampfung bietet den Vorzug der niedrigeren Anschaffungskosten und geringeren Betriebs-

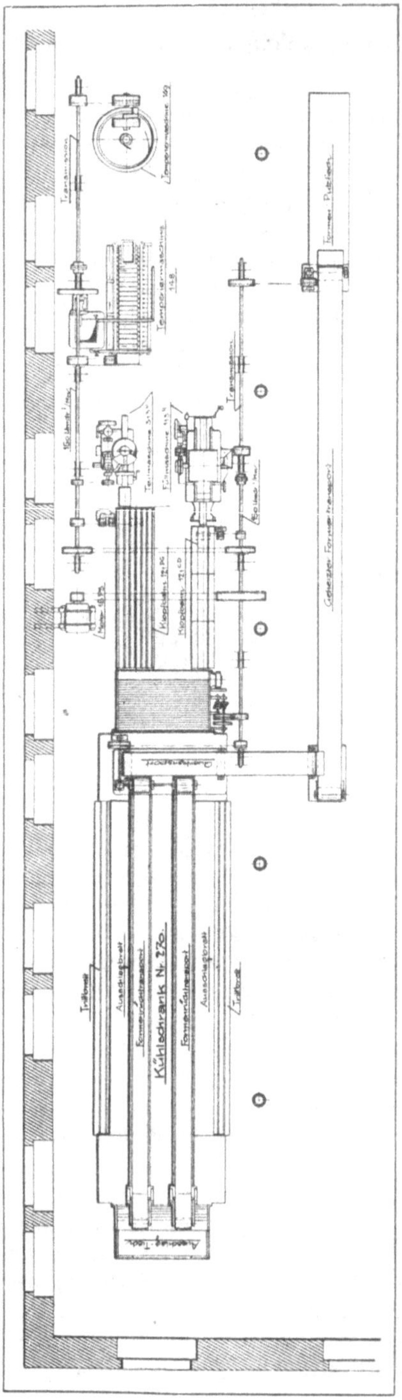

Fig. 61.

spesen, hat aber den Nachteil, daß bei Vergrößerung der Kühlschränke oder ähnlichen Maßnahmen die Kälterohre nicht ohne weiteres verlegt werden können, was bei der Kälteübertragung auf Salzwasser leichter möglich ist, da die Anlage der Rohrleitungen bei dieser von vornherein für Erweiterungen eingerichtet werden kann. Bei diesen Anlagen kann auch mit Kälteaufspeicherung im Salzwasser gearbeitet werden, wodurch in Zeiten besonders großen Kältebedarfs (wie etwa an Hochsommertagen mit heißen Nächten, oder wenn die Anlage während der Betriebsstunden voll bis zur Grenze ihrer Leistungsfähigkeit ausgenutzt wird) die Möglichkeit geboten wird, durch Überstunden der eigentlichen Kälteerzeugungsapparate (Kompressor) das benötigte „Mehr“ an Kälte aufzuspeichern. Diese Anlagen mit Kälteübertragung auf Salzwasser werden dieser Vorzüge wegen von allen größeren und größten Schokoladenfabriken angewendet.

Die kälteübertragenden Teile sind meist Kühlschränke und zwar:

1. Bei einer 8-Stunden-Leistung bis zu höchstens 1 500 kg sogenannte Hordenblechkühlschränke mit innerem Luftumlauf. In diesen wird die umlaufende Luft immer wieder durch die unten im Schranke befindliche Luftkühlkammer geführt und dabei jedesmal erneut gekühlt und getrocknet. Die Horden, in denen das Kühlgut in die Schränke eingeführt wird, sind aus perforiertem Blech gefertigt, das

an 3 Seiten nach oben gebogen ist. Sie sind 650×830 mm groß. Für die innere Luftumwälzung in diesen Schränken wird ein Ventilator mit bestmöglichem Wirkungsgrad verwendet. Da in kalten Wintern die Außenluft genügend Kälte liefert, sind diese Kühlschränke mit einer Einrichtung versehen, die gestattet, Außenluft anzusaugen und über das Kühlgut hinwegzutreiben, so daß im Winter die Kälteerzeugung durch die Kühlmaschine gespart werden kann. Diese Kühlschränke der Fa. Haubold können an Einfachheit der Bauart kaum übertroffen werden.

2. Bei Produktionen von 1000 kg aufwärts ist jetzt in neuzeitlich eingerichteten Schokoladenfabriken fast ausschließlich die „Eintafelei mit Kühlschränken bei gleichzeitigem Transport des eingetafelten und zu kühlenden Produktes“ eingeführt worden. Diese Arbeitsverbindung bedingt der hintereinander aufzustellenden Maschinen wegen allerdings einen ziemlich langen Raum; sie kann aber auch bei Anordnung der Eintafelei und der Kühlschränke unter rechtem Winkel mit geringerem Längenbedarf durchgeführt werden. Bei ihr erfolgen also Kühlung und Transport gleichzeitig in neuzeitlichen Transport-Kühlschränken mit eisernen Transportbahnen. Die Durchgangszeit des Kühlgutes durch diese Schränke beträgt zwischen 7 und 30 Minuten je nach Form, Stärke und Mischung der Ware. Unter der Transportbahn befindet sich der Luftkühler mit Kühlrohrsystem besonderer Bauart. Im Winter kann dann die Außenluft — ohne Betrieb der Kühlmaschinen-Anlage — verwendet werden! Von der vorgebauten Eintafelei werden die Formen auf das Transportband des Kühlschrankes gesetzt und mit diesem durch den Schrank geführt. Am Ausgang werden die fertiggekühlten Formen abgenommen, ausgeschlagen und leer dem Rücktransportband übergeben, das sie zur Eintafelei zurückführt, oder die gekühlten und noch zu entleerenden Formen werden besonderen Transportbändern übergeben und von Mädchen, die an den Seiten des Schrankes auf Trittbrettern stehen, entleert und dann von diesen auf ein besonderes Transportband gesetzt, mit dem sie zurück zur Eintafelei gehen.

V. Anfertigung von Spezialfabrikaten.

a) Die Herstellung von Schokoladeplätzchen und Pastillen.

Die Schokoladeplätzchen und Pastillen bestehen meist nur aus Kakaomasse, Zucker und Gewürz. Früher stellte man sie dadurch her, daß man die weichen Schokoladenmassen auf eine an ihrem

Rande mit einer allseitig gleich hohen Leiste umgebene Steinplatte brachte und auf dieser Platte die Masse mit einer Teigwalze bis zu einer gewissen durch die Höhe der Randleiste bedingten Dicke auswalzte. Aus dieser gleichförmig dicken Masse wurden nun die Pastillen mittels scharfrandiger Blechröhren ausgestochen, indem man diese in die Masse eindrückte. Ließ man darauf die Masse erkalten, so brauchten die runden Plätzchen nur von der zurückbleibenden Masse weggenommen zu werden, die man dann wiederum zu neuen Platten auswalzen konnte.

Pastillen, deren Oberfläche verschiedene Eindrücke, wie Figuren, Namen, Firmen, trägt, werden oft auch jetzt in der Weise hergestellt, daß man die weiche Schokoladenmasse auf Platten von Zinn bringt, worin die der jeweilig gewünschten Form der Pastille

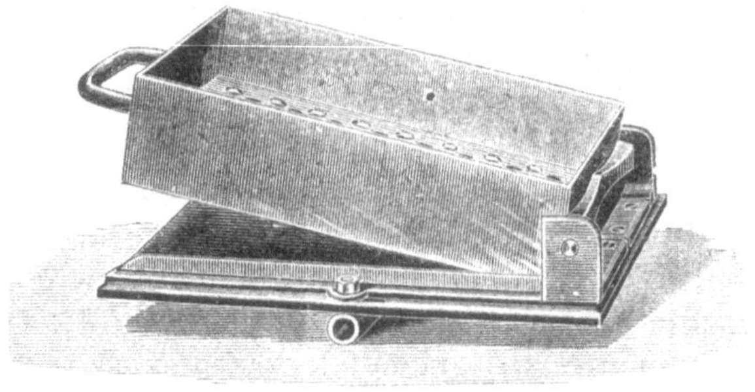

Fig. 62.

entsprechenden Vertiefungen gestanzt sind. Um die Schokoladenmasse vollständig den vertieften Formen anzupassen, walzt man sie auf der Platte aus und nimmt die außerhalb der Vertiefung bleibende Masse mit dem Messer ab.

Besonders schön ausgeprägt werden diese Pastillenformen aber erst, wenn sie vor der Abkühlung auf dem Klopftisch der bekannten Manipulation des Rüttelns unterworfen werden.

Diese Verfahren sind indessen veraltet und zumeist nur noch in kleineren Betrieben üblich; meist werden heutzutage die Schokoladeplätzchen mittels der beiden von A. Reiche konstruierten Apparate, deren Beschreibung nachstehend folgt, fabriziert.

In der ersten dieser einfachen Maschinen, Fig. 62, sickerte die Schokolade durch Löcherplatten hindurch und setzte sich in kleinen Häufchen auf einer untergelegten Blechtafel nieder. Der weitere Verlauf ist dann wie folgt: Nachdem durch rüttelnde Bewegung des Kastens (entweder durch die Hand oder durch den Klopftisch) genügend Schokolade durch die Löcher gedrungen ist (der Größe der anzufertigenden Plätzchen entsprechend), hebt man den Kasten durch Drehung um seine Scharniere von den gebildeten Schokoladehäufchen ab, die sich nunmehr auf der Blechtafel befinden. Durch gelindes Rütteln der Tafel runden sich die noch unregelmäßigen Häufchen vollständig zu schönen, nach dem Erkalten leicht von der Blechplatte loszutrennenden Plätzchen ab. Das Überziehen der Plätzchen mit buntem Krümelzucker geschieht in der Art, daß man die Blechtafeln mitsamt den noch weichen Plätzchen durch einen Kasten zieht, in dem sich jener Krümelzucker befindet.

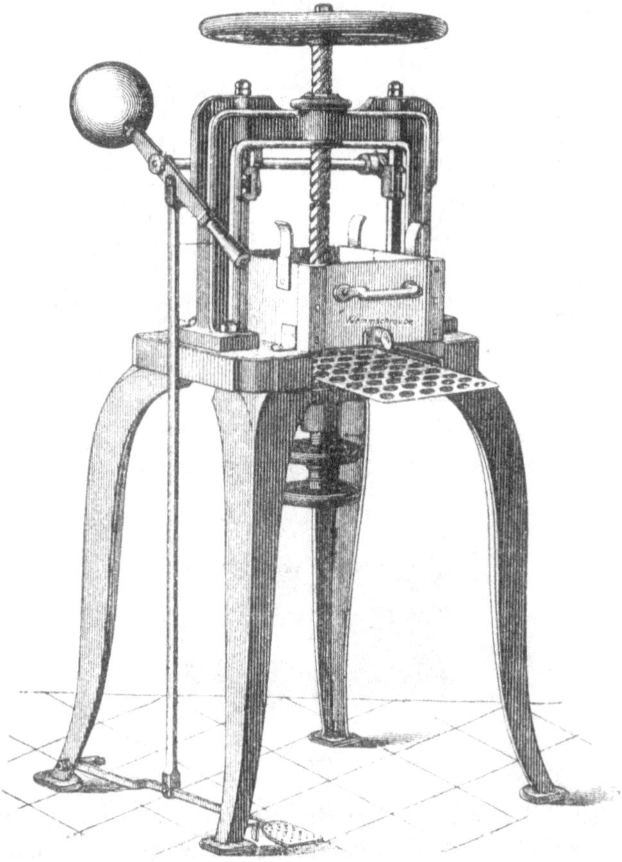

Fig. 63.

Diese Maschine ist kaum mehr in Gebrauch; statt dessen hat A. Reiche, wie gesagt, zwei neue konstruiert, wovon die eine für festere Schokoladenmassen, die andere für dünne bestimmt ist.

Mittels der obigen von A. Reiche für feste Schokoladen konstruierten Pastillenmaschine No. 14091, Fig. 63 und 64, lassen sich Schokoladenplätzchen der verschiedensten Größe außerordentlich schnell und vorteilhaft herstellen. Hierbei wird die Schokolade durch die Löcher der Löcherplatte hindurchgepreßt, im übrigen aber genau so behandelt wie bei den gewöhnlichen Plätzchenmaschinen.

Um mit dieser Maschine zu arbeiten, muß dieselbe zunächst genügend vorgewärmt werden, sodann wird sie bis zu ca. $^{3}/_{4}$ mit Schokoladenmasse gefüllt, die weder zu weich noch zu fest sein darf, wie dies ja bei der Plätzchenfabrikation überhaupt die größte Rolle spielt.

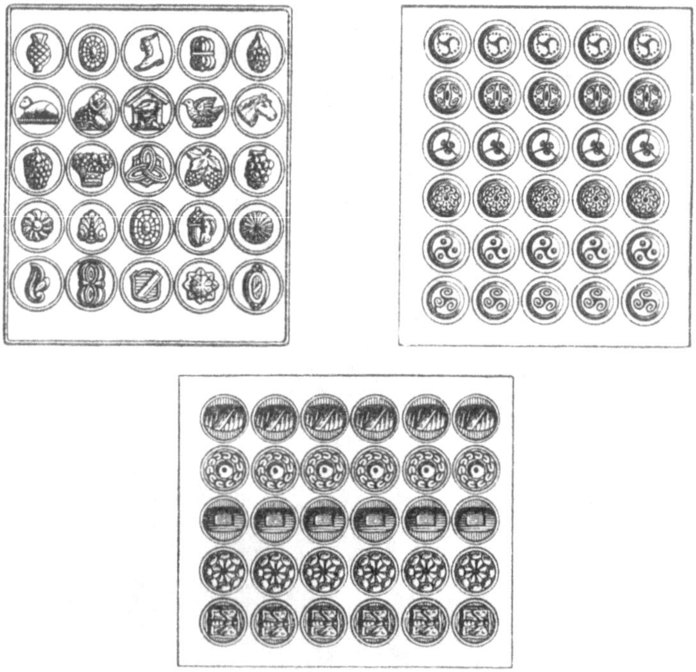

Fig. 64.

Ehe das Oberteil mit Spindel abgedreht wird, legt man eine Blechplatte auf die Schokolade, damit die Masse mit dem Oberteil nicht in Berührung kommt, sondern beide isoliert bleiben. Hierauf ist die ganze Maschine bis auf den Ruhepunkt zurückzudrehen, dann genügt lediglich ein kurzer Druck, um so viel Masse durchzudrücken, wie für die Erzeugung der Plätzchen je nach der Größe notwendig ist.

Zu beachten ist noch, daß die Maschine nicht höher geschraubt wird als erforderlich ist, um die Platte mit den Schokoladeplätzchen glatt herauszuziehen und eine neue Platte wieder einzuschieben.

Zur Maschine gehören die gewöhnlichen Löcherplatten, wovon drei Stück mit voneinander verschiedenen Löchergrößen jeder Maschine beigegeben sind; ferner eine fassonierte Platte, die zur Herstellung von durchbrochenem Weihnachts-Schokoladenkonfekt zum Christbaumputz dient. Diese Platte wird mit größeren und kleineren Dessins geliefert, um zwei Größen Konfekt anfertigen zu können. Eine dritte Platte ist zur Herstellung von nicht durchbrochenem Konfekt (Schokolade-Croquettes in verschiedenen Dessins) bestimmt.

Die Maschine arbeitet vollständig geräuschlos und liefert ein tadelloses Fabrikat. Will man an Stelle der gewöhnlichen, glatten Schokoladeplätzchen solche mit Firma- etc.-Markierung herstellen, so werden statt glatter, vollständig ebener Weißbleche solche mit Firma oder anderer Prägung unter die Löcherplatte gelegt, damit die durchgedrückte Schokolade auf diese Prägungen gelangt und letztere sich in der Schokolade ausprägen.

Fig. 65.
Reiche's Pastillen-Maschine für dünne Schokoladenmassen. D. R. P. 227200.

Fig. 65 zeigt dagegen die von A. Reiche konstruierte Pastillenmaschine No. 14178 für dünne Schokoladenmassen (D. R. P. 227200). Sie ähnelt im Prinzip der vorigen — auch im Aussehen — gestattet jedoch zum Unterschied davon die Verwendung selbst dünnster Massen und gibt damit namentlich in Verbindung mit den ebenfalls von A. Reiche gelieferten eigenartigen Formenblechen,

Marke „Durabula“ die Möglichkeit, selbst die tiefsten Dessins (vgl. Fig. 66a bis d) auf diese äußerst rationelle Weise rasch und unter großer Zeit- und Materialersparnis herzustellen.

Um mit diesen Maschinen rationell fabrizieren zu können, ist allerdings eine kurze Einübung der Handgriffe nötig. Diese Fertigkeit erlangt aber jeder geschickte Arbeiter sehr bald und ist dann imstande, beiläufig das Zehnfache dessen zu fabrizieren, was mit der alten Plätzchenmaschine fertiggestellt werden kann.

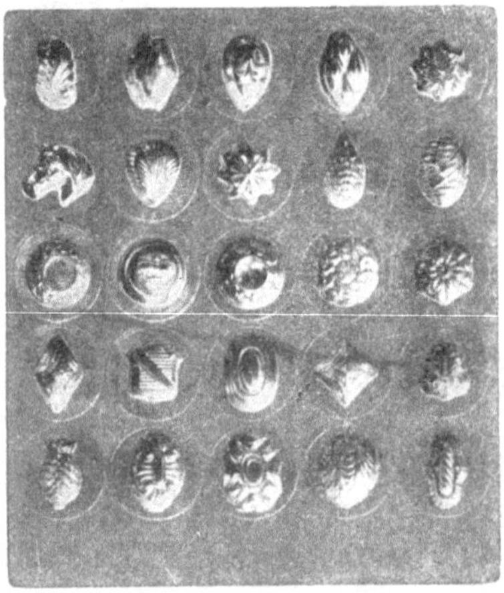

a

b

c

d

Fig. 66a—d. Formenbleche Marke „Durabula“.

Zur bequemeren Unterbringung und Aufbewahrung der verschiedenen Pastillenbleche im Kühlraum liefert A. Reiche eine äußerst praktische Pastillen- und Pralinéblechhorde (siehe beistehende Abbildung Fig. 67). Sie ist aus einem Stück Stahlblech

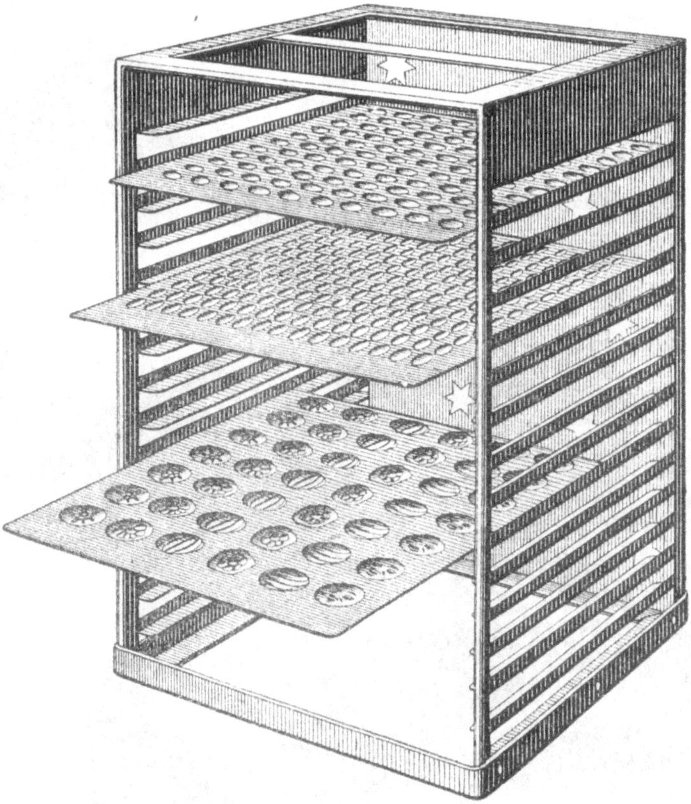

Fig. 67. Reiche's Pastillen- und Pralinéblechhorde.

hergestellt, ohne angelötete Teile und im ganzen verzinnt, bietet also die Gewähr für größte Dauerhaftigkeit. Besonders vorteilhaft erweist sie sich auch bei dem Transport der Bleche.

b) Die Herstellung sogenannter überzogener (getunkter) Ware, Pralinés etc.

Unter den Luxusschokoladen erfreuen sich die mit Kakaomasse überzogenen, sogenannten getunkten Waren einer besonderen Beliebtheit, und es hat sich, namentlich während der letzten Jahrzehnte, der Konsum der Pralinés sowie der billigen großen Schokoladeware mit imitiertem Kerninhalt außerordentlich gesteigert.

Der Name Praliné (richtiger gesprochen Prahlîn) bezeichnete eigentlich süße mit Zucker übergossene Mandeln und rührt von einem Koch des Marschall du Plessis, namens Pralin her, der zur

Fig. 68.

Zeit Ludwig XIV. so zubereitete Mandeln zum ersten Male auf die Tafel seines Gebieters gebracht haben soll. Die heutigen Pralinés sind jedoch Stücke verschiedener Form, die weichen Fruchtzucker, Marmeladen, Crême, Nußteig etc. in Schokoladenmasse eingeschlossen enthalten. Die speziellen Formeln, nach denen die Einlagen der einzelnen Sorten Pralinés bereitet werden, gehören dem

Konditoreigewerbe an. Ihre eingehende Besprechung fällt daher hier weg.

Die Körper selbst sind Fondants. Während früher der bis zur schwachen Fadenprobe eingekochte Zucker auf einer gekühlten Platte mit dem Spachtel zu Fondants gearbeitet („geschlagen", „tabliert") wurde, was immer eine sehr anstrengende und bis zu

Fig. 69.

Ende der Manipulation kaum zu bewältigende Arbeit war, hat man infolge des gesteigerten Verbrauchs an Fondants schon seit Jahren Maschinen konstruiert, die das Schlagen mechanisch ausführen. Eine solche Maschine sehen wir zum Beispiel in Fig. 68 vor uns.

Die Bodenplatte sowohl wie die sämtlichen Arbeitsteile sind aus starkem Kupfer angefertigt. Die arbeitenden Teile lassen sich mittels Handrad heben und senken, sie stehen fest, während sich die Bodenplatte dreht und mit ihrem

Rand vollständig von unten vom Wasser umspült wird. Die Maschine verarbeitet mit Leichtigkeit sowohl reinen Fondant ohne Sirupzusatz, wie solchen, der mit Sirup verkocht ist. Der gekochte und darauf durchgeseihte Zucker wird auf die Bodenplatte der Fondanttabliermaschine gegossen und ist je nach Sirupzusatz in ca. 10—20 Minuten soweit abgekühlt, daß die Maschine in Bewegung gesetzt werden kann, wobei die arbeitenden Teile allmählich bis zur Bodenfläche heruntergelassen werden. Dabei wird durch einen am Querarm sitzenden Ventilator der ausgegossene Zucker auch von oben her gekühlt. Der Querarm ist hohl und in der Mitte als Düse ausgebildet und mit dem Ventilator verbunden; infolgedessen streicht der kühlende Luftstrom zentrisch über den heißen Zucker hin. — Bei Anwendung reinen Zuckers ist der Fondant in 6 Minuten fertiggestellt, während siruphaltiger Zucker hierzu etwas längere Zeit in Anspruch nimmt.

Fig. 70.

Eine Fondantmaschine neueren Systems zeigt Figur 69. Der Zweck wird hier erreicht durch Anwendung eines Luftstromes und eines wassergekühlten Zylinders mit Schnecke. Diese Arbeitsweise bietet mancherlei Vorteile; in erster Linie kann ununterbrochen neue Masse zugeführt werden, ferner tritt während der Verarbeitung weder Verlust an Aroma noch an Material ein; das Ergebnis ist eine

Masse von hervorragender Güte in bezug auf Zartheit und Geschmack, die zur sofortigen Weiterverarbeitung bereit ist.

Wie man in einem Arbeitsgange das Auflösen, Kochen und Tablieren des Zuckers bewerkstelligen kann, zeigt die Abbildung Fig. 70 ohne daß es hierzu einer besonderen Beschreibung bedarf.

Fig. 71.

Der Fondant wird darauf in Kochkesseln aufgelöst, gefärbt etc. und ist so zur Weiterverarbeitung vorbereitet. Die zu gießenden Körper werden mittels Gipsformen in Stärke-Puder geformt und der Fondantzucker in diese Formen entweder aus entsprechenden Pfannen mit der Hand oder mit der Maschine eingegossen. Das Gießen mit der Hand erfordert große Geschicklichkeit von seiten des Arbeiters, besonders wenn an die Gleichmäßigkeit (namentlich betreffs des Gewichts der Stücke) größere Anforderungen gestellt werden. Eine motorisch angetriebene Gießmaschine stellt Fig. 71 dar.

Der Zucker wird in den durch Dampf angewärmten Einschüttkasten gebracht. Die mit Puder gefüllten und geformten Kasten werden nacheinander unter den Ausflußöffnungen fortbewegt, während die Gewichtsteilung durch einen sinnreichen Mechanismus, und zwar von 1—8 Gramm, reguliert werden kann.

Fig. 72.

Nach mehrstündigem Verbleiben im Trockenraum sind die Abgüsse so hart, daß sie mittels einer Schaufel aus dem Puder gehoben werden können. Auf die Abpudermaschine gebracht, werden die Zuckergüsse von Puder vollständig befreit. Fig. 72 zeigt eine solche Maschine, bei der die Ware in Horden aufgegeben wird. Bei einer anderen nahezu kontinuierlich arbeitenden Maschine wird die Ware mit einer Schaufel aufgegeben und um Handarbeit zu sparen, werden die Puderkästen mechanisch nachgefüllt, wobei der Puder zugleich die erforderliche Auflockerung erfährt. In beiden wird die Reinigung der Waren mittels Bürsten und durch Abblasen bewerkstelligt.

Die Körper werden nunmehr durch Eintauchen in eine mehr flüssige Überzugsschokolade (Kuvertüre) mit Schokolade überzogen. Hierzu muß die Kuvertüre entsprechend vorbereitet und auf die richtige Temperatur gebracht werden. Ersteres geschieht zumeist durch

Fig. 73.

ein Versetzen mit Kakaobutter, so daß die Kuvertüre-Schokoladenmasse bis zu 15 % mehr Butter enthält als in der gewöhnlichen Schokolade vorhanden ist[1]). Dies erreicht man mit der Maschine Fig. 73. Auf einer je nachdem durch Dampf oder kaltes Wasser beeinflußten Bodenplatte bewegen sich rechenartige Rührer, während ein kleiner Ventilator von oben her das Abkühlen der Masse unterstützt. Zwecks Entleerung befindet sich im Schüsselrand eine ver-

[1]) Dieser starke Verbrauch an Kakaobutter bei der Kuvertürenbereitung einerseits, bei der Herstellung der feineren fettreichen Schokoladensorten anderseits, sowie die dadurch bedingte Preissteigerung der Kakaobutter, sind im Grunde genommen der eigentliche Anlaß zur Herstellung sogen. fettarmer Kakaopulver gewesen, wie das des Näheren noch zu besprechen sein wird.

schließbare Öffnung. Zum Aufbewahren der temperierten Kuvertüre und zur etwaigen weiteren Verdünnung mit Kakaobutter dient dann das in Fig. 74 dargestellte Rührwerk.

Fig. 74.

Das Tunken bezw. Überziehen der Pralinés geschah früher mit der Gabel, d. h. die Körper wurden in die Tunkmasse geworfen und dann mittels einer Gabel von Hand aufgefischt und auf Bleche abgelegt. Mit der Gabel wurden der Ware auch die verschiedensten Verzierungen gegeben. Bei Darstellung wirklich fein ausgeführter überzogener Fondants muß vorläufig auch heute noch so verfahren werden, obschon diese Manipulation die Ware sehr verteuert, da das sehr geübte Arbeiter beansprucht. Für Konsumware mit oder ohne Verzierung sind von verschiedenen Seiten Maschinenkonstruktionen auf den Markt gebracht worden, unter denen sich solche befinden, die recht gut funktionieren.

Das erste patentierte Verfahren zum Überziehen von Fondants mit Kuvertüren brachte die Fa. A. Reiche. Es beruht nicht auf maschineller Grundlage; man bediente sich dabei vielmehr einer Reihe von kleinen Apparaten, die wir in Fig. 75 vor uns sehen. *a* in Fig. 75 zeigt ein doppelwandiges kastenähnliches

Gehäuse, in das, nachdem es mit Wasser gefüllt ist, ein Einsatz zur Aufnahme von Überzugsmasse (Kuvertüre) gestellt wird. Dieses Wasser wird durch zwei unter dem Boden angebrachte Spirituslampen oder einen Gasflämmchenbrenner erwärmt, wodurch die in dem Einsatz befindliche Überzugsmasse schmilzt und flüssig erhalten wird. *b* veranschaulicht einen von allen Seiten geschlossenen Kasten, der ebenfalls mit Wasser gefüllt und durch Spiritus- oder Gasbrenner erwärmt wird. Dieser Apparat *b* dient zum Vorwärmen der mit den Zuckereinlagen zu beschickenden Gitter, von denen zwei Stück zu gleicher Zeit angewärmt werden können, und zwar werden sie in den in der Mitte des Kastens angebrachten Haken eingehängt, damit sie nicht aufliegen. Die von den Gittern abtropfende Masse wird durch ein überstehendes Blech in den Kuvertürenkasten *a* geleitet. Der Teil *c* dient als Wendeapparat. In Fig. 76 ist dieser Apparat nochmals gesondert dargestellt.

Drahtgitter dienen zur Aufnahme zylindrischer bzw. kugelförmiger Zuckerwaren. Die Maschengröße der Gitter richtet sich nach der Größe der zu überziehenden Körper.

Das Verfahren beim Überziehen ist folgendes:

Die zu überziehenden Körper werden in die von den Gittern gebotenen Bettungen eingelegt, und wenn ein Gitter vollständig belegt ist, dieses mit dem feinmaschigen Gitter (Deckelsieb) bedeckt.

Beide Gitter werden vom Arbeiter an ihren Handgriffen zu gleicher Zeit erfaßt und das Ganze in die flüssige Überzugsmasse im Gefäße *a* der Fig. 75 getaucht, dann durch Auftupfen die überflüssige Masse abgezogen. Das Gitter wird nun auf den Mechanismus *c* gebracht, das Deckelsieb heruntergenommen, an dessen Stelle ein Bogen Papier und über dieses eine Blechplatte aufgelegt. Mit der Hand dreht man hierauf auf die entgegengesetzte Seite, nimmt das Fassongitter weg und hat nun die überzogenen Körper in regelmäßigen Abständen auf der Blechplatte liegen. Diese Abstände sind nötig, weil dadurch das Zusammenlaufen mehrerer Körper vermieden wird.

Bohnen und Ringe taucht man nur zur Hälfte ein und wiederholt nach dem Erkalten

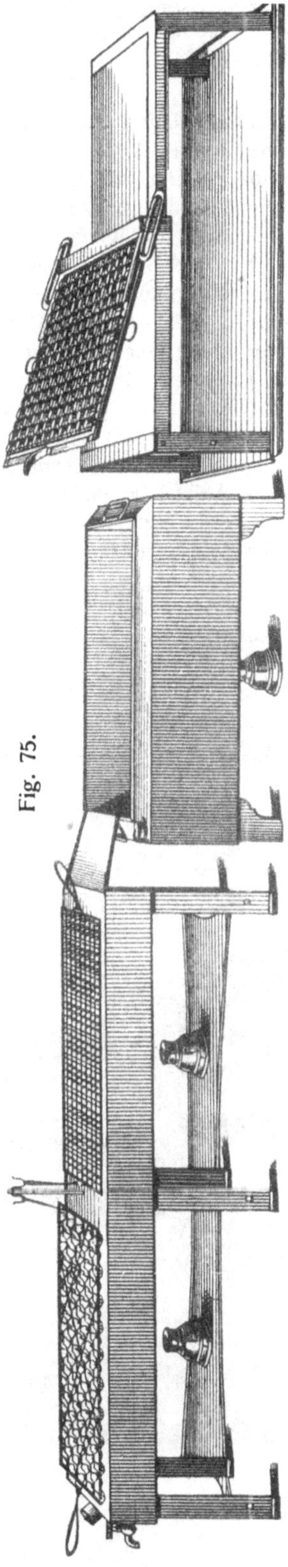

Fig. 75.

diese Manipulation mit der anderen Hälfte; sie bekommen dadurch ein rundes schönes Aussehen, das Aufsetzen des Deckelgitters ist hierbei unnötig. Das nach dem Eintauchen zuerst abgehobene Deckelgitter wird bei Anfertigung vollständig überzogener Körper sofort auf den Wärmeapparat gelegt, damit es nicht erkaltet und beim Wiedereintauchen der Überzugsmasse unnötig Wärme entzieht.

Während der oben beschriebene Apparat heute nur noch für kleine Fabriken in Betracht kommen kann, um die in ihnen erzeugten Konsumwaren noch zu einem für den Absatz erforderlichen Preis herstellen zu können, hat in den letzten Jahren eine Maschine in den mittleren und allen größeren Fabriken Eingang gefunden, die nach einem ganz neuen Gesichtspunkte arbeitet. Sie hat auch alle anderen, nach dem Tunkverfahren arbeitenden Maschinen nahezu verdrängt.

Diese Überziehmaschine, von der hier eine von der Firma J. M. Lehmann gebaute Anlage im Bilde (Fig. 77) gezeigt wird, überzieht und kühlt die Konfektstücke in einem Arbeitsgange, der sich folgerdermaßen abwickelt: Von einigen Arbeiterinnen werden die Einlagen mit der Hand auf ein vor der Überziehmaschine angebrachtes, endloses Laufband gelegt und treten darauf unmittelbar in das Innere der Maschine ein. Sie werden, beständig weiter getragen, mit Kuvertüre überschüttet, abgeblasen, gerüttelt und verlassen an der anderen Seite die Maschine mit einem in gewünschter Stärke versehenen Schokoladenüberzug. Das in die Maschine zurücklaufende Drahtgewebe-Laufband übergibt die Pralinés nun wieder einem anderen Laufband aus Wachstuch oder Papier (auch Bogen von ungefähr 800 mm Länge kommen in Anwendung, die aber

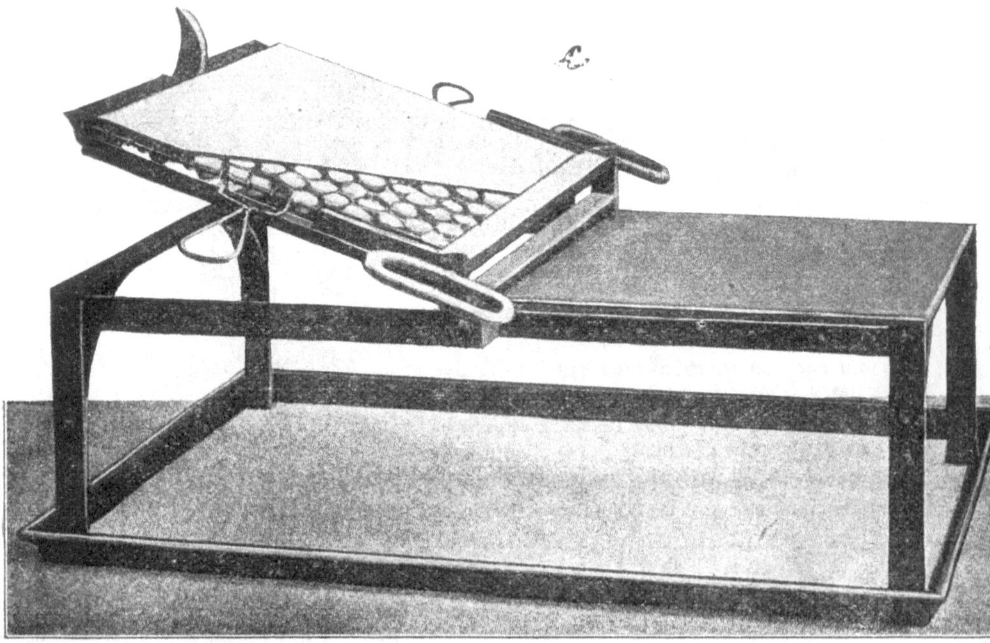

Fig. 76.

Fig. 77. Praliné-Überzieh- und Kühlmaschine.

auch von einem Laufband gezogen bezw. getragen werden müssen), auf dem sie, je nach Wunsch mit Verzierungen versehen, darauf in den Schacht des Kühlapparates einlaufen. Auf dem mit 10—15 Minuten berechneten Weg durch den Apparat werden die Pralinés von einem kalten, durch Ventilator hervorgerufenen Luftstrom bestrichen.

Vollständig gekühlt und noch dazu selbsttätig von dem Laufband abgelöst, sehen wir die Pralinés aus dem Kühlschacht wieder ans Tageslicht treten.

Konsumware kann hier in untergestellten Behältern aufgefangen werden, bessere Ware dagegen wird man sorgfältig abheben und in Kästen gelegt zum Verpacken weitergeben. Um Beschlagen zu vermeiden, wird man die Ware möglichst einige Stunden im kühlen Raume weiter stehen lassen.

Die tägliche Leistung einer solchen Anlage beträgt, je nach Bedienung durch vier, fünf oder mehr Personen und je nach Gewicht der Stücke, 400—1000 Kilo.

B. Die Fabrikation des Kakaopulvers und des aufgeschlossenen („löslichen“) Kakaos.

Geschichtliches.

Allgemeines über die Kakaopulverherstellung.

Der verhältnismäßig große Fettgehalt des reinen Kakaos, der bei gewissen Personen (besonders Magenleidenden) Unbehagen hervorzurufen vermag, hat im Publikum seit langem den Wunsch nach einem Kakaopräparate rege gemacht, dessen Fettgehalt verringert ist und dessen organische Bestandteile derart vorbehandelt sind, daß sie vom Magen und Darm leicht aufgenommen, d. h. also gut verdaut werden können. Daneben mag auch der Wunsch mitgesprochen haben, ein Kakaopräparat zu besitzen, das möglichst rasch in warmen Flüssigkeiten verteilbar und sich somit schnell in genußfähigen Zustand bringen ließ. Um zu diesem Ziele zu gelangen, erschien es am vorteilhaftesten, die Kakaomasse in Pulverform zu bringen; da sich Kakaomasse aber nur dann pulverisieren läßt, wenn ihr ein bestimmter Prozentsatz ihres Fettes entzogen ist, mußte man sie zugleich entfetten. Schon seit Jahrzehnten waren im deutschen Handel unter dem Namen „Cacogna“ pulverförmige Präparate anzutreffen, denen das Fett teilweise (bis auf 20—25 %) entzogen war. Weit früher hat man sich indes in Holland mit diesem Problem beschäftigt. Der Gründer des bekannten holländischen Hauses J. C. van Houten & Zoon in Weesp, C. J. van Houten, war es, der zuerst im Jahre 1828 die Entfettung der Kakaomassen vornahm und zugleich Versuche anstellte, den Kakao durch Behandlung mit chemischen Agentien „aufzuschließen“, um ihn so zu einem auch Kranken und Rekonvaleszenten willkommenen Nährmittel zu machen. Erst nachdem sich im Laufe der Zeit der holländische aufgeschlossene Kakao in England, Holland und Deutschland ein ausgedehntes Absatzgebiet erobert hatte, wandte sich auch die deutsche und schweizer Schokoladenindustrie diesem Fabrikationszweige zu. Der Verbrauch des sogenannten aufgeschlossenen oder löslichen Kakaos hat besonders in den letzten Jahrzehnten derart zugenommen, daß die Fabrikation dieses Produktes nahezu dieselbe Ausdehnung gewonnen hat wie die der Schokoladewaren.

Die Eigenschaft „löslich", die heutzutage in so ausgedehntem Maße für die Puderkakaos in Anspruch genommen wird, entbehrt eigentlich jeder Begründung, weil von einer nennenswerten Löslichkeit nicht die Rede sein kann; wir werden uns in der Folge deshalb darauf beschränken, diese Produkte als „aufgeschlossen" zu bezeichnen, da wir durch die gleich zu beschreibenden Verfahren lediglich erreichen, daß gewisse Gewebselemente des Kakaos, so namentlich Zellulose, teilweise in fein verteilte aufgeschlossene Form gebracht werden. Unmöglich ist es aber, die Kakaobestandteile derartig zu bearbeiten, daß sie in Wasser oder Milch löslich würden wie etwa Zucker oder Salz. Der Ausdruck „löslich" ist also weit besser durch „aufgeschlossen" zu ersetzen, womit eine möglichst weitgehende Verteilbarkeit („Suspensionsfähigkeit") des Pulvers in flüssigen Medien zu verstehen ist. Als äußeres Zeichen des Aufgeschlossenenseins des Kakaos gilt allenthalben seine Fähigkeit, beim Aufgießen mit kochendem Wasser selbst nach einigem Stehen wenig Bodensatz zu bilden. Je mehr Partikelchen des Kakaopulvers bei einer solchen Behandlung in der Flüssigkeit schwebend verteilt bleiben, je weniger sich also zu Boden setzen, desto mehr wird das vorhandene Produkt geschätzt.

Man sucht die Aufschließung des Kakaos in der Praxis zu erzielen durch Behandlung des rohen oder des gerösteten unentfetteten, sowie auch des mehr oder minder entfetteten Kakaos

a) mit Wasser in der Wärme, mit oder ohne Druck;
b) mit Alkalien, wie kohlensaurem Kalium und Natrium, kohlensaurem Magnesium (holländische Methode), Ammoniak (Salmiakgeist) und kohlensaurem Ammonium (deutsches Verfahren).

Die chemischen bzw. physikalischen Wirkungen, die durch diese Mittel erreicht werden sollen, bestehen der Hauptsache nach darin, daß die Zellulose durch die Alkalien in einen Quellungszustand versetzt wird, daher beim Vermischen mit Flüssigkeiten weniger rasch zu Boden sinkt als bei unpräpariertem Kakao. Daneben werden auch die vorhandenen Säuren abgestumpft und das Kakaorot zum Teil angegriffen, ein Resultat, das als weniger wünschenswert bezeichnet werden muß, insofern mit dem Kakaorot, dem

Träger des Aromas, auch dieses leidet. Wird Wasserdampf zum Aufschließen verwandt, so tritt auch eine Verkleisterung der Stärke ein, zugleich wird Säuregärung eingeleitet.

Da die aus obigen Gründen wenig empfehlenswerte Behandlung mit Wasserdampf heute wohl kaum mehr vorgenommen wird, so wenden wir uns gleich der Alkalienaufschließung zu, die gegenwärtig fast ausschließlich geübt wird. Modifikationen dieser Fabrikationsweise sollen bei dem betreffenden Abschnitt des Fabrikationsganges Besprechung finden, bei dem sie zur Durchführung gelangen.

Der Schleier des Geheimnisses, der früher auf den verschiedenen Aufschließungsverfahren lag, hat sich im Lauf der Zeit gelüftet, und wir können daher die einschlägigen Methoden ohne Rückhalt behandeln, wenngleich nicht verhehlt werden soll, daß gewisse Einzelheiten dieser Verfahren von den betreffenden Firmen nach wie vor ängstlich als Geheimnis gehütet werden.

I. Die Vorbehandlung der Bohnen.

Bei der Herstellung von aufgeschlossenem Kakao sind im allgemeinen folgende Fabrikationsstadien zu unterscheiden:

1. Lagern, Reinigen und Auslesen der rohen Bohnen;
2. Brechen, Rösten und Brennen;
3. Entschälen und Reinigen;
4. Mischen verschiedener Sorten;

II. Herstellung des Pulvers.

5. Mahlen;
6. Präparieren mit Alkalien oder Wasser;
7. Entfetten durch Pressen;
8. Pulverisieren.

Diese Reihenfolge unterliegt bei den bisher bekannt gewordenen Verfahren insoweit einer Abänderung, als die Präparation mit Alkalien etc. ganz verschieden vorgenommen wird, nämlich

a) vor dem Rösten oder

b) beim Rösten oder

c) nach dem Rösten, und hier wieder

1. vor und
2. nach dem Pressen oder Entfetten.

Die Vorbehandlung der Bohnen, kurz die ganze Bearbeitung des Rohmaterials (nach Ziffer 1—5), erfolgt bei allen Verfahren nach denselben Regeln[1]) und mittels derselben Maschinen, wie wir bei Schilderung der Bereitung von Schokolade kennen gelernt haben.

Bei einigen Verfahren schließt sich an diese Arbeiten direkt die Präparierung mit Alkalien an.

So schließt z. B. C. Stähle[2]) Kakao dadurch auf, daß er die Bohnen der Einwirkung eines Gemisches von Wasserdampf und Ammoniak bei einer unter 100° C. liegenden Temperatur unterwirft. Bei der nachfolgenden Röstung soll durch die hierbei herrschenden Hitzegrade (130° C.) das zur Aufschließung verwandte Ammoniak verflüchtigt werden und sich das Aroma wieder entwickeln.

Pieper[3]) befeuchtet die rohen Kakaobohnen mit Wasser, dem Alkal zugesetzt ist, um die in den Bohnen vorhandene Säure zu neutralisieren, worauf man die Bohnen einer Fermentieruug unterwirft, sie trocknet und röstet. Durch die Gärung sollen die Eiweißkörper leicht verdaulich gemacht werden und die Bohnen eine schöne, rotbraune Farbe erhalten. Dieses Verfahren ist sonach nichts anderes, als ein unter Zuhilfenahme von Alkalien ausgeführtes Nachrotten. Vom wissenschaftlichen Standpunkt aus ist keiner der von Pieper für sein Verfahren beanspruchten Vorteile als vorhanden anzuerkennen, ausgenommen jener der Verbesserung der Farbe, die man aber durch geeignete Behandlung mit Wasser allein zu erzielen vermag.

G. Wendt[4]) hat sich ein Verfahren zur Verbesserung des Röstens und Aufschließens patentieren lassen, bei dem die Bohnen vor dem Rösten mit Kalkmilch und -wasser kräftig gewaschen und auch während des Röstens mit Kalkwasser behandelt werden (!) —

Wir wenden uns zu den gebräuchlichsten Aufschließungsverfahren, bei denen fixe Alkalien (also Kalium-, Natrium- und Magnesiumkarbonat) zur Anwendung gelangen und folgen dem Fabrikationsgang, wie er von den Holländern aufgefunden wurde und noch heute innegehalten wird. Hierbei werden die gereinigten Bohnen vorerst nur sehr schwach gedarrt, um einigermaßen die Entschälung bewerkstelligen zu können. Der halbgeröstete Kakao muß dann tunlichst klein gebrochen werden, um die Trennung der Schalen nach Möglichkeit zu erleichtern, und zwar soll der Kakao um so kleiner gebrochen werden, je weniger er angeröstet ist. Der hierbei entstehende Verlust ist natürlich desto größer, je kleiner der Kakao gebrochen wurde. Der solchergestalt vorbereitete Kakao wird dann mit den in Wasser gelösten Alkalien durch Bespritzen imprägniert. In den meisten Fällen wird kohlensaures Kalium (Potasche) angewandt, und zwar ist die Menge so zu berechnen,

[1]) Nur die Rösttemperaturen sind für Kakaopulver und die Schokoladensorten verschieden; natürlich wählt man auch verschiedene Bohnenarten für das eine wie für das andere.

[2]) D. R. P. Nr. 66606.

[3]) D. R. P. Nr. 74260 vom 3. September 1893.

[4]) D. R. P. Nr. 178897 vom 15. Juli 1904. (Patentblatt v. 15. Nov. 1908.)

daß $1\frac{1}{2}$ bis 2 bis höchstens 3 Teile kohlensaures Kalium und 20 bis 30 Teile Wasser auf 100 Teile des zu präparierenden entfetteten Präparates treffen. Manche Fabrikanten ersetzen die Potasche durch kohlensaures Natrium oder durch ein Gemisch von Natrium- und Magnesiumcarbonat. Nachdem der Kakao mit den Alkalien gleichmäßig imprägniert ist, schreitet man zum Fertigrösten. Hier spielt nun die Geruchs- und Geschmacksprobe eine erheblich größere Rolle als bei der Röstung auf Schokolade, weil weit weniger Anhaltspunkte für die Garröstung vorhanden sind. Da der Kakao bereits leicht gebrochen und entschält ist, so darf naturgemäß diese zweite Röstung nur bei sehr gelinder Feuerung geschehen. Am besten eignen sich für diesen Röstprozeß die großen Röstmaschinen, die wir oben beschrieben haben, da darin einesteils bei Röstung größerer Mengen von Bohnen ein Überbrennen selbst bei stärkerem Feuer nicht so rasch eintreten wird, andernteils der Röstraum durch Abschwenken der vorderen Trommelwand jederzeit vollkommen freigelegt und eine gründliche Reinigung des Trommelinnern vorgenommen werden kann, was hierbei sehr am Platze ist. Mit Wasser eingebrachter und gebrochener Kakao hat nämlich stets das Bestreben, eher anzukohlen als die rohe Bohne mit Schale. Kann nun eine rasche und gründliche Reinigung des Trommelinnern nicht vorgenommen werden, wie dies bei den Kugelröstern leider öfter der Fall ist, so werden die im Röster verbliebenen Kakaoteilchen immer wieder aufs neue geröstet und fallen schließlich als gänzlich verkohlte Masse in den Kakao, dessen Geschmack dadurch wesentlich beeinträchtigend.

Wenn es sich als notwendig erweisen sollte, kann jetzt der Kakao nochmals die Brechmaschine passieren und gelangt dann in die Drillingsmühle, die die Feinzerreibung besorgt, wonach er in erwärmten Bassins bis zur weiteren Verarbeitung (Entfetten) aufbewahrt wird. Die Feinzerreibung ist erforderlich, um bei dem späteren, dem Entölen folgenden Vermahlen ein leicht siebbares Erzeugnis zu erzielen, das beim Aufgießen mit Wasser möglichst wenig Bodensatz bildet.

1. Das Entfetten durch Pressen.

Zu dieser bei der Fabrikation des aufgeschlossenen Kakaos außerordentlich wichtigen Operation werden heutzutage ausschließlich Pressen mit hydraulichem Druck verwendet. Auch dieser Teil der Kakaobereitung hat im Laufe der Zeit mancherlei Wandlungen erfahren.

Im vorigen Jahrhundert wurde nach Macquer (siehe Mitscherlich, S. 58) die Kakaobutter gewonnen, indem man die Samen zerkleinerte, mit Wasser kochte, und die auf der Oberfläche beim Erkalten erstarrte Butter durch Umschmelzen reinigte. Nach Desprez (s. Mitscherlich, S. 58) wurden gebrannte, geschälte und fein pulverisierte Bohnen drei Finger hoch auf Zwillich gestreut, und dieser auf ein Gefäß mit kochendem Wasser gespannt, damit das feine Pulver auf das Innigste von den heißen Dämpfen durchzogen werde. Das Pulver wurde dann in leinenen Beuteln zwischen zwei zinnernen auf 100° C. erwärmten Platten ausgepreßt. So erhielt man bis zu 50 Prozent reine Kakaobutter. Späterhin bediente man sich der erwärmbaren hydraulischen Topfpressen. In diese mußte aber die Masse in Tücher und Säcke eingepackt gebracht werden. Um dies leicht bewerkstelligen zu können, wurde die Masse mit etwas Wasser versetzt, wodurch man einen steifen Brei bekam, der sich gut pressen ließ. Diese Manipulation hatte aber den Nachteil, daß sich der Kakao nach längerem Lagern beim Konsumenten mit Schimmel durchzog, eine graue Farbe annahm und unansehnlich wurde. Zur Vermeidung all dieser Unannehmlichkeiten konstruierte man Pressen, die gestatten, den Kakao ohne weiteres flüssig in die Preßbehälter zu gießen. Eine derartige Presse, die ebenfalls mit hydraulischem Druck arbeitet, sehen wir in Fig. 78 vor uns.

In ihrer Konstruktion ähnelt sie den bekannten in der Ölfabrikation zum Auspressen der Saat benutzten Pressen, jedoch müssen beim Abpressen des Kakaos die Preßtöpfe sowohl oberhalb wie unterhalb des Preßgutes besonders gut abgedichtet werden, um den flüssigen Kakao nicht durchzulassen, während solche Vorrichtungen bei der Ölsaat nicht nötig sind. Das Abdichten der Töpfe unter einander geschieht mittels seitlicher Kurbeln. Die Töpfe sind von oben wie von unten heizbar. Bei obiger Maschine sind 12 Töpfe übereinander angeordnet, die sich zur Füllung nach vorn in Schienen herausziehen lassen. Beim Pressen schieben sie sich mit dem unter jedem Topf befindlichen Kolben teleskopartig zusammen. Die Pumpe, die das Wasser für den hydraulichen Druck schafft, arbeitet vollständig automatisch, steigert je nach Abfluß des Fettes den Druck und hält denselben maximal oder in gewünschter Höhe konstant. Mit dieser Presse lassen sich bequem und in kürzester Zeit bis zu 85 % und auch mehr des gesamten Fettgehaltes der Kakaobohne abpressen. Werden beim Pressen zu hohe Wärmegrade angewandt, so resultiert eine fahle, grauweiße Butter. Bei genügender Aufmerksamkeit des mit dem Pressen betrauten Arbeiters läuft jedoch die Butter fast vollständig klar ab, da sie ein mit Leinwand benähtes Roßhaarkissen oder auch ein Kamelhaarkissen von 15 mm Stärke passieren muß. Nicht immer wird indessen beim Pressen mit der gehörigen Aufmerksamkeit verfahren, und es fließt alsdann mit der Butter auch etwas Kakao ab, namentlich wenn zu Beginn der Pressung der Druck zu schnell

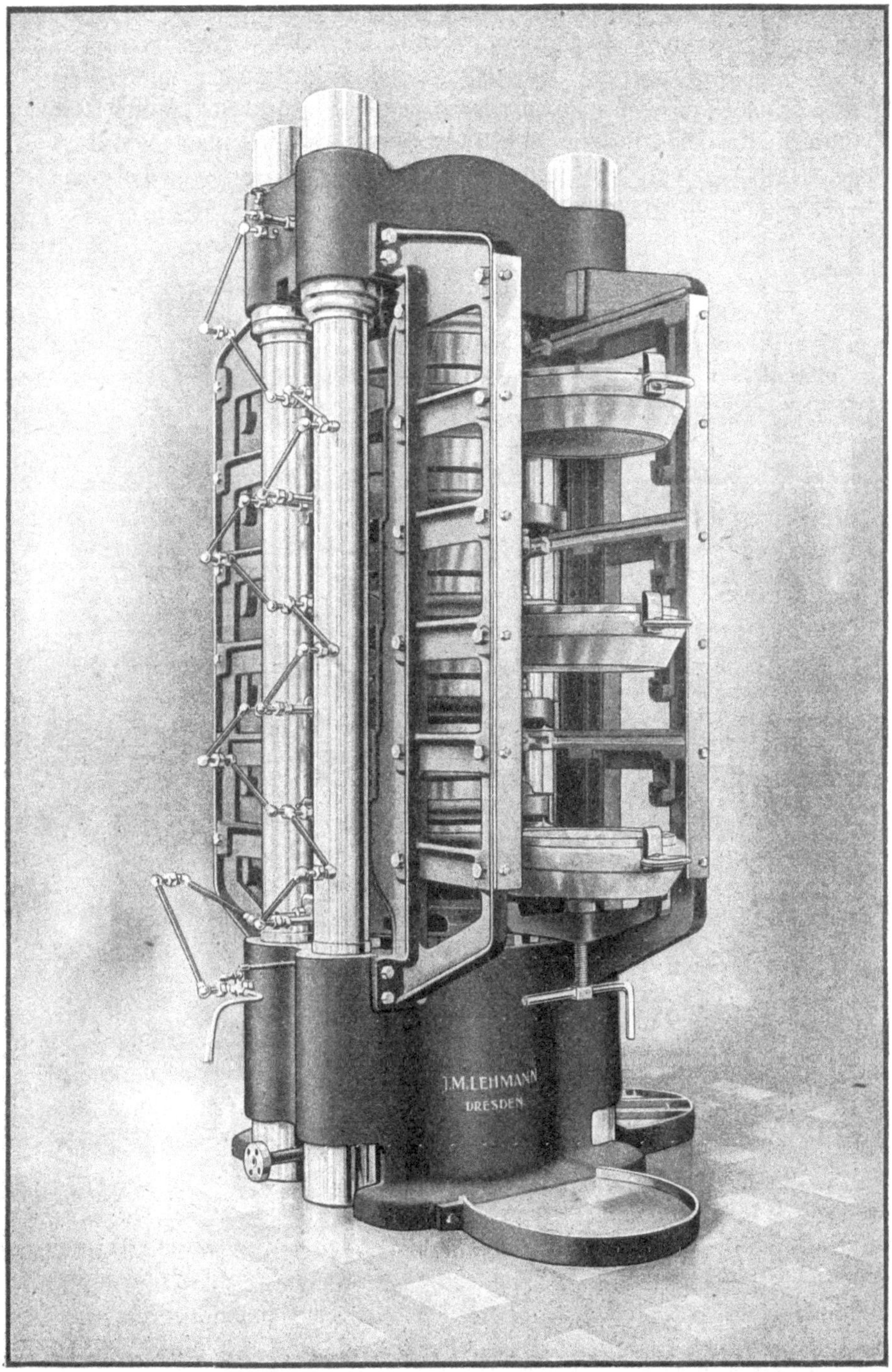

Fig. 78. Kakaopresse mit 12 Töpfen. Größte Presse dieser Art.

gesteigert wird. Bei Verwendung solcher Butter im eigenen Betriebe ist dieser Umstand bedeutungslos; anders aber, wenn die Butter verkauft werden soll, dann spielt das Aussehen eine große Rolle, und solch unrein abgepreßtes Kakaofett wird am besten filtriert. In den meisten Kakaofabriken verfährt man allerdings der Einfachheit halber und um Kosten zu sparen so, daß man

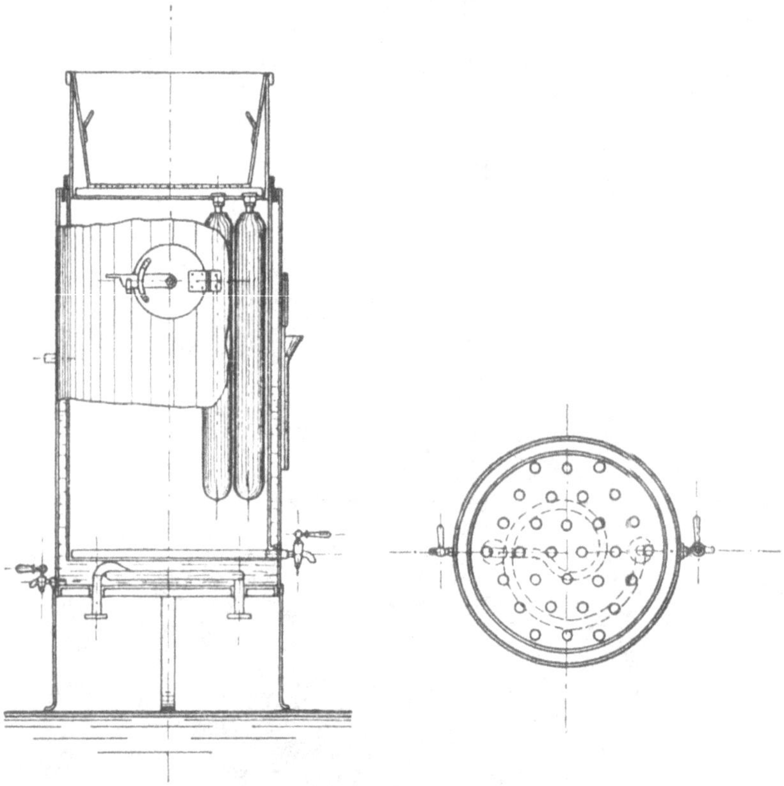

Fig. 79 u. 79a.

die trübe Butter umschmilzt und nur die obere Butter verkauft, während man den Satz weiter verarbeitet. Wird ein Filtrieren nötig, so bedient man sich der Butterfilter, wie sie schon seit längerer Zeit in Holland gebaut und angewandt werden oder aber der bekannten Filterpressen.

Die Filter beruhen in der Hauptsache darauf, daß die Butter hängende Schläuche aus flanellartigem Filterstoff passieren muß. Von der Firma Volkmar Hänig & Co. werden Kakaobutterfilter angefertigt, von denen wir einen in Fig. 79 im Aufriß und in Fig.

79a im Grundriß vor uns sehen. Das Arbeiten mit diesem Filter gestaltet sich folgendermaßen:

Nachdem die Butter ein im oberen Teil des Apparates befindliches Haarsieb (zum Abfangen von Holz u. dgl.) passiert hat, gelangt sie in die hängenden Filterschläuche, die behufs Reinigung ausgewechselt werden können. Die filtrierte Butter sammelt sich in dem großen Hohlraume an und wird durch einen Hahn entnommen. Ein eingesetztes Glas zeigt den Stand der Butter an; der ganze Filtrierapparat ist mit einem Mantel umgeben, in dem sich Wasser befindet, das durch eine am Boden des Apparates liegende Dampfschlange erwärmt wird. An der Seite ist ein Thermometer angebracht.

In größeren Schokoladenfrabriken verwendet man dagegen zum Filtrieren von Kakao-Butter die Filterpresse mit Heizvorrichtung.

Die Anwendung einer Filterpresse bietet den großen Vorteil, daß die Rückstandskuchen in gut abgepreßtem Zustande, also möglichst trocken erhalten werden und, daß die Filtration selber sowohl wie auch die Entleerung der Apparatur sehr schnell vor sich geht.

Eine derartige von der Fa. A. L. G. Dehne, Halle, gelieferte Presse geben die Abbildungen Fig. 80 und Fig. 80a wieder.

Die Filterpresse besteht aus einem eisernen Gestell, in dem eine Anzahl mit Filtertüchern überzogene Filterplatten und Filterrahmen abwechselnd aneinander gereiht sind und durch einen Druckspindelverschluß fest aneinander gepreßt werden, sodaß die Rahmen eine Reihe nach außen hin gut abgedichteter Kammern bilden.

Die Filterplatten und Filterrahmen sind ihrer Bestimmung gemäß verschieden konstruiert. Die Filterplatten sind massiv aus Gußeisen mit eingezogenen Heizkanälen hergestellt und tragen 3 Kanalansätze, von denen *b* und *c* mit der eingegossenen Heizschlange in Verbindung stehen, der Kanal *a* aber nur den Durchgang für die rohe Kakaobutter vermittelt, die durch die Querkanäle der Rahmen in den Innenraum der Rahmen, d. h. in die geschlossenen Kammern eintritt. Die auf beiden Seiten der Platten etwas vertieft liegenden Böden sind mit Rillen versehen, in welchen das durch die Filtertücher dringende Filtrat ablaufen und dem Ablaufhahn der Filterplatte zufließen kann. Bei der Installierung der Filterplatte wird ein Filtertuch über sie gelegt, welches die Platte auf beiden Seiten völlig bedeckt. Das Filtertuch wird außen am Rand durch die aufliegenden Filterrahmen fest auf die Platte gepreßt. Ebenso werden die mit Filtertuchtaschen überzogenen Kanalansätze *a, e, f* fest aneinander gepreßt, sodaß diese 3 geschlossene nach außen hin abdichtende Kanäle bilden, die durch die ganze Reihe der abwechselnd angeordneten Filterplatten und Filterrahmen hindurchgehen. Die durch den Kanal *a* in die Filterpresse mittelst Pumpe oder mittelst Gefälle von einem Hochreservoir her eingeführte rohe Kakaobutter verbreitet sich in alle Filterkammern und füllt diese an. Der Pumpenbzw. Hochreservoirdruck treibt die Flüssigkeit durch die Tücher, die dann als Filtrat durch die Ablaufhähne nach der Sammelrinne entweicht. Die Unreinigkeiten, d. h. im vorliegenden Falle das Kakaomehl, bleibt auf den

Tüchern in den Kammern zurück und bildet, durch die weiter noch gepumpte Masse verstärkt, nach und nach feste Kuchen, die die Kammern vollständig ausfüllen. Haben sich die Kammern, wie beschrieben, mit fester

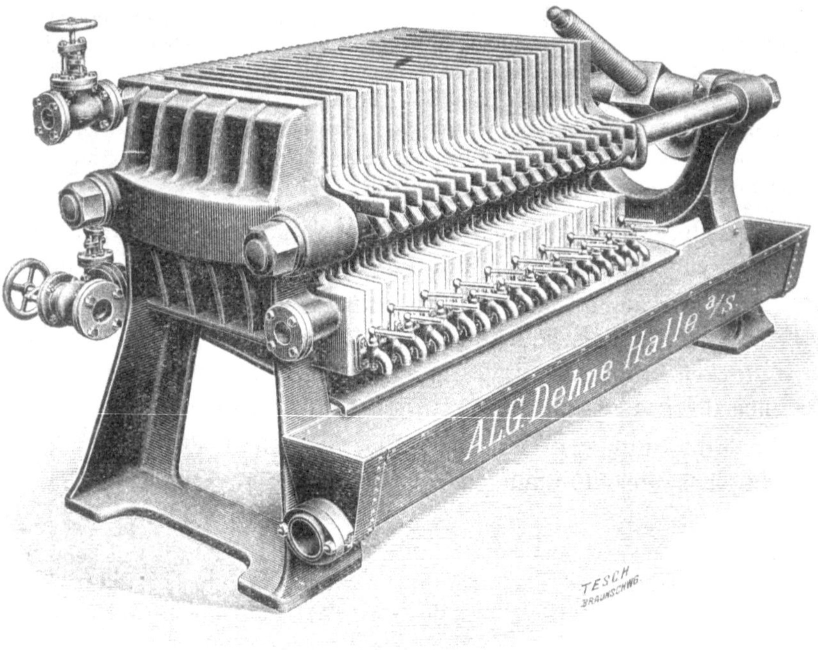

Fig. 80.

Masse ausgefüllt, so kann keine Rohmasse mehr eintreten, und das Filtrat entweicht nur noch tropfenweise den Aublaufhähnen. Man schreitet dann zur Entleerung der Filterpresse und stellt zunächst den Rohmassezulauf

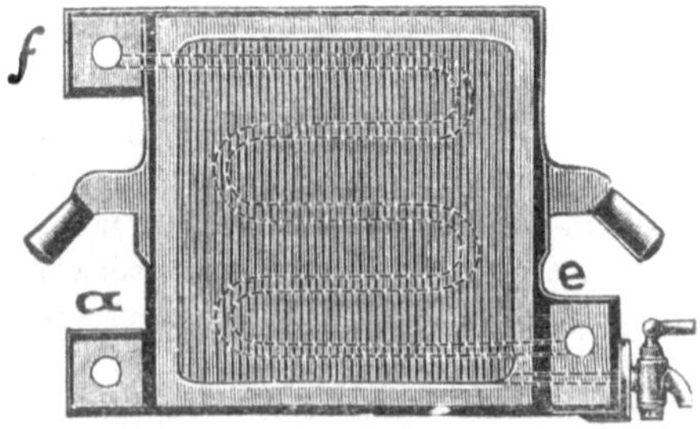

Fig. 80a.

ab. Dann wird die Druckspindel, die Rahmen und Platten zusammengepreßt, gelöst und die Rahmen und Platten nacheinander an den Seitengriffen erfaßt, zurückgeschoben und von dem Kakaokuchen befreit, die in eine unter die Filterpresse geschobene Kiste fallen.

Eine Filterpresse mit 24 Kammern, Plattengröße 630 mm Quadrat, faßt bei jeder Füllung ca. 200 kg Kakaorückstand. An Filtrat fließt etwa die 3- bis 5 fache Menge ab, je nachdem die Menge der Verunreinigung mehr oder weniger groß ist.

In 8 Arbeitsstunden kann man mit einer Filterpresse 2 Filtrieroperationen vornehmen.

Die rohe Kakaobutter wird mit einer Temperatur von ca. 60 Grad Celsius in die Presse eingeführt. Die Heizung der Filterplatten geschieht am besten mit heißem Wasser.

Eine wichtige Frage, die vor Jahren zu einem erbitterten Streite geführt hat, ist die: Wie stark soll man das Kakaopulver entölen? Aus den beiden angeführten Tabellen 13 u. 14, die ohne weiteres verständlich sind, ergeben sich die Verhältnisse zwischen Fettgehalt des ursprünglichen Kakaokerns, abgepreßter Kakaobutter und Fettgehalt der verbleibenden Kakaomasse.

Tabelle 13.

Wieviel Butter muß man abpressen?

Abzupressende Gewichtsmenge der Kakaobutter (in Prozent der Kakaomasse)

Gewünschter Prozentgehalt des fertigen Kakaopulvers		Buttergehalt des Kakaokerns 50%	51%	52%	53%	54%	55%	56%
Fettkakao	33%	25.4	26.9	28.4	29.8	31.3	32.8	34.3
	32%	26.5	27.8	29	30.9	32.4	33.3	35.3
	31%	27.5	29	30.4	31.9	33.3	34.8	36.2
	30%	28.6	30	31.4	32.9	34.3	35.7	37.1
	29%	29.6	31	32.4	33.8	35.2	36.6	38
	28%	30.6	31.9	33.3	34.7	36.2	37.5	38.9
	27%	31.5	32.9	34.2	35.6	37	38.4	39.7
	26%	32.4	33.8	35.1	36.5	37.8	39.2	40.5
	25%	33.3	34.7	36	37.3	38.7	40	41.3
Magerkakao	24%	34.2	35.5	36.9	38.2	39.5	40.8	42.1
	23%	35.1	36.4	37.7	39	40.3	41.6	42.9
	22%	35.9	37.2	38.5	39.8	41	42.3	43.6
	21%	36.7	38	39.2	40.5	41.8	43	44.3
	20%	37.5	38.8	40	41.3	42.5	43.8	45
	19%	38.3	39	40.7	42	43.2	44.5	45.7
	18%	39	40.2	41.5	42.7	43.9	45.1	46.3
	17%	39.7	41	42.2	43.4	44.6	45.8	47
Minderwert. K.	(16%)	(40.4)	(41.7)	(42.9)	(44)	(45.2)	(46.4)	(47.6)
	(15%)	(41.1)	(42.4)	(43.5)	(44.7)	(45.9)	(47.1)	(48.2)

Tabelle 14.

Wie hoch ist der prozentuale Buttergehalt des fertigen Kakaopulvers?

	Abgepreßte Gewichtsmenge der Kakaobutter (in % der Kakaomasse)	Buttergehalt des Kakaokerns 50%	51%	52%	53%	54%	55%	56%
		Das Kakaopulver enthält nach Prozent Butter						
Fettkakao	30%	28.6	30	31.4	32.9	34.3	35.7	37.1
	31%	27.5	29	30.4	31.9	33.3	34.8	36.2
	32%	26.5	27.9	29.4	30.9	32.3	33.8	35.3
	33%	25.4	26.9	28.4	29.9	31.3	32.8	34.3
	34%	24.2	25.8	27.3	28.8	30.3	31.8	33.3
Magerkakao	35%	23.1	24.6	26.2	27.7	29.2	30.8	32.3
	36%	21.9	23.4	25	26.6	28.1	29.7	31.3
	37%	20.6	22.2	23.8	25.4	27	28.6	30.2
	38%	19.4	21	22.6	24.2	25.8	27.4	29
	39%	18	19.7	21.3	23	24.6	26.2	27.9
	40%	16.7	18.3	20	21.7	23.3	25	26.7
Minderwert. Kakao	41%	(15.3)	16.9	18.6	20.3	22	23.7	25.4
	42%	(13.8)	(15.5)	17.2	19	20.7	22.4	24.1
	43%	(12.3)	(14)	(15.8)	17.5	19.3	21.1	22.8
	44%	(10.7)	(12.5)	(14.3)	(16)	17.9	19.6	21.4
	45%	—	(10.9)	(12.7)	(14.5)	16.4	18.2	20
	46%	—	—	(11.1)	(13)	(14.8)	16.7	18.5
	47%	—	—	—	(11.3)	(13.2)	(15.1)	17
	48%	—	—	—	—	(11.5)	(13.5)	(15.4)

Nun schmeckt der entölte Kakao bekanntlich um so lieblicher, je weniger er entfettet ist; denn hierauf beruhen gerade die Vorzüge des nach holländischer Methode aufgeschlossenen Kakaos, bei dem der verbleibende Fettbestand 24 bis 33 % beträgt, so daß also bei einem mittleren Fettgehalt von 50 % nur 34 bis 52 % des gesamten Fettes der Kakaomasse entfernt werden. Treibt man die Entfettung weiter, so wird der Kakao wohl leichter suspendierbar[1]), aber sein Aroma leidet[2]), der Geschmack wird strohig und bitter. Wenn dazu von gewisser Seite behauptet wird, daß gerade dieser bittere Geschmack der Kakaogerbsäure der „Eigengeschmack" des Kakaos sei, so ist das natürlich nur eine Verkennung der Tatsachen.

---

[1]) Auch das trifft nur bis zu einem gewissen Grade zu. Vergl. Neumann, die Bewertung des Kakaos als Nahrungs- und Genußmittel, München und Berlin (1906), pag. 97ff.

[2]) Vergl. Z. U. N. G. (1909), Bd. 18, p. 171.

Mit derselben Berechtigung ließe sich schließlich vom Tee und seiner Gerbsäure sagen: je bitterer, desto besser; wobei das Aroma ganz in den Hintergrund treten würde. Ein Gleiches gilt von der Behauptung: der bittere Kakao sei ergiebiger. Denn natürlich muß man ihn entweder stärker süßen oder aber — bei gleichbleibender Zuckermenge — weniger davon nehmen. Um auch hier einen Vergleich heranzuziehen: wenn die Hausfrau dünnen Blümchenkaffee kocht, sind die Bohnen natürlich „ergiebiger". Am Ende sind das aber alles nur Geschmacksfragen, über die sich eben nicht streiten läßt: der eine läßt seinen Tee viertelstundenlang ziehen, der andere übergießt die Teeblätter nur flüchtig mit kochendem Wasser. Immerhin dürfte eine Abpressung von 66 % des Fettgehaltes, d. i. ein Drittel der aufgegebenen Kakaomasse, das äußerst zulässige Maß für ein gutes, aromatisches Kakaopulver sein. Gegenwärtig ist man jedoch bestrebt, möglichst viel Butter zu gewinnen[1]), die Entfettung somit noch höher zu treiben, womit auch die Qualität des Kakaopulvers natürlich herunter gedrückt wird. Infolgedessen finden sich im Handel Kakaopulver von nur 20, 17, 15 % Fettgehalt und darunter. An sich ist natürlich gegen die Herstellung solcher Kakaos, sofern sie entsprechend billiger sind, nichts zu sagen, wenn der geringe Fettgehalt ausdrücklich angegeben („deklariert") wird; außerdem ist magenleidenden Personen erst dadurch der regelmäßige Genuß von Kakao ermöglicht worden. Das Bedenkliche ist nur die ungeheure Schwankung im Fettgehalt, von maximal 35 % bis 13 % im Minimum, also bis zu 22 % Differenz! Bei keinem anderen Nahrungs- oder Genußmittel, noch dazu einem, das fabrikmäßig hergestellt wird, dessen Zusammensetzung man demnach in der Hand hat, treten derartige Schwankungen auf, ohne daß das konsumierende Publikum in der Lage ist, sie zu erkennen. Darauf muß hier einmal energisch hingewiesen werden. Bedauerlicherweise hat sich der Verband Deutscher Schokoladenfabrikanten bislang ablehnend verhalten[2]), während die Vereinigung Deutscher Nahrungsmittelchemiker nach mannigfachen Kontroversen eine Kennzeichnung solcher Kakaopulver als wünschenswert bezeichnet, die unter 20 % Fett enthalten[3]). Wir würden es lieber sehen (vgl. die Tabellen 13 und 14), wenn entsprechend den alten, bis auf den heutigen Tag unverändert gebliebenen hol-

---

[1]) Vgl. Beschlüsse vom 16. IX. 1907 u. 10/11. IX. 1909 (Coburg); Mitteilungen des V. dtsch. Schokol.-Fabr. XXX., Nr. 1 vom 21. IX. 1909 p. 1.

[2]) Vgl. Z. U. N. G., Bd. 18. Heft 1 u. 2 (1909), p. 178.

[3]) Vgl. die Anmerk. p. 198.

ländischen Fabrikaten als „holländische“ oder „Fettkakaos“ solche mit einem Gehalt über 25 %, als „stark entölte“ oder „Magerkakaos“ die unter 25 % bezeichnet würden, wobei die Namen als unwesentlich gelten können, wenn nur die Deklaration selber genügt. Als Mindestgehalt müßten zirka 17 % gelten, was einer Abpressung von 80 % des Gesamtfettgehaltes, d. i. zwei Fünftel der aufgegebenen Kakaomasse, entsprechen würde; Kakaopulver von 15 % und darunter sind wirklich minderwertig und sollten nicht hergestellt werden. Leider ist an eine Verwirklichung dieser Vorschläge nicht zu denken, wenigstens vorläufig nicht.

Die Herstellung solcher stark entfetteter Ware begegnet einigen Schwierigkeiten. Entweder ist man gezwungen, den Kakao mehrere Male abzupressen, wobei die Preßkuchen jedesmal wieder zerkleinert und verrieben werden, oder man muß stärker konstruierte Pressen zu Hilfe nehmen.

Eine solche Maschine übt bei 400 Atmosphären eine Totalspannung von über einer Million Kilo Druck auf den Kakao aus, es lassen sich damit bis zu 90 Prozent vom Buttergehalt gewinnen.

Nach dem Entfetten läßt man die abgepreßten Kakaokuchen abkühlen, was am besten in flachen Kästen oder Horden geschieht, und schreitet sodann zum Pulverisieren und Sieben des zerkleinerten Kakaos.

2. Pulverisieren und Sieben des entölten Kakaos.

Das Pulverisieren und Sieben des entölten Kakaos kann auf verschiedene Weise vorgenommen werden. So kann man sich des früher beschriebenen Melangeurs sowie der bekannten Zentrifugalsiebmaschinen (vgl. Fig. 81) bedienen, wie sie in vorzüglicher Ausführung von der Mühlenbau- und Maschinenfabrik vorm. Gebr. Seck geliefert werden. Die Maschine zeichnet sich gegenüber anderen Bauarten dadurch aus, daß die Schläger des Flügelwerkes parallel zur Achse angeordnet und derartig geschlitzt sind, daß Reihen kleiner Schaufelchen gebildet werden. Diese Schaufelchen, die zwecks Förderung des Gutes noch geschränkt sind, lösen dieses in der denkbar vollkommensten Weise auf und verteilen es gleichmäßig auf den ganzen Umfang des Siebmantels, wodurch eine besonders ausgiebige Sichtung bei äußerster Schonung der Bespannung erzielt wird. Bemerkenswert ist ferner die selbsttätige Speisevorrichtung, die eine störungsfreie und gleichmäßige Zuführung des Siebgutes sicherstellt, worauf es bei diesen Maschinen sehr viel ankommt. Früher, wo der Melangeur gewissermaßen die Universalmaschine des Fabrikanten war, geschah die Pulverisierung fast ausschließlich auf diese Art; heute würde das indessen nicht mehr zeitgemäß sein, vielmehr verwendet man den Melangeur — wie schon der Name richtig andeutet — nur mehr für Mischzwecke,

Fig. 81.

wogegen für die Kakaopulverbereitung etc. leistungsfähigere und somit zweckentsprechender konstruierte Maschinen benutzt werden. Wir wollen hier kurz einige neue speziell für diese Zwecke konstruierte maschinelle Einrichtungen beschreiben, wie sie von J. M. Lehmann, Bauermeister, Paul Franke & Co. u. a. hergestellt werden und bereits vielfach erprobt worden sind.

Da ist zunächst der Kakaokuchenbrecher (Fig. 82) zu nennen, der — einerlei ob die Pulverisierung im Melangeur, in der Schlagkreuzmühle oder sonstwie erfolgt — die Preßkuchen erst einmal grob, etwa zu walnußgroßen Stücken zerkleinert. Man hat ihn mit einem oder auch mit zwei Paar Zackenwalzen ausgestattet, in welch letzterem Falle die Zerkleinerung bis etwa zu Erbsengröße getrieben werden kann. Das ist jedoch nicht nötig; auf jeden Fall erleichtert er die Arbeit der eigentlichen Pulverisier-

Fig. 82.

maschine außerordentlich und schützt auch vor unnötigem Materialverlust.

Eine spezielle Pulverisiermaschine ist dann der sogenannte Pulverisator.

Dieser ist im Prinzip ein Kollergang mit rotierendem Bodenstein, der wie die Läufer aus Granit gefertigt ist. Die grob zerschlagenen Preßkuchen gelangen durch den mit Schieber versehenen Einfülltrichter in das Innere und werden dort durch den Gang der Maschine zu einem leichten Pulver von schöner und haltbarer Farbe gemahlen. Dem Verstäuben wird durch den auf die Mahlvorrichtung aufgesetzten Deckel vorgebeugt. Durch Drehen einer Kurbel öffnet sich seitlich am Rande ein Schieber, während gleichzeitig im Innern eine Wendevorrichtung in Tätigkeit tritt, die den Kakao nach außen befördert. Der Druck der Läufer kann durch eine Hebevorrichtung verringert oder auch ganz aufgehoben werden.

Für stark entölten Kakao, dessen sehr harte Stücke eine kräftigere Einwirkung verlangen als es diese Maschinen, die doch immer nur eine drückende oder höchstens stark reibende Wirkung ausüben können, sind die wirklichen Zerkleinerer, so namentlich die Schlagkreuzmühlen, besser geeignet.

Die vorzerkleinerten Preßkuchen werden der Mühle durch einen Elevator mit Einschüttrumpf und Speisevorrichtung gleichmäßig zugeführt. Im Innern der vollständig mit Stahlplatten gepanzerten Maschine rotiert ein Schlagkreuz mit hoher Drehzahl; lediglich durch die hierdurch hervorgerufene Schlagwirkung erfolgt die Vermahlung des Kakaos, ohne Reibung und Druckwirkung wie bei Melangeuren und Kollergängen. — Der untere Teil des Gehäuses wird von einem auswechselbaren Rost mit beliebiger Spaltbreite gebildet: alles Pulver, das fein genug ist, verläßt durch diese Spalten sofort die Maschine, ein weiterer Vorzug gegenüber dem Melangeur, wo alles Pulver — auch das bereits genügend fein gemahlene — zum Nachteil von Aroma und Geschmack noch weiter der Mahlwirkung unterworfen bleibt bis zur Entleerung des Melangeurs.

Der pulverisierte Kakao gelangt, nachdem er sich etwas abgekühlt hat, zum Sieben, wobei man sich der verschiedensten Siebmaschinen bedient. Man muß sich jedoch beim Sieben (namentlich mit Zentrifugalsichtmaschinen!) wohl hüten, mit zu kleinen Maschinen verhältnismäßig große Mengen Kakaopuders sieben zu wollen, da man die sonst gut funktionierenden Maschinen in ihren Leistungen stark beeinträchtigt. Ebensowenig kann jede beliebige Siebmaschine ein gutes Resultat liefern, wenn sie nicht speziell für entöltes Kakaopulver gebaut worden ist.

Lehmann benutzt zum Sieben des Kakaopulvers eine Zentrifugalzylindersiebmaschine größten Typs, die wir in Fig. 83 vor uns sehen. Hier wird der Kakao mittelst Elevator in den Einlauf des Siebbodens gebracht; der Siebzylinder ist mit Seiden- oder Bronzegaze bespannt und birgt in seinem Innern ein Vorsieb von grober Metallgaze, um größere unpulverisierte Stücke von der Seidengaze fernzuhalten. Im Innern des Vorsiebes befindet sich ein Ventilator, der durch den erzeugten Luftstrom die Maschen des Siebes offen erhält. Ein Verstopfen ist bei sachgemäßer Behandlung ausgeschlossen, bloß ist das Sieb, ohne daß ein Herausnehmen nötig wäre, täglich etwa zweimal von außen abzufegen, was nur wenige Minuten in Anspruch nimmt. Durch diese leichte Art des Reinigens übertrifft diese Maschine andere Konstruktionen, namentlich auch die Plansichter, die beim Reinigen jedesmal demontiert werden müssen.

Im ersten und zweiten Auslauf der Siebmaschine wird das Pulver gewonnen, während der dritte Auslauf den Überlauf sowohl des Vorsiebes als auch des Siebzylinders abgibt. Dieser Überlauf wird wiederum dem Pulverisator zugeführt, um dort nochmals verarbeitet zu werden. Pulverisator wie Siebmaschine lassen sich durch Elevatoren und Schnecken derart verbinden, daß ein automatisches Arbeiten stattfindet, was bei einer größeren Tagesproduktion stets von Vorteil ist. Ausgepreßte Kuchen aber, die in Stücken durch den Elevator dem Pulverisator zugeführt werden sollen, müssen zuerst durch Vorbrecher gleichmäßig zerkleinert werden.

Es wäre jedoch nicht richtig, wollte man in diesen Zentrifugalsiebmaschinen das Ideal eines Kakaosiebes erblicken; dazu haben sie zuviel Schattenseiten. Zumal in der heißen Jahreszeit vermag auch die größte Siebmaschine nicht alle Ansprüche zu erfüllen: trotz Verwendung gröberer Bespannung und trotz häufiger Reinigung — wobei nebenbei ein ziemlicher Materialverlust durch Verstäuben stattfindet! — liefert auch die größte und bestkonstruierte Siebmaschine dann nur ein ziemlich geringes Quantum Puderkakao. Andererseits ist aber bei der Herstellung besonders f e t t a r m e r Kakaopulver das Bestreben der Fabrikanten darauf gerichtet, einen Kakao von hoher Feinheit[1]) des Kornes zu erzielen. Hier hat die Firma Bauermeister mit ihrem durch Patente mehrfach[2]) geschützten Plansichter zum größten Teile wirksame Abhilfe geschaffen.

Diese Maschine besitzt vier übereinanderliegende kreisrunde Siebe, auf denen sich das Siebgut durch einen Kurbelantrieb genau wie auf einem Handsieb bewegt, sodaß die gesamte Siebfläche voll ausgenutzt wird. Die Siebe besitzen weder Wurf- noch Fördervorrichtungen, die Siebung erfolgt ohne Druck und Reibung, und das erzielte Pulver ist daher locker und wollig. Unter den vollständig flachen Sieben rotiert ohne jeden Mechanismus, lediglich durch die eigenartige Bewegung des Plansichters getrieben, eine Bürstvorrichtung, die das sich in den Siebmaschinen festsetzende Kakaopulver entfernt und somit ein Versetzen der Bespannung nach Möglichkeit verhindert. Die quantitative Leistung ist ungefähr doppelt so groß wie die einer Zentrifugalsichtmaschine mit gleicher Siebfläche, während der Kraftbedarf eines runden Plansichters nur $^1/_4$—$^1/_2$ HP. beträgt.

---

[1]) Mit der „Löslichkeit" hat das nichts zu tun; es gibt kein lösliches Kakaopulver, denn Kakao löst sich ü b e r h a u p t n i c h t, das sei hier nochmals ausdrücklich betont. Lediglich um die Suspensionsfähigkeit handelt es sich, und die ist natürlich bei einem fettreichen Puder bedeutend größer als bei einem stark entfetteten, sodaß im heißen Wasser selbst größere Partikelchen vom Fettkakao verhältnismäßig lange in der Schwebe bleiben (analog wie bei einer Emulsion!), während die fettarmen dagegen fast momentan einen Bodensatz bilden. Dem sucht man wenigstens einigermaßen — der Erfolg bleibt zweifelhaft, vgl. Neumann, loc. cit. pag. 97 — dadurch zu begegnen, daß man die Magerkakaos möglichst feinkörnig herstellt; dies ist der eigentliche Grund der besonders feinen Siebungen und hiernach läßt sich auch der Wert des, durch eine starke Reklame als „feinsten" (d. i. feinstgepulverten!) Kakaos richtig bemessen.

[2]) D. R. P. 77588, 101170, 131276.

Fig. 83.

In der folgenden Abbildung (Fig. 84) geben wir als Beispiel noch die Anordnung einer automatischen Pulverisieranlage wieder mit Pulverisator.

Dem Vorbrecher werden die Kuchen aufgegeben; eine Schnecke bringt den zerkleinerten Kakao nach dem Elevator, der den Einschüttkasten des Pulverisators speist. Durch einen Schieber steht dieser mit dem Pulverisator in Verbindung. Dessen Entleerung geschieht auf ein Podest, wo sich der während der Bearbeitung erwärmte Kakao wieder etwas abkühlt. Eine zweite Schnecke bringt ihn dann nach dem Siebmaschinen-Elevator. Während das feine Pulver in untergestellten Sammelgefäßen aufgefangen wird, gehen die Reste des Pulvers wieder in die erstgenannte Schnecke und, beim Vorbrecher mit frischen Kakaostücken gemischt, zum Pulverisator zurück.

Im Anschluß an die holländische Aufschließungsmethode soll noch das Verfahren von Moser & Roth in Stuttgart[1]) Erwähnung finden, bei dem die gereinigten, geschälten und befeuchteten Bohnen in einer rotierenden Trommel dadurch aufgeschlossen werden, daß durch die hohle Achse der Trommel Wasser und Ammoniakdampf eingeleitet werden, den man aus einer wässerigen Ammoniumcarbonatlösung durch Erwärmen entwickelt. Die aufgeschlossenen Bohnen werden dann der Röstung unterworfen, wodurch das überschüssige Ammoniak entfernt wird; es folgt sodann Mahlen, Entfetten und schließlich Pulverisierung.

Nachdem wir in obigem die holländische und einige dieser mehr oder weniger verwandten Darstellungsmethoden des aufgeschlossenen Kakaopulvers geschildert haben, wollen wir in nachstehendem auch die übrigen Aufschließungsverfahren kurz beschreiben.

Aufschließen nach dem Rösten.

Der Hauptunterschied zwischen den nun folgenden Fabrikationsweisen und der holländischen sowie anderen früher erwähnten Verfahren besteht darin, daß bei ersteren die Bohnen nicht vor oder während des Röstens mit Alkalien etc. imprägniert werden, sondern erst nach dem Rösten, und zwar geschieht dies entweder vor dem Pressen oder nachher. Demgemäß werden sich bis zur Pressung auch alle Vorarbeiten ordnungsgemäß wie bei der Schokoladenfabrikation abspielen: es werden Reinigen, Auslesen, Rösten, Brechen und Entschälen sowie das Mahlen der Kerne zu einer Flüssigkeit einander folgen müssen. Präpariert man vor dem Pressen, so kommt der Kakao von der Drillingsmühle direkt in den Präparationsapparat, wo ihm die in

[1]) Engl. Patent Nr. 20436 vom 24. 11. 1891.

Fig. 84.

Wasser aufgelöste Potasche oder die sonstigen Alkalien zugesetzt werden.

1. Aufschließen vor dem Pressen.

Die Ära der Verfahren, bei denen die gemahlene, unentfettete Kakaomasse mit Alkalien imprägniert wird, ist in Deutschland durch Otto Rüger, Dresden-Lockwitzgrund, eröffnet worden. Das Rügersche Verfahren deckt sich in seinen Grundzügen mit dem im folgenden ausgeführten heute gebräuchlichen Verfahren; es erübrigt sich also eine genaue Beschreibung der Rügerschen Methode. Bei den Manipulationen der Präparation der flüssigen Kakaomasse mit Alkalien bediente man sich früher eines Melangeurs, heute fast ausschließlich einer heizbaren Knet- oder Misch-Maschine. Sehr beliebt, und zwar mit Recht, sind als Präpariermaschinen die für diesen Zweck schon seit 1878 speziell gebauten Universal-Knet- und Mischmaschinen, Patent Werner & Pfleiderer, geworden.

Dabei ist noch zu erwähnen, daß in dieser Maschine auch die Verdampfung des Lösungsmittels der alkalischen Substanzen vorgenommen wird. Die Arbeit der Knetflügel bezweckt außer der innigen Vermischung der Kakaomasse mit der Präparationsflüssigkeit das Entweichen des Dampfes aus der Masse zu erleichtern und zu starke Erhitzung der die Wände berührenden Teile des Materials zu verhindern. Der Trog ist am unteren Teile mit einem doppelten Mantel versehen, der mit Dampf geheizt wird.

Um beim Umkippen des Troges die Verbindung mit der Dampf- und Abwasserleitung aufrecht erhalten zu können, sind an der Maschine zwei biegsame Metallschläuche angebracht. Die beiden Leitungen werden an die festen Rohrstutzen am Ende der Schläuche angeschraubt. Zum Ableiten der Dämpfe dient der aus Weißblech bestehende, dachförmige Deckel auf dem Troge, der mit einer Einfüllöffnung versehen ist und im Innern eine Rinne enthält, die die am Deckel hängenden, herunterlaufenden Wassertropfen auffängt und nach außen leitet. Soll die Maschine nach Beendigung der Arbeit entleert werden, so wird der Deckel aufgehoben und ein nach der Form und Größe zu der Maschine passender Transportwagen vorgefahren, in den sich beim Kippen des Troges die Masse entleert. Das Kippen geschieht bei der abgebildeten Maschine mechanisch und wird durch Treten auf einen Hebel eingeleitet.

Von diesen „Universal"-Knet- und Mischmaschinen unterscheidet sich der Spezialtyp „Vacuum-Kneter", System Werner-Pfleiderer, wie schon der Name sagt, durch die Vacuum-Vorrichtung. Diese besteht laut Abbildung Nr. 85 aus einem luftdicht abschließenden, pyramidenförmigen Deckel aus Gußeisen, der für Dampfheizung eingerichtet und mit Gummidichtung und Klemmschrauben versehen ist. Er ist mit dem Gestell der Maschine beweglich verbunden und durch Gegengewichte ausgewuchtet, so daß er rasch und leicht aufgesetzt und abgehoben werden kann. Vorn am Deckel befindet sich eine Klappe mit Glasscheibe; auf der entgegengesetzten Seite ist in besonderem Gehäuse ein elektrischer Leuchtapparat angebracht, so daß die Masse während der Bearbeitung ständig beobachtet werden kann; die Klappe vorn gestattet außerdem auch ein Nachfüllen von Mischgut etc. in kleineren Mengen

Fig. 85.

ohne Abnahme des Deckels. An seinem oberen Ende geht der Deckel in die Absaugleitung über, die in einem Stutzen mit Flansch zum Anschluß der Leitung an die Luftpumpe endigt.

Der Knettrog der Maschine ist aus Gußeisen hergestellt, mit doppeltem Boden ausgestattet und zur Heizung durch Heißwasser oder Dampf bis zu 6 Atmosphären Spannung, bzw. zur Kühlung mit Kaltwasser eingerichtet. Zwecks rascher Entleerung ist der Trog mit Gegengewichten ausgerüstet und mittels Handwinde leicht umzukippen; Troginneres und Knetschaufeln sind blank poliert, die Schaufellager mit leicht zugänglichen nachstellbaren Stopfbüchsen abgedichtet.

Diese Stopfbüchsen (D. R. P.) sind so eingerichtet, daß kein Schmiermaterial in die Masse gelangen kann, was in den meisten Fällen von außerordentlicher Wichtigkeit ist, da bei gewöhnlichen Stoffbüchsen das Schmierfett aus diesen durch die Wirkung der Lnftpumpe in den Knettrog eingesaugt wird und das Knetgut verunreinigt. Die Dampf- resp. Wasser-Zu- und Ableitung erfolgt mittels biegsamer Metallschläuche, die der Bewegung des Troges bei dessen Umkippen folgen.

Diese Vacuum-Kneter haben eine große Bedeutung für die Milch-Schokoladenfabrikation gewonnen, wo es sich in der Hauptsache darum handelt, Mischungen von Kakao, Zucker und kondensierter Milch bis zur erforderlichen Konsistenz einzudicken. Neuerdings beginnt man nun auch, den großen Vorteil der Verwendung des „Vacuum-Kneters“ für das Präparieren von Kakao unter „Vacuum“ mehr und mehr zu würdigen.

Dies war naheliegend, da das Präparieren von Kakao unter „Vacuum“ in etwa der halben Zeit bei niedrigerer Temperatur und unter weit größerer Schonung des Aromas geschieht als in offenen Maschinen, wo es bei höherer Temperatur vorgenommen werden muß.

Die Lösung der zum Aufschließen angewandten Alkalien kann in größeren Betrieben in Bottichen mit Zapfhahn, in kleineren in Glasballons vorgenommen werden, wie man solche zum Säuretransport verwendet. Bedient man sich fixer Alkalien, so ist die Potasche allen derartigen Präparaten vorzuziehen, da die Asche der Landpflanzen, also auch des Kakaokernes, kohlensaures Kalium enthält und somit dem Kakao kein ihm fremder Stoff zugeführt wird. Auch kohlensaure Magnesia scheint in manchen Fällen angewendet worden zu sein, doch halten wir diese für weniger zweckmäßig, da sie in Wasser unlöslich ist und deshalb nur suspendiert der Kakaomasse einverleibt werden kann. Von der Potasche genügt es, ein 90 bis 95 prozentiges Präparat anzuwenden, das den Forderungen der Arzneibücher entspricht[1]). Das Salz ist schon in gleichen Teilen Wasser löslich.

Man wird daher beim Lösen vorteilhaft so verfahren, daß man eine bestimmte Menge des Salzes in der drei- bis vierfachen Menge Wasser von Zimmertemperatur löst und die Lösung mit der entsprechenden Menge Wasser auf den gewünschten Gehalt bringt. Da man auf je 100 Kilo unentfettete Kakaomasse 2 bis 3 Kilo Pottasche und ca. 15 bis 20 Kilo Wasser rechnet, so sind 2 bis 3 Kilo des Salzes in ca. 10 Litern Wasser zu lösen und diese sodann mit dem Rest des Wassers zu verdünnen.

---

[1]) Die Potasche wird zumeist aus der Schlempekohle des Melasse-Rückstandes gewonnen und ist technisch sehr rein. Lieferant ist Chemische Fabrik von Dr. Hensel & Co., Blumenthal (Hannover).

Bei Anwendung von flüchtigen Alkalien kann man sich des käuflichen pulverförmigen, kohlensauren Ammoniums oder des flüssigen Ammoniakliquors („Salmiakgeist“) bedienen. Ersteres ist in zirka 5 Teilen Wasser leicht löslich. Man rechnet gewöhnlich auf 100 kg unentfettete Kakaomasse 1/2 bis 3 kg Ammoncarbonat, die man in Wasser auflöst und zwar so, daß man die ganze Menge des Salzes auf einmal in 15 bis 30 Liter Wasser gibt, da sich bei Anwendung geringerer Mengen Wasser das Salz zersetzt und eines der hierbei gebildeten Zersetzungsprodukte, das saure kohlensaure Ammonium, ungelöst bleibt.

Der Ammoniakliquor (Salmiakgeist) wirkt wegen seines hohen Ammoniakgehaltes wesentlich stärker als kohlensaure Ammon, man darf deshalb davon höchstens ein Drittel soviel nehmen, gewöhnlich reicht man sogar mit noch weniger aus. Demnach wären 100 Kilo der entfetteten Masse mit 1/2—1 Kilo Ammoniakliquor (vom spezifischen Gewicht 0,96) zu imprägnieren, den man vorher mit 20 bis höchstens 29 Kilo Wasser verdünnt hat. Das Mischen der beiden Flüssigkeiten hat wegen der Flüchtigkeit des Ammoniaks kurz vor der Anwendung in Glasballons zu erfolgen.

Zum Präparieren des Kakaos werden Salzlösungen und Kakao im Melangeur oder besser in der Misch- und Knetmaschine zusammengegeben und die Apparate in Gang gesetzt, wobei Dampf eingelassen wird, um die beigegebene Menge Wasser, beziehungsweise das f l ü c h t i g e Alkali wieder zu entfernen. Dies macht die Methode wenig empfehlenswert. Sollte sich ein Trockenwerden des Kakaos in den Mischmaschinen nicht erzielen lassen, so muß die Masse in einer beliebigen Trockenanlage (bei 18° C.) von der verbleibenden Feuchtigkeit befreit werden.

Bei Anwendung von flüchtigen Alkalien wird man die Knet- und Mischmaschinen wohl nicht entbehren können, da diese den Kakao weit gründlicher durchzuarbeiten und dadurch das Ammoniak besser zu verteilen vermögen als der Melangeur. In diesem Falle ist es auch empfehlenswert, die ganze Präparierung in einem von den übrigen Fabrikationsräumen abgetrennten Gelasse vorzunehmen, damit sich der stechende Ammoniakgeruch nicht andern Präparaten mitteilt, ein ziemlicher Übelstand beim Aufschließen mit Ammoniak. Zugleich ist für gute Abführung der entbundenen Gase zu sorgen und der Abführungsstutzen für dieselben derart zu legen, daß derselbe durch die Mauer direkt ins Freie ausmündet. Die Einführung dieses Verfahrens der Präparation mit flüchtigen Alkalien begegnet daher besonders wegen der damit verbundenen Geruchsbelästigung allerlei Schwierigkeiten. Der vorerwähnte „Vacuum-Kneter“ leistet hier besonders wertvolle Dienste, er bewirkt schnelle

Vermischung, rasche Verdampfung der Flüssigkeit, sowie restloses und geruchloses Entfernen der überschüssigen Ammoniakdämpfe. Zweckmäßig ist es, den Auspuff der Pumpe in einen entsprechenden Abzug zu leiten.

Da die Ammoniakverbindungen in der Wärme sämtlich flüchtig sind, so wird durch deren Verwendung der Aschengehalt des Kakaos im Gegensatz zur Verwendung fixer Alkalicarbonate nicht erhöht.

Ob die letzten Reste des Wassers verdampft sind, läßt sich nur aus dem Flüssigkeitsgrade der Masse nach der Präparation ersehen. Bei allen vorstehend beschriebenen Arten der Naß-Präparation gemahlener Kakaomasse ist deshalb zu beachten, daß der Kakao genau ebenso flüssig sein muß, wie er von der Drillingsmühle kam. Solange sich die präparierte Masse noch als dickflüssig erweist, was bei Anwendung ungeeigneter Misch-Maschinen oftmals vorkommt, solange ist auch noch Wasser in der Masse enthalten, ein Umstand, der zu Pilzbildung in den Büchsen oder zum Grauwerden des Kakaos führt.

Ein etwa verbleibender laugenhafter Geschmack des alkalisch präparierten Kakaos läßt sich durch Zugabe kleiner Mengen Weinsteinsäure nach beendeter alkalischer Präparierung neutralisieren, was neuerdings vielfach geschieht. Zu diesem Zwecke werden auf je 100 kg Kakaomasse etwa $1/2$ kg Weinsteinsäure in 1—2 Litern Wasser gelöst und diese Lösung in die fertig präparierte Masse eingetragen. Unter beständigem Weiterheizen des Troges und Weiterarbeiten der Mischflügel wird das zugesetzte Wasser wieder völlig als Dampf ausgetrieben.

Der vom Wasser bzw. den flüchtigen Alkalien vollkommen befreite, präparierte Kakao gelangt nun der Reihe nach in die Presse, dann in den Pulverisator etc. und schließlich zum Sieben, Manipulationen, die sämtlich genau so ausgeführt werden, wie oben beschrieben wurde. Bei dem ursprünglichen O. Rügerschen Verfahren wird der aufgeschlossenen, entölten, zerkleinerten und schließlich getrockneten Kakaomasse wieder Fett in beliebiger Menge zugesetzt, so daß es nach diesem Verfahren also auch möglich ist, eine aufgeschlossene Kakaomasse mit ursprünglichem Fettgehalt herzustellen.

2. Aufschließen nach dem Pressen.

Bei diesem Verfahren, das, soviel wir wissen, kaum mehr angewendet werden dürfte, werden die mechanisch vorbereiteten Bohnen geröstet, gebrochen und geschält, auf der Drillingsmühle gemahlen, dann entfettet, worauf man die ausgekühlten Preßblöcke in grobes Pulver verwandelt, das mit dem Alkali in den obenerwähnten Verhältnissen imprägniert und weiterbehandelt wird.

Es erübrigt schließlich noch, einige Aufschließungsmethoden zu erwähnen, bei denen vom Gebrauch der Alkalien vollkommen Abstand genommen und das Aufschließen unter Zuhilfenahme von Wasser oder Wasserdampf ausgeführt wird. Das erste derartige von Lobeck & Co. in Dresden [1]) gefundene Verfahren stammt aus dem Jahre 1883. Hierbei werden Kakaobohnen, roh, geröstet, geschält, zerrieben oder sonst irgendwie mechanisch vorbereitet, in einem geschlossenen Apparat erhöhter Temperatur und starkem Dampfdruck ausgesetzt, worauf man trocknet und pulverisiert. Das Verfahren ist wenig empfehlenswert und hat sich auch nicht einzubürgern vermocht, da hierbei die Kakaostärke verkleistert wird, ferner im Kakao Säuregärung eingeleitet und dadurch das Endprodukt geschädigt wird. Weiterhin ist auch zu befürchten, daß in dem so behandelten Kakao beim Lagern Pilzbildung eintritt.

Bei einem zweiten, Gädke [2]) patentierten Verfahren wird das Aufschließen mittels Wasser auf weniger radikale Weise zu erreichen gesucht, indem die fertig gerösteten und enthülsten ungemahlenen Bohnen mit Wasser befeuchtet und darauf bei Temperaturen unter 100° C. getrocknet werden, wonach das Vermahlen, Entfetten, Pulverisieren erfolgt. Auch dieses Verfahren hat eine praktische Bedeutung nicht erlangt.

* *
*

Nach unserer Ansicht kann zwar ein jedes der oben beschriebenen Verfahren bei sachgemäßer, aufmerksamer und vorsichtiger Durchführung ein verkäufliches und hygienisch wertvolles, ansehnliches Produkt liefern, doch erfreuen sich natürlich einzelne Verfahren besonderer Vorzüge. Ganz besonders gilt dies von der sogenannten „holländischen Methode", wiewohl diesem Verfahren der Mangel anhaftet, daß in die Bestandteile des Kakaos ein chemisches Produkt eingeführt wird, darin verbleibt und deshalb mit zum Genusse gelangt. Von diesem Gesichtspunkt aus betrachtet, ist das Aufschließen mit fixen Alkalien überhaupt weniger empfehlenswert als die Verfahren, bei denen man sich der flüchtigen Alkalien oder des Wassers bedient. Im einzelnen muß hier jeder Fabrikant selber entscheiden, was für ihn das Beste ist.

---

[1]) D. R. P. Nr. 30894 und Chem. Ztg. 1886, p. 1431.

[2]) D. R. P. Nr. 93394 vom 17. Januar 1895.

Ein gut fabriziertes aufgeschlossenes Kakaopulver muß eine hellbraune Farbe zeigen und darf keinen Stich ins Graue besitzen; es muß absolut trocken sein und soll ferner bei großer Feinheit sich leicht und wollig anfühlen, also jene Eigenschaft aufweisen, die der Franzose mit dem Worte „impalpable“ bezeichnet. Das eigentümliche Aroma des Kakaos muß erhalten geblieben sein, besonders darf dem Pulver auch nicht der leiseste Geruch nach etwa zur Präparierung angewandten Ammonverbindungen anhaften; es muß angenehm und rein nach Kakao schmecken, ein laugenartiger Beigeschmack deutet auf fehlerhafte Behandlung mittels fixer Alkalien hin. Neben dem Aroma und dem feinen Geschmack gilt in den Augen des konsumierenden Publikums auch die sogenannte „leichte Löslichkeit“[1]) als ein hervorragendes Kennzeichen für die Güte des Puderkakaos. Zu deren Ermittlung kann man sich nur einer empirischen Probe bedienen und dabei etwa wie folgt verfahren[2]): Man gibt ca. 7,5 g Kakaopulver und 150 g heiße Milch oder heißes Wasser in ein graduiertes Becherglas, rührt mit einem Löffelchen tüchtig um und beobachtet an der Graduierung, binnen welcher Zeit sich eine bestimmte Menge des Pulvers zu Boden gesetzt hat. Je längere Zeit es zur Ansammlung eines Bodensatzes bedarf, und je geringer dieser selbst ist, um so verteilungsfähiger ist auch das Pulver.

Wird ein Aromatisieren des Puderkakaos notwendig, so bedient man sich der auch bei der Schokoladenfabrikation gebräuchlichen Gewürze oder ihrer ätherischen Öle, die man dem Pulver in den meisten Fällen beim Pulverisieren, erst kurz vor dem Sieben, einverleibt.

---

[1]) Vgl. pag. 204 Anmerkung 1.

[2]) Vgl. auch R. O. Neumann, lic. cit. p. 98ff.

C. Emballage und Aufbewahrung der fertigen Kakaopräparate.

Die Schokolade hält sich mit allen ihren ursprünglichen Eigenschaften jahrelang, wenn sie luftdicht verwahrt ist. Darum wird auch meist, insbesondere bei den feineren und teueren Sorten, sofort nach der Verfertigung zum Einschlagen geschritten, dem bei figurierten Schokoladen ein Bepinseln mit einer alkoholischen Lösung von Benzoëharz und Schellack vorausgeht.

Die geringeren Sorten werden meist in Papier eingeschlagen und in Holzkisten verpackt; die teueren aber direkt in Stanniol und weiterhin in Papier eingewickelt. Das Kakaopulver kommt meist in Pergamentpapierbeutel verpackt und in Kartons oder Blechbüchsen eingeschlossen in den Handel.

Wiewohl die Verpackung der Schokolade in Wachs- oder Pergamentpapier hygienisch vorteilhafter und billiger ist als die Stanniolemballage, so ist diese trotzdem vorzuziehen; und zwar nicht nur, weil sie die Erhaltung des Aromas der der Schokolade beigemengten Gewürze bewirkt, sondern auch weil sie das (bei sehr langem Lagern schließlich auch bei Kakao eintretende) Ranzigwerden verhindert. Dies hat seinen Grund darin, daß sich das Stanniol fest an die Schokoladen anschmiegt und somit der Zutritt von Luft zwischen beide gehindert ist.

Nach dem Gesetz vom 25. Juni 1897, Reichsgesetzblatt No. 22, dürfen Metallfolien, welche in 100 Gewichtsteilen mehr als 1 Gewichtsteil Blei enthalten, zur Verpackung von Schnupf- und Kautabak und Käse nicht verwandt werden. Was für diese Genuß- und Nahrungsmittel gilt, muß auch für die Kakaopräparate gelten, wenn diese mit Metallfolien direkt in Berührung kommen, also nicht zuerst in Papier verpackt sind. Auch Weißbleche, die in dem Zinnüberzuge mehr als 1 % Blei und in den Verlötungen mehr als 10 % Blei enthalten, sind für die Zwecke unserer Industrie unzulässig. Wiewohl in Deutschland sämtliche für die Schokoladenfabrikation erforderlichen Zinngarnituren aus Reichslot angefertigt sein sollen, mag es doch zuweilen vorkommen, daß billiges Emballagematerial den gesetzlichen Bestimmungen nicht entspricht.

Der Fabrikant wird sich gegen eine gerichtliche Verfolgung, die ihm durch Zuwiderhandlung gegen obige Verordnung erwachsen könnte, nur dadurch sichern können, daß er von seinem Lieferanten eine Gewährleistung für unanfechtbare Ware fordert.

Die Räume, in denen die gefertigten Schokoladenwaren lagern, dürfen nicht zu warm und müssen insbesondere trocken sein, da Wärme die Verflüchtigung des Gewürzaromas und das Ranzigwerden der Kakaobutter beschleunigt, Feuchtigkeit jedoch die Schoko-

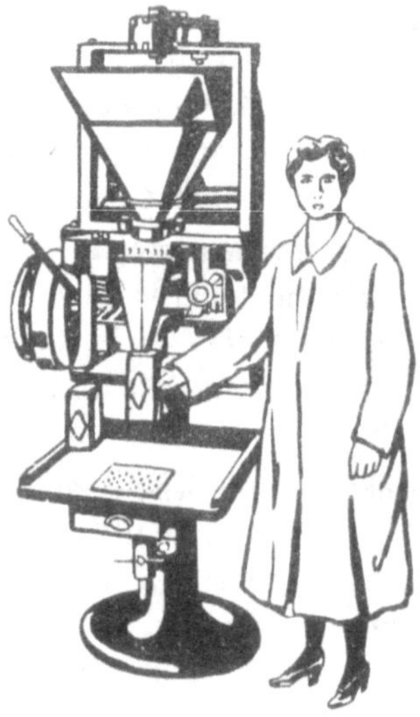

Fig. 86.

lade unansehnlich macht und eventuell Schimmelbildung hervorruft. Diese Schimmelbildung, die sich immer erst nach längerem Lagern der Schokoladen in feuchten, dunklen Räumen bemerkbar macht, wird durch ein Oïdium (Faulschimmel) hervorgerufen, das Royer[1]) als „Kakaooïdium“ bezeichnet hat.

Wenn das mehrmalige Einschlagen (in Stanniol, in Papier etc.) nur von Hand geschieht, so stellt es eine nicht unwesentliche Verteuerung des Produktes dar. Dies gilt weniger von den großen Schokoladentafeln, als von den kleinen sog. Napolitains u. dgl. Man hat deswegen schon öfter versucht, dies auf maschinellem Wege zu erreichen; nach vielfachen Versuchen ist es heute gelungen,

[1]) Beckurts Pharmac. Jahresbericht 1883—84, p. 990.

Maschinen zu bauen, die völlig automatisch das Einwickeln in Stanniol, das Falten und das abermalige Einwickeln in Glanzpapier und Schließen besorgen und auch gut funktionieren; derartige Maschinen werden jetzt in den verschiedensten Abarten gebaut, besonders von den Firmen Jagenberg-Werke, Düsseldorf, der „Maschinen für Massenpackung", G. m. b. H., Berlin, u. a.

Einfacher liegt dagegen die Sache mit dem Kakaopulver, das ja anfänglich auch durch Hand in seine Papierbeutel gefüllt wurde. Das geschieht seit langem — ebenso wie mit ähnlichen puderförmigen Substanzen: Zahnpulver, Farben, Nährmitteln, Seifen-

Fig. 87.

pulvern etc. etc. — wohl überall, auch in den kleineren Betrieben, maschinell. Zwar hat sich die seinerzeit an dieser Stelle [1]) beschriebene, von L. Wagner in Heilbronn a. N. gebaute Seeligsche Paketfüllmaschine, die automatisch ein ganzes Dutzend Pakete gleichzeitig füllen wollte, nicht bewährt, denn sie wird nicht mehr gebaut; dafür sind aber eine ganze Reihe anderer Maschinen aufgetaucht, die sich im Laufe längerer Jahre bereits trefflich bewährt haben. Allerdings ist das Prinzip hier anders; es werden nicht viele Pakete auf einmal, sondern stets nur ein einziges gefüllt, dieses aber mit einer hohen Exaktheit und denkbar größter Gewichtskonstanz.

[1]) Zipperer, II. Auflage p. 227.

Fig. 88.

Außer der schon erwähnten „Maschinen für Massenpackung“, G. m. b. H., Berlin, die mehrere automatische Abfüllmaschinen anzeigen, mag hier noch besonders die Firma Fritz Kilian angeführt werden, deren automatische Füll- und Dosiermaschine „Ideal“ (Fig. 86, für Mengen von 25—2500 g) und „Triumph“ (Fig. 87, für 1—100 g) sich wegen ihrer hervorragenden Eigenschaften schon seit langem in den Kakaopulverfabriken ein Hausrecht erworben haben. Auch die Imperial-Förster-Werke, Magdeburg, Ganzhorn & Stirn, Schwäbisch-Hall u. a. bauen gute Spezialtypen mit genauester Einstellung für Kakaopulver-Abfüllung.

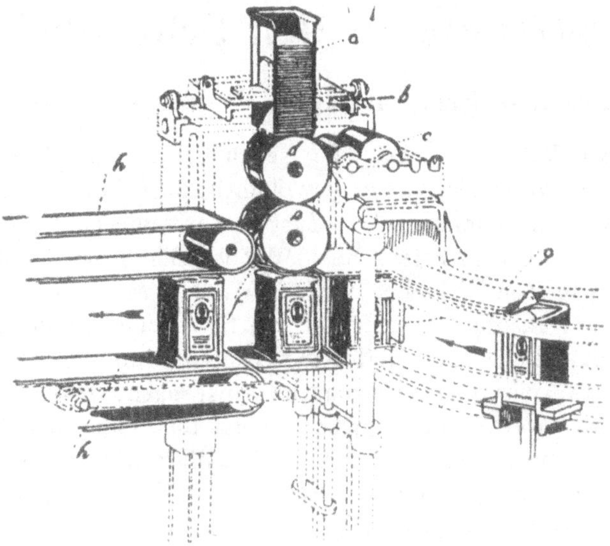

Fig. 89.

In Fig. 88 und 89 zeigen wir eine Maschine bzw. Vorrichtung für Massenverpackung.

Aus der schematischen Darstellung in Fig. 89 geht die Arbeitsweise der Verpackung von Kakaopulver in Kartons deutlich hervor, sodaß sich eine Erläuterung erübrigt.

DRITTER ABSCHNITT.

Zusatzstoffe zu den Schokoladen.

Gesetzliche Bestimmungen. Verbotene Zusätze.

Die Schokolade ist, wie wir gesehen haben, eine Mischung von Kakaomasse mit Zucker, wozu gewöhnlich noch Gewürze oder auch Kakaobutter hinzukommen. Der Zucker macht meist etwas mehr als die Hälfte (60 bis höchstens 68%) der ganzen Mischung aus. Die Gewürze, wie Zimt, Vanille, Nelken, Muskat, Macis, Cardamomen, ebenso die Kakaobutter oder die Parfüms, wie Perubalsam etc. sind nur in kleinen Quantitäten beigemischt, um die Feinheit des Geschmackes oder den Geschmack selbst nach Belieben zu verändern. Jetzt werden die Gewürze meist durch die aus ihnen gewonnenen aetherischen Öle oder die künstlich dargestellten Träger ihres Aromas, (z. B. Vanillin) ersetzt. Bei bestimmten diätetischen Schokoladen wird der Zucker durch Saccharin ersetzt; in diesem Falle muß statt des Zuckers, der für die Kranken schädlich ist, eine andere Füllmasse zur Anwendung kommen, als welche Leguminosenmehle, wie Bohnen-, Erbsen-, Linsenmehl benutzt werden[1]. Für einige Fantasieartikel der Schokoladefabrikation kommen noch bestimmte unschädliche Farben, ferner Benzoëtinktur etc. in Betracht.

I. Süßstoffe.

a) Der Zucker.

Sowohl der aus dem Zuckerrohr gewonnene Rohrzucker, als auch der aus der Zuckerrübe bereitete Rübenzucker wird zur Schokoladefabrikation verwendet. Da die Schokolade jedoch von Natur

[1]) In neuerer Zeit wird vielfach geringeren Puderkakaosorten etwas Hafermehl (bis zu 5%) zugesetzt, wodurch sie sich dicker kochen; auch das erscheint deklarationspflichtig. Vgl. hierüber die gesetzlichen Bestimmungen im Anhang.

aus schon eine braune Farbe besitzt, so werden sich, neben den weißen, auch die billigeren halbweißen Zuckersorten zum Vermengen mit Kakaomasse sehr gut eignen. In Betracht kommen für unsere Industrie:

1. Hut- oder Brotzucker, d. h. weißer kristallisierender, erster Qualität, für bessere Schokoladen nur in besonderen Fällen;
2. Kristall- oder Kornzucker, aus losen, deutlich ausgebildeten Kristallen bestehend, für fast alle Zwecke der Fabrikation geeignet;
3. Farinzucker I, II und III, unter welchen Bezeichnungen schwierig kristallisierende Zucker zu verstehen sind, die mit den Zahlen aufsteigend eine Zunahme an Melassegehalt zeigen und daher mehr oder minder braun gefärbt sind.

An alle diese Zuckersorten muß jedoch der Schokoladenfabrikant folgende Anforderungen stellen:

Der Zucker muß sich in der Hälfte seines Gewichtes Wasser in der Wärme zu einem süß schmeckenden Sirup lösen. Dieser Sirup darf weder blaues noch rotes Lackmuspapier verändern, d. h. also weder sauer noch alkalisch reagieren; ferner darf der Zucker, in Milch aufgekocht, diese unter keinen Umständen zum Gerinnen bringen.

Der Zucker wird zumeist in Form eines staubfeinen Pulvers oder in heißem Wasser gelöst angewandt; manchmal wird er auch in Gestalt eines gröberen Pulvers der Kakaomasse zugegeben; dies ist jedoch weniger zu empfehlen.

Früher benutzte man zum Pulvern von Zucker die sogenannten Kollergänge, wie wir einen solchen in Figur 90 vor uns sehen und wie sie auch zum Mahlen und Verreiben anderer Substanzen (Erdfarben usw.) vielfach in Anwendung sind. Sie ähneln sehr den Melangeuren und sind mit feststehendem Bodenstein und zwei walzenförmigen Läufern konstruiert. Das durch einen solchen Kollergang erzielte Mahlgut muß dann noch irgendeine der vielen verschiedenartig konstruierten Siebmaschienen passieren, wobei die feineren Teile durch die Maschen der entsprechend gewählten Bespannung von Seidengaze (sog. „Müllergaze") hindurchdringen, während die gröberen Rückstände am Ende der Maschine ausfallen. Solche Maschinen sind für kleineren Bedarf z. B. die in Fig. 91 dargestellte Trommelsiebmaschine, für größeren die bereits besprochene Zentrifugalsiebmaschine.

Die Vorrichtungen zur Vermahlung von Zucker sind allmählich außerordentlich vervollkommnet worden. Die rationellsten Maschinen zur Vermahlung aller Sorten Kristallzucker (Kornzucker) und sogenannter Knuppern (d. s. etwa wallnußgroße Bruchstücke von Brot- oder Hutzucker) sind die kombinierten Mahl- und Siebwerke, wie sie von den Firmen Lehmann in Dresden, Bauermeister in Altona-Ottensen, Paul Franke & Co. in Böhlitz-Ehrenberg bei Leipzig u. a. gebaut werden. Die Mahlung wird hierbei durch sogenannte Schleuder- oder Schlagkreuzmühlen (Desintegratoren)[1]) bewirkt. Dieses Zerkleinerungssystem besteht im allge-

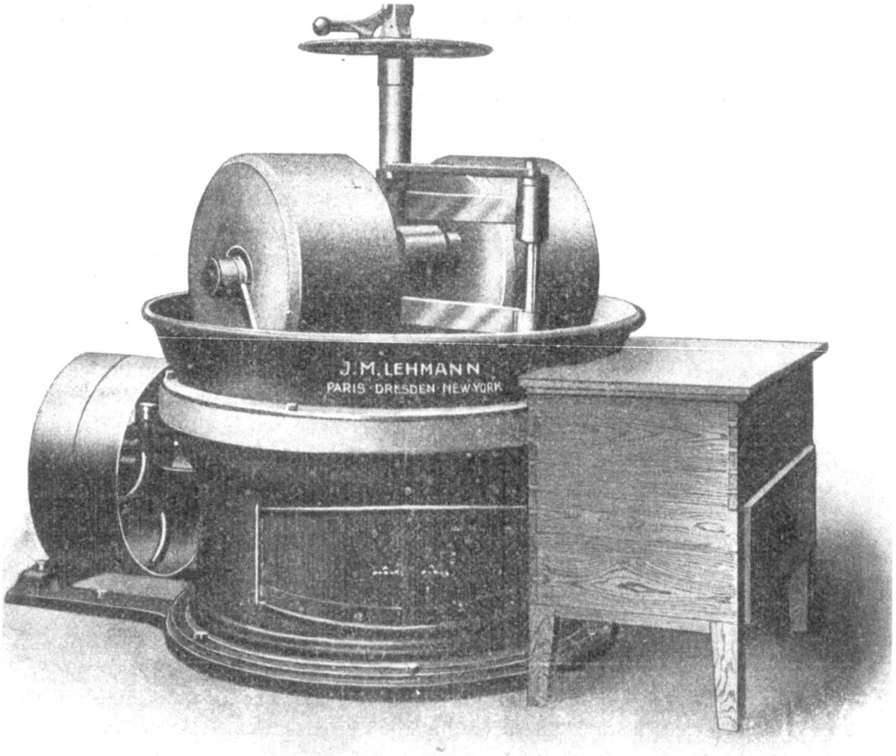

Fig. 90.

meinen darin, daß zwei senkrechte, einander dicht gegenüberstehende, mit wagrechten Achsen ausgestattete Scheiben in entgegengesetzter Drehrichtung mit hoher Geschwindigkeit (2000 bis 3000 Umdrehungen in der Minute) umlaufen. Auf den einander zugekehrten Seiten sind die Scheiben mit Reihen von bleistiftstarken Stiften besetzt, die bei der Drehung aneinander vorbeieilen und

[1]) Noch besser, weil infolge geringerer Luftwirbelung weniger stauberzeugend, also Materialverlust verhütend, sind angeblich die Stiftkreuzmühlen oder Dismembratoren, wie sie z. B. Paul Franke & Co. bauen.

so das durch die Zentrifugalkraft zwischen sie geschleuderte Mahlgut zerkleinern.

Die Leistung dieser Desintegratoren ist außerordentlich groß; sie liefern um so mehr und um so feineres Mahlgut, je härter und je trockener der zu mahlende Zucker ist. In Figur 92 ist als Beispiel ein derartiges kombiniertes Mahl- und Siebwerk wiedergegeben.

Fig. 91.

Der Zucker in Kornform oder in wallnußgroßen Stücken (sogen. Knuppern) wird in den Einfalltrichter gebracht, von wo er durch eine Schnecke dem Mahlwerk zugeführt wird; der Zulauf ist regulierbar. Die Schläger, welche mit ca. 3000 Umdrehungen in der Minute laufen, erfassen den Zucker und schleudern ihn mit großer Gewalt an die mit scharfen Rippen besetzten Wände des Gehäuses und zerkleinert fällt er auf einen im unteren Teil befindlichen Siebrost. Der durch diesen Rost fallende Zucker wird nun mittelst Schnecke und Elevator dem Siebwerke zugeführt, während der nicht genügend zerkleinerte aufs neue von den Schlägern erfaßt wird. Das Siebwerk besteht aus einem Zylindersiebe, in dessen Innern ein ventilatorartig wirkendes Maschinenelement für Fortbewegung und Durchgang sorgt. Die gröberen Reste werden entweder von Hand oder je nach örtlichen Verhältnissen durch irgendwelche mechanischen Transportmittel dem Einfülltrichter erneut zugeführt. Eine oberhalb des Siebwerkes liegende Kammer, die durch Rohrleitungen mit dem Mahlwerk in entsprechender Weise verbunden ist, verhindert das Stauben der Maschine.

Derartige Anlagen werden in mannigfachster Abänderung und verschiedenster Größe gebaut und haben sehr große Leistungen (bis zu 5000 kg täglich). Schon der Transport derartig großer Mengen staubender Zuckersäcke bedingt indes die Aufstellung einer

Fig. 92.

solchen Anlage in besonderen Räumen. Zu bemerken ist ferner, daß der schließliche Feinheitsgrad des gepulverten Zuckers durch die gewählte Gewebeweite des Gazesiebes bestimmt wird, was natürlich wieder die Leistungsfähigkeit der Maschine beeinflußt.

b) Künstliche Süßstoffe (Saccharin, Dulcin, Glucin).

Künstliche Süßstoffe im Sinne des deutschen Süßstoffgesetzes vom 7. Juli 1902 sind alle auf künstlichem Wege gewonnenen Stoffe, falls sie als Süßmittel dienen können und höhere Süßkraft als raffinierter Rohr- oder Rübenzucker, aber keinen entsprechenden Nährwert besitzen. Von den verschiedenen aus den Produkten der Steinkohlendestillation gewonnenen organisch-chemischen Verbindungen, die einen süßen Geschmack aufweisen, haben sich nur drei als praktisch brauchbar erwiesen, nämlich Saccharin, Dulcin und Glucin. Von diesen dreien wiederum haben Saccharin und Dulcin sich dauernd Eingang zu verschaffen vermocht und spielen in verschiedenen Industrien eine wichtige Rolle, während Glucin nur beschränkte Anwendung findet. Die scharfen Bestimmungen des deutschen Süßstoffgesetzes, denen zufolge Saccharin nur in Apotheken bzw. gegen ärztliches Rezept abgegeben werden durfte, sind infolge der durch den Krieg verursachten Zuckernot im April 1916 durch Bundesratsverordnung wesentlich gemildert und Saccharin und Dulcin unter gewissen Voraussetzungen wieder freigegeben worden.

Für die Schokoladenfabrikation im allgemeinen besitzen die künstlichen Süßstoffe keine Bedeutung und dürften sie auch in Zukunft wohl kaum erlangen, denn ihr Volumen ist dem Zucker gegenüber bei gleichem Süßungsgrad verschwindend gering. Höchstens können sie als Zusätze zu Krankenkakaos und Krankenschokoladen (diabetischen und medizinischen Schokoladen) in Betracht kommen für solche Kranke, denen der Zuckergenuß schädlich ist (Diabetiker, Magenkranke, Fettleibige). Dann muß aber dieser Zusatz von künstlichen Süßstoffen bei solchen Präparaten gekennzeichnet werden. Im Folgenden sollen kurz chemische Natur, Eigenschaften und Nachweis des Saccharins, Dulcins und Glucins besprochen werden.

1. Saccharin oder Oathobenzoesäuresulfimiel

$$C_6H_4<{CO \atop SO_2}>N_4$$

ist ein weißes, kristallinisches, geruchloses, noch in 70 000 facher

Verdünnung süßschmeckendes Pulver. Es ist 500 mal süßer als Rohrzucker, schmilzt bei 224° und kann unter vermindertem Druck nahezu unzersetzt sublimiert werden. 1 Teil Saccharin löst sich in 400 Teilen kaltem Wasser, in 28 Teilen siedendem Wasser, in 100 Teilen Äther, in 100 Teilen Weingeist und sehr leicht in Kalilauge. Statt des in Wasser schwerlöslichen reinen Saccharins verwendet man darum meist dessen Natriumsalz

$$C_6H_4{<}{}^{CO}_{SO_2}{>}NNa + 2H_2O,$$

das zwar etwas weniger süß (3—400fach so süß wie Rohrzucker), dafür aber viel leichter löslich ist. Es ist ein weißes Pulver, das sich beim Schmelzen zersetzt und daher nicht sublimierbar ist. Säuren scheiden aus dem Salz das Saccharin wieder aus. Saccharin und Saccharinnatrium kommen für sich oder im Gemisch mit Natriumbikarbonat und ähnlichen Bindemitteln in Form von Pastillen oder Tabletten unter den verschiedensten Bezeichnungen in den Verkehr, wovon beispielsweise angegeben seien: Saccharol, Saccharinol, Saccharinose, Toluolsüß, Süßstoff-Sandoz, Kristallose, Monnat's Süßstoff, Sykorin, Sykose, Zuckerin, lösliches Saccharin, Sucramin, Sucrose. Mehr oder minder grobe Verfälschungen dieser Präparate sind leider mehrfach beobachtet worden.

Zur Abscheidung des Saccharins aus Nahrungsmitteln benutzt man meist dessen Löslichkeit in Äther oder einem gleichteiligen Gemisch von Äther und Petroläther. Zipperer gibt für die Isolierung aus Kakaopräparaten folgende einfache Vorschrift:

5 g der zu untersuchenden gepulverten Substanz werden mit 100 ccm Wasser in einem Mischzylinder unter zeitweiligem Umschütteln 2 Stunden stehen gelassen, worauf man filtriert und das Filtrat mit 3 Tropfen Salzsäure versetzt. Diese wird dann bis auf 20 ccm abgedampft, im Scheidetrichter mit 50 ccm Äther ausgeschüttelt und zum Absetzen der beiden Schichten einen Tag beiseite gestellt. Dann trennt man den ätherischen Auszug ab, verjagt den Äther und prüft den Rückstand auf Saccharin.

Besser ist das Verfahren von van den Driessen Mareeuw[1]), der das Saccharin folgendermaßen isoliert:

10 g der zu untersuchenden zerkleinerten Probe kocht man eine Stunde lang mit 100 ccm 10%iger Salzsäure, macht die Flüssigkeit mit Natriumkarbonat alkalisch, filtriert und wäscht den Rückstand bis zum Verschwinden der alkalischen Reaktion aus. Das alkalische Filtrat wird mit Phosphorsäure angesäuert, bis auf einen kleinen Rest eingedampft, mit 5 g Kalziumsulfat gemischt und getrocknet. Die getrocknete Masse wird gepulvert und mit Äther ausgezogen. Beim Abdunsten des ätherischen Extraktes bleibt das Saccharin zurück.

---

[1]) Z. U. N. G. 1911, 21, p. 123.

Zur Abscheidung des Saccharins in möglichst reinem Zustand gibt es verschiedene, meist ziemlich umständliche Methoden, auf die hier nur verwiesen werden kann [1]). Als sicherstes Mittel zur Reindarstellung des Saccharins (und auch Dulcins) ist die Sublimation [2]) zu betrachten.

Der qualitative Nachweis des auf irgendeine Weise abgeschiedenen Saccharins erfolgt außer durch die Geschmacksprüfung am besten durch die Reaktion von Klostermann und Scholta [3]).

Man kocht zunächst mit 10%iger Salzsäure einige Minuten und verdampft die Lösung auf dem Wasserbad in einem Schälchen zur Trockne. Der Rückstand wird zur Entfernung etwa vorhandenen Vanillins mehrfach mit 10 ccm einer Mischung von gleichen Teilen Äther und Chloroform kalt ausgezogen, bis der Vanillegeruch vollkommen verschwunden ist. Dann prüft man einen Teil des Salzsäurerückstands mit Neßler's Reagens. Bei negativem Ausfall der Reaktion kann kein Saccharin vorhanden sein. Bei positivem Ausfall wird der übrige Teil des Salzsäurerückstandes in etwas Phenol gelöst und in einem Porzellantiegel auf Phosphorpentoxyd getropft. Die Bildung eines roten Farbstoffes, der sich in Wasser mit gelber Farbe löst und auf Zusatz von Alkali blaurot wird, beweist die Anwesenheit von Saccharin. Auf Zusatz von wenigen Tropfen Schwefelammon darf die Farbe nicht sofort verschwinden.

Die Reaktion von Klostermann und Scholta beruht auf der hydrolytischen Verwandlung des Saccharins in das Ammoniumsalz der Orthosulfobenzoësäure; sie ist genauer und zuverlässiger als die übrigen qualitativen Reaktionen auf Saccharin, deren es eine ganze Reihe gibt.

Zur quantitativen Bestimmung des Saccharins gibt es zurzeit nur zwei wirklich brauchbare und einwandfreie Methoden, nämlich 1. die Methode des Reichsgesundheitsamts [4]) und 2. die Methode von Droop-Richmond-Hill [5]).

2. D u l c i n oder Paraphenetolcarbamid $C_2H_5.O.C_6H_4.NH.CO.NH_2$, im Handel auch als Sucrol oder Valzine bezeichnet, ist ein weißes, in kaltem Wasser schwer, in heißem Wasser leichter lösliches Pulver, das von Chloroform, Äther, Alkohol sowie einer gleichteiligen Mischung von Äther und Benzol leicht aufgenommen wird, hingegen

---

[1]) Z. U. N. G. 1910, 20, p. 489; 1911, 21, p. 118; 1912, 24, p. 248; Chem.-Ztg. 1901, 25, p. 1073.

[2]) Zeitschr. d. Ver. Rübenzucker-Ind. 1898, 47, p. 558; Z. U. N. G. 1898, 1, p. 839.

[3]) Z. U. N. G. 1916, 31, p. 67.

[4]) Z. U. N G. 1903, p. 861.

[5]) Journ. Soc. Chem. Ind., London 1918, Bd. 37, Nr. 14; Chem.-Techn. Übers. 1919, p. 151.

in Äther-Petroläther nur schwer und in Petroläther allein gar nicht löslich ist. Es schmilzt bei 175° und zersetzt sich bei stärkerem Erhitzen, ist also nicht unzersetzt sublimierbar, ist etwa 200 mal süßer als Rohrzucker und steht daher dem Saccharin an Süßkraft etwas nach. Vor diesem zeichnet er sich aber durch seine große Kochbeständigkeit und vor allem seinen rein süßen Geschmack aus, der mit dem des Zuckers nahezu identisch ist. Wegen dieser Vorzüge findet es neuerdings immer steigende Verwendung. Gesundheitsschädigungen durch Genuß von Saccharin oder Dulcin sind bisher nicht bekannt geworden. Das Saccharin verläßt den menschlichen Körper fast vollkommen unzersetzt; über die Veränderungen, die das Dulcin im Organismus erleidet, liegen noch keine sicheren Ergebnisse vor.

Um das Dulcin abzuscheiden, schüttelt man es zweckmäßig mit einem Lösungsmittel, am besten mit Chloroform, aus. Auch Essigester oder Azeton sind hierfür geeignet. Für die Abscheidung des Dulcins aus Schokolade ist noch kein Untersuchungsgang ausgearbeitet worden. Man könnte unter Anlehnung an die Vorschrift von Bellier[1]) etwa folgendermaßen verfahren:

Die Schokolade wird in Wasser gelöst, die Lösung mit Bleiessig geklärt, das überschüssige Blei mit Natriumsulfat entfernt, die erhaltene klare Lösung alkalisch gemacht und hieraus das Dulcin mit Essigäther ausgeschüttelt. Zum Nachweis von Dulcin und Saccharin nebeneinander bedient man sich des Umstandes, daß das Saccharin nur aus sauren, nicht aber alkalischen, Dulcin dagegen auch aus alkalischen Lösungen mit Lösungsmitteln ausgeschüttelt werden kann. Man macht also die Substanz auf irgend eine Weise alkalisch[2]) und extrahiert das Dulcin, säuert hierauf an und schüttelt das Saccharin aus.

Die beste Reaktion zur Identifizierung des abgekühlten Dulcins ist die von Jorissen[3]).

Das Dulcin wird in einem Reagensglase in 5 ccm Wasser suspendiert, mit 2—4 Tropfen frisch bereiteter Merkurinitratlösung versetzt und 8—10 Minuten im siedenden Wasserbad erwärmt, wobei eine schwach violette Färbung eintritt, die auf Zusatz geringer Mengen von Bleisuperoxyd an Stärke zunimmt. Die Merkurinitratlösung gewinnt man, indem man 1—2 g frisch gefälltes Quecksilberoxyd in verdünnter Salpetersäure löst und dann solange Natronlauge zusetzt, bis der entstehende Niederschlag sich nicht mehr ganz löst; man verdünnt mit Wasser auf 15 ccm, läßt absitzen und dekantiert. Die Lösung darf keine freie Salpetersäure enthalten.

---

[1]) Zeitschr. f. ges. Kohlensäure-Ind. 1919, 25, p. 691; Südd. Apoth.-Ztg. 1919, 59. p. 305.

[2]) Z. U. N. G. 1910, 20, p. 489; 1912, 24, p. 248.

[3]) Journ. de pharm. de Liègn; Chem.-Ztg. 1896, 20, Rep. 114.

3. Glucin ist das Natriumsalz eines Gemisches von einer Mono- und Disulfosäure einer Verbindung, die die Zusammensetzung $C_{19}H_{16}N_4$ haben soll. Es ist ein bräunliches, in heißem Wasser leicht lösliches, in Äther und Chloroform unlösliches Pulver. Aus der wässrigen Lösung scheidet sich beim Ansäuern ein Gemisch der Sulfosäuren ab. Über 250° oder im Vacuum erhitzt, zersetzt es sich, ohne zu schmelzen. Es ist 300 mal süßer als Rohrzucker. Wird Glucin in verdünnter Salzsäure gelöst, zu dieser Lösung unter Abkühlung eine Natriumnitratlösung gegeben und die so gewonnene Flüssigkeit mit einer alkalischen Lösung von α-Naphtol versetzt, so entsteht eine rote Färbung. Resorcin oder Salicylsäure, anstelle von α-Naphtol, rufen eine hellgelbe Färbung hervor.

Für die Schokoladenfabrikation sind alle diese künstlichen Süßstoffe ziemlich bedeutungslos, weil sie dem Zucker gegenüber ein nur ganz unbedeutendes Volumen besitzen. Zwar sind sie wiederholt als Versüßungsmittel des Kakaopulvers empfohlen worden[1]) und würden hier gewiß ihren Zweck erfüllen in den Fällen, wo Kakaopulver von Kranken genossen werden soll, die größere Zuckermengen vermeiden müssen; zu einer allgemeinen Verwendung aber wird es wohl nie kommen.

II. Mehlarten.

Stärkemehle.

Die hauptsächlichsten Stärkemehlsorten, die bei der Schokoladefabrikation zur Verwendung kommen, sind neben Reis- und Arrowroot vorzüglich Kartoffel- und Weizenstärkemehl, eventuell auch in geringen Mengen Dextrin.

1. Das Kartoffelstärkemehl.

Das Kartoffelstärkemehl ist ein mattweißes oder gelbliches Pulver, in dem man schon mit freiem Auge einzelne Körnchen als glitzernde Punkte wahrzunehmen imstande ist. Unter dem Mikroskop sind diese Stärkemehlkörnchen meist einfach, nicht zusammengesetzt, muschelförmig geschichtet; sie zeigen in der Regel ein spitzes Ende, in dem der Kern liegt, sind also exzentrisch gebaut. Sonstige Gewebsfragmente dürfen sich wenig oder gar nicht im Stärkemehl vorfinden.

---

[1]) Chem.-Ztg. 1889, p. 408.

Das Kartoffelstärkemehl wird bereitet, indem man die braune Korkhaut der Kartoffel entfernt, letztere zerkleinert und durch 1 % Schwefelsäure auslaugt, wäscht, trocknet und fein mahlt.

2. Das Weizenstärkemehl.

Das Weizenstärkemehl wird sowohl aus den geschroteten Getreidekörnern, als auch aus dem gewöhnlichen Weizenmehl durch Schlämmen dargestellt, nachdem vorher die stickstoffhaltigen Bestandteile des Klebers durch Kneten entfernt wurden. Es beträgt etwa 60—70 % des Getreidekornes. Unter dem Mikroskop findet man die Größenverhältnisse der Weizenstärkekörner sehr verschieden. Von den Stärkemehlkörnern der Kartoffel unterscheiden sie sich durch den (meist konzentrischen) Spalt, die bedeutend schwächere Schichtung und durch die auffallend größere Anzahl zusammengesetzter Körner. In der Schokoladenfabrikation wird zumeist direkt Weizen**mehl**, selten Weizen**stärke** verwandt.

3. Dextrin.

Wenn das Stärkemehl einer trockenen Hitze von 200 bis 210 °C. unterworfen wird, so bildet sich neben geringen Quantitäten Zucker zumeist Dextrin oder Stärkegummi.

Es ist ein weißes bis blaßgelbes, geschmackloses und eigentümlich riechendes Pulver. Im Gegensatz zu Stärkemehl löst es sich leicht in Wasser und wird durch wässerige Jodlösung **rot** gefärbt.

Fehlingsche Lösung wird durch Dextrin in der Kälte nicht, wohl aber bei längerem Erhitzen zu rotem Kupferoxydul reduziert.

4. Die Reisstärke.

Die Reisstärke wird aus den schlechteren Reissorten und den Abfällen der Tafelreisbereitung durch Schlämmen gewonnen. Sie besteht unter dem Mikroskop aus sehr kleinen Körnern, die aus eiförmigen Körnern verschiedener Größe gebildet zu sein scheinen. Je nach ihrer ursprünglichen Lage sind die Körner durch eine größere oder geringere Zahl ebener Flächen begrenzt, die von gegenseitiger Anlagerung herrühren, wodurch die Körner immer vieleckig erscheinen [1]). Das Reisstärkekorn unterscheidet sich von den vorher genannten Stärkemehlen leicht durch dieses Kennzeichen.

5. Arrow-root.

Hiervon gelangen verschiedene Sorten in den Handel, die aus

---

[1]) Siehe Moeller loc. cit p. 114.

den Mehlen der Wurzelknollen verschiedener Pflanzenfamilien bestehen:

a) Westindisches Arrow-root von Maranta arundinacea, stellt ein feines mattweißes Pulver dar. Unter dem Mikroskop erscheint es aus stets einfachen birn- oder spindelförmigen Körnern mit exzentrischem Spalte gebildet.

b) Ostindisches Arrow-root, das von verschiedenen Ingwer-Gewächsen herrührt. Es ist ein feines weißes Pulver; unter dem Mikroskop findet man seine einfachen Körner mit ungemein dichter Schichtung an dem spindelförmigen Ende, also mit stark exzentrischem Spalt, versehen. Dem ostindischen Arrow-root sehr ähnlich das Guyana-Arrow-root, das von den Yam-Arten gewonnen wird.

c) Queensland-Arrow-root, von Zapfenpalmen und Canna-Arten, zeigt flache, grobkörnige, meist einfache Körner. Diese lassen sich durch ihre, die andern Stärkesorten übertreffende Größe mikroskopisch leicht erkennen.

d) Brasil-Arrow-root, von der Manihotpflanze, zu den Euphorbiaceen gehörig. Unter dem Mikroskop zeigen sich die Körner als zusammengesetzt; ihre Teilkörner weisen meist pauken- oder zuckerhutförmige Gestalt mit vielfach konzentrischer Schichtung auf.

6. Kastanienmehl.

Auch das Kastanien- oder Maronenmehl kann für die Schokoladenindustrie in Betracht kommen. Für seine Kennzeichnung liefern die Stärkekörner die brauchbarsten Anhaltspunkte. Diese sind teils einfach, teils aus zwei Körnchen zusammengesetzt. Die einfachen Stärkekörner bieten nach J. F. Hanausek[1]) unter dem Mikroskop eine wahre Musterkarte von Formen, die sich einer zusammenfassenden Beschreibung geradezu entziehen. Häufig kommen ei-, spindel-, keulen- und flach-nierenförmig gebildete Körner vor, die denen der Hülsenfrüchte gleichen; besonders aber fallen die dreieckig konstruierten Stärkekörner auf, sowie andere, die eine spitz vorspringende Verlängerung aufweisen. Der zentrale Kern und die Kernhöhle ist meist deutlich zu sehen, die Schichtung dagegen nur schwach angedeutet oder ganz unbemerkbar.

7. Bohnenmehl.

Von den Leguminosenmehlen ist es hauptsächlich das Bohnenmehl, das wegen seines verhältnismäßig großen Eiweiß- und ge-

---

[1]) Die Nahrungs- und Genußmittel aus dem Pflanzenreiche p. 140.

ringeren Stärkegehaltes u. a. als Füllstoff zu den mit Saccharin versetzten Kakaopudern und Schokoladen Verwendung finden kann. Das Mehl wird meist aus den Samen der gemeinen weißen Saatbohne (Phaseolus vulgaris) gewonnen. Die Stärkemehlkörner stellen sich unter dem Mikroskop als eiförmig, eirund bis länglich nierenförmig dar und besitzen eine deutliche Kernhöhle mit Sprüngen sowie eine gut ausgeprägte Schichtung; ihre Länge beträgt durchschnittlich 0,033—0,05 mm. Das Bohnenmehl schmeckt nach dem Kochen widerlich leguminoseartig. Dieser Geschmack verliert sich, wenn das Mehl schwach geröstet wird.

8. Salep.

Der Salep, der nur mehr selten als Beimengung zu Gesundheitsschokoladen (Racahout des Arabes[1]) verwendet wird, ist das zumeist stärkemehlhaltige Pulver, das aus den Knollen verschiedener Orchisarten bereitet wird. Unter dem Mikroskop bildet der Salep ziemlich große, glashelle Schollen, die aus Komplexen von sehr zartwandigen Zellen bestehen; sie zeigen auf Jodzusatz die blauviolette Stärkereaktion.

III. Gewürze.

a) Allgemeines.

Für den Fabrikanten kann der Vorteil nicht genug hervorgehoben werden, Gewürze, die in pulverisiertem Zustande verwandt werden müssen, wie z. B. Zimt, Nelken etc. selbst zu pulverisieren und nicht als feine Pulver zu kaufen, da solche leicht durch Beimengungen zum Teil in gröbster Weise (von Holz, Mehl, Baumrinde etc.) verfälscht werden können. Dies empfiehlt sich um so mehr, als z. B. pulverisierter Zimt manchmal auch durch Destillation mit Dampf ausgezogen wird, um das ätherische Öl zu gewinnen, wonach der ausgezogene Zimt wieder, mit einer geringeren Qualität Zimtöl aromatisiert, als Zimtpulver verkauft wird. Eine solche Verfälschung wird weder chemisch noch durch das Mikroskop nachzuweisen sein, somit ist man dem gegenüber völlig machtlos.

Die zur Pulverisierung von Zucker beschriebenen Kollergänge und Siebmaschinen kleineren Kalibers eignen sich sehr wohl auch

[1]) Dieses Nährmittel besteht aus 15 Teilen entölten Kakao, 200 Teilen Arrow-root, 50 Teilen Salep und 50 Teilen Vanillinzucker.

zum Zerkleinern von Gewürzen; meist werden jedoch hierfür andere Maschinen verwandt. Entweder nämlich bedient man sich der bekannten Kugelmühlen[1]), die aus einer hohlen, um ihre Achse drehbaren Kugel bestehen, innerhalb deren das Mahlgut durch eine Anzahl schwerer Metallkugeln durcheinander gerüttelt, zerquetscht, zerrissen und schließlich in Pulverform gebracht wird, oder man wendet Pulverisiermühlen und Stampfwerke verschiedenster Bauart an.

Ein solches modernes Stampfwerk ist zum Pulverisieren aller Art von Gewürzen sehr brauchbar und erfordert zum Betrieb eine Kraft von 1,5 Pferdestärken. Das starke, ganz in Eisen gebaute Gestell ist staubdicht abgeschlossen. Während des Aufganges des Stempels werden die Töpfe durch eine mechanische Vorrichtung um ihre Achse gedreht, wodurch die Mischung der zu zerkleinernden Substanzen bewirkt wird. Eine andere kleinere Pulverisiermühle ist für mittelgroße Produktion geeignet. Die Mahlvorrichtung, in der die Zerkleinerung stattfindet, ist konisch gebaut und gänzlich aus Granit gefertigt; die Regulierung vollzieht sich mittelst eines Balanziers, dessen Schläger auf dem oberen Teile des Apparates Platz gefunden hat. Von einer Siebung des Mahlgutes wird bei dieser Maschine vielfach abgesehen.

Für kleine Produktion, z. B. in Konditoreien, welche nebenbei Schokoladen fabrizieren, kann man sich einer Siebmaschine bedienen, deren Arbeitsweise sehr einfach ist. Die verschiedenen Feinheitsgrade des Mahlgutes werden hierbei mittelst Passieren des Pulvers durch Trommelsiebe von verschiedener Gewebeweite erzielt, und zwar werden sämtliche Siebe gleichzeitig von der Maschine in Bewegung gesetzt.

b) Vanille.

Von diesem früher für die Schokoladefabrikation so wichtigen Gewürz wollen wir hier nur das Wissenswerteste mitteilen, weil die echte Vanille in der Praxis völlig von dem Träger des ihr eigentümlichen Geruches, dem künstlich dargestellten Vanillin, verdrängt worden ist.

Die Vanille ist die Kapselfrucht einer Orchidee, der Vanilla planifolia, die meist mit dem Kakaobaum zusammen kultiviert wird, da sie dasselbe Klima und die gleiche Bodenbeschaffenheit beansprucht. Nach Moeller werden die Sprossen der Vanille an die Kakaobäume gebunden, in deren Rinde sie alsbald Wurzel fassen. Weiterhin treiben sie Luftwurzeln und kletternde Ranken mit fleischigen Blättern, in deren Achseln Blütenstände mit großen geruchlosen, unscheinbar gefärbten Blüten entspringen, aus denen sich nach zwei Jahren die langen, dünnen Kapseln entwickeln. Die Kapseln sind im Innern mit einem hellgelben Balsam angefüllt, in dem die schwarzen Samen eingebettet sind. Dieser Balsam ist die Bildungsstätte des Vanillins, das der Vanille den unübertroffenen Wohlgeruch verleiht. Die frisch geernteten Vanillefrüchte enthalten jedoch nach den Unter-

---

[1]) Sehr empfehlenswerte Kugelmühlen neuester Konstruktion mit Rücklaufschaufeln liefert das Kruppsche Grusonwerk in Magdeburg.

suchungen von W. Busse[1]) freies Vanillin gar nicht oder nur verschwindend wenig. Es entwickelt sich vielmehr erst bei der weiteren Behandlung, wobei Wärme nötig zu sein scheint. Das Vanillin wird gleich dem Kakaorot und Theobromin aus einem glykosidartigen Stoffe abgespalten, und zwar ist die Vanillinbildung hier, wie dort das Entstehen des Theobromins und Kakaorots, auf eine Fermentwirkung zurückzuführen. In einigen Vanillesorten ist auch Piperonal, ein aromatischer Stoff, der sich in größeren Mengen im Heliotropium europaeum und peruvianum vorfindet, als Begleiter des Vanillins nachgewiesen worden.

Die hauptsächlichsten Handelssorten der Vanille sind die Mexiko-, Tahiti-, Réunion-, Mauritius-, Mayotte-, Seychellen-, Ceylon- und Java-Ware; noch das Jahr 1891 brachte folgende Vanille-Ernte:

Réunion (Bourbon)	50—65 000 kg
Mexiko	55 000 kg
Mauritius	13—15 000 kg
Mayotte (Comoren)	8—10 000 kg
Seychellen	4— 6 000 kg

Die besten Sorten sind die Mexiko-, Bourbon- und Mauritiusvanillen; sie erzielen auch höhere Preise als die übrige Handelsware. Für die Beurteilung der Güte ist teils die Länge (10 bis 24 cm), teils die Stärke der Schote maßgebend. Feine Ware ist fett und dunkel, geringe trocken und rötlich. Bei Bourbon legt man Wert auf die an der Außenseite der Schote sich ansetzenden Vanillin-Kristalle, welche Mexiko nicht zeigt. Die Blütezeit der Vanille fällt in die Monate Oktober und November, die Ernte findet in den darauffolgenden Monaten Mai, Juni und Juli statt, die Zubereitung ist im Oktober und November beendigt. Anfangs November langen gewöhnlich die ersten Lose aus der neuen Ernte in Marseille, dem Haupthandelsplatze für Vanille, an. Der wichtigste Vorgang bei der Erntebereitung der Vanille ist die sachgemäße Trocknung. Sie wird heutzutage mittels der Chlorkalziummethode ausgeführt.

Hierbei werden Schoten zuerst in Blechkästen, die mit Wolle ausgelegt sind und von warmem Wasser umspült werden, ganz oberflächlich getrocknet, worauf man sie in einen geeignet gebauten Chlorkalziumtrockenschrank bringt, in dem sie 20 bis 30 Tage zu verbleiben haben. Auf 100 Pfd. Vanille rechnet man 40 Pfd. Chlorkalzium. Der besondere Vorteil des Verfahrens liegt darin, daß die so getrocknete Frucht das Aroma besser hält[2]). Unvollkommen getrocknete Vanille hält sich nicht und wird bald schimmelig; beim Trocknen über-

---

[1]) Arbeiten des Kaiserlichen Gesundheitsamtes. Bd. 15, p. 1—113 und Z. U. N. G. Bd. 3.

[2]) Der Tropenpflanzer, 1898, pag. 24.

hitzte Vanille hält sich gut, ist aber spröde und bricht leicht, hat daher geringen Marktwert; mit Schimmel (Aspergillus repens und Mucor circinelloides) bedeckte Schoten werden durch verschiedene Methoden aufzubessern gesucht und als geringere Vanille verkauft[1]). Bemerkenswert dürfte noch sein, daß bei jenen Personen, die gewerbsmäßig mit Vanille zu hantieren haben, zuweilen charakteristische Vergiftungserscheinungen auftreten, die sich als Ausschlag auf der Haut und an den Augen zeigen; auch das Nervensystem wird angegriffen. Diese Gewerbekrankheit ist indessen nicht gefährlicher Natur, denn die Arbeiter gewöhnen sich schnell an die Vanille und können nach Abheilung der ersten Vergiftungserscheinungen ihre Arbeit ohne Gefahr für die Gesundheit wieder aufnehmen und fortführen[2]).

Die Vanille unterliegt wegen ihres hohen Preises vielfachen Verfälschungen, sei es durch Unterschiebung der mehr nach Cumarin riechenden Vanillon (Pompona oder La Guayra-Vanille [Vanilla Pompona Schieber]) und anderer geringwertiger Vanillefrüchte oder dadurch, daß man die Schoten der Vanille durch Ausziehen mit Alkohol ihres Vanillegehaltes teilweise beraubt und sie, um ihnen schöneres Aussehen zu verleihen, in Benzoëtinktur taucht und mit Benzoësäurekristallen, Glaspulver etc. bestreut. Ist man im Zweifel, ob irgendwelche Verfälschung vorliegt, so muß man den wirksamen Bestandteil der Vanille, das Vanillin, auf chemischem Wege quantitativ bestimmen.

Die geschieht nach W. Busse[3]), indem man die zu untersuchende Vanille im Soxhletschen Extraktionsapparat mit Äther auszieht, den Auszug mit Natriumbisulfitlösung ausschüttelt, dann das Vanillin mit Schwefetsäure in Freiheit setzt und die freigemachte schwefelige Säure durch einen Kohlensäurestrom verjagt. Es folgt nun Ausschütteln des freien Vanillins mittelst Äther, Abdampfen des ätherischen Auszuges und Wägen des Rückstandes, der aus reinem Vanillin besteht. Auf diese Weise fand Busse in ostafrikanischer Vanille 2,10%, in Ceylon-Vanille 1,48%, in Tahitiware 1,55 bis 2,02% Vanillin. In Amerika bedient man sich an Stelle der Vanille sogenannter Vanille-Extrakte, die natürlich Verfälschungen noch viel leichter unterliegen können als die natürl'che Vanille. Für die Untersuchung dieser Extrakte haben W. Hess und A. Prescott bezw. Winton und Silvermann[4]) Mittel und Wege gefunden.

Vielfach wird auch sogenannte „kristallisierte Vanille“ in den Handel gebracht. Diese „kristallisierte Vanille“ ist geringwertige Tahiti-Vanille, die Vanillindämpfen ausgesetzt wurde, damit sie das der hochwertigen Bourbon-Vanille typische, durch weiße Kristalle erzeugte Aussehen annimmt.

---

[1]) Journal of the Soziety of Arts 1897. Bd. 46. 39—40.

[2]) Vergl. Gieseler, Vanillevergiftungen, Bonn 1896; Arning, (Deutsch. med. Wochenschrift 1897, pag. 435) und Guerin (Annales d'occulistique 1895 v. 4. Oktober.)

[3]) Arbeiten aus dem Kaiserl. Gesundheitsamte 1899.

[4]) Journal of the American Chem. Society, 1899, Bd. 21 p. 719 und Chem. Ztg. Repert. 1899 p. 275.

Die so behandelte Vanille wird dann an beiden Enden der Schoten gebündelt, wie das für Bourbon-Vanille üblich ist. Wenn es sich hier also auch nicht um eine Verfälschung im Sinne des Wortes handelt, so doch um ein Betrugsmanöver, da die teuer bezahlte kristallisierte Vanille keinesfalls die typischen guten Eigenschaften der Bourbon-Vanille annimmt. Nur dem sehr geübten Auge ist es möglich, diese Metamorphose zu erkennen. Man muß also des Lieferanten sicher sein und wissen, daß man es mit einem reellen Kaufmann zu tun hat.

c) Vanillin.

Wie vorhin schon erwähnt, ist in der Schokoladen-Industrie die Vanille durch das künstlich dargestellte Vanillin, das einen vollständigen Ersatz für die wirksamen und wertvollen Bestandteile der Vanille darbietet, fast gänzlich verdrängt worden. Zur Erzielung gleichmäßiger Erzeugnisse ist man geradezu auf Vanillin angewiesen, denn bei der Verarbeitung von Vanille können Schwankungen in der Ausgiebigkeit bis zu 50 % vorkommen, jenachdem die Ware feuchter, trockener, frischer oder abgelagerter ist. Selbst die feinsten Vanillesorten enthalten selten mehr als 2 % Vanillin, und bei verschiedenen Sorten schwankt dieser Gehalt zwischen 0,5 bis 2,5 %; es kommt vor, daß eine Vanille von 0,5 bis 1 % ein ebenso schönes Aussehen besitzt wie hochprozentige Ware, so daß man ihren Parfümwert erst feststellen muß. Für das Vanillin spricht also außer dem stets gleichbleibenden Parfümwert seine Haltbarkeit und größere Preiswürdigkeit.

Das Vanillin führt die wissenschaftliche Bezeichnung Protokatechualdehydmethyläther und findet sich in der Natur nicht nur in der Vanille, sondern auch, wiewohl in sehr kleinen Mengen, in gewissen Rohrzuckern, in den Kartoffelschalen und in der Siambenzoë vor; künstlich entsteht es durch Zerlegung des Koniferins der Nadelhölzer und durch Oxydation des Eugenols, einem in dem ätherischen Öle der Gewürznelke vorkommenden Stoffe, aus welchen beiden Stoffen das Vanillin von Tiemann und W. Haarmann[1]) 1872 zuerst dargestellt wurde. Im Laufe der letzten Jahrzehnte ist noch eine Reihe anderer Verfahren aufgefunden worden, wodurch Vanillin künstlich gewonnen werden kann.[2])

Die chemische Formel des Vanillins ist $C_6H_3 (OCH_3) (OH) CHO$; sein Schmelzpunkt liegt bei 82 bis 83° C., bei 120° C. sublimiert es. Die farblosen, langen, vierseitigen Kristallsäulchen besitzen starken

---

[1]) Ber. d. dtsch. chem. Ges. Bd. VII p. 608 und Friedländer, Fortschritte der Teerfarbenfabrikation. Berlin 1888, p. 583 u. a. a. O.

[2]) Vgl. die zusammenfassende Arbeit v. J. Altschul in der Pharm. Centralhalle Nr. 51 (1895).

Vanillegeruch und -geschmack, sind schwer in kaltem, leichter in heißem Wasser und sehr leicht in Weingeist löslich.

Auch das Vanillin unterliegt mannigfaltigen Verfälschungen. So wird es, wie das Vanillearoma überhaupt, durch größere oder geringere Zusätze von Cumarin, dem aromatischen Prinzipe des Steinklees, der Tonkabohne etc., in betrügerischer Weise zu ersetzen versucht, das billig herzustellen ist. Ein in der Schweiz verkauftes Vanillin enthielt nach Hefelmann[1]) 26 % Antifebrin. Die auf dem amerikanischen Markte erscheinenden „Vanilla Crystals“ sind Mischungen von Vanillin und Antifebrin oder Vanillin, Cumarin und Benzoësäure, sollen sogar manchmal aus Cumarin, Antifebrin und Zucker bestehen.

Als zuverlässigstes und charakteristischtes Merkmal echten Vanillins hat nach den Studien von Welmans[2]) nur der Schmelzpunkt zu gelten. Beimengungen von Vanillinsäure und Antifebrin drücken ihn herab (je nach Menge und Art der beiden zugesetzten Substanzen um 4 bis 8° C.) Zur quantitativen Bestimmung des Vanillins benutzt Welmans das Verhalten gegen Ätzalkalien, mit denen Vanillin (als Phenol) salzartige, in Wasser leicht, in Alkohol schwer lösliche Verbindungen eingeht.

Er verfährt dabei wie folgt: 1,0 g der zu bestimmenden Vanillemischung oder des betreffenden Vanillins wird in einen 200 ccm fassenden Mischzylinder gegeben, worauf man 25 ccm Spiritus, 25 ccm annähernd $^1/_2$ normalalkoholische Kalilauge und 2 bis 3 Tropfen Phenolphtaleïnlösung zusetzt und schüttelt, bis vollständige Lösung erfolgt ist. Man titriert nun mit $^1/_2$ Normalsalzsäure den Überschuß von Alkali zurück, bestimmt den Titer der Kalilauge gleichfalls unter Zusatz von 25 ccm Spiritus und multipliziert die verbrauchten Kubikzentimeter mit 0,076, dem halben Faktor für Vanillin. Bei Vanillezucker nimmt man 10 g Substanz, schüttelt mit 50 ccm Wasser bis zur Lösung des Zuckers, gibt dann die alkoholische Kalilauge zu und verfährt wie oben angegeben.

Von Normalkalilauge erfordert 1 g Vanillin 6,58 ccm (= 0,36842 g KOH):

$$C_6H_3\,OH < {OCH_3 \atop CHO} : KOH$$
$$152 \quad : \quad 56 = 1 : x.$$

Zur Bestimmung des Vanillins in Gemischen bedient man sich entweder der Ausschüttelungsmethode mit Äther oder aber man scheidet das Vanillin nach dem Verfahren von Hanus[3]) mittels m-Nitrobenzhydrazid ab, das mit Vanillin eine unlösliche Verbindung eingeht. Statt m-Nitrobenzhydrazid benützen W. Dox und Plai-

---

[1]) Ch. Ztg. Repert. 1898, p. 181.

[2]) Pharm. Ztg. 1908, p. 634 und Pharm. Centralhalle 1898, p. 673.

[3]) Z. U. N. G. 1905, 10, p. 585. 1900, 3, p. 531.

sance[1]) Thiobarbitursäure, die gleichfalls mit Vanillin ein unlösliches Kondensationsprodukt liefert. Th. v. Fellenberg[2]) bestimmt das Vanillin kolorimetrisch auf Grund der Färbung, die es mit konzentrierter Schwefelsäure und Isobutylalkohol gibt.

Hat man Verdacht, daß das Vanillin mit Cumarin verfälscht sei so verfährt man zum Nachweis und zur Trennung beider Stoffe folgendermaßen:

Die zu untersuchende Substanz wird mit Äther extrahiert und die ätherische Lösung mehrfach mit 2prozentigem Ammoniak ausgeschüttelt. Hierbei geht das Vanillin in die ammoniakalische Lösung über, während das Cumarin im Äther zurückbleibt. Aus der ammoniakkalischen Lösung wird das Vanillin durch Ansäuern mit Salzsäure, Ausschütteln mit Äther und Abdunsten des Äthers gewonnen. Das Cumarin erhält man durch Eindunsten der ätherischen Lösung bei Zimmertemperatur und Wägen des erhaltenen Rückstandes. Dieser muß sich in Petroläther bei mäßiger Wärme vollkommen lösen. Ein etwa ungelöst bleibender Rückstand ist als Acetanilid anzusprechen und von dem gefundenen Gewicht des Cumarins in Abzug zu bringen. Cumarin schmilzt bei 67°. Seine wässrige Lösung gibt mit Jodjodkalium einen flockigen, erst braunen, dann dunkelgrünen Niederschlag.

Zur Unterscheidung von Vanillin und Cumarin lassen sich noch folgende Reaktionen verwenden[3]): 1. Die wässrige Vanillinlösung gibt mit Eisenchloridlösung eine blaue Färbung. Beim Kochen geht die Farbe in Braun über, und beim Erkalten scheidet sich ein weißer Niederschlag von Dihydrodivanillin ab. 2. 0,1 g Vanillin, in 1 ccm Essigsäure gelöst, gibt mit 1 ccm Schwefelsäure eine grünlichblaue Färbung. 3. 0,1 g Vanillin, in 1 ccm Alkohol gelöst, gibt mit 1 ccm Schwefelsäure eine Flüssigkeit, die beim Erhitzen zuerst weinrot und dann violett wird. Cumarin zeigt bei keiner der 3 Reaktionen eine Färbung.

Um das Vanillin für unsere Fabrikationszwecke in fein verteiltem Zustande vorrätig zu haben, empfiehlt sich die Verreibung mit Zucker, und zwar mengt man am besten 100 g Vanillin mit 2 kg Zucker in folgender Weise: Man löst 100 g Vanillin in 500 g heißem Weingeist auf, mengt diese Lösung nach und nach mit 2 kg feinst gepulvertem Zucker und bringt das Ganze in einen rotierenden Dragéekessel, worin man es bei 40° Wärme durch Aufblasen von Luft trocken bläst. Während Vanille sehr sorgfältig verpackt wer-

---

[1]) American Journal of Pharm. 1916, 88, p. 481; Zeitschr. f. angew. Ch. 1917, 30, I, p. 252.

[2]) Mitteil. Lebensmittelunters. u. Hyg. 1915, 6, p. 267; Chem. Centralbl. 1916, 87, I. p. 391.

[3]) Schweizer Wochenschr. Chem. Pharm. 1909, 47, p. 463; Pharm. Zentralh. 1909, 50, p. 916.

den muß, um nicht mit der Zeit schimmelig und minderwertig zu werden, läßt sich Vanillin in solcher Mischung sehr leicht längere Zeit aufbewahren; man hat nur Sorge zu tragen, sie vor Feuchtigkeit zu schützen, da beim Feuchtwerden eine Vergärung des Zuckers eintreten könnte, was eine allmähliche Zersetzung des Vanillins zur Folge hat.

d) Zimt (Kaneel).

Für den europäischen Handel haben vorzüglich drei Zimtsorten Bedeutung:

1. Ceylonzimt, die Rinde von Cinnamomum ceylanicum, einer auf der Insel Ceylon heimischen Art, der die edelste Sorte repräsentiert. Die Rinde ist sehr leicht, brüchig, selten mehr als 0,5 mm dick, außen glatt, gelbbraun, mit Längsstreifen versehen, innen etwas dunkler gefärbt. Der Bruch ist kurzfaserig; schneidet man die Rinde quer durch, so ist auf dem Querschnitt eine Scheidung in eine scharf abgegrenzte hellergefärbte äußere und in eine dunklere innere Zone zu sehen.

2. Cassia oder chinesischer Zimt, von Cinnamomum Cassia, einem Baume, der in den Wäldern des südlichen Chinas wild wächst. Die Rinde ist dicker als die vorhergehend geschilderte, oft bis 2 mm stark. Sie bildet einfache Röhren, die härter und dichter sind als ceylonesischer Zimt; oft haften noch Gewebsfragmente der Korkschicht daran. Die Farbe ist graubraun, der Bruch eben, auf dem Querschnitt ist eine helle Zone zu bemerken.

3. Malabar- oder Holzzimt, die geringstwertige Sorte, besteht aus den minderwertigen Zimtsorten des Handels und stammt von verschiedenen Varietäten des Zimtbaumes, die auf die Sunda- und philippinischen Inseln verpflanzt worden sind. Im Aussehen nähert Malabarzimt sich mehr dem chinesischen als dem Ceylonzimt.

Seinen aromatischen Geschmack verdankt der Zimt dem ätherischen Zimtöle, das sich im Ceylonzimt bis zu 1 % vorfindet; der Aschengehalt soll nicht über 4,5 % betragen. Auch in den Blättern des Ceylonzimtbaumes ist ein ätherisches Öl (ca. 1,8 %) vorhanden, das jedoch von dem der Rinde völlig verschieden ist und sich in seinen Eigenschaften mehr dem Nelken- und Pimentöl nähert. Wegen seines durchdringenden Geruches und scharfen Geschmackes erscheint dessen Verwendung in der Schokoladenfabrikation wenig empfehlenswert.

e) Nelken.

Die Nelken sind die unvollständig entfalteten Blüten des zu den Myrtengewächsen gehörigen Gewürznelkenbaumes, Caryophyllus aromaticus. Die wichtigsten Handelssorten sind Zanzibar-, Amboina- und Penangnelken. Das aromatische Prinzip der Nelken besteht in einem ätherischen Öle, das bis zu 18 % in den Blüten enthalten ist. Von den Verfälschungen dieses Gewürzes gilt das gleiche, was beim Zimt erwähnt wurde. Der Aschengehalt darf bei echten Nelken 6 % des Rohstoffes nicht übersteigen.

f) Muskatnuß und Muskatblüte (Macis).

Die Muskatnuß ist der Samenkern der Früchte von Myristica moschata, des sogenannten Muskatbaumes, der auf den Molukken heimisch ist. In dem derben Fruchtfleische der den Aprikosen ähnlichen Früchte befindet sich der braune Same rings umgeben von einer tiefroten, netzartigen Hülle. Dies ist der sogenannte Samenmantel oder Arillus und kommt, vom Kerne losgelöst, als Muskatblüte (Macis) in den Handel.

Die Furchen der Oberfläche des nußartigen Samenkernes, wie er in den Handel kommt, sind mit einer weißen Masse ausgefüllt, die aus Kalk besteht, in den die Nüsse nach dem Austrocknen eingelegt werden, um sie vor Insektenfraß zu schützen. Der aromatische Bestandteil der Kerne und der Muskatblüte wird ebenfalls von einem ätherischen Öle gebildet. Im Samen ist 8—15 % ätherisches Öl neben 25 % fetten Öles enthalten; in der Muskatblüte befinden sich 4—15 % ätherisches und 18 % fettes Öl. Da beide Gewürze im Handel in ganzen Stücken vorkommen, so sind auch hier Verfälschungen weniger zu befürchten.

g) Kardamomen.

Dieses vorzügliche Gewürz kommt in zwei Handelssorten vor:

1. der kleine oder Malabar-Kardamomen,
2. der lange oder Ceylon-Kardamomen.

Beides sind die allerdings in der Form stark voneinander abweichenden Früchte eines zu den Ingwerpflanzen gehörigen Gewächses, das auf Ceylon und den Malabar-Inseln heimisch ist.

Der Malabar-Kardamomen ist dreikantig länglich, etwa 1 cm groß. In der hellbraunen Fruchtschale befinden sich 6—8 zusammenbackende, kantige, 3 mm große, graubraune Samen von scharf aromatischem Geschmack.

Der Ceylon-Kardamomen ist viermal so groß als der vorgenannte. Die graubraune Samenschale birgt bis zu 20, etwa 6 mm große, dunkelbraune Samen. An ätherischem Öl, das das Aroma des Ceylon-Kardamomen bedingt, ist in dem Gewürz bis zu 6 % enthalten. Madras- und Malabar-Kardamomen enthalten 4—8 % ätherisches Öl. Da der Ceylon-Kardamomen billiger ist als die Malabarsorte, so könnte vielleicht durch die Verwechslung der beiden Samenarten eine Benachteiligung für den Käufer erfolgen; in diesem Falle können die obigen Angaben über die Größenverhältnisse einen genügenden Anhalt geben.

Genauere Angaben über die charakteristischen Merkmale, die chemische und mikroskopische Untersuchung, sowie allenfalsige Verunreinigungen und Verfälschungen sämtlicher vorerwähnter Zusatzstoffe zu Kakaopräparaten sind im II. Heft der „Vereinbarungen zur einheitlichen Untersuchung und Beurteilung von Nahrungs- und Genußmitteln sowie Gebrauchsgegenständen für das Deutsche Reich“[1]) enthalten, worauf wir hiermit iene Leser verweisen, die sich eingehender über diesen Gegenstand unterrichten wollen.

IV. Andere Zusatzstoffe.

a) Die ätherischen Öle.

Wie wir bereits beim Vanillin bemerken konnten, macht sich mehr und mehr das Bestreben geltend, die gepulverten Gewürze durch die Träger ihrer Parfüme zu ersetzen. Dieses Bestreben ist vollkommen gerechtfertigt, da man bei Verwendung dieser aromatischen Substanzen die holzigen und an sich wertlosen, weil unverdaulichen Gewebeteile der Gewürze aus den fertigen Produkten ausschließt und dennoch das ganze Parfüm der Gewürze ausnützt.

Für die Praxis kommen folgende ätherische Öle in Betracht:

1. Zimtöl,	4. Korianderöl,
2. Nelkenöl,	5. Muskatnußöl (ätherisches),
3. Kardamomenöl,	6. Macisöl (ätherisches).

Welche Mengen der ätherischen Öle jeweils an Stelle der Gewürze zur Anwendung gelangen sollen, ist im allgemeinen Ge-

[1]) Berlin, 1899; Jul. Springer, pag. 53ff.

schmackssache. Einen Anhalt dürften jene Höchst-Prozentzahlen gewähren, in denen sich die ätherischen Öle in den betreffenden Gewürzen vorfinden, so daß also bei Zimtöl, das in der Rinde bis zu 1% enthalten ist, etwa der hundertste Teil der vorgeschriebenen Gewichtsmenge des Rindenpulvers anzuwenden wäre. Da jedoch die Ölausbeuten aus ein und derselben Gewürzart verschiedener Herkunft und aus verschiedenen Ernten erhebliche Schwankungen zeigen, so können diese Zahlen nur im allgemeinen als Anhaltspunkte für die zu verwendenden Ölmengen dienen; schließlich muß stets der Geschmack das Ausschlaggebende bleiben.

Die ätherischen Öle können den Kakaowaren (Massen, Puder etc.) entweder in spirituöser Lösung oder in Verreibung mit Zucker, als sogenannte Ölzucker einverleibt werden. Letztere Verwendungsart ist natürlich nur bei solchen Kakaowaren anwendbar, denen Zucker zugesetzt wird. Die spirituöse Lösung wird hergestellt, indem man 10 Teile des ätherischen Öles in 90 Teilen starken Weingeist löst. Zur Bereitung des Ölzuckers werden 2,5 Teile Öl in 100 Teilen Zucker in einer Porzellanreibschale durch Reiben mit dem Pistille verteilt, bis die Zuckerteilchen von dem Öle gleichmäßig durchdrungen sind. Von der weingeistigen Lösung nimmt man das Zehnfache, von der Verreibung das Vierzigfache der berechneten Menge des ätherischen Öles.

b) Perubalsam und Benzoëharz.

Der Perubalsam findet gegenwärtig in der Schokoladenindustrie immer noch Verwendung als Parfümierungsmittel. Er stammt von der im westlichen Mittelamerika heimischen Papilionacee Myroxylon Pereira und stellt einen dickflüssigen, braunschwarzen, in dünnen Schichten durchsichtigen Balsam dar, der angenehm aromatisch riecht und kratzend schmeckt. Der Perubalsam löst sich in Alkohol, Chloroform und Essigäther nahezu vollkommen auf. Der aromatische Stoff dieses Balsams ist das Cinnameïn, das im wesentlichen aus den Estern der Benzoësäure und Zimtsäure mit Benzylalkohol sowie einem honigartig riechenden Alkohol, dem „Peruviol" besteht. Neben dem Cinnameïn (71—77 %) sind im Perubalsam noch Harzester (13—17 %) vorhanden. Nach K. Dietrich ist der Perubalsam um so besser, je mehr Cinnameïn und je weinger Harzester er enthält.

Als Verfälschungsmittel des Perubalsams kommen fette Öle, Copaiva, Gurrunbalsam, Storax, Colophonium, Terpentin und Tolubalsam in Betracht. Bezüglich der chemischen Untersuchung dieses Balsams sei auf die Ausführungen K. Dietrichs[1]) verwiesen.

---

[1]) K. Dietrich. Die Analyse der Harze, Balsame und Gummiharze. Berlin.

Von den Benzoësorten des Handels ist für unsere Industrie hauptsächlich die Sumatra-Benzoë bemerkenswert. Sie stammt von der Styracee Styrax Benzoïn und stellt rötlich graue Massen dar, worin einzelne helle Harztränen eingebettet sind. Als wichtigste chemische Bestandteile des Benzoëharzes sind Benzoësäure und Vanillin zu nennen.

Das Harz wird mit der geringwertigen Palembangbenzoë, ferner mit Colophonium, Damar, Storax und Terpentin verfälscht. Bezüglich der chemischen Untersuchung der Benzoësorten des Handels ist ebenfalls das obenerwähnte Werk K. Dietrichs zu Rate zu ziehen.

Das Benzoëharz dient fast ausschließlich zur Herstellung von Schokoladenfirniß und Konfitürenlacken, wie sie durch Lösen von 25—45 g Lackkörpern in 100 g starken Spiritus gewonnen werden. Die Lackkörper selbst enthalten wechselnde Mengen Benzoëharz und gebleichten Schellack. Mit den so hergestellten Lacken wird die Außenseite figurierter Schokoladen etc. bepinselt, um diesen Waren ein glänzendes Aussehen und größere Haltbarkeit zu verleihen.

H. Wolff [1]) hat durch Verdauungsversuche die Unschädlichkeit der zum Lackieren der fertigen Erzeugnisse verwendeten Schokoladenlacke festgestellt.

V. Farbstoffe.

Gemäß den Bestimmungen des Farbengesetzes vom 15. Juli 1887 dürfen zur Herstellung von Nahrungsmitteln solche Farbstoffe und Farbzubereitungen nicht benützt werden, welche Antimon, Arsen, Baryum, Blei, Cadmium, Chrom, Kupfer, Quecksilber, Uran, Zink, Zinn, Gummigutti, Korallin, Pikrinsäure enthalten. Nicht verboten und somit für die Zuckerwaren-, sowie Schokoladen- und Kakaowarenfabrikation verwendbar und empfehlenswert sind folgende Stoffe:

Weiß: feinstes Mehl, Stärke;
Gelb: Safran, Safflor, Curcuma;
Blau: Lakmus, Indigolösung;
Grün: Spinatsaft sowie Mischungen von erlaubten blauen und gelben Farben;
Rot: Carmin, Cochenille, Krapprot;
Violett: Mischungen unschädlicher blauer und roter Farben;

[1]) Chem.-Ztg. 1913, 37, p. 705.

Braun: gebrannter Zucker (Karamel), Lakrizensaft;
Schwarz: chinesische Tusche.

Auch eine Anzahl von Anilinfarben sind jetzt als verhältnismäßig unschädlich erkannt und im früheren Österreich schon 1896 zur Färbung von Nahrungs- und Genußmitteln, also auch Kakaowaren, zugelassen worden. Die betreffende Verordnung vom 22. Januar 1896 kam zum ersten Male dem berechtigten Verlangen des Fabrikanten entgegen, daß man ihm, statt gewisse Farben zu verbieten, angebe, welche er verwenden darf. Obgleich diese vortreffliche Verordnung leider durch eine spätere Verordnung vom 17. Juli 1906, die in den alten Fehler des bloßen Verbietens zurückverfiel, wieder aufgehoben wurde, ist sie doch noch von Wert, weshalb die darin angeführten 16 Farbstoffe hier wiedergegeben seien:

Rot: Fuchsin = Rosanilinchlorhydrat; löslich in Wasser und Weingeist.

Säurefuchsin oder Fuchsin S, auch Rubin genannt = saures Natrium- oder Kalziumsalz der Rosanilidisulfosäure; löslich in Wasser.

Roccellin oder Roscellin (Echtrot) = Sulfooxyazonaphthalin; löslich in Wasser.

Bordeaux- und Ponceaurot = Produkte der Verbindung von ß-Naphtholdisulfosäuren mit Diazoverbindungen des Xylols und höherer Homologen des Benzols; löslich in Wasser.

Eosin = Tetrabromfluoresceïn; löslich in Wasser und Weingeist.

Phloxin = Tetrabrom-Dichlor-Fluoresceïn; löslich in Wasser.

Erythrosin = Tetrajod-Fluoresceïn; löslich in Wasser.

Blau: Alizarinblau = Dioxyanthrachinonchinolin; wenig löslich in Weingeist.

Anilinblau = Triphenylrosanilin; löslich in Weingeist.

Wasserblau = Sulfosäuren des Triphenylrosanilin; löslich in Wasser.

Induline = Sulfosäuren des Azodiphenylblau und seiner Derivate; löslich in Weingeist.

Gelb: Säuregelb R oder Echtgelb R = Amidoazobenzolsulfosaures Natrium; löslich in Wasser.

T r o p a e o l i n 000 oder O r a n g e I = Sulfoazobenzol-α-Naphtol; löslich in Wasser.

N a p h t o l g e l b = Natronsalz der Dinitro-α-Naphtol-Sulfosäure; löslich in Wasser.

Violett: M e t h y l v i o l e t t = Hexa- und Penta-Methylpararosanilin-Chlorhydrat; löslich in Wasser und Weingeist.

Grün: M a l a c h i t g r ü n = Tetramethyl-Diamidotriphenylcarbinol-Chlorhydrat; löslich in Wasser und Weingeist.

Die gleichen Farben, wozu noch als blaue: Amaranth, Brillantblau und Indigosulfone, ferner Säuregelb S, Orange L und Hellgrün SF kommen, sind auch durch das a m e r i k a n i s c h e Nahrungsmittelgesetz als unbedenklich zum Färben jeglicher Nahrungsmittel zugelassen worden[1]. Es wäre dringend erwünscht, daß ebenso im Deutschen Reiche eine gesetzliche Regelung erfolgte, was durch eine einfache Reichsverordnung geschehen könnte.

Als grüne, vollkommen harmlose Farben bringt ferner seit einer Reihe von Jahren die Firma E. Merck, Darmstadt, unter dem Namen: Chlorophyll technisch rein, Chlorophyll in alkoholischer Lösung, Chlorophyll in wässeriger Lösung, sowie Chlorophyll technisch zum Färben von Öl und Fett, das unveränderte Blattgrün in den Handel, das sich wohl am besten zum Grünfärben von Nahrungs- und Genußmitteln, somit auch von Kakaowaren eignet.

Das fettlösliche Chlorophyll würde sich ebenso wie einige fettlösliche Anilinfarben, z. B. Indulin 6 B (blau), Sudangelb G, Sudan III (rot) und Gallocyanin (violett) auch zum Färben von Kakaobutter empfehlen, doch sind, wenigstens bezüglich der hier aufgeführten Anilinfarben, von maßgebender Stelle noch keine Verfügungen getroffen, die ihren Gebrauch zulassen. —

[1]) Vgl. dazu auch Farbenzeitung (1909), Bd. XV p. 301, 348, 392 und 436.

VIERTER ABSCHNITT.

Untersuchung und Beurteilung von Kakaopräparaten.

A. Chemische und mikroskopische Untersuchung von Kakao- und Kakaowaren.

Die nachstehenden Ausführungen sollen eine möglichst eingehende, namentlich auch für den Nahrungsmittelchemiker bestimmte Anleitung zur chemischen und mikroskopischen Untersuchung der Kakaowaren geben, wie sie dem gegenwärtigen Stande der Wissenschaft entspricht, wobei auf eine kritische Behandlung der Methoden besonders Wert gelegt worden ist.

a) Probeentnahme.

Auf eine äußerst sorgfältige Probeentnahme ist großes Gewicht zu legen, da sie von Bedeutung für das Prüfungsergebnis von Kakaowaren werden kann. Vorzugsweise trifft dies bei Kakaopulver zu, wo die Probeentnahme durch den wechselnden Feuchtigkeitsgehalt und den ungleichen Feinheitsgrad des Pulvers einer Beeinflussung unterliegt. Bei gepulverten Kakaos hat die Entnahme der Probe an verschiedenen Stellen eines größeren Vorrats zu geschehen; die entnommenen, annähernd gleich großen Mengen sind darauf genau (möglichst durch Sieben) zu mischen und in Blechbüchsen oder besser noch in Glasgefäße mit dichten Stöpseln zu füllen. Der Versand in Papierumhüllungen oder Pappschachteln ist zu verwerfen, weil hierbei je nach Lufttemperatur und Witterung sowohl Feuchtigkeit verdunsten wie angezogen werden kann.

Die zur Untersuchung nötigen Mengen betragen bei Schokolade, Kakaopulver und Kakaofett sowie Kuvertürenmasse je 100 g; sollen jedoch bei Schokoladen Prüfungen auf fremdes Fett, bei

Kakaopulver Prüfung der Asche auf ihre Bestandteile vorgenommen werden, so ist diese Menge in beiden Fällen auf je 250 g zu erhöhen. Im übrigen gelten in Deutschland die von den amtlichen Handelsvertretungen für die beeidigten und öffentlich angestellten Chemiker betreffs der Behandlung von Proben und Mustern ergangenen Vorschriften [1]).

b) Chemische Untersuchung.

Die chemische Untersuchung von Kakaowaren wird sich zumeist zu erstrecken haben auf die Bestimmung des Gehaltes an Feuchtigkeit, Mineralstoffen (Asche), Fett, Theobromin und Koffeïn, Stärke, Rohfaser, Zucker, Eiweißstoffen und sogen. Fettsparern (Gelatine, Dextrin, Tragant). Daneben werden besondere Prüfungen zu erfolgen haben zwecks Nachweises von Kakaoschalen, von Fremdfetten und der verwandten Aufschließungsmittel (bei Kakaopulver). Im Folgenden sollen diese Untersuchungen in einzelnen Abschnitten eingehend besprochen werden, wobei den so schnell beliebt gewordenen Milch- und Rahmschokoladen ein besonderer Abschnitt gewidmet sein wird. Hierbei sind buchtechnisch die einzelnen Vorschriften in Kleindruck hervorgehoben, um sie sofort erkennbar zu machen.

1. Bestimmung der Feuchtigkeit.

5 g Substanz (Schokolade in fein geschabtem Zustand) werden ca. 6 Stunden bei 105° C. (am besten im doppelwandigen Glyzerintrockenschrank) getrocknet und der Gewichtsverlust als Wasser in Rechnung gestellt. Länger als 6 Stunden soll die Trocknung nicht vorgenommen werden, da beim Trocknen von fetthaltigen Substanzen nach dieser Frist (infolge von Sauerstoffanlagerung an das Fett) Gewichtszunahme eintritt. Bei Untersuchung von Schokolade ist darauf zu achten, daß die Masse nicht zusammenfließt. Sollte dies in stärkerem Maße stattfinden, so verfährt man wie folgt: Man beschickt ein flaches Uhrglas mit ca. 10 g ausgewaschenem und gut geglühtem Sand von feinem Korn (sogen. Seesand), trocknet im Trockenschranke, läßt erkalten, wägt, mischt 5 g der fein geschabten Schokolade hinzu, wonach man das Gemenge 6 Stunden bei 105° C. trocknet und die angewandte Menge des getrockneten Sandes bei der Berechnung des Feuchtigkeitsgehaltes in Abzug bringt.

2. Bestimmung der Asche.[2])

5 g Substanz werden in einer Platinschale durch eine mäßig starke Flamme verkohlt. Als Heizquelle benützt man einen Spiritusbrenner oder bei

[1]) Ztschr. öffentl. Ch. 1900, p. 324 und 325.

[2]) Z. U. N. G. 1907, 23, p. 308.

Verwendung von Leuchtgas einen Pilzbrenner, sorgt aber im letzten Falle durch Aufstellung der Platinschale auf einer schräggestellten durchlochten Asbestplatte für einen Schutz gegen die sauren Verbrennungsprodukte des Leuchtgases. Die Verkohlung muß zur Vermeidung von Alkaliverlusten sehr vorsichtig vorgenommen werden. Man zündet die sich entwickelnden Gase an, zerdrückt nach vollendeter Verkohlung die kohlige Masse mit einem starken, am Ende platt gehämmerten Platindraht oder Platinstäbchen und erhitzt unter mehrfachem Umrühren der Masse und bei mäßiger Flamme so lange, bis die Asche eine nahezu weiße Farbe zeigt. Jetzt läßt man die Schale erkalten, durchtränkt die Asche gleichmäßig mit einer konzentrierten, wässerigen Lösung von Ammoniumkarbonat und trocknet im Trockenschrank bei 100°. Dann erhitzt man nochmals ganz kurze Zeit vorsichtig über der Flamme, wobei der Boden der Schale nur schwach rotglühend werden darf, läßt im Exsikkator erkalten und wägt. Durch nochmaliges Durchfeuchten mit Ammonkarbonatlösung, Trocknen, gelindes Glühen und Wägen überzeugt man sich von der Konstanz d. h. der Richtigkeit des ermittelten Gewichts.

Zur Bestimmung der wasserlöslichen und der wasserunlöslichen Asche zerreibt man nach Farnsteiner[1]) 0,4—0,5 g der Asche mit heißem Wasser zu einem feinen Brei, setzt weitere 20 ccm heißes Wasser zu, erhitzt in bedeckter Schale $\frac{1}{2}$ Stunde unter mehrfachem Umrühren auf dem Wasserbad, filtriert darauf in ein 100 ccm-Meßkölbchen und wäscht mit heißem Wasser auf nahezu 100 ccm aus. Das Filtrat wird abgekühlt, zur Marke aufgefüllt und ein Teil davon zur Bestimmung der Alkalität (siehe unten) benutzt. Das Filter samt Rückstand wird verascht und ohne Zusatz von Ammonkarbonat geglüht. Man erhält so die wasserunlösliche Asche und durch Subtraktion derselben von der Gesamtasche die wasserlösliche Asche.

Um eine gleichmäßige Grundlage zur Beurteilung und zum Vergleich verschiedener Proben miteinander zu schaffen, empfiehlt es sich (ebenso wie bei der im folgenden besprochenen Alkalitätsbestimmung in der Asche), die gefundenen Werte stets auf Kakaomasse mit 55 % Fett umzurechnen. Dies geschieht nach der Formel $w = \frac{W \cdot 45}{100 - f}$, in welcher W den für einen Kakao mit f % Fett gefundenen Wert bedeutet.

3. Bestimmung der Alkalität der Asche.

Diese soll Aufschluß geben über den Gehalt der Asche an Karbonaten und Oxyden.

Ursprünglich verstand man unter der Alkalität der Asche ganz allgemein die Säuremenge, ausgedrückt in Kubikzentimetern Normalsäure, die zur Neutralisation der Asche aus 100 g Substanz erforderlich ist. Das ursprüngliche Verfahren der Alkalitätsbestimmung der

---

[1]) Z. U. N. G. 1908, 16, p. 628.

Asche bestand demgemäß darin, daß man einfach die aus 5 g Kakao erhaltene Asche in einem abgemessenen Volumen titrierter Säure löste, kurze Zeit zur Vertreibung der Kohlensäure kochte und dann die überschüssige Säure mit titrierter Lauge unter Verwendung von Phenolphtalein als Indikator zurücktitrierte. Die so gefundene Alkalität der Asche wird aber in hohem Grad von der Menge und Art der vorhandenen Phosphate beeinflußt und gibt daher kein klares Bild über die Menge der vorhandenen Karbonate und Oxyde. Die Phosphorsäure ist in der an Basen reichen Kakaoasche vornehmlich als tertiäres Phosphat enthalten. Tertiäre Phosphate reagieren bekanntlich alkalisch gegenüber Phenolphtalein und täuschen daher eine Alkalität vor, die in Form von Karbonaten oder Oxyden gar nicht vorhanden ist. Gemäß den beiden Gleichungen

$$K_3PO_4 + 3\,HCl = H_3PO_4 + 3\,KCl$$
$$H_3PO_4 + 2\,NaOH = Na_2HPO_4 + 2\,H_2O$$

sind 3 Moleküle Salzsäure nötig, um aus dem tertiären Phosphat die Phosphorsäure in Freiheit zu setzen. Bei der Rücktitration werden aber nur 2 Moleküle Lauge verbraucht, weil der Umschlag des Phenolphtaleins erfolgt, sobald das sekundäre Phosphat sich gebildet hat. Jedes Molekül tertiäres Phosphat bedingt also einen Säureverbrauch von einem Molekül Salzsäure.

Farnsteiner[1]) hat mit diesem alten, wissenschaftlich unbrauchbaren Begriff der Alkalität gebrochen und statt seiner den Begriff der „wahren Alkalität" eingeführt, worunter er „den Überschuß an Basen versteht, der nach normaler Bindung der vorhandenen Mineralsäuren frei oder für Kohlensäure und Kieselsäure verfügbar bleibt". Da Kakaoasche nur wenig Kieselsäure (etwa 0,2 %) enthält, deren Alkalibindungsvermögen also nicht in Betracht kommt, so ergibt sich für die Alkalität der Kakaoasche folgende Begriffsbestimmung: Unter der Alkalität der Kakaoasche versteht man die Säuremenge, ausgedrückt in Kubikzentimetern Normalsäure, die zur Neutralisierung der in der Asche von 100 g Kakao vorhandenen Karbonate und Oxyde erforderlich ist. Zweckmäßig rechnet man auch hier die gefundenen Werte nach der oben bei der Aschebestimmung angegebenen Formel auf Kakaomasse mit 55 % Fett um. Zur Bestimmung der wahren Alkalität hat Farnsteiner ein Verfahren ausgearbeitet, bei dem der störende Einfluß der Phosphate dadurch ausgeschaltet wird, daß die Phosphate aus der salzsauren

---

[1]) Z. U. N. G. 1907, 13, p. 305.

Lösung der Asche mit Chlorcalcium und titrierter Ammoniaklösung ausgefällt werden. Dieses Verfahren ist im folgenden als erstes angeführt. Ihm folgt als zweites, in der Ausführung noch einfacheres, das sogenannte verbesserte ursprüngliche Verfahren und als drittes neuestes das Verfahren von Tillmans und Bohrmann.

a) Verfahren von Farnsteiner.[1])

0,2—0,3 g der scharf getrockneten Asche werden mit etwas Wasser zu einem feinen Brei angerührt, vorsichtig mit 10 ccm $\frac{n}{2}$ Salzsäure versetzt und durch gelindes Erwärmen in Lösung gebracht. Die saure Lösung spült man mit Hilfe von 30—40 ccm Wasser verlustlos in ein Erlenmeyerkölbchen von etwa 150 ccm Inhalt, erhitzt die Flüssigkeit zum Sieden und läßt sie bei klein gestellter Flamme unter mehrfachem Umschwenken 3—5 Minuten lang kochen. Hierauf kühlt man ab und bringt die kalte Lösung mit 20—30 ccm Wasser in einen mit Glasstopfen verschließbaren Meßzylinder, in dem sich bereits 5—10 ccm vollkommen neutraler Chlorcalciumlösung (hergestellt durch Lösen von 7,5 g trockenem Chlorcalcium und 20 g Chlorammonium in Wasser und Auffüllen auf 100 ccm) und 15 ccm einer halbnormalen Ammoniaklösung befinden. Nun füllt man mit kohlensäurefreiem Wasser auf 100 ccm auf, schüttelt den gut verschlossenen Zylinder mehrfach kräftig durch, läßt den Niederschlag über Nacht sich absetzen, hebt dann 25—50 ccm der klaren Flüssigkeit mit der Pipette heraus und titriert nach Zusatz einiger Tropfen Methylorange (1 g in 1 l Wasser) mit $\frac{n}{2}$ Salzsäure.

Bezeichnet a das Gewicht der Asche in g,

S das Volumen der zur Lösung verwendeten Säure in ccm Normalsäure,

n das Volumen des zugesetzten Ammoniaks in ccm Normal-Ammoniak,

s das Volumen der beim Zurücktitrieren für die ganze Substanzmenge verbrauchten Säure in ccm Normal-Säure,

so ist die Alkalität für a Gramm Asche $= S + s - n$.

b) Verbesserte ursprüngliche Verfahren

von Fellenberg[2]) und Pfyl[3]) haben gezeigt, daß man den durch die Phosphorsäure hervorgerufenen Fehler vermeiden kann, wenn man vor der Rücktitration Calcium-Jonen in großer Menge in die Lösung bringt. In diesem Fall erfolgt nämlich der Umschlag des Phenolphtaleins erst, wenn alle Phosphorsäure in tertiäres Calcium-

[1]) Z. U. N. G. 1907, 13, p. 305.

[2]) Mitteilungen aus dem Gebiete der Lebensmitteluntersuchungen und Hygiene. Veröffentl. vom Schweizer Gesundheitsamt. Bern 1916, 7, p. 81—116.

[3]) Arbeiten aus dem Reichsgesundheitsamt 1914, 47, p. 1—44.

phosphat übergegangen ist. Wendet man diese Erkenntnis auf das oben erwähnte ursprüngliche Verfahren an, so ergibt sich die folgende abgeänderte Arbeitsweise:

Die nach Ziffer 2. hergestellte Asche wird in üblicher Weise mit überschüssiger tritrierter Säure versetzt, in ein Becherglas übergespült und durch 10 Minuten langes gelindes Kochen die Kohlensäure verjagt. Dann setzt man 30 ccm neutraler 40%iger Chlorcalciumlösung zu und titriert unter Verwendung von Phenolphtalein mit $\frac{n}{2}$ Lauge zurück. Die Differenz zwischen Säure- und Laugeverbrauch gibt ohne weiteres in viel einfacherer Weise und mit größerer Genauigkeit als das Farnsteiner'sche Verfahren die richtige Alkalität an.

c) Verfahren von Tillmans und Bohrmann.[1]) Dieses Verfahren, das von anderer Seite bislang noch nicht nachgeprüft worden ist, eignet sich für Alkalitätsbestimmungen in Aschen jeglicher Art, ganz gleichgültig, ob sie Ortho-, Pyro- oder Metaphosphate enthalten, und ist daher auch für Kakaoaschen verwendbar. Es beruht darauf, daß Ortho-, Pyro- und Metaphosphorsäure in Form ihrer unlöslichen Calciumverbindungen abgeschieden werden und daß die beim Erwärmen mit Säure eintretende Hydrolyse der Pyro- und Metaphosphorsäure, d. h. deren Übergang in Orthophosphorsäure durch Arbeiten in der Kälte verhindert wird. Die Kohlensäure wird statt durch Kochen durch Sättigung der Lösung mit Kochsalz ausgetrieben. Tillmans und Bohrmann (l. c.) geben folgende Vorschrift:

Die Asche wird zunächst fein gepulvert. Dann übergießt man sie mit mindestens 50 ccm $\frac{n}{10}$ Salzsäure und befördert sie in ein Becherglas. Geht die Lösung der Asche nicht schnell vor sich, so wird noch mehr Säure zugesetzt, unter Umständen bis zu 100 ccm. Enthält die Asche noch Stückchen, so sind diese nachträglich mit einem Glaspistill zu zerdrücken. Nach längstens $^1/_4$-stündigem Stehen in der Kälte gibt man einige Löffel voll feingepulvertes, chemisch reines Chlornatrium zu und schüttelt den Inhalt des Becherglases zur Vertreibung der Kohlensäure kräftig um. Mit dem Chlornatriumzusatz fährt man unter immer wiederholtem Umschütteln so lange fort, bis die Lösung gut gesättigt. Es ist ferner ratsam, die über der Flüssigkeit lagernde Kohlensäure mittels eines kleinen Gummigebläses zu beseitigen. Darauf setzt man 30 ccm einer 40%igen Chlorcalciumlösung, sowie 2 ccm 1%iges Phenolphtalein zu, kühlt auf 14° ab und titriert mit $\frac{n}{10}$ Natronlauge auf deutliche Rötung. Es empfiehlt sich, die Flüssigkeit in einem verschlossenen Kölbchen noch 2 Stunden bei 14° stehen zu lassen und, falls nach dieser Zeit Entfärbung eingetreten sein sollte, nochmals bis zur Rötung zu titrieren. Die Differenz zwischen Säure- und Laugenverbrauch ergibt die Alkalität (Karbonat + Oxyd).

---

[1]) Z. U. N. G. 1921, 41, p. 3.

Welche der drei angegebenen Methoden bei Kakaoasche die besten Werte gibt, kann zurzeit noch nicht entschieden werden, da vergleichende Prüfungen noch nicht vorliegen. Die Unterschiede dürften aber nicht wesentlich sein. Der Ausführung nach am einfachsten ist das Verfahren unter b) von Fellenberg-Pfyl.

Die „wasserlösliche Alkalität", d. h. die Alkalität der wasserlöslichen Asche ermittelt man genau in derselben Weise wie die Alkalität der Gesamtasche. Man benützt dazu einen Teil der Lösung, die man beim Auswaschen der wasserunlöslichen Asche nach Farnsteiner (siehe oben) erhalten hat. Da sich die wasserunlösliche Asche selbst mit 1/2 l Wasser nicht vollkommen auswaschen läßt, so schlagen Froehner und Lührig[1]) ein etwas abgeändertes Verfahren vor. Sie empfehlen, die Asche von 10 g Kakao mit etwa 50 ccm heißem Wasser in ein 100 ccm-Meßkölbchen zu spülen, 1/4 Stunde zu kochen und nach dem Erkalten zur Marke aufzufüllen. Die Flüssigkeit wird durch ein trockenes Filter gegossen und 50 ccm des Filtrats zur Bestimmung der wasserlöslichen Alkalität verwendet.

4. Nachweis der Aufschließungsmittel nach Farnsteiner.[2])

Farnsteiner hat umfangreiche Untersuchungen über den Einfluß der Aufschließungsmittel (kohlensaures Kalium, kohlensaures Natrium, kohlensaures Magnesium) auf Zusammensetzung und Alkalität der Asche ausgeführt. Er hat Rohkakao bekannter Zusammensetzung mit wechselnden Mengen der verschiedenen Aufschließungsmittel behandelt und in diesen Mischungen stets folgende Werte bestimmt: Gesamtasche, wasserlösliche und wassserunlösliche Asche, Alkalität der Gesamtasche sowie der wasserlöslichen und der wasserunlöslichen Asche. Die gefundenen Werte sind in der folgenden Tabelle zusammengestellt. Farnsteiner ist es so gelungen, wertvolle Anhaltspunkte und Richtlinien für die Ermittlung der angewandten Aufschließungsmittel und ihrer ungefähren Menge bei der Untersuchung von Kakao zu schaffen.

Aus diesen Untersuchungen Farnsteiners ergibt sich folgendes: Die Gesamtasche ist von geringerer Bedeutung für die Beurteilung eines Alkalizusatzes, weil sie erst bei größeren Zusätzen über die

---

[1]) Z. U. N. G. 1905, 9, p. 257.
[2]) Z. U. N. G. 1908, 16, p. 625.

Rohkakao, entschält, ohne und mit Alkalizusatz.

No.	Art des Kakaos	Kalium-karbonat usw. zugesetzt %	Gesamtasche %	Unlöslicher Teil der Asche %	Löslicher Teil der Asche %	In 100 g Asche: Unlöslicher Teil %	In 100 g Asche: Löslicher Teil %	Alkalität in ccm Normalsäure (bestimmt nach Farnsteiner): der Gesamtasche	der unlöslichen Asche	der wasserlöslich. Asche
I	Trinidad-Kakao, ungerottet	—	3.10	2.09	1.01	67.5	32.5	8.7	5.4	4.6
		—	3.15	1.93	1.21	61.5	38 5	—	4.3	5.8
I a	Derselbe, mit Zusatz von Kaliumkarbonat	1.85	4.90	1.51	3.39	30.8	69.2	35.9	6.1	—
		1.85	4.90	1.52	3.38	31.0	69.0	—	7.0	27.4
II	Kamerun-Kakao . .	—	2.78	1.77	1.01	63.7	36.3	8.2	5.5	4.0
		—	2.78	1.86	0.92	66.9	33.1	8.2	6.0	4.2
II a	Derselbe, mit Zusatz von Kaliumkarbonat . . .	1.49	4.26	1.38	2.88	32.4	67.6	27.8	6.6	21.6
III	Arriba-Kakao	—	3.63	2.25	1.38	61.9	38.1	3.2	1.7	1.0
III a	Derselbe, mit Zusatz von Kaliumkarbonat	1.25	4.68	1.89	2.79	40.4	59.6	16.1	8 3	12.3
III b		2.02	5.43	1.53	3.90	28.2	71.8	—	10.4	17.2
IV	Grenada-Kakao	—	2.62	1.90	0.71	72.8	27.2	3.8	2.0	1.4
IV a	Derselbe, mit Zusatz von Kaliumkarbonat . . .	3.32	5.62	1.00	4.61	17.9	82.1	49.3	9.2	41.6
IV b	Derselbe, mit Zusatz von Magnesiumoxyd . .	1.24	3.85	3.18	0.67	82.6	17.4	61.8	53.7	6.5
V	Balao, Ekuador, gerottet	—	3.45	2.27	1.18	65.9	34.1	2.5	—	—
V a	Derselbe, mit Zusatz von Kaliumkarbonat . . .	2.51	5.58	1.35	4.22	24 3	75.7	31.8	10.5	19.6
VI	Machala, Ekuador, gerott.	—	3.47	2.18	1.29	62.7	37.3	1.9	2.5	1.0
VI a	Derselbe, mit Zusatz von Kaliumkarbonat . . .	1.13	4.31	1.43	3.12	33.2	66.8	17.0	10.0	5.8
VI b	Derselbe, mit Zusatz von Natriumkarbonat (äquivalent dem Zusatz von Kaliumkarbonat v. VI a)	0.87	4.04	1.49	2.55	36.9	63.1	17.7	11.1	6.2
VII	Samana-Kakao	—	2.89	1.92	0.97	66 5	33.5	9.9	7.3	1.9
VII a	Derselbe, mit Zusatz von Kaliumkarbonat . . .	2.02	4.84	1.51	3.34	31.3	68.7	38.3	9.0	27.7
VIII	Surinam-Kakao, gerottet	—	2.83	1.89	0.94	66.7	33.3	7.3	4.9	2.1
VIII a	Derselbe, mit Zusatz von Kaliumkarbonat . . .	2.51	5.14	1.04	4.10	20.2	79.7	43.5	—	28.6
IX	Thomé-Kakao	—	3.24	1.97	1.27	60.9	39.1	12.7	—	4.5
IX a	Derselbe, mit Zusatz von Kaliumkarbonat . . .	1.69	4.83	1.54	3.35	32.0	68.0	36.0	11.3	21.5
X	Arriba-Kakao	—	3.48	2.39	1.09	68.6	31.4	1.9	—	—
X a	Ders., mit Zusatz von Kaliumkarbonat	0.85	4.16	1.93	2.23	46.5	53.5	9.1	5.9	3.0
X b		1.29	4.42	1.41	3.01	31.9	68.1	14.6	11.5	1.2
XI	Bahia-Kakao, ungerottet .	—	3.13	2.08	1.05	66.5	33.5	6.3	3.2	2.0
XI a	Derselbe, mit Zusatz von Kaliumkarbonat . . .	0.68	3.67	1.53	2.14	41.7	58.3	13.4	9.5	3.1
XI b	Derselbe, mit Zusatz von Magnesiumoxyd (äquivalent d. Kaliumkarb.)	0.20	3.37	2.41	0.96	71.6	28.4	15.0	9.0	4.6
XII	Bahia-Kakao, fermentiert	—	2.65	1.81	0.84	68.3	31.7	4.3	2.5	2.1

normalen Werte erhöht wird. Ein wertvolles Kennzeichen ist dagegen die wasserunlösliche Asche; sie beträgt bei reinem Kakao stets über 60 % der Gesamtasche und wird durch Zusatz von 1 % Kaliumkarbonat unter 50 % herabgedrückt, durch Zusatz von Magnesia dagegen erhöht. Ferner ist die Alkalität der Gesamtasche wichtiger als die Alkalität der wasserlöslichen Asche. Die Alkalität der Gesamtasche beträgt bei reinem Kakao — 2,5 bis + 12,7, im Mittel + 5 ccm Normalsäure und wird durch Zusatz von 1 % Kaliumkarbonat theoretisch um 14,6, praktisch um 12—13 erhöht. Bei Kakao mit stark negativem Wert kann sich also unter Umständen ein Zusatz von 1 % Kaliumkarbonat dem Nachweis entziehen.

Hieraus folgt, daß bei der Untersuchung von Kakao auf Aufschließungsmittel folgende Werte ermittelt werden müssen:

Gesamtasche (berechnet auf Kakaomasse mit 55 % Fett),
Wasserunlösliche Asche (ausgedrückt in Prozenten der Gesamtasche),

Alkalität der Gesamtasche nach dem Verfahren von Farnsteiner eventl. *Alkalität der wasserlöslichen Asche*	bezogen auf Kakaomasse mit 50 % Fett.

Ferner ist der Kakao noch auf seine Reaktion und auf Ammoniak zu prüfen.

Die Asche muß zur Vermeidung von Alkaliverlusten etwas anders, als oben angegeben ist, bestimmt werden.

Man verkohlt 20—25 g Kakao in einer Platinschale vorsichtig über dem Pilzbrenner auf schräg gestellter durchlochter Asbestplatte. Die kleingestellte Flamme bleibt anfänglich 10 cm vom Boden der Schale entfernt; sie wird allmählich mit fortschreitender Verkohlung verstärkt und der Schale auf 5 cm genähert. Durch Auflegen eines Deckels bei schwachem Luftzutritt wird schießlich das langsame Verglimmen der kohligen Massen zu Ende geführt. Die Asche wird mit heißem Wasser ausgelaugt, das Ungelöste abfiltriert und ausgewaschen, und Filter samt Rückstand in der Schale verbrannt. Hierauf gibt man die ausgelaugte, wässrige Lösung wieder zu, sowie einige Tropfen Ammonkarbonatlösung, dampft zur Trockne ein und verfährt weiter wie bei der üblichen Aschebestimmung.

Die Bestimmung der wasserunlöslichen Asche erfolgt wie oben angegeben, die Bestimmung der Aschenalkalität nach dem Verfahren von Farnsteiner.

Die *Reaktion des Kakaos* stellt man fest, indem man 2 g mit 10 ccm heißem Wasser verrührt und 1/4 Stunde auf dem Wasserbad erwärmt. Ein Tropfen der überstehenden Flüssigkeit wird nach dem Absitzen auf empfindliches blaues

Lackmuspapier gebracht, nach 5—10 Sekunden durch Abstreichen entfernt und hierauf die Veränderung der Farbe des Papieres festgestellt.

Zur Vorprüfung auf Ammoniak rührt man 2 g Kakaopulver mit 0,1 g Magnesiumoxyd und 10 ccm Wasser in einem Kölbchen zu einem dünnen Brei an und verschließt das Kölbchen darauf mit einem Stopfen, in dessen unteren geschlitzten Teil ein angefeuchteter Streifen von violettem oder rotem Lackmuspapier eingeklemmt ist. Bei Gegenwart von Ammoniak färbt sich das Lackmuspapier blau.

Zur quantitativen Bestimmung des Ammoniaks werden 10 g Kakao mit 0,5 g Magnesiumoxyd gemischt, mit 250 ccm Wasser in einen Kolben von 1 l Inhalt gebracht und von dem Gemisch etwa 100 ccm in eine Vorlage überdestilliert, welche eine abgemessene Menge titrierte Säure enthält. Durch Rücktitration der überschüssigen Säure erfährt man den Ammoniakgehalt. Die Destillation erfolgt über doppeltem Drahtnetz unter Anwendung eines Pilzbrenners und verläuft trotz starken Schäumens ganz ruhig.

Auf einen Zusatz von Kalium- oder Natriumkarbonat kann man schließen, wenn die Reaktion des Kakaos alkalisch ist und wenn, auf Kakaomasse mit 55 % Fett berechnet, die Alkalität der Gesamtasche über 15, die wasserunlösliche Asche weniger als 50 % der Gesamtasche beträgt. Ob Pottasche oder Soda benützt worden ist, ergibt sich aus der Aschenanalyse, weil die Kakaoasche nur wenig Natrium, aber viel Kalium enthält.

Beträgt die Alkalität der Gesamtasche über 15 und macht die wasserunlösliche Asche mehr als 60 % der Gesamtasche aus, so ist auf eine Behandlung mit Magnesiumkarbonat zu schließen. Findet man dagegen die wasserunlösliche Asche im Verhältnis zur Alkalität der Gesamtasche auffallend hoch, so kann ein Gemisch von Alkali- und Magnesiumkarbonat angewandt worden sein.

Um die Höhe dieser Zusätze zu schätzen, kann man zwei Wege einschlagen. Entweder geht man von der Alkalität der Gesamtasche aus, zieht hiervon den für reinen Kakao bestimmten Mittelwert 5 ab und rechnet den Rest auf Kaliumkarbonat um. Die Schätzung wird höchstens um 0,4 % zu hoch ausfallen. Oder aber man legt den Wert der wasserunlöslichen Asche zugrunde, für den Farnsteiner mit Hilfe selbst hergestellter Mischungen folgende Reihe experimentell abgeleitet hat:

In 100 Teilen Asche:

Wasserunlösliche Asche	50	45	40	35	30	25	20	15 %
Zugesetztes Kaliumkarbonat	15	20	25	31	38	46	54	64 %

Die Berechnung ist einfach. Ist z. B. gefunden: Gesamtasche, auf Kakaomasse mit 55 % Fett berechnet, = 4,5 % wasserunlösliche

Asche = 25 % der Gesamtasche, so beträgt der Pottaschezusatz in 100 g Kakaomasse $\frac{4,5 \times 46}{100} = 2,07$ %. Die Fehlergrenze beträgt etwa 0,5 %.

5. Bestimmung des Fettgehaltes.

Die Bestimmung des Fettgehaltes, insbesondere aber die Prüfung auf Reinheit des Kakaofettes ist eine der wichtigsten Untersuchungen bei der Kakaowarenprüfung. Daher ist dieser Abschnitt ausführlicher gehalten.

Es werden 5 g feinst gepulverter Bohnen bzw. Puderkakao (bei Schokolade, die natürlich fein geraspelt werden muß, zweckmäßiger 10 g) mit der gleichen Menge reinen Quarzsandes feinen und gleichen Kornes in einem erwärmten Mörser verrieben und dann in einer Düte von schwedischem Filtrierpapier im sogenannten Soxhletschen Extraktionsapparat mit Äther während 5 Stunden[1]) extrahiert, worauf man das vorher gewogene Kölbchen, in dem sich nunmehr die Fettlösung befindet, aufs Wasserbad bringt und den Äther möglichst verjagt. Dann trocknet man das geschmolzene Fett in dem Kölbchen, indem man es zuerst 2 Stunden im Wassertrockenschrank und dann etwa 2 Stunden im Exsiccator stehen läßt, worauf man wieder wägt. Was das Kölbchen an Gewicht zugenommen hat, ist Ätherextrakt, das nahezu ausschließlich aus Fett besteht. Hierbei werden zwar geringe Mengen von Theobromin (ca. 0,1 g) mitgelöst, was indeß unberücksichtigt bleiben kann. Will man das vermeiden, so muß man statt des Äthers Petroläther vom Siedepunkt 50° C. verwenden.

Das mitgelöste Theobromin haftet übrigens nach dem Trocknen des Ätherextraktes gewöhnlich dem Glase fest an, so daß das Fett mit wenig Äther herausgespült und als „Reinfett" zur Wägung gebracht werden kann. Auch kann man den Stickstoffgehalt des Ätherextraktes bestimmen, hieraus das Theobromin berechnen und durch dessen Abzug vom Ätherextrakt den Reinfettgehalt erfahren.

Welmans[2]) hat eine weitere, ebenso rasch ausführbare wie praktische Methode zur Fettbestimmung in Kakao und Kakaopräparaten

---

[1]) Über die Extraktionsdauer besteht immer noch keine Übereinstimmung. Während Farnsteiner (Z. U. N. G. 1908, p. 627) gefunden hatte, daß 5 Stunden zur Extraktion genügen, werden neuerdings wieder 16, ja selbst 24 Stunden empfohlen (vgl. Apoth.-Ztg. 1916, 31, p. 330). Es wäre wünschenswert, wenn über die erforderliche Extraktionsdauer einmal endgültig Klarheit geschaffen würde, namentlich in solchen Fällen, wo der Fettgehalt besonders genau bestimmt werden soll. Bei sehr langer Extraktion muß natürlich das mit in Lösung gegangene Theobromin (ca. 0,3 %) berücksichtigt werden, was in der oben erwähnten Weise geschehen kann. Für gewöhnliche Analysen genügt im allgemeinen die fünfstündige Extraktion.

[2]) Ztschr. öffentl. Ch. 1900, pag. 304.

angegeben, die nicht nur als Kontrollbestimmung der Extraktionsmethode von Wert ist, sondern nebenher auch gestattet, die Summe aller wasserlöslichen Bestandteile zu bestimmen und etwa vorhandenes Dextrin nachzuweisen (siehe unter Nachweis von Fettsparern). Diese wird auf folgende Weise ausgeführt:

5 g Kakaopulver oder Kakaomasse, die nicht einmal peinlicher Zerkleinerung bedarf, oder ebenso 10 g Schokolade werden im Scheidetrichter oder im Schüttelzylinder mit 100 ccm wassergesättigten Äthers einige Minuten anhaltend geschüttelt, bis keine zusammenhängenden Teilchen mehr erkennbar sind, d. h. bis zu dem durch fabrikmäßigen Betrieb erzielten Feinheitsgrad. In zwei Minuten ist, selbst wenn man Schokolade nicht zerreibt, sondern in Stückchen eingibt, alles zu Pulver zerfallen. Sodann fügt man 100 ccm äthergesättigtes Wasser hinzu und schüttelt kräftig, bis eine vollständige Emulsion entstanden ist. Bei Puderkakaos, besonders solchen mit hohem Fettgehalt, ist dies nach $^1/_2$ bis 1 Minute, bei Schokoladen nach 2 Minuten der Fall. Man läßt nun ruhig stehen, bis die Emulsion sich von selbst scheidet. Bei gewöhnlicher Temperatur (15 bis 20° C.) und wenn keine Besonderheiten vorliegen, tritt dies bei Schokoladen in 6 bis 12 Stunden, bei Kakaos innerhalb 12 bis 24 Stunden ein. Zunächst scheidet sich der größere Teil des ätherhaltigen Wassers ab, der bei Schokoladen gewöhnlich zwischen 90 und 98 ccm, bei Kakaos 70—86 ccm beträgt. Der pulverförmige Teil des Kakaos oder der Schokoladen schwimmt auf der wässrigen Schicht, am Grunde der Ätherschicht. Nur Schalen, Sand und ganz große unzermahlene Kakaobohnenteile, zugesetztes Stärkemehl etc. finden sich im unteren Teile des Scheidetrichters und fließen mit der Wasserschicht ab, die ihrerseits bei Schokoladen den Zucker, aber keine Spur Fett gelöst enthält. Die aus der Emulsion nach der angegebenen Zeit freiwillig abgeschiedene Ätherschicht ist vollständig blank und meist so hoch, daß man bequem 50 ccm, mindestens aber 25 ccm abpipettieren kann. Will man nicht abpipettieren, so kann man auch vorsichtig, aber möglichst schnell, eine beliebige Menge in einen Meßzylinder, eine Meßröhre oder ein 50 oder 25 ccm Kölbchen abgießen. Erscheint die Menge der abgeschiedenen Ätherfettlösung nicht groß genug, so kann man das Abscheiden, nach vorherigem Abziehen der wässrigen Flüssigkeit, durch quirlende Bewegung des Scheidetrichters unterstützen. Die dadurch hervorgerufene Trübung verschwindet in wenigen Minuten wieder, da die fettfreien Teilchen sich sehr schnell senken. Man kann auch die Ätherfettlösung, ähnlich wie bei der Soxhletschen aräometrischen Milchfettbestimmung, durch Gummiquetschball in eine Pipette oder Bürette drücken, oder den Fettgehalt aräometrisch bestimmen, wozu aber noch die Konstanten bzw. die Tabellen fehlen. Hat man in üblicher Weise [1]) den Äther abdestilliert und getrocknet, so stellt man das Gewicht fest und rechnet auf 100 ccm um, muß aber dann noch eine kleine Umrechnung vollziehen. Gesetzt, man habe 50 ccm Ätherfettlösung verdunstet, und der Rückstand habe 0,8 g betragen,

[1]) Vgl. die „Vereinbarungen zur einheitlichen Untersuchung und Beurteilung etc.“ Berlin, Springer. 3 Hefte.

so stellt man zunächst durch Multiplikation mit 2 den Fettgehalt aus 100 ccm = 1,6 g fest. Diese 1,6 g sind aber nicht in den ursprünglich angewandten 100 ccm wassergesättigtem Äther, sondern in 100—x ccm, wobei x die Anzahl ccm vorstellt, die 1,6 g Kakaobutter entsprechen, und da das spezifische Gewicht der Kakaobutter annähernd = 1 ist, so hat man nach der Gleichung

$(100-1{,}6) : 100 = 1{,}6 : x;\ x = \frac{160}{98{,}4} = 1{,}627$ g, in 5 g Substanz 1,627 g Fett oder 32,54% gefunden.

Die verbleibende, wässrige Lösung enthält alle in Wasser löslichen Bestandteile des Kakaos oder der Schokolade. Man läßt sie in einen Meßzylinder abfließen und mißt die erhaltene Menge. Wenn man die ganze Menge zur Trockne bringen will, rechnet man auf 100 um. Besser aber ist folgendes Verfahren:

10 ccm der Flüssigkeit verdunstet man, trocknet im Vacuum gut aus und wägt. Durch Multiplikation mit 10 erfährt man die Summe der wasserlöslichen Bestandteile in 5 g Kakao oder 10 g Schokolade.

Ein weiteres Verfahren der Fettbestimmung beruht auf der Anwendung der bei der Milchuntersuchung vielbenützten Gottlieb—Röseschen Methode. J. Hanus[1]) empfiehlt folgende Arbeitsweise, die sich eng an die Gottlieb—Rösesche Vorschrift anlehnt:

Höchstens 1 g Kakao wird in einem in halbe Kubikzentimeter eingeteilten Meßzylinder von 100 ccm Fassungsraum mit 10 ccm heißem Wasser, darauf mit 2 ccm konzentriertem Ammoniak und 10 ccm Alkohol versetzt und nach jedem Zusatze gut durchgeschüttelt. Alsdann schüttelt man noch 15 Minuten nach Zusatz von 25 ccm Äther und weitere 15 Minuten nach Zusatz von 25 ccm Petroläther. Man läßt hierauf zwei Stunden absitzen, liest die Ätherschicht genau ab, bringt 25 ccm derselben in ein gewogenes Kölbchen, dampft ein, trocknet und wägt. Die Mengenverhältnisse sind genau innezuhalten.

Eine ähnliche Vorschrift gibt Aage Kirschner[2]).

Ferner sei noch das gute Resultate liefernde Verfahren von A. Kreutz[3]) angeführt:

In einem Erlenmeyerkolben von 100—150 ccm Inhalt werden 1—1,5 g Kakao (bzw. 2—3 g Schokolade) abgewogen und auf dem Wasserbade mit 3 g Chloralkoholat zusammengeschmolzen. Der nach wenigen Minuten entstehende Brei wird durch Rühren möglichst homogen gemacht und darauf noch heiß mit 10—15 ccm Äther sorgfältig vermischt. Nach Zusatz weiterer 30—35 ccm Äther schüttelt man gründlich um und filtriert. Der Rückstand wird noch dreimal mit wenig Äther nachgewaschen, das Filtrat auf dem Wasserbade eingedampft und das Fett bis zur Gewichtskonstanz bei 105° bis höchstens 110° getrocknet.

---

[1]) Z. U. N. G. 1906, II. p. 738.
[2]) Z. U. N. G. 1906, II. p. 450.
[3]) Z. U. N. G. 1908, 15, p. 680; 16, p. 584.

Durch Abänderung des bekannten Gerberschen Zentrifugierverfahrens für die Milchfettbestimmung bzw. der Wendlerschen Neusalmethode hat W. D. Kooper[1]) versucht, eine Schnellmethode zur Fettbestimmung in Kakaopräparaten zu schaffen. Als Aufschließungsflüssigkeit dienen ihm Salze der Oxybenzoesäure, wie sie bei der Neusalmethode Verwendung finden, und als fettklärendes Mittel Butylalkohol. Zur Ausführung der Bestimmung benutzt er besondere dem Gerberschen Butyrometer nachgebildete Fettröhrchen. Über Einzelheiten muß in der angegebenen Literatur nachgelesen werden.

Die in dem amtlichen „Entwurf einer Anweisung zur Untersuchung von Kakaopulver auf einen unzulässigen Gehalt an Kakaoschalen“ angegebene Fettbestimmungsmethode genügt für die in diesem Entwurf angestrebten Zwecke, dürfte aber als selbständiges Verfahren zur Ermittlung des Fettgehalts wohl nicht in Betracht kommen.

Diese verschiedenen Fettbestimmungsmethoden liefern naturgemäß keine vollkommen übereinstimmenden Resultate. Die Unterschiede sind aber so gering, daß sie bei den gewöhnlichen Analysen, bei denen in erster Linie Unverfälschtheit und Güte des Kakaos zu beurteilen ist, nicht in Betracht kommen. Die genauesten Resultate erhält man den umfangreichen Untersuchungen von Keller[2]) zufolge, der die Fettbestimmungsmethoden einer vergleichenden Prüfung unterzogen hat, mittels der Soxhletschen Extraktionsmethode bei 24stündiger Extraktion und Berücksichtigung des mitgelösten Theobromins (siehe oben) und mittels des Verfahrens von Kreutz.

Zur Schätzung, ob ein Kakaopulver sehr stark entölt ist, hat Keller (l. c.) ein einfaches Verfahren angegeben. Schüttelt man nämlich das Kakaopulver mit etwa der fünffachen Menge Äther kräftig durch, so setzt es sich bei einem Fettgehalt bis etwa 15 % schnell ab, und die überstehende Flüssigkeit ist nach einigen Stunden vollkommen blank. Enthält der Kakao aber mehr Fett, so bleibt die Flüssigkeit auch nach tagelangem Stehen je nach dem Fettgehalt mehr oder weniger trübe.

Für die weitere Prüfung des Fettes auf Reinheit reicht die durch Ausziehen von 5 g Kakaopräparat gewonnene Fettmenge nicht aus. Man muß hierzu eine größere Menge Schokolade entfetten,

[1]) Z. U. N. G. 1915, 30, p. 461.
[2]) Apoth.-Ztg. 1916, 31, p. 330.

um die quantitative Untersuchung vornehmen zu können. Diese hat sich zu erstrecken vor allem auf:

1. Bestimmung des Schmelzpunktes,
2. Ermittlung der Jodzahl nach Welmans[1]),
3. Bestimmung der Verseifungszahl,
4. Bestimmung der Säurezahl.

Ferner kommen in Frage

5. die Reichert-Meißlsche Zahl,
6. Polenske-Zahl[2]),
7. Prüfung nach Cohn[3]) und
8. die Bestimmung des Lichtbrechungsvermögens im Zeiß'schen Butterrefraktometer bei 40° C.

Daneben werden die anderen bekannten allgemeinen Reinheitsprüfungen für Fette: (Baudouinsche Reaktion auf Sesamöl, Halphansche Reaktion usw.), die Untersuchung der Fettsäuren (Schmelzpunkts-, Refraktions- und Jodzahl-Bestimmung) empfohlen. Als besondere Kakaofettprüfungen sind schließlich die Björklundsche Ätherprobe, Filsingers Alkohol-Ätherprobe und Hagens Anilinprobe noch anzuführen. Bei diesen Untersuchungsmethoden ist im einzelnen folgendes zu beachten.

6. Schmelzpunktbestimmung.

Um den Schmelzpunkt des Kakaofettes zu bestimmen, verfährt man auf folgende Weise:

Man saugt mit dem Munde das geschmolzene Fett in eine aus einem Glasröhrchen gezogene dünne Kapillare, (ca. 1,8—2,0 mm im Lichten), bis sich das geschmolzene Fett etwas oberhalb der Verjüngungsstelle der Kapillare befindet, hierauf kneipt man von der Kapillare so viel ab, daß die Höhe des sich darin befindlichen Fettsäulchens gerade halb so groß ist wie die Quecksilberkugel des zur Untersuchung benutzten Thermometers.

Da das frisch geschmolzene Kakaofett stets seinen Schmelzpunkt verändert, so ist es unbedingt nötig, das so eingeschmolzene Fett ca. 6—8 Tage im Dunkeln liegen zu lassen, und, weil nur nach dieser Zeit der Schmelzpunkt konstant bleibt, erst dann zur eigentlichen Bestimmung zu schreiten.

Nach den Beobachtungen von P. Bohrisch und F. Kürschner[4]) erhält man einen einwandfreien Schmelzpunkt, wenn man das Kakaofett mindestens 3 Tage lang in den Röhrchen bei niederer Temperatur liegen läßt; die Temperatur braucht jedoch nicht unter + 10° zu sein.

---

[1]) Zeitschr. öfftl. Ch. 1900 p. 86ff.
[2]) Arbeiten aus dem Kais. Gesundh. Amt 1904, 20.
[3]) Ztschr. f. öffentl. Ch. 1907, p. 308.
[4]) Pharm. Zentralh. 1914, 55 p. 191.

Zur Ausführung derselben wird die Kapillare mittels eines Kautschukringes an dem Thermometer in der Weise befestigt, daß das Fettsäulchen gerade in die Mitte der Quecksilberkugel des Thermometers zu sitzen kommt.

Nun hängt man das Ganze in ein Probierröhrchen von $2^1/_2$ cm Lichtweite, das mit Wasser so weit gefüllt ist, daß dieses nur von unten in die auf beiden Seiten offene Kapillare eindringen kann. Um die Wärmezufuhr ganz gleichmäßig zu regulieren, wird das Probierröhrchen noch in ein mit Wasser gefülltes Becherglas gestellt und erst dieses erhitzt und zwar ganz allmählich und unter stetem Umrühren. Sobald das Fett völlig geschmolzen ist, dringt das Wasser in die Kapillare und schiebt das Fettsäulchen vor sich her.

Man sieht nun sofort nach, auf welchem Grade das Quecksilber des Thermometers sich befindet — dieser Grad ist der Schmelzpunkt des Fettes.

Als Vorprüfung, besonders zum raschen Nachweis eines Talg- oder Wachszusatzes zum Kakaofett, hat die Björklundsche Ätherprobe[1]) einen gewissen, wenn auch beschränkten Wert.

3,0 g Kakaobutter werden in einem verschlossenen Probierrohr in 6 g Äther bei 18° gelöst. Bleibt die Flüssigkeit klar, so ist kein Wachs vorhanden. Man bringt nun das Probierrohr in Wasser von 0° und beobachtet, wieviel Zeit verstreicht, bis Trübung oder Abscheidung weißer Flocken eintritt, ferner ebenso die Temperatur, bei der die Lösung wieder klar wird.

Wenn die Lösung sich vor Ablauf von 10 Minuten trübt, so war die Kakaobutter nicht ganz rein. Reine Kakaobutter ist bei 0° in 10—15 Minuten trübe, wieder klar bei 19—20° C., mit 5 % Rindstalg versetzte Kakaobutter ist bei 0° nach 8 Minuten trübe, wieder klar bei 22° C., mit 15 % Rindstalg versetztes Kakaofett wird bei 0° nach 4—5 Minuten trübe und wieder klar bei 22,5—28,5° C.

Wachs läßt sich nach den Beobachtungen von P. Bohrisch und Kürschner[2]) auch durch Lösen von 1 Teil Kakaofett in zwei Teilen Benzin gut nachweisen. Schon bei 2 % Wachs trübt sich dabei die Flüssigkeit stark unter Schlierenbildung. In ganz geringer Menge (0,5—1 %) wird Wachs anscheinend häufiger der sogenannten Sommerware zugesetzt, um der Kakaobutter auch in heißer Jahreszeit eine gewisse Sprödigkeit zu verleihen.

Eine genaue Beschreibung der übrigen, oben unter 2—8 aufgezählten Prüfungsverfahren zu liefern, können wir uns hier versagen; bezüglich der betreffenden Vorschriften sei verwiesen auf das mehrfach erwähnte Werk R. Benedikts: „Die Analyse der Fette und Wachsarten“, erweitert und nach dem Tode des Verfassers von F. Ulzer herausgegeben (Berlin, Verlag von J. Springer).

---

[1]) Forschungsberichte über Lebensmittel etc. 1896, III. p. 275 und Beckurts Jahresbericht der Pharmazie 1896, p. 746.

[2]) Pharm. Zentralh. 1914, 55, p. 191.

Wir sind der Ansicht, daß flüssige Öle heute kaum mehr in Betracht kommen, weil sie den Schmelzpunkt stets sehr herabsetzen und dadurch den Bruch der Schokolade wesentlich beeinträchtigen. Zum Ausgleich müßten Fette wie Talg o. dgl. zur Verwendung kommen, die sich aber durch den Geschmack und die Hagensche Anilin-Probe verraten würden. Diese Prüfung erfolgt auf nachstehende Weise:

1 g Kakaofett wird mit einem Überschuß Anilin versetzt und bis zur völligen Lösung, wozu je nachdem 2—8 g Anilin erforderlich sind, erwärmt. Man läßt darauf abkühlen und 1 Stunde bei 15° C., sowie $1\frac{1}{2}$—2 Stunden bei 17° C. stehen. Reines Kakaofett schwimmt dann als ölige, klare Schicht über dem Anilin, wogegen feste Fette wie Talg, Paraffin, Stearin in der Ölschicht körnig oder schuppig zu erkennen sind. Außerdem erstarrt die Fettschicht bei Zusatz von festen Fetten sehr rasch, während reine Kakaobutter stundenlang flüssig bleibt.

All diese Verfälschungen durch fremde Fette sind indessen nicht grade häufig anzutreffen. Überhaupt ist durch die Selbstzucht des Verbandes Deutscher Schokoladen-Fabrikanten einerseits und die scharfe Kontrolle der Nahrungsmittel-Untersuchungsämter andererseits eine Verfälschung deutscher Schokoladen ganz allgemein recht selten geworden. Die einzige häufigere Verfälschung findet bei Kakaopulver durch Versetzen mit fein gemahlenen Kakaoschalen statt, deren Nachweis leider immer noch schwierig und unsicher ist, trotz der zahlreichen Untersuchungen und Arbeiten, um eine einwandfreie Methode zu finden. Aber auch hier sind es weniger deutsche Firmen als ausländische, und zwar vor allem die kleineren unbekannten, bei denen dieser Zusatz als ganz natürlich gilt.

7. Bestimmung des Theobromins und Koffeïns.

Diese ist von geringer Wichtigkeit, da sie keinen Anhaltspunkt über die Güte der Ware liefert. Ebenso besitzt für die praktische Untersuchung der Kakaopräparate die Trennung der beiden Diureide keine Bedeutung und man kann daher letztere kurzweg als Gesamtdiureide in Rechnung stellen. Von den zahlreichen Verfahren für die Bestimmung der Kakaodiureide haben sich die zwei folgenden infolge ihrer Zuverlässigkeit am meisten Eingang verschafft.

a) Verfahren von Beckurts und Fromme[1]): 6 g Kakaopulver bezw. 12 g geraspelte Schokolade werden mit einer Mischung von 197 g Wasser und 3 g verdünnter Schwefelsäure in einem tarierten Literkolben $\frac{1}{2}$ Stunde lang am Rückflußkühler gekocht. Hierauf fügt man weitere 400 g Wasser und 8 g damit verriebener Magnesia zu und kocht noch eine Stunde. Nach dem Erkalten wird

---

[1]) Apoth.-Ztg. 1903, p. 593; Z. U. N. u. G. 1906, 12, p. 83.

das verdunstete Wasser genau ergänzt. Man läßt darauf kurze Zeit absitzen, filtriert 500 g, entsprechend 5 g Kakao bezw. 10 g Schokolade, ab und verdunstet das Filtrat für sich oder in einer Schale, deren Boden mit Quarzsand belegt ist, zur Trockne. Sofern das Filtrat ohne Quarzsand verdunstet wurde, wird der Rückstand mit einigen Tropfen Wasser verrieben, mit 10 ccm Wasser in einen Schüttelzylinder gebracht und achtmal mit je 50 ccm heißem Chloroform ausgeschüttelt. Das Chloroform wird durch ein trockenes Filter in ein tariertes Kölbchen filtriert, das Filtrat durch Destillation vom Chloroform befreit, der Rückstand (Theobromin und Koffeïn) bei 100° bis zur Gewichtsbeständigkeit getrocknet und gewogen.

Stat den mit Wasser verriebenen Rückstand mit Chloroform auszuschütteln, kann man ihn auch mit 25 ccm Wasser in einem geeigneten Perforator auf Chloroform schichten und mit letzterem 6—10 Stunden ausziehen.

Ist das Filtrat, über Quarzsand geschichtet, zur Verdunstung gebracht, so kann man den fein zerriebenen Rückstand in einem geeigneten Fettextraktionsapparat mit Chloroform bis zur Erschöpfung ausziehen.

b) Verfahren von Katz.[1]) 10 g Kakao oder Schokolade werden mit 100 ccm Wasser und 10 ccm verdünnter Schwefelsäure ½ Stunde am Rückflußkühler gekocht; darauf setzt man portionsweise 8 g gebrannte, mit Wasser verriebene Magnesia hinzu und ergänzt die Flüssigkeit auf etwa 300 ccm. Man kocht nun wieder eine Stunde lang am Rückflußkühler, filtriert durch ein Saugfilter und kocht den Rückstand noch dreimal mit je 100 ccm Wasser aus. Die vereinigten Filtrate werden auf ca. 10 ccm eingedampft, in der Wärme mit 2 g Phenol (oder 2,5 g flüssiger, farbloser Carbolsäure) versetzt und mit lauwarmem Wasser in einen Katz'schen Perforator[2]) gespült. Die Flüssigkeit wird alsdann 3 Stunden lang mit Chloroform perforiert, das Chloroform abdestilliert, der Rest des Phenols auf dem Wasserbad mit einem Handgebläse entfernt und das zurückbleibende Theobromin ½ Stunde lang im Trockenschrank oder auf dem Wasserbade getrocknet und nach dem Erkalten gewogen.

Zur getrennten Bestimmung der freien und des glykosidisch gebundenen Theobromins eignet sich am besten das folgende Verfahren von Kreutz[3]).

Zur Trennung von Theobromin und Koffeïn übergießt man die nach einer der obigen Methoden erhaltenen Gesamtdiureide mit 100 g Tetrachlorkohlenstoff, läßt eine Stunde bei Zimmertemperatur unter zeitweiligem Schütteln stehen und filtriert. Die filtrierte Lösung wird durch Destillation von Tetrachlorkohlenstoff befreit, der Rückstand wiederholt mit Wasser ausgekocht, die wässrige Lösung in einer gewogenen Schale eingedampft und bei 100° bis zur Gewichtskonstanz getrocknet (Koffeïn). Das im Kolben ungelöst gebliebene Theobromin,

---

[1]) Pharm.-Ztg. 1903, 48, p. 784.

[2]) Pharm.-Ztg. 1902, 47, p. 937.

[3]) Z. U. N. G. 1908, 16, p. 579; 1909, 17, p. 526.

ferner das Filter werden mit Wasser ebenfalls wiederholt ausgekocht, dieses verdampft und der Rückstand bei 100° getrocknet und gewogen (Theobromin). Ebenso läßt sich nach dem Verfahren von Brunner und Leins[1]) mit Hilfe von ammoniakalischem Silbernitrat eine Trennung von Theobromin und Koffeïn erzielen.

8. Bestimmung der Stärke.

Der Stärkegehalt des reinen Kakaos schwankt in weiten Grenzen (von 7 bis 12 Prozent) und seine Bestimmung ist daher im allgemeinen ohne Bedeutung. Zugesetzte fremde Stärke läßt sich am schnellsten und einfachsten mikroskopisch erkennen; indem man eine kleine Probe des Kakaos mit Äther entfettet, auf dem Objektträger mit Wasser verrührt und unter dem Mikroskop durchmustert. Hierbei ist zu berücksichtigen, daß Kakao infolge der Beimengung von Gewürzen geringe Mengen Gewürzstärke enthalten kann, worauf zur Vermeidung von Irrtümern hingewiesen sei. Die Menge der zugesetzten fremden Stärke läßt sich nur durch mikroskopische Vergleichung mit selbst hergestellten Mischungen schätzungsweise bestimmen. Bei solchen Schätzungen ist aber große Vorsicht geboten, da sie leicht zu hoch ausfallen.

Bei Gegenwart größerer Mengen von beigemischtem Weizenmehl oder Hafermehl in sog. Suppenmehlen oder in Haferkakao kann man nach den Angaben von Beythien und Hempel[2]) ein annäherndes Urteil über den Mehlgehalt gewinnen, wenn man in der vorliegenden Mischung die Menge des Fettes und dessen Jodzahl bestimmt. Nimmt man als Mittelwert für die Jodzahl des Weizenfettes 115, für diejenige des Kakaos 34 an, so leiten sich aus dem Fettgehalt F und der Jodzahl J des Gemisches folgende Gleichungen ab:

$$x + y = F,$$

$$\frac{115\,x + 34\,y}{x + y} = J,$$

$$\text{somit } x = \frac{F}{81}(J - 34);\quad y = \frac{F}{81}(111 - J).$$

Hierbei bedeutet x den Gehalt an Weizenfett, y den Gehalt an Kakaofett. Unter der weiteren Annahme, daß der mittlere Fettgehalt des Kakaopulvers 25 % beträgt, erhält man den Kakaogehalt des Gemisches zu 4 y, den Mehlgehalt zu 100 — Zucker — 4 y. Bei

[1]) Schweiz. Wochenschr. Chem. u. Pharm. 1893, 31, p. 85.
[2]) Z. U. N. G. 1901, 4, p. 23.

Haferkakao legt man die Jodzahl von 103 für Haferfett zugrunde.

Die Bestimmung des Gesamtstärkegehaltes wird folgendermaßen ausgeführt:

5 g Kakao, bezw. 10 g Schokolade, welche durch Äther von Fett und durch verdünnten (70 volumprozentigen) Alkohol vollständig von Zucker befreit sind, werden in einem bedeckten Fläschchen oder noch besser in einem bedeckten Zinnbecher von 150—200 ccm Raumgehalt mit 100 ccm Wasser gemengt und in einem Soxhlet'schen Dampftopf 3—4 Stunden lang bei 3 Atmosphären Druck erhitzt. In Ermangelung eines Dampftopfes („Autoklaven") kann man sich auch der Reischauer-Lintner'schen Druckfläschchen bedienen, die acht Stunden bei 108—110° im Glyzerinbad erhitzt werden. Der Inhalt des Bechers oder Fläschchens wird in einen 200 ccm-Meßkolben gebracht, nach dem Erkalten zur Marke aufgefüllt und nach gründlichem Umschütteln durch ein trockenes Faltenfilter filtriert. Der Rückstand darf unter dem Mikroskop mit Jod keine Stärkereaktion mehr geben; es muß also alle Stärke in Lösung gegangen sein. 100 ccm des Filtrats werden in einem 250 ccm-Kolben mit 10 ccm Salzsäure vom spezifischen Gewicht 1,125 am Rückflußkühler 3 Stunden im kochenden Wasserbad erhitzt. Darauf wird rasch abgekühlt und mit soviel Natronlauge versetzt, daß die Flüssigkeit noch eben schwach sauer reagiert. Zu der Lösung setzt man jetzt einige Kubikzentimeter Bleiessig, bis kein Niederschlag mehr entsteht, fällt den Überschuß des zugesetzten Bleis durch eine gesättigte Natriumsulfatlösung aus und füllt zur Marke auf. Nach dem Absitzen filtriert man durch ein trockenes Filter und bestimmt die entstandene Glukose nach dem Verfahren von Allihn. Die gefundene Glukosemenge, mit 0,9 multipliziert, gibt die entsprechende Menge Stärke. Will man die Glukose maßanalytisch nach Soxhlet bestimmen, so ist die Zuckerlösung auf eine geringe Raummenge einzuengen.

Märcker [1]) umgeht die Benutzung eines Autoklaven und bringt die Stärke durch Behandeln mit Diastase in Lösung; er gibt folgende Vorschrift:

5 g Kakao bezw. 10 g Schokolade werden wie oben vollkommen von Fett und Zucker befreit und dann in einer Reibschale mit lauwarmem Wasser angerieben, damit sich keine Klümpchen bilden. Das Ganze wird mit soviel Wasser in einen 200 ccm-Kolben gespült, daß das Volumen der Flüssigkeit etwa 100 ccm beträgt, und die Stärke nunmehr durch $^1/_2$stündiges Erhitzen im siedenden Wasserbad verkleistert. Nach dem Abkühlen auf 65° gibt man 0,1 g Diastase [2]) zu, verteilt die Diastase gleichmäßig in der Flüssigkeit und läßt sie 2 Stunden lang bis 65° einwirken. Dann wird $^1/_2$ Stunde lang gekocht, nach dem Abkühlen auf 65° nochmals 0,1 g Diastase zugesetzt und damit wiederum $^1/_2$ Stunde auf 65° gehalten. Zum Schluß kocht man noch einmal auf, füllt zu 200 ccm auf, filtriert, invertiert 100 ccm des Filtrats, wie oben geschildert, 3 Stunden lang mit Salzsäure und verfährt weiterhin genau in der oben angegebenen Weise.

---

[1]) Märcker, Handbuch der Spiritusfabrikation 1898, 7. Aufl., p. 111.

[2]) Die käufliche Diastase ist häufig zuckerhaltig; sie muß daher stets auf Zucker geprüft und ihr etwaiger Zuckergehalt bei Berechnung der Stärke berücksichtigt werden.

9. Bestimmung der Rohfaser.

Die Bezeichnung „Rohfaser" ist kein einheitlicher chemischer Begriff. Man versteht unter Rohfaser (früher auch „Holzfaser" genannt) denjenigen Rest an organischer Substanz, welcher übrig bleibt, wenn man die feingepulverte entfettete Substanz in bestimmter Weise mit verdünnten Säuren und Alkalien von bestimmter Konzentration behandelt. Die so erhaltene Rohfaser ist keine absolut reine Zellulose, sondern ein Gemenge von Zellulose (Hexosanen) mit anderen als Verunreinigung der Zellulose aufzufassenden Stoffen wie Lignin, Pentosanen, Proteinstoffen (Nukleinen). Die Menge der Verunreinigungen schwankt je nach der angewandten Methode der Rohfasergewinnung. Es ist klar, daß unter diesen Umständen Angaben über den Rohfasergehalt nur dann einen Zweck haben, wenn gleichzeitig die genaue Methode mitgeteilt wird, nach der die Rohfaser bestimmt wurde. Ebenso können bei der Untersuchung durch verschiedene Analytiker nur dann übereinstimmende und vergleichbare Werte erhalten werden, wenn alle nach derselben Methode gearbeitet haben. Leider hat eine Einheitsmethode der Rohfaserbestimmung bisher gefehlt. Zwar hat das Reichsgesundheitsamt im Juli 1916 eine Methode veröffentlicht, nach der fortan an allen öffentlichen Untersuchungsämtern und den Zolllaboratorien gearbeitet werden soll. Doch kann noch kein abschließendes Urteil darüber abgegeben werden, ob diese Methode eine Verbesserung der bisherigen Methoden bedeutet und daher Aussicht hat, die allgemein anerkannte und angewandte Einheitsmethode zu werden. Jedenfalls werden neben der Methode des Reichsgesundheitsamts auch das Weender Verfahren und das Verfahren von König noch vielfach angewandt, weshalb auch sie im Folgenden besprochen werden sollen. Bei allen drei Methoden wird der Rohfasergehalt in Prozenten der fettfreien und natürlich auch zuckerfreien Kakaomasse angegeben.

a) Methode des Reichsgesundheitsamts: siehe den amtlichen „Entwurf einer Anweisung zur Untersuchung von Kakaopulver auf einen unzulässigen Gehalt an Kakaoschalen".

b) Methode von J. König[1]).

3 g entfettete Substanz werden in einer trockenen Porzellanschale von 500 ccm Inhalt mit 200 ccm Glyzerin (spezif. Gewicht 1,23), welches 20 g konzentrierte Schwefelsäure in 1 l enthält, gut verrührt und in einem Dampftopf

---

[1]) Z. U. N. G. 1898, 1, p. 1.

1 Stunde lang auf 137°, entsprechend 3 Atmosphären, erhitzt. Nach dem Abkühlen auf 80—100° verdünnt man unter Umschwenken mit 200—250 ccm kochend heißem Wasser und filtriert sofort durch ein Asbestfilter mit Hilfe der Saugpumpe. Den Rückstand wäscht man zuerst mit 300—400 ccm kochend heißem Wasser aus, darauf mit 50 ccm erwärmtem Alkohol und schließlich solange mit einem erwärmten Äther-Alkohol-Gemisch, bis das Filtrat völlig farblos ist. Nunmehr bringt man das Filter in eine Platinschale, trocknet bis zur Gewichtskonstanz, wägt, verascht sorgfältig, bis der Asbest überall weiß gebrannt ist, und wägt wieder. Die Differenz zwischen beiden Wägungen ergibt die Rohfaser.

Da die üblichen Dampftöpfe von 25 cm Tiefe und 20 cm Weite nur 4 der erforderlichen Porzellanschalen aufzunehmen vermögen, empfiehlt Bremer[1]), zum Aufschließen Porzellanbecher von 300 ccm Inhalt zu verwenden, die sich mit Hilfe eines besonderen Gestells zu achten in dem Dampftopf unterbringen lassen.

Steht kein Dampftopf zur Verfügung, so kann man auch die Substanz mit der Glyzerinschwefelsäure einfach in einem Rundkolben eine Stunde lang bei 133—135° am Rückflußkühler kochen und im übrigen wie oben angegeben weiter verfahren. Hierbei muß aber darauf geachtet werden, daß keine Substanz an der Kolbenwandung anhaftet und teilweise verkohlt, sowie darauf, daß das Glyzerin die vorgeschriebene Konzentration hat, weil sonst der Siedepunkt nicht erreicht wird. Nach König ist jedoch das Dämpfen vorzuziehen.

Die nach dem Verfahren von König gewonnene Rohfaser ist annähernd frei von Pentosanen, enthält aber noch fast die ganze Menge der sonstigen inkrustierenden Stoffe, besonders die Kutikularsubstanz oder das Lignin (nebst Nukleinen), zu deren gesonderter Bestimmung König[2]) besondere Methoden ausgearbeitet hat.

c) Weender Verfahren:

3 g entfettete Substanz werden in einer Porzellanschale, die bis zu einer im Inneren angebrachten kreisförmigen Marke 200 ccm Flüssigkeit faßt, mit 200 ccm 1 $^1/_4$-prozentiger Schwefelsäure (von einer stärkeren 50 g konzentrierte Schwefelsäure im Liter enthaltenden Lösung nimmt man 50 ccm und setzt 150 ccm Wasser hinzu) genau eine halbe Stunde unter Ersatz des verdampfenden Wassers gekocht, sofort durch ein dünnes Asbestfilter (am besten unter Benutzung einer Witt'schen Filterplatte und der Saugpumpe) filtriert und mit heißem Wasser hinreichend ausgewaschen. Darauf spült man das Filter mit Inhalt in die Schale zurück, gibt 50 ccm Kalilauge hinzu, die 50 g Kalihydrat im Liter enthält, füllt bis zur Marke der Schale mit Wasser auf, kocht wiederum genau eine halbe Stunde unter Ersatz des verdampfenden Wassers, filtriert durch ein neues

---

[1]) Z. U. N. G. 1907, 13, p. 488.
[2]) Z. U. N. G. 1903, 6, p. 769; 1906, 12, p. 385; 1907, 13, p. 265.

Asbestfilter oder durch einen größeren Goochtiegel und wäscht mit einer reichlichen Menge kochenden Wassers und darauf nach Entfernung des Filtrats aus der Saugflasche noch je zwei- bis dreimal mit Alkohol und Äther nach. Das dann sehr bald lufttrockene Filter mit Inhalt hebt man mittels eines Platinspatels ab und bringt es in eine ausgeglühte Platinschale. Die dem Filter oder der Filterplatte etwa noch anhaftenden Teilchen des Filterinhalts bringt man mit einem Gummiwischer gleichfalls in die Platinschale. Diese wird eine Stunde bei 100—105° getrocknet und zum Erkalten in einen Exsikkator gestellt. Sodann wird sie so schnell wie möglich gewogen, darauf kräftig geglüht, bis kein Aufleuchten von verbrennenden Rohfaserteilchen mehr stattfindet, und nach dem Erkalten im Exsikkator wiederum schnell gewogen. Der Unterschied zwischen der ersten und zweiten Wägung ergibt die Menge der in 3 g enthaltenen Rohfaser.

Die auf diese Weise erhaltene Rohfaser enthält außer Pentosanen noch Stickstoffverbindungen (entsprechend 0,1—0,4 % Stickstoff), die jedoch in der Regel nicht berücksichtigt zu werden pflegen. Sollen sie berücksichtigt werden, so ermittelt man in einem gleich behandelten Teil der Probe nach dem zweiten Filtrieren den Stickstoff durch Verbrennen nach dem Verfahren von Kjeldahl, vervielfältigt die Menge des Stickstoffs mit 6,25 und bringt die hiernach sich ergebende Menge von der Menge der Rohfaser in Abzug.

W. Ludwig[1]) hat für die Bestimmung der Rohfaser im Kakao vorgeschlagen, die Stärke zunächst mit Natronlauge zu verkleistern, mit Salzsäure zu invertieren und darnach den Rückstand mit Natriumkarbonat und schließlich mit Salzsäure zu kochen. Dieses Verfahren hat sich nicht eingebürgert, weil bei ihm nach Matthes und Rohdich[2]) die Zellulose zu stark angegriffen wird.

Zur Beurteilung der beim Weender-Verfahren und bei der Methode von König gefundenen Rohfaserwerte sei darauf hingewiesen, daß nach Devin und Strunck[3]) die Kakaobohnen 6,8—7,8 % Rohfaser, berechnet auf fettfreie Trockensubstanz, enthalten, die Kakaoschalen dagegen 15,5—18,2 %, also mehr als doppelt so viel. Immerhin sind die Schwankungen so groß, daß man erst bei erheblicher Überschreitung der normalen Werte auf einen Schalenzusatz schließen kann. So gibt z. B. das Schweizerische Lebensmittelbuch 11 % Rohfaser in der fettfreien Trockensubstanz als äußerste zulässige Grenze an.

---

[1]) Z. U. N. G. 1906, 12, p. 153; 1908, 15, p. 426; Pharm. Zentralh. 1907, 48, p. 21.

[2]) Pharm. Zentralh. 1906, 47, p. 1025; Z. U. N. G. 1908, 15, p. 424.

[3]) Veröff. a. d. Gebiete des Militärsanitätswesens 1908, 38, II., 8; Z. U. N. G. 1909, 17, p. 62.

10. Die Bestimmung der Kakaoschalen[1]).

erfolgt am besten nach dem im Folgenden wiedergegebenen amtlichen Entwurf einer Anweisung zur Untersuchung von Kakaopulver auf einen unzulässigen Gehalt an Kakaoschalen. Der Entwurf, nach welchem an allen öffentlichen Untersuchungsämtern und an den Zoll-Laboratorien gearbeitet werden soll, ist im Juli 1916 vom Reichsgesundheitsamt herausgegeben worden. Er verdankt seine Entstehung dem Bestreben, einen einheitlichen Untersuchungsgang zu schaffen, und dadurch die zahlreichen Mißstände zu beseitigen, die sich aus dem Mangel eines einheitlichen Ganges ergeben hatten. Die im Entwurf angeführten Grenzzahlen sind so gewählt, daß nach den vorliegenden Erfahrungen technisch reine Kakaopulver nicht beanstandet werden können.

Entwurf
einer Anweisung zur Untersuchung von Kakaopulver auf einen unzulässigen Gehalt an Kakaoschalen.

(Herausgegeben vom Reichsgesundheitsamt am 5. Juli 1916.)

I. Gang der Untersuchung.

Das Kakaopulver wird zunächst mikroskopisch geprüft.

a) Weist der mikroskopische Befund darauf hin, daß Schalenteile in unzulässiger Menge vorhanden sind, so ist noch die Bestimmung der Rohfaser nach dem unten angegebenen Verfahren auszuführen. Werden dabei mehr als 6,0% Rohfaser, berechnet auf fettfreie Trockenmasse, gefunden, so ist anzunehmen, daß das Kakaopulver mehr als die technisch unvermeidbaren Mengen von Kakaoschalenteilen enthält.

b) Bleibt das Ergebnis der mikroskopischen Prüfung zweifelhaft, insbesondere auch deshalb, weil das Pulver zu fein ist, um die einzelnen Gewebselemente einwandfrei erkennen zu lassen, so ist noch die Bestimmung der Rohfaser und diejenige der Phosphate in der Asche nach den unten angegebenen Verfahren auszuführen. Werden dabei mehr als 6,0% Rohfaser, berechnet auf fettfreie Trockenmasse, gefunden und übersteigt gleichzeitig der Gehalt an unlöslichen Phosphaten 4,0% des Gesamt-Phosphatrestes, so ist anzunehmen, daß das Kakaopulver mehr als die technisch-unvermeidbaren Mengen von Kakaoschalenteilen enthält.

c) Ergibt sich bei der mikroskopischen Prüfung mit Sicherheit, daß Schalenteile in unzulässiger Menge nicht vorhanden sind, so kann von weiteren Untersuchungen abgesehen werden.

---

[1]) Die früher viel benützte Filsinger'sche Schlämmethode zur Bestimmung von Kakaoschalen samt ihren verschiedenen Abänderungen hat angesichts des hohen Feinheitsgrades, mit dem heutzutage der Kakao in den Handel kommt, ihren Wert vollkommen verloren und besitzt nur noch historisches Interesse.

II. Verfahren der Untersuchung.

1. Mikroskopische Bestimmung.[1])

Eine Probe des entfetteten Kakaopulvers wird entweder mit konzentrierter Chloralhydratlösung oder nach dem Verfahren von Hanausek (Apotheker-Zeitung 1915 S. 590) oder nach dem Verfahren von B. Fischer (Jahresbericht des Chemischen Untersuchungsamts der Stadt Breslau für 1899/1900 S. 34, vergl. auch Beythien und Pannwitz, Zeitschrift für Untersuchung der Nahrungs- und Genußmittel 1916 Bd. 31 S. 276) vorbehandelt und in einer größeren Reihe von Präparaten mikroskopisch geprüft. Hierbei ist besonders auf die den Kakaoschalen eigentümlichen Schleimzellen und Steinzellen zu achten. Ein reichliches Vorkommen dieser Zellen weist auf einen unzulässig hohen Gehalt an Kakaoschalen hin.

2. Bestimmung der Rohfaser in der fettfreien Trockenmasse.

a) Bestimmung des Fettes.

Etwa 5 g Kakaopulver, genau gewogen, werden in einer flachen Schale mit etwa 20 g ausgeglühtem Quarzpulver oder Seesand vermengt. Das Gemisch wird gewogen und in einem Trockenschrank auf 105° erwärmt, bis das Gewicht nahezu gleich bleibt, jedoch nicht über eine Dauer von 4 Stunden. Da das getrocknete Kakaopulver vielfach rasch Wasser anzieht, benutzt man zweckmäßig zur Wägung mit Deckel versehene Nickelschalen.

b) Bestimmung des Fettes.

Zur Entfettung dient ein etwa 250 ccm fassendes weithalsiges Kölbchen, durch dessen Gummistopfen ein kurzes, zweckmäßig unten verengtes und hakenförmig aufgebogenes Saugrohr sowie ein Filterrohr von 3,5 bis 4 cm oberem Durchmesser eingeführt sind. Der etwa 8 cm lange erweiterte Teil des Filterrohrs trägt unten eine (am besten eingeschliffene) Filterplatte aus Porzellan mit $^3/_4$—1 mm weiten Öffnungen. Durch Eingießen einer Aufschwemmung von gereinigtem Asbest[2]) und Absaugen wird die Filterplatte mit einer 3—4 mm dicken Asbestschicht bedeckt und diese unter Anwendung der Luftpumpe gründlich mit Wasser durchspült, sodann mit Alkohol und Äther getrocknet. Nachdem das Kölbchen gewogen ist, bringt man etwa 5 g Kakaopulver, genau gewogen, auf das Filter, ebnet die Masse mit einem Glasstab, übergießt sie mit 10—15 ccm Äther, bedeckt das Filterrohr mit einem Uhrglas und wartet, bis die Fettlösung von der Filterplatte abzulaufen beginnt. Dann saugt man mit der Luftpumpe vorsichtig ab und wiederholt das Ausziehen mit je 7—10 ccm Äther so lange, bis im ganzen etwa 100 ccm verbraucht sind. In der Masse entstehende Risse oder Öffnungen sind durch Aufrühren mit einem Glasstab zu beseitigen. Aus der in dem Kölbchen enthaltenen Fettlösung wird der Äther

---

[1]) Näheres über die praktische Ausführung der mikroskopischen Prüfung und über die Beurteilung des mikroskopischen Befundes siehe im mikroskopisch-botanischen Teil.

[2]) Der Asbest darf sein Gewicht nicht merklich verändern, wenn er nacheinander mit verdünnter Schwefelsäure und verdünnter Kalilauge gekocht und sodann geglüht wird.

abdestilliert, der Rückstand im Dampftrockenschrank getrocknet und gewogen.

c) Bestimmung der Rohfaser.

Der Rückstand von der Entfettung in dem Filterrohr wird nach völliger Verdunstung des Äthers zusammen mit dem verwendeten Asbest mit Wasser in einen Kolben von etwa 1 Liter Inhalt gespült, der mit einer das Volumen von 200 ccm bezeichneten Marke versehen ist. Nach Zusatz von 50 ccm 5 prozentiger Schwefelsäure füllt man mit Wasser bis zur Marke auf und kocht bei aufgesetztem Kühlrohr genau 1 Stunde lang, vom beginnenden Sieden an gerechnet. Hierauf wird die Masse sofort durch einen etwa 70 ccm fassenden Filtertiegel, in den eine dünne Schicht gereinigten Asbestes gebracht ist, abgesaugt. Den mit heißem Wasser ausgewaschenen Rückstand spült man mit dem Asbest in den Kolben zurück, gibt 50 ccm 5 prozentige Kalilauge und Wasser bis zur Marke hinzu, kocht wiederum genau eine Stunde, saugt durch ein neues Asbestfilter ab und wäscht mit heißem Wasser aus. Der Rückstand wird in der gleichen Weise je noch einmal mit der Schwefelsäure und der Kalilauge ausgekocht. Wenn hierbei wegen der Gegenwart des Asbestes die Flüssigkeit stoßweise siedet, so kann dem durch Zugabe einer kleinen Menge grob zerkleinerten, gebrannten Tons abgeholfen werden. Nach dem letzten Auskochen wird der abgesaugte Rückstand gründlich mit heißem Wasser, sodann (nach Entfernung des Filtrats) mit Alkohol und Äther ausgewaschen, in eine Platinschale übergeführt, bei etwa 105^0 getrocknet und gewogen. Hierauf wird die Schale bis zur völligen Verbrennung der Rohfaser geglüht und wieder gewogen.

Der Unterschied der beiden Wägungen gibt die Menge der aschefreien Rohfaser an; diese wird unter Berücksichtigung des bei den Bestimmungen a und b gefundenen Wasser- und Fettgehalts auf 100 g fettfreie Trockenmasse umgerechnet.

3. Bestimmung der Phosphate in der Asche.

Etwa 20 g Kakaopulver, genau gewogen, werden in einer flachen Platinschale mit kleiner Flamme verkohlt. Der Rückstand wird wiederholt mit geringen Mengen heißen Wassers ausgezogen, der wässerige Auszug durch ein kleines aschenarmes Filter filtriert und das Filter samt der Kohle in der Schale verascht. Darauf wird das Filtrat in die Schale zurückgebracht, zur Trockne verdampft und schwach geglüht.

Die Asche wird mit Wasser befeuchtet und mit einigen Tropfen 30 prozentigem Wasserstoffsuperoxyd fein zerrieben. Nach vorsichtigem Zusatz von 10 ccm 25 prozentiger Salzsäure wird die Masse auf dem Wasserbade zur Trockne verdampft, der Rückstand mit einigen Tropfen konzentrierter Salzsäure verrieben, mit heißem ausgekochtem Wasser aufgenommen und in eine kleine Porzellanschale filtriert, wobei Kieselsäure und Kohleteilchen auf dem Filter zurückbleiben.

Das abgekühlte Filtrat wird nach Zugabe von 2 Tropfen Methylorangelösung (0,1 g in 100 ccm Wasser gelöst) mit 1/4 normaler Alkalilauge fast bis zum Umschlag des Methylorange versetzt. Nach 5 Minuten langem Erwärmen auf dem Wasserbade wird der Lösung in der Kälte erforderlichenfalls noch soviel 1/10 normale Alkalilauge zugegeben, daß sie nur noch schwach sauer gegen Methylorange bleibt. Von dem aus Eisen- und gegebenenfalls Aluminiumphosphat bestehenden Niederschlage wird die Lösung in einen Meßkolben von 100 ccm Inhalt abfiltriert, das Filterchen mit wenig heißem Wasser nachgewaschen und das Filtrat bei 15° bis zur Marke aufgefüllt.

a) Bestimmung der löslichen Phosphate.

10 ccm des die löslichen Phosphate enthaltenden Filtrats — entsprechend 1/10 der Gesamtmenge — werden mit 30 ccm einer neutralen 40prozentigen Kalziumchloridlösung [1]) versetzt und nach Zugabe von einigen Tropfen Phenolphtaleinlösung (1 g in 100 ccm 60prozentigem Weingeist gelöst) bei 14 bis 15° mit 1/10 normaler Alkalilauge bis zur Rötung des Phenolphtaleins titriert. Nach zweistündigem Stehen der Lösung in Wasser von 15° wird die etwa inzwischen entfärbte Lösung nachtitiert. 1 ccm 1/10 normale Alkalilauge entspricht unter diesen Umständen 4,75 mg PO_4 in der angewandten oder 47,5 mg PO_4 in der gesamten Lösung.

b) Bestimmung der unlöslichen Phosphate.
($FePO_4$ und $AlPO_4$).

30 ccm Trinatriumcitratlösung[2]) werden etwa 15 Minuten in Eiswasser gekühlt und nach Zugabe eines Tropfens Phenolphtaleinlösung im Eiswasser mit 1/10 normaler Salzsäure bezw. 1/10 normaler Alkalilauge so eingestellt, daß die Lösung farblos ist, aber durch einen Tropfen 1/10 normale Alkalilauge gerötet würde. In diese Lösung bringt man das Filter mit den unlöslichen Phosphaten und erhitzt das mit einem Stopfen verschlossene Kölbchen 20 Minuten auf dem siedenden Wasserbade. Nach halbstündigem Kühlen in Eiswasser titriert man die Lösung im Eiswasser mit 1/10 normaler Alkalilauge bis zur beginnenden Rötung. 1 ccm 1/10 normale Alkalilauge entspricht unter diesen Umständen 9,5 mg PO_4.

c) Berechnung.

Die gefundenen Mengen löslicher Phosphate und unlöslicher Phosphate werden je auf 100 g Kakaopulver umgerechnet; ihre Summe ergibt die Gesamtmenge Phosphatrest (PO_4) in der Asche von 100 g. Der Anteil von PO_4, der in Form unlöslicher Phosphate gefunden worden ist, wird in Prozenten des Gesamtphosphatrestes ausgedrückt.

Außer den bereits erwähnten hat man noch alle möglichen anderen Bestandteile zum Nachweis von Kakaoschalen heranzuziehen

[1]) Zur Herstellung der Lösung wird 1 kg kristallisiertes Chlorkalzium ($CaCl_2 \cdot 6\,H_2O$) in 250 ccm ausgekochtem Wasser gelöst. Die Lösung ist brauchbar, wenn 20 ccm mit 10 ccm ausgekochtem Wasser verdünnt und mit einem Tropfen Phenolphtaleinlösung versetzt, farblos sind, aber durch einen Tropfen 1/10 normale Alkalilauge dauernd gerötet werden.

[2]) Zur Herstellung der Lösung werden 200 g Trinatriumcitrat in 300 ccm ausgekochtem Wasser gelöst. Die Lösung wird zweckmäßig im Eisschrank aufbewahrt.

versucht. So ist von Dekker,[1]) sowie Jäger und Unger[2]) die Bestimmung der Pentosane, ebenfalls von Dekker[1]) die Bestimmung der Methylpentosane, von Brauns[3]) die Bestimmung der Furfuroide, von Ulrich[4]) die Bestimmung der eisenfällenden Farbstoffe (des Kakaorots) vorgeschlagen worden und es sind Bestimmungsmethoden für diese Stoffe ausgearbeitet worden. Diese Stoffe sollen in den Schalen in wesentlich anderen Mengen vorhanden sein als im reinen Kakao, so daß ihre Bestimmung einen Rückschluß auf den Schalengehalt des Kakaos ermöglichen soll. Alle diese Vorschläge haben jedoch von anderer Seite wieder lebhaften Widerspruch gefunden; zum Teil entbehren sie auch noch der Nachprüfung. Nach den bisherigen Untersuchungen scheint jedoch festzustehen, daß der Gehalt sowohl der Schalen wie des reinen Kakaos an den erwähnten Stoffen solchen Schwankungen unterworfen ist, daß mit ihrer Hilfe kein einwandfreier Schalennachweis möglich ist. Es erübrigt sich daher, hier näher darauf einzugehen.

11. Bestimmung des Zuckergehalts.

Für die Untersuchung von Kakaowaren kommen die geringen, im Kakao selbst enthaltenen Mengen Invertzucker oder Glukose nicht in Betracht; sie betragen bei Kakao 0,75—2 %, also bei Schokoladen etwa 0,4—1 %. Sollen sie dennoch bestimmt werden, so zieht man die entfettete Substanz mit Alkohol aus und behandelt die mit Bleiessig geklärte und mit Natriumsulfat entbleite Lösung nach dem Allihn'schen Kupferreduktionsverfahren.

Zur Bestimmung der Saccharose kommen praktisch heute nur noch zwei Methoden in Betracht, die beide auf dem Prinzip der doppelten Verdünnung beruhen, nämlich das Verfahren von Woy und dasjenige von Grünhut, das als eine Erweiterung des Woy'schen Verfahrens zu betrachten ist. Beide Verfahren zeichnen sich durch Einfachheit und Genauigkeit aus und haben daher alle sonstigen Methoden zur Zuckerbestimmung in den Hintergrund gedrängt. Das Woy'sche Verfahren, das auch in die Ausführungsbestimmungen zum Zuckersteuergesetz vom 18. Juni 1903 aufgenommen worden ist, dient lediglich zur Saccharosebestimmung in gewöhnlichen Scho-

---

[1]) Pharm. Zentralh. 1905, 46, p. 863; Arch. Pharm. 1907, 245, p. 153; Z. U. N. G. 1908, 15, p. 424.

[2]) Z. U. N. G. 1905, 10, p. 761.

[3]) Pharm. Weekbl. 1909, 46, p. 326; Z. U. N. G. 1910, 10, p. 391.

[4]) Dissertation, Braunschweig 1911; Z. U. N. G. 1911, p. 674.

koladen, das Grünhut'sche dagegen zur gleichzeitigen Bestimmung von Saccharose und Milchzucker in Milchschokolade, und damit auch zur Kontrolle der Kaseïnbestimmung bei dem Baier'schen Verfahren zur Ermittlung der Milchtrockensubstanz in Milch- und Sahneschokoladen. Bei der Untersuchung von Schokoladen unbekannter Zusammensetzung liefert das Grünhut'sche Verfahren, wie weiter unten noch ausgeführt wird, Aufschluß darüber, ob außer Saccharose noch andere rechtsdrehende Zuckerarten (Milchzucker in Milchschokolade, Stärkezucker in Schokobona etc.) vorhanden sind.

a) Verfahren von Woy[1]):

Das halbe Normalgewicht geraspelter Schokolade (13,024 g für den Polarisationsapparat von Soleil-Ventzke-Scheibler oder das Saccharimeter von Schmidt und Haensch) wird zweimal abgewogen und einmal in ein 100 ccm, das anderemal in ein 200 ccm-Meßkölbchen gebracht. Man befeuchtet mit Alkohol und übergießt mit heißem Wasser, bezw. bei mehlhaltigen Schokoladen mit 50° warmem Wasser. Durch kräftiges Schütteln löst man den Zucker vollständig auf, gibt dann 4 ccm Bleiessig hinzu, wodurch die Schokolade an Schleimigkeit verliert, füllt nach dem Abkühlen zur Marke auf und filtriert nach nochmaligem tüchtigen Umschütteln. Die schnell durchs Filter gehenden wasserhellen Lösungen werden im 200 mm-Rohr polarisiert.

Aus den beiden Polarisationen läßt sich durch Ausschaltung des Niederschlagsvolumens der genaue Zuckergehalt folgendermaßen berechnen: Sei a die Polarisation des 100 ccm-Kölbchens, b diejenige des 200 ccm-Kölbchens, x das Volumen des in Wasser Unlöslichen. In dem 100 ccm-Kölbchen ist die Zuckermenge des halben Normalgewichts Substanz in (100 — x) ccm gelöst, in dem 200 ccm-Kölbchen in (200 — x) ccm. Zu vollen 100 ccm gelöst, würde die erstere $\frac{a\,(100 - x)}{100}$ polarisieren. Letztere, ebenfalls auf 100 ccm gebracht, würde $\frac{b\,(200 - x)}{100}$ ergeben, und beide Polarisationen müssen gleich sein. Aus der Geichung

$$\frac{a\,(100 - x)}{100} = \frac{b\,(200 - x)}{100}$$

ergibt sich

$$x = \frac{100\,(a - 2\,b)}{a - b}.$$

Durch Einsetzen dieses Wertes in den Ausdruck $\frac{a\,(100 - x)}{100}$ erhält man die wahre Polarisation des in dem halben Normal-

[1]) Ztschr. öffentl. Chemie 1898, Bd. IV, p. 124 u. 255.

gewicht enthaltenen Zuckers, zu 100 ccm gelöst, und durch Verdoppelung (wegen Anwendung des halben Normalgewichts) den Zuckergehalt zu: $Z = \frac{2\,a \cdot b}{a - b}$.

b) Verfahren von Grünhut:

Man wiegt zweimal genau je 30 g fein geraspelte Milchschokolade ab und bringt den einen Anteil in einen 500 ccm-Meßkolben, den anderen in einen 250 ccm-Meßkolben. Die Überführung wird am besten mit Hilfe eines weithalsigen Trichters vorgenommen, dessen Schwanz man bis auf ein ganz kurzes Stück abgeschnitten hat. Man durchfeuchtet nunmehr die Schokolade mit wenig Alkohol und fügt etwa 200 ccm kochendes Wasser hinzu. Das Wasser soll kochend sein, um den durch die Multirotation des Milchzuckers bedingten Fehler auszuschließen. Unter häufigem Umschwenken läßt man die beiden Kolben eine Viertelstunde stehen. Dann kühlt man auf 20° ab, gibt je 10 ccm Bleiessig zu und füllt mit 20° warmem Wasser zur Marke auf. Etwa auftretender und beim Auffüllen störender Schaum kann durch Aufblasen von etwas Ätherdampf beseitigt werden. Nach kräftigem Umschütteln werden beide Flüssigkeiten durch trockene Faltenfilter von etwa 16 cm Durchmesser filtriert und die beiden Filtrate bei 20° im 200 mm-Rohr (möglichst mit Wassermantel) polarisiert. Die am Filtrat aus dem 500 ccm-Kolben erhaltene Polarisation sei in der Folge mit P_1, die am Filtrat aus dem 250 ccm-Kolben erhaltene mit P_2 bezeichnet. Von dem Filtrat aus dem 250 ccm-Kolben bringt man 75 ccm in einen 100 ccm-Meßkolben, fügt 5 ccm rauchende Salzsäure hinzu und invertiert nach den Regeln der Zollvorschrift 5 Minuten lang bei 67—70°. Dann kühlt man durch Einstellen in kaltes Wasser auf 20° ab, füllt bei 20° zur Marke auf, schüttelt kräftig um und polarisiert die Flüssigkeit bei 20° im 200 mm-Rohr mit Wassermantel. Die abgelesene Polarisation sei mit J_2 bezeichnet. Sind die Polarisationsablesungen an einem Instrument mit Ventzke-Skala vorgenommen, so ergibt sich der prozentige Rohrzuckergehalt der Milchschokolade nach der Formel:

$$\frac{0.547\,P_1\,(3\,P_2 - 4\,J_2)}{(P_2 - P_1)}.$$

Geschah die Polarisationsablesung in Kreisgraden, so lautet die Formel:

$$\frac{1.576\,P_1\,(3\,P_2 - 4\,J_2)}{(P_2 - P_1)}.$$

Hat man hiernach den Rohrzuckergehalt berechnet und bezeichnet man denselben mit R, so ergibt sich bei der Ablesung in Ventzkegraden der prozentige Milchzuckergehalt nach der Formel:

$$\frac{2.75\,P_1 \cdot P_2}{(P_2 - P_1)} - 1.27\,R.$$

Bei der Ablesung in Kreisgraden findet man den prozentigen Milchzuckergehalt nach der Formel:

$$\frac{7.93\,P_1 \cdot P_2}{(P_2 - P_1)} - 1.27\,R.$$

Auch bei dem Grünhut'schen Verfahren ist durch Anwendung der Methode der „doppelten Verdünnung" der aus dem Volumen der unlöslichen Schokoladenbestandteile und des Bleiessigniederschlags sich ergebende Fehler aufgehoben. Die hieraus entspringende Korrektur ist in den obigen Formeln enthalten. Ebenso nehmen die Formeln auf die geringe, durch die abweichende Konzentration bedingte Abänderung der Clergetkonstante Rücksicht.

Bei Benützung der Formeln ist das (meistens negative) Vorzeichen von J_2 gebührend zu berücksichtigen (minus mal minus gibt plus!). Ferner ist es besonders bei Ermittlung der Inversionspolarisation wichtig, die vorgeschriebene Polarisationstemperatur innerhalb einer Genauigkeit von $0{,}3^0$ einzuhalten. Die Polarisationen selbst müssen mit einer Genauigkeit von mindestens 0,1 Ventzke — bzw. 0,05 Kreisgraden erfolgen.

Bei der Untersuchung von Schokoladen unbekannter Zusammensetzung verfährt man nach Grünhut folgendermaßen, um festzustellen, ob außer Saccharose noch andere Zuckerarten vorhanden sind. Man bestimmt, wie oben angegeben, die Werte P_1, P_2, J_2 und berechnet dann hieraus den Rohrzuckergehalt nach zwei verschiedenen Formeln. Der erste Wert ergibt sich nach der Formel: auf Ventzkegrade. Bei Kreisgraden lautet die Formel:

$$\frac{0.26\ P_1 \cdot P_2}{0.12\ (P_2 - P_1)} \quad \text{oder einfacher} \quad \frac{2.167\ P_1 \cdot P_2}{P_2 - P_1},$$

bezogen auf Ventzkegrade. Bei Kreisgraden lautet die Formel:

$$\frac{6.244\ P_1 \cdot P_2}{(P_2 - P_1)}.$$

Den zweiten Wert für den Rohrzucker erhält man nach der Formel:

$$\frac{0.547\ P_1\ (3\ P_2 - 4\ J_2)}{(P_2 - P_1)},$$

bezogen auf Ventzkegrade, oder

$$\frac{1.576\ P_1\ (3\ P_2 - 4\ J_2)}{(P_2 - P_1)},$$

bezogen auf Kreisgrade.

Stimmen die beiden gefundenen Rohrzuckerwerte mit einander überein, so enthält die Schokolade nur Rohrzucker. Ist dagegen der zweite Wert kleiner als der erste, so enthält die Schokolade noch andere rechtsdrehende Zuckerarten (Milchzucker, Stärkezukker). Zeigt die Zuckerlösung auch nach der Polarisation noch eine stärkere Rechtsdrehung im Polarisationsapparat, so läßt sich hieraus auf einen größeren Gehalt an Stärkezucker schließen. Wegen der Ableitung dieser Formeln und ihrer Begründung, auf die hier nicht im einzelnen eingegangen werden kann, muß auf die ausführlichen Abhandlungen Grünhuts selber verwiesen werden[1]).

12. Bestimmung der Stickstoffverbindungen (Eiweißstoffe und Fettsparer).

Für die Beurteilung des Nährwertes des Kakaos ist vor allem sein Eiweißgehalt von Wichtigkeit. Zur Ermittlung der im Kakao enthaltenen Eiweißstoffe bestimmt man nach der Methode von Kjeldahl den Gesamtstickstoff im Kakao, zieht hiervon den im gesondert bestimmten Theobromin enthaltenen Stickstoff ab (Theobromin mal 0,3111 = Stickstoff) und multipliziert den Rest mit 6,25.

Die Kjeldahl'sche Methode der Stickstoffbestimmung hat im Laufe der Zeit zahlreiche Abänderungen erfahren. Am zweckmäßigsten arbeitet man folgendermaßen:

1—2 g Substanz bringt man in einen trockenen, langhalsigen, 100—250 ccm fassenden Rundkolben von Schott'schem Glas oder von Kaliglas (sogenannten Kjeldahl-Kolben) und setzt einen Tropfen metallisches Quecksilber sowie 20 ccm konzentrierte Schwefelsäure hinzu. Den schräg gestellten Kolben erhitzt man unter mehrfachem Umschwenken zunächt mit kleiner Flamme, wobei sich die Masse unter Entwicklung von schwefliger Säure und starkem Aufschäumen dunkel färbt. Später erhitzt man stärker und erhält die Flüssigkeit solange im Sieden, bis sie farblos geworden ist (etwa 2—3 Stunden). Der erkaltete Kolbeninhalt, der nunmehr allen Stickstoff in Form von Ammonsulfat enthält, wird mit soviel Wasser verdünnt und in einen Destillationskolben übergespült, daß das Volumen etwa 250 ccm beträgt. Dann setzt man 80 ccm Natronlauge vom spezifischen Gewicht 1,35 (300 g salpeterfreies Ätznatron mit Wasser zu 1 Liter aufgefüllt), ferner 25 ccm einer 4prozentigen Schwefelkaliumlösung und zur Verhinderung des Stoßens etwas Zinkpulver oder einige Körnchen Bimsstein zu und verschließt sofort mit einem Reitmair'schen Destillationsaufsatz, der an einen Liebig'schen Kühler angeschlossen ist. Nun destilliert man das in Freiheit gesetzte Ammoniak in eine mit 30 ccm $\frac{n}{10}$ Schwefelsäure beschickte Vorlage und titriert die überschüssige Säure mit $\frac{n}{10}$ Natronlauge zurück, wobei man am besten Kongorot als Indikator benützt. Das gefundene Ammoniak wird auf Stickstoff umgerechnet

In seltenen Fällen könnte sich ein höherer Eiweißgehalt durch die betrügerische Beimengung von Erdnußkuchen oder Gelatine zur Schokolade ergeben. Es mögen daher hier die Bestimmungs-

---

[1]) Ztschr. f. analyt. Chemie 1900, 39, p. 29.

methoden von sogenannten Fettsparern ihren Platz finden. Über den Nachweis von Erdnußkuchen vgl. im botanisch-mikroskopischen Teile.

Zur Ersparung von Kakaofett werden nämlich der Schokolade zuweilen stark wasserbindende Stoffe wie Gelatine, Dextrin oder Traganth zugesetzt. Durch solche Manipulationen ist es möglich, der Schokolade größere Mengen Wasser einzuverleiben, ohne daß dies an der Schokolade äußerlich auffällt. Derartig verfälschte Schokolade besitzt natürlich einen stark verringerten Nähr- und Genußwert. Schokoladen mit vermehrtem Wassergehalt zeigen meist eine matte Oberfläche und zerfallen leicht bei warmer Lagerung unter gleichzeitiger heller Verfärbung, was sich allerdings durch einen erhöhten Fettzusatz wieder verhindern läßt[1]).

a) Gelatine: Sind der Schokolade auch nur 5 % Gelatine beigefügt, so kann ihr 10 % Wasser zugesetzt werden, ohne daß Aussehen und äußere Beschaffenheit sich ändern, wenngleich der Geschmack und die Haltbarkeit wesentlich leiden.

Zum Nachweis der Gelatine löst man nach Onfroy 5 g geraspelte Schokolade in 50 ccm siedendem Wasser, setzt 5 ccm einer 10prozentigen Bleiacetat lösung hinzu, schüttelt um und filtriert. Bei Gegenwart von Gelatine gibt das Filtrat auf Zusatz von wenigen Tropfen einer gesättigten Pikrinsäurelösung einen ziemlich beträchtlichen gelben Niederschlag.

Ist nur wenig Gelatine in der Schokolade vorhanden, so wird diese von der im Kakao enthaltenen Gerbsäure zurückgehalten und entzieht sich daher bei der Onfroy'schen Methode dem Nachweis. In diesem Fall weist man die Gelatine folgendermaßen nach:

10 g geraspelte Schokolade werden entfettet, darauf in einen 125 ccm-Kölbchen mit 100 ccm heißem Wasser behandelt, und mit 5—10 ccm 10prozentiger Kalilauge und 10 ccm 10prozentiger Bleiacetatlösung versetzt. Hierbei löst sich die Gelatine-Gerbsäure-Verbindung in der Lauge und wird durch Bleiacetat nicht niedergeschlagen. Man schüttelt durch, filtriert, neutralisiert das bräunlich gefärbte alkalische Filtrat und prüft dasselbe, wie oben, mit Pikrinsäurelösung.

b) Dextrin: Der Nachweis des Dextrins, das sowohl den Puderkakao wie den Schokoladen zuweilen zugesetzt wird, kann, wie bereits oben erwähnt, im Anschluß an das Welmans'sche Fettbestimmungsverfahren erfolgen.

Man filtriert die wässrige Lösung, die sich hierbei im unteren Teile des Scheidetrichters ansammelt, und versetzt 10 ccm des Filtrats mit 40 ccm 96prozentigen Alkohols. Bei Gegenwart von Dextrin entsteht eine milchige Trübung, während die Lösung bei normalem Kakao bedeutend klarer wird. Bei längerem

---

[1]) Zeitschr. f. anal. Chem. 1883, 22, p. 366.

Stehen nimmt die Trübung im ersten Falle zu, während die Flüssigkeit im zweiten Falle unverändert bleibt oder einen geringen braunen Bodensatz abscheidet.

Zur quantitativen Bestimmung des Dextrins benützt man dessen Eigenschaft, daß es durch Bleiessig allein nicht, wohl aber durch Bleiessig und Ammoniak gemeinsam gefällt wird. Man versetzt gleiche Teile der bei der Welmans'schen Fettbestimmung erhaltenen wässrigen Lösung einerseits mit 1—1,5 ccm Bleiessig und 10 ccm Tonerdebrei, andererseits noch mit etwas Ammoniak, filtriert und polarisiert beide Lösungen. Die erste Polarisation a entspricht der Summe von Dextrin und Saccharose, die zweite Polarisation b der Saccharose allein und die Differenz a—b dem Dextrin. Unter der Annahme, daß eine Drehung von 1° Ventzke-Scheibler oder von 0,346 Winkelgraden einem Gehalt von 0,13024 Gramm Dextrin in 100 ccm Lösung entspricht, ergibt sich der Dextringehalt zu (a—b) × 0,13024. Da nun bei Anwendung von 100 ccm Wasser nicht 100 ccm Lösung entstehen, sondern entsprechend der Menge der gelösten Stoffe mehr Lösung erhalten wird, muß eine Korrektur angebracht werden. Die Menge der wasserlöslichen Stoffe erfährt man durch Eindampfen eines aliquoten Teils der Lösung. Das spezifische Gewicht der gelösten Stoffe kann man bei Schokolade zu 1,5, bei Kakao zu 1,35 setzen und erhält somit das Volumen der gelösten Stoffe durch Division mit 1,5 oder mit 1,35. Durch Addition dieser Zahl zu 100 ccm ergibt sich das gesamte Volumen der wässrigen Lösung und auf letzteres ist der Dextringehalt umzurechnen.

Folgendes praktische Beispiel veranschaulicht diesen Gedankengang näher: 10 g Schokolade werden mit 100 ccm Wasser ausgeschüttelt.

Polarisation a	= + 35,0	Skalenteile
Polarisation b	= + 27,3	Skalenteile
Differenz a—b	= + 7,7	Skalenteile.

10 ccm der wässrigen Lösung enthalten 0,45 g gelöste Stoffe; das Volumen derselben ist $\frac{0.45}{1.5} = 0{,}3$ ccm. In den 10 ccm Wasser kommen also auf 9,7 ccm Wasser 0,3 ccm gelöste Stoffe. Auf 100 ccm Wasser entfallen demnach 3,1 ccm gelöste Stoffe, und das Volumen der ganzen Lösung beträgt 103,1 ccm.

Da eine Drehung von 1 Skalenteil 0,13024 g Dextrin in 100 ccm entspricht, so ist eine Drehung von 7,7 Skalenteilen = 0,13024 × 7,7 g Dextrin in 100 ccm.

In 103,1 ccm Lösung oder 10 g Schokolade sind demnach 0,13024 × 7,7 × 1,031 = 1,034 g oder 10,34 % Dextrin.

Die Drehung der verschiedenen Handelsdextrine unterliegt großen Schwankungen, und Welmans hat Proben gefunden, bei denen schon 0,1085 g, zu 100 ccm gelöst, eine Rechtsdrehung von 1 Skalenteil hervorriefen. In diesem Falle berechnet sich der Dextringehalt in vorstehendem Beispiel nur zu 8,5 statt 10,34 % Es scheint aber, daß die oben angenommene Drehung für die überwiegende Zahl der Dextrine zutrifft.

c) Traganth: Nach der Vorschrift Welmans[1]) verreibt man 5 g entfetteten Kakao oder Schokolade längere Zeit mit soviel verdünnter Schwefelsäure, als zur Bildung eines dicken Breies erforderlich ist, setzt dann 10 Tropfen Jodjodkaliumtinktur hinzu, mischt nochmals anhaltend und beobachtet nach Zusatz von etwas Glyzerin in ganz dünner Schicht unter dem Mikroskop bei 160facher Vergrößerung. Bei Gegenwart von 2 % Traganth erscheint das ganze Gesichtsfeld mit zahllosen teils kugeligen, teils unregelmäßig geformten blauen Punkten dicht besät. Vielfach treten auch die großen, der Kartoffelstärke ähnlichen Zellen des Traganths auf, während sie in reinem Kakao gänzlich fehlen, und auch die kleineren Punkte (Kakaostärke) hier nur bei dichteren Partien gehäuft erscheinen. Bei Gegenwart von Kartoffel- und Weizenmehl erhält man ähnliche Bilder, die nur bei größerer Übung, durch Vergleich mit selbsthergestellten Mischungen, von den durch Traganth hervorgerufenen unterschieden werden können.

Filsinger[2]) empfiehlt, 10—20 g der völlig entfetteten Schokolade mit Wasser anzureiben, nach 24 Stunden vom Bodensatz abzugießen und letzten mehrere Male mit Wasser auszuwaschen. Bei dem Durchmustern des so behandelten Rückstandes mit einer starken Lupe treten die Traganthpartikel als farblose, schwach getrübte, sagoähnliche Kügelchen auf, welche weder chemisch noch mikroskopisch bemerkenswerte Eigenschaften darbieten und an der Luft zu sehr kleinen gelblich gefärbten Schüppchen eintrocknen.

13. Untersuchung der Milch- und Rahmschokoladen.

Bei der großen Beliebtheit, deren sich diese Erzeugnisse beim Publikum erfreuen und der dadurch hervorgerufenen gestei-

[1]) Zeitschr. f. öffentl. Chem. 1900, 6, p. 480; Z. U. N. G. 1901, 4, p. 401.
[2]) Zeitschr. f. öffentl. Chem. 1903, 9, p. 9.

gerten Produktion bildet die Untersuchung der Milch- und Rahmschokoladen eigentlich ein Kapitel für sich. Nachdem zwischen dem Verbande Deutscher Schokoladenfabrikanten und der Freien Vereinigung deutscher Nahrungsmittel-Chemiker eine Verständigung über die an dergleichen Schokoladen zu stellenden Ansprüche erzielt wurde, handelt es sich hierbei hauptsächlich darum, die Menge der vorhandenen Milchtrockensubstanz und ihre Zusammensetzung (ob Sahne-, Vollmilch- oder Magermilchtrockensubstanz) zu bestimmen. Dies gelingt nach dem Verfahren von Baier und Neumann[1]), das darauf beruht, daß man in der zu untersuchenden Schokolade zunächst 3 Werte analytisch ermittelt, nämlich den Gesamtfettgehalt, die Reichert-Meißl-Zahl des Gesamtfettes und den Kaseïngehalt. Hieraus lassen sich dann auf rechnerischem Wege alle anderen Werte ableiten, indem man aus der Reichert-Meißl-Zahl des Gesamtfettes, nach Abzug der dem Kakaofett[2]) zukommenden Reichert-Meißl-Zahl = 1,0, zuerst die Menge des Milchfettes berechnet und aus diesem, sowie dem Kaseïn unter Berücksichtigung entsprechender Faktoren, Eiweiß, Milchzucker, Mineralstoffe und den Fettgehalt der angewandten Milch oder Sahne (bzw. Milch- oder Sahnenpulver) nach den unten angegebenen Formeln. Die Bestimmung des Gesamtfettes und der Reichert-Meißl-Zahl des Gesamtfettes erfolgt in der üblichen Weise. Für die Bestimmung des Kaseïns geben Baier und Neumann folgende Vorschrift:

20 g der fein zerriebenen Schokolade werden in eine Soxlethsche Extraktionshülse locker hineingegeben und 16 Stunden lang mit Äther extrahiert. Von dem extrahierten Rückstande werden nach dem Verdunsten des Äthers an der Luft 10 g zur Bestimmung des Kaseïns verwendet. Diese werden hierzu in einem Mörser unter allmählichem Zusatz einer 1 prozentigen Natriumoxalat-Lösung ohne Klumpenbildung gleichmäßig verrührt und in einem mit Marke versehenen 250 ccm Kolben gespült, bis hierzu 200 ccm der Natriumoxalat-Lösung verbraucht sind. Alsdann wird der Kolben auf ein Asbest-

---

[1]) Z. U. N. G. 1909, XVIII, pag. 16 ff.

[2]) Es sei hier eine Bemerkung betreffs der Bestimmung der R.-M.-Zahl gestattet, die von Baier für Kakao zwar auch im Mittel zu 1,0 angenommen, aber als recht wechselnd hingestellt wird, da seine eigenen Untersuchungen (8 Proben von gepreßtem oder extrahiertem Fett) ganz erhebliche Abweichungen untereinander, Schwankungen von 1,65—2,37 aufweisen. Nach frdl. mündl. Mitteilung von Herrn Prof. Härtel, Leipzig, und eigenen Erfahrungen beruhen solche Schwankungen aber zumeist darauf, daß dem verwandten, ziemlich sauren Glyzerin selber eine R.-M.-Zahl zukommt, die bis zu 1,0 und höher ansteigen kann! Es ist daher stets zuvor der Titer des gebrauchten Glyzerins festzustellen, wie denn leider in Fachkreisen immer noch zu wenig Wert auf eigene, gründliche Reagenzienprüfung gelegt wird.

drahtnetz gesetzt und mit einer Flamme, die das Drahtnetz berührt, unter öfterem Umrühren erhitzt, bis der Inhalt eben ins Kochen kommt. Die Öffnung des Kolbens wird während der Zeit mit einem unten zusammengeschmolzenen Trichterchen bedeckt. Hierauf füllt man nicht ganz bis zum Ansatz des Kolbenhalses siedendheiße Natriumoxalat-Lösung hinzu, läßt den Kolben anfangs unter öfteren Umschütteln bis zum anderen Tage stehen, füllt dann mit Natriumoxalat-Lösung bei 15 ° bis zur Marke auf, schüttelt ordentlich um und filtriert durch einen Faltenfilter. Zu 100 ccm des Filtrates werden 5 ccm einer 5 prozentigen Uranacetat-Lösung und tropfenweise unter Umrühren solange 30 prozentige Essigsäure hinzugegeben, bis Niederschlag entsteht, (etwa 30—120 Tropfen, je nach der vorhandenen Kaseïnmenge). Es wird dann noch ein Überschuß von etwa 5 Tropfen Essigsäure hinzugefügt. Der Niederschlag trennt sich auf diese Weise sehr schnell von der völlig klaren darüberstehenden Flüssigkeit, wird durch Zentrifugieren von der Flüssigkeit getrennt und mit einer Lösung, die in 100 ccm 5 g Uranacetat und 3 ccm 30 prozentige Essigsäure enthält, so lange ausgewaschen, bis Natriumoxalat durch Calciumchlorid nicht mehr nachweisbar ist (d. i. etwa nach dreimaligem Zentrifugieren). Alsdann wird der Inhalt der Röhrchen mittels der Waschflüssigkeit auf das Filterchen gespült, letzteres in einen Kjeldahl-Kolben mit konzentrierter Schwefelsäure und Kupferoxyd zerstört und der gefundene Stickstoff durch Multiplikation mit dem Faktor $k = 6{,}37$ auf Kaseïn umgerechnet.

Unter Berücksichtigung der Fettmenge wird hierauf der Kaseïngehalt auf ursprüngliche Schokolade prozentisch umgerechnet.[1])

Es bedeutet: b = Gesamtfettgehalt der Schokolade.[2])
a = Reichert-Meißlsche Zahl des Gesamtfettes.
K = Gefundene Kaseïnmenge nach Laxa-Baier (Stickstoffgehalt mal 6,37).

Dann ist:

1. $F = \frac{(a - 1)\, b}{27}$

1. die gesuchte Milchfettmenge F gleich der für das Gesamtfett gefundenen RM-Zahl a, vermindert um die des Kakaofettes (= 1,0) multipliziert mit der Gesamtfettmenge b und geteilt durch die mittlere RM-Zahl für Butterfett = 27.

---

[1]) Als Anhaltspunkte können hier gelten, die R.-M.-Zahl für Milchschokolade im Minimum alleräußerst 3,75 und für Rahmschokolade 5,5, wenn angenommen wird, daß 10 prozentiger Rahm die R.-M.-Zahl 3,0 und 20 prozentiger 5,0—6,0 besitzt. — Man vermeidet dadurch, daß man den verschiedenprozentigen Rahm direkt auf R.-M.-Zahl umrechnet, die aufgeführte umständliche Berechnung und besitzt auch auf diese Art hinreichenden Anhalt für die Beurteilung.

[2]) Methode nach Laxa-Baier, vgl. Z. U. N. u. G. 1909, XVIII, p. 18 u. 19.

2. a) $E = 1{,}11\,K$ b) $M = \frac{1{,}11\,K \cdot 132}{100}$ c) $A = \frac{1{,}11\,K \cdot 21{,}4}{100}$	2. die Menge der Gesamteiweißstoffe E, da der Kaseïngehalt K etwa 90 % davon beträgt, gleich diesem multipliziert mit dem Faktor 1,11; und da ferner Eiweißstoffe E, Milchzucker M und Mineralbestandteile A (Asche) in der Milch im Verhältnis 100 : 132 : 21,4 vorhanden sind, ergeben sich für deren Berechnung die entsprechenden Formeln 2. b und c.
3. $T = F + E + M + A$	3. die Gesamtmenge T der Milchtrockensubstanz gleich der Summe von Fett, Eiweiß, Milchzucker und Asche.
4. $x = Q \cdot k$ $Q = \frac{F}{K}$ $k = \text{const.}$ $k_1 = 3{,}15$ bei Milch $k_2 = 3{,}05$ „ 10 %igem Rahm $k_3 = 2{,}7$ „ 20 %igem Rahm $k_4 = 2{,}5$ „ 25 %igem Rahm	4. der Fettgehalt x der ursprünglich verwandten Milch oder des Rahms zu berechnen aus x= Q.k, worin Q den Quotienten Fettmenge F: Kaseïnmenge K, und k den normalen Kaseïngehalt des angewandten Durchschnittsmilchpräparates bedeutet; bzw. ist hier bei Milch k_1 = 3,15, bei 10 %igem Rahm k_2 = 3,05, bei 20 %igem k_3 = 2,7 und bei 25 %igem k_4 = 2,5; höherer Gehalt und ein dementsprechend noch niedrigerer Koeffezient kommen nicht in Betracht.

c. Mikroskopisch-botanische Untersuchung.[1])

Anatomisch ist der Kakao keineswegs besonders scharf charakterisiert. Das Augenmerk ist auf die Parenchymzellen (Fig. 93) zu richten, deren Inhalt entweder aus Fett, Eiweiß (Protoplasma), Aleuronkörnern, Pigment und Kakaostärke besteht. Diese ist, wie schon bemerkt, besonders klein, meist kugelig, einzeln, aber auch zu zwei bis drei Körnchen zusammengesetzt. Sie ist nicht schwerer als andere Stärke zu verkleistern und färbt sich mit Jodjodkalium (in nicht entfetteten Präparaten etwas langsamer als andere Stärkemehlkörner) intensiv blau. Eine Ausnahme bilden in dieser Hinsicht die mit fixen Alkalien aufgeschlossenen Kakao-

[1]) Vgl. hierzu: Schimper, Anleitung z. mikr. Unters. d. vegetabil. Nahr. u. Gen.-Mittel. Jena, G. Fischer. II. Aufl. 1900.
Moeller, Mikroskopie d. N.- u. G.-Mittel aus dem Pflanzenreiche. Berlin, J. Springer.

pulver, bei denen nach Welmans auf Jodzusatz farblose Jodverbindungen entstehen, während erst nach Sättigung oder Neutralisation der Alkalien die Blaufärbung eintritt. Es ist also darauf zu achten, daß in solchen Fällen ein Überschuß an Jod vorhanden ist. Bei der Schätzung der fremden Stärke ist große Vorsicht am Platze, da die großen, blauschwarzen Körner der Fremdstärke, die sofort dem Auge auffallen, leicht ein Überschätzen zur Folge haben. Man hält

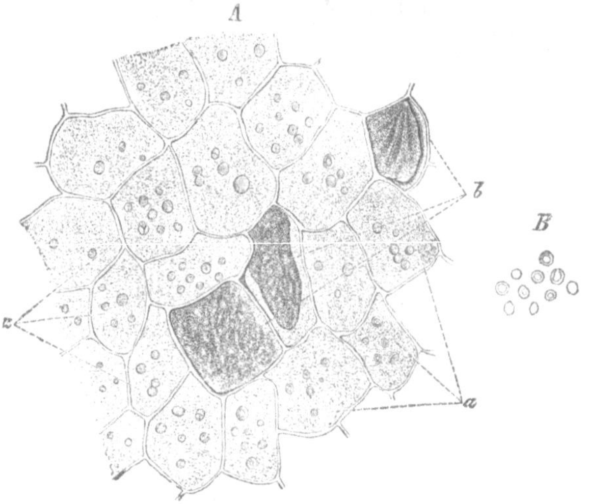

Fig. 93.
A. Parenchym des Keimlappens nach Entfernung des Fettes und Behandlung mit Jod-Chloralhydrat, *a* Parenchymzellen mit Stärke, *b* mit Kakaorot.
B. Aleuronkörner aus den Parenchymzellen mit Globoden (nach Molisch).

sich deshalb zweckmäßig Mischungen von Schokoladen und Kakaos vorrätig, die mit bestimmten Prozentsätzen von Stärke oder Mehlen versetzt sind, um damit Kontrollbesichtigungen nebenher und zum Vergleich ausführen zu können. Bemerkenswert sind ferner die Pigmentzellen und die Samenhaut mit den Mitscherlichschen Körperchen (Fig. 94 u. 95) sowie die charakteristischen Globoïde, welche sich in der Asche des Kotyledonargewebes vorfinden. Die äußere je nach Herkunft der Bohne mehr oder minder verholzte Schale der Bohne, die aus vier Zellschichten besteht, wird am besten gekennzeichnet durch das großzellige Hauptgewebe, dessen Zellen sich sowohl durch die Form als namentlich durch die verdickten Seitenwände von dem Gewebe der Kotyledonen gut unterscheiden. Ein weiteres charakteristisches Merkmal bilden die zahlreichen derben Spiralgefäße dieser Schicht.

Da jedoch die Spiralgefäße ebenso in den Samenlappen, wenn auch in geringer Menge und schwächerer Ausbildung, vorkommen, so geht es nicht an, aus dem Vorhandensein von Spiralgefäßen ohne weiteres auf die Gegenwart von Kakaoschalen zu schließen. Als die nicht zu verkennenden wahren mikroskopischen Leitelemente der Kakaoschalen können vielmehr nur die Steinzellen Sklereiden) und die Schleimzellen betrachtet werden (vgl. Fig. 95).

Zur Anreicherung und Aufhellung der Steinzellen bedient man sich des zwar etwas umständlichen, aber sehr brauchbaren und bewährten Verfahrens von Fischer[1]):

5 g des entfetteten Kakaopulvers oder 8 g der entfetteten Schokolade werden mit 250 ccm Wasser unter Zusatz von 5 ccm 25prozentiger Salzsäure 10 Minuten in einem Porzellankasserol gekocht. Man läßt absitzen, dekantiert die überstehende Flüssigkeit, kocht nochmals mit 250 ccm Wasser und dekantiert wiederum. Den Rückstand kocht man etwa 5 Minuten mit 100 ccm 5prozentiger Natronlauge, verdünnt mit 200 ccm heißem Wasser, läßt absitzen und dekantiert von neuem

Durch diese Behandlung werden die störenden sauren Bestandteile der Kakaobohnen (Kakaorot) weggeschafft und man erhält ein klares Blickfeld. Der hiernach verbleibende Rückstand wird mit Natriumhypochloritlösung (10%ige Natronlauge in der Kälte mit Chlor gesättigt und dann mit dem gleichen Volumen 10%iger Natronlauge versetzt) angeschüttelt, mit Wasser verdünnt und im Sedimentierglas absitzen gelassen (oder auch zentrifugiert). Der Bodensatz wird mikroskopiert; er enthält nur noch ganz farblose und durchsichtige Gewebetrümmer, so daß die Auffindung der jetzt angereicherten und gleichfalls farblosen Steinzellen, die meist in kleineren oder größeren Komplexen, aber auch vereinzelt auftreten, nunmehr keine Schwierigkeiten mehr bereitet. Zweckmäßig macht man mehrere mikroskopische Präparate. Findet man in jedem derselben, ohne angestrengt suchen zu müssen, die charakteristischen Sklerenchymzellen der Kakaoschale, so sind Kakaoschalen in unzulässiger Menge vorhanden. Muß man erst sorgfältig ein Präparat durchmustern, um gelegentlich die Steinzellen zu finden, so ist die Anwesenheit von Schalen nur als zufällige und unvermeidliche Verunreinigung anzusehen. Vereinzelt oder zu ganz kleinen Komplexen vereinigte Steinzellen deuten auf sehr feine Mahlung, größere Steinzellenkomplexe auf gröbere Mahlung der Kakaoschalen hin.

Von den Schleimzellen gibt Hanausek[2]) folgende Beschreibung und Anleitung zu ihrer Erkennung in Kakaopräparaten: „Die

[1]) Jahresbericht des Chem. Untersuchungsamtes Breslau 1899/1900, p. 34.
[2]) Apoth.-Ztg. 1915, 30, p. 590; 1916, 31, p. 323.

Schleimzellen liegen unter der Epidermis der Samenschale in Parenchym eingebettet, sind durch enorme Größe — 150 μ in der Breite, tangential gemessen — ausgezeichnet, völlig mit farblosem Schleim erfüllt und oft durch sehr zarte radiale Scheidewände gekammert. Von der Fläche gesehen, haben sie einen polygonalen, im Querschnitt einen breitelliptischen Umriß. Die Bruchstücke dieser Schleimzellen sind in jedem mit Schalen versetzten Kakaopulver in einer der zugesetzten Schalenmenge proportionalen Anzahl enthalten. Um sie deutlich zu erkennen, genügt es, von dem entfetteten Pulver ein Wasserpräparat anzufertigen, so daß es eine

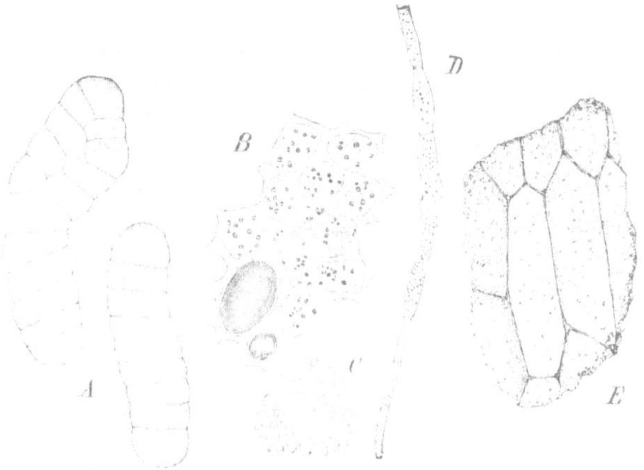

Fig. 94. Kakaopulver.

A. Mitscherlichsche Körper. *B.* Keimzellen, oben mit Stärkekörnern, unten mit violettem Farbstoff (Kakaorot) in Chloral liegend. *C.* Hefepilzhaufen. *D.* Pilzfaden. *E.* Epidermis und Querzellenschicht der äußeren Samenschale (Vergröß. 340).

gleichmäßig dünne, also gewissermaßen einheitliche Schicht bildet, und es zu erwärmen, bis sich die erste kleine Blase zeigt. Blasenbildung ist tunlichst zu vermeiden. Man sieht dann unter dem Mikroskop die Schleimzellenpartikel als farblose bzw. bräunliche, homogene, stark lichtbrechende Körper in dem von den übrigen Geweben (und deren Inhaltskörpern) etwas dunklen Gesichtsfeld. Meist bilden sie scharfkantige und unregelmäßig vierseitige Stücke, bei denen zwei einander gegenüberliegende Seiten von einigen Lagen eines ganz undeutlichen dunkelbraunen Gewebes begrenzt sind. Mitunter treten sie auch derart auf, daß sie einen lichten, unregelmäßig polygonalen Hof um ein dunkles Gewebeteilchen bilden. Oft ist die homogene Masse von feinen Streifen durchsetzt, den Resten der radialen Scheidewände.

Trotz aller Sorgfalt bei der Herstellung der mikroskopischen Präparate nach Hanausek's Angaben läßt es sich nicht vermeiden, daß in dem Pulverbrei manchmal eine Lücke bleibt, die die Gegenwart von Schleimzellen vortäuschen kann. Um darüber Gewißheit zu erlangen, ob eine Lücke im Präparat oder eine Schleimzelle vorliegt, drückt man, während man das Präparat bei etwa 100facher Vergrößerung betrachtet, die betreffende Stelle des Deckgläschens mit der Mikroskopiernadel mehrmals leicht nieder. Ist die farblose Stelle eine präparatfreie Lücke, so verzieht sie sich hierbei und braune Gewebeteilchen dringen in den freien Raum

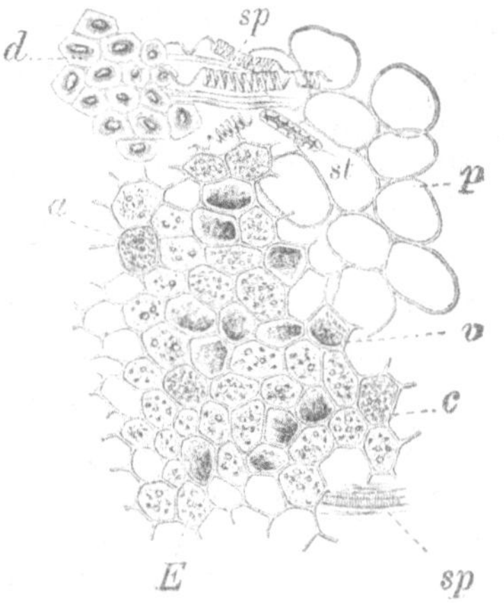

Fig. 95. Kakaopulver.
c Kotyledonargewebe mit Fett und Farbstoffzellen, *p* Schalenparenchym, *sp* Spiroïden, *d* Sklereïdenschicht.

ein. Liegt dagegen ein Schleimpartikelchen vor, so verbreitert sich dieses beim Niederdrücken des Deckglases, um beim Nachlassen des Druckes wieder die frühere Form anzunehmen.

Werden beim Durchmustern mehrerer Präparate durchschnittlich mehr als 6 größere Schleimzellenstücke oder 15—20 kleinere Schleimzellenpartikel gefunden, so sind Schalen in unzulässiger Menge zugegen. Ist das Gesichtsfeld mit zahlreichen noch kleineren Schleimzellenteilchen durchsetzt, so ist anzunehmen, daß Kakaoschalen in äußerst fein gemahlenem Zustand zugesetzt worden sind.

Nach Hanausek macht auf Grund der angegebenen Merkmale die Auffindung der Schleimzellen und deren Unterscheidung von Silberhautfragmenten, sowie etwa vorhandenem Stärkekleister und

Trockenmilch, die ebenfalls mehr oder weniger lichtbrechend sind, für den einigermaßen geübten Mikroskopiker keine Schwierigkeiten. Für den weniger Geübten empfiehlt es sich jedoch, die Präparate nach der Vorschrift von Huss[1]) zu färben und sich dadurch die Erkennung der Schleimzellen zu erleichtern. Huss bedient sich einer sukzessiven Färbung mit Sudan-Glyzerin (0,1 Sudan III in 50 g Glyzerin und 50 g 95 %igem Alkohol gelöst), Kongorot (1 g Kongorot in 100 g Wasser gelöst) und Brillantblau (1 g Brillantblau in 20 g Glyzerin und 80 g Wasser gelöst). Man verreibt 0,01—0,05 g Kakao oder Schokolade auf einem Hedebrandschen Objektträger mit einem Tropfen Sudanglyzerin zu einer feinen Salbe und erhitzt zur Verkleisterung der Stärke mit der Bunzenflamme. Bei hohem Stärkegehalt empfiehlt es sich bisweilen, die Verkleisterung vorher in einem Reagensglase auszuführen. Darauf setzt man einen Tropfen Kongorot und nach etwa 1 Minute noch einen oder zwei Tropfen Brillantblau hinzu, mischt gut durch und legt ein zur Vermeidung von Luftblasen erhitztes Deckglas auf. Unter dem Mikroskop zeigen sich jetzt die Öltröpfchen rötlichgelb und die Fragmente der Silberhaut ganz oder teilweise rot gefärbt, während die etwa vorhandene Stärke oder Trockenmilch blau bis violett erscheint. Nur die stark lichtbrechenden Schleimzellen der Kakaoschalen und der Radicula sind völlig ungefärbt geblieben, heben sich infolgedessen scharf von ihrer gefärbten Umgebung ab und sind daher leicht zu erkennen. Statt Brillantblau kann man nach einer Mitteilung von Huss auch wasserlösliches Nigrosin verwenden. Für die Durchmusterung der Präparate genügt etwa 50fache Vergrößerung.

Die Erkennung f r e m d e r S t ä r k e ist nur auf mikroskopischem Wege möglich; durch Zählapparate läßt sich dann eine annähernde Schätzung des Gehaltes an fremder Stärke beziehungsweise einer zugemengten Mehlart sehr wohl bewirken.[2]) Die Untersuchung auf Stärke wird im übrigen außerordentlich dadurch erleichtert, daß man nach dem Vorgange H. Leffmanns & W. Beams [3]) die im Wasser verteilte Probe in einer Laboratoriumszentrifuge kurze Zeit der Rotation unterwirft. Bei Anwesenheit fremder Stärke zeigt sich diese als weiße Schicht in dem beim Zentrifugieren gebildeten Absatze. Diese Schicht kann abgehoben und weiter mikros-

---

[1]) Z. U. N. G. 1911, 21, p. 101.

[2]) Vgl. E. Guenez, Revuee internationale des falsifikations des denrées alimentaires 185. Bd. VIII, p. 83—84.

[3]) 1890, Bd. 14. Rep., pag. 48.

kopisch untersucht werden. Bei der Beurteilung des Gehaltes der Kakaowaren an fremder Stärke wie an Kakaoschalen hat man stets wohl zu unterscheiden zwischen belanglosen Spuren und Mengen, die eine Beanstandung bedingen.[1])

Einen Anhaltspunkt, um die Anwesenheit voon Traganth in Kakaopräparaten mikroskopisch zu erkennen, hat Welmans[2]) gegeben.

Beimengungen von Johannisbrot, die selten beobachtet worden sind, dürften sich unter dem Mikroskop durch die charakteristischen nur dem Fruchtfleische des Johannisbrotes eigenen rötlichen und gefalteten Schläuche leicht erkennen lassen, die bei Behandlung mit erwärmter Kalilauge violette Färbung annehmen.

Die Gegenwart von Erdnüssen und Erdnußkuchen verrät sich bei der mikroskopischen Untersuchung unter Chloralhydrat durch die Anwesenheit der charakteristischen, sägezähnartigen Oberhautzellen der Arachissamenschale.

Haselnuß- und Walnußmark werden sich, sofern sie in Kakaopräparaten zusammen mit ihrer Samenschale sich vorfinden, unter dem Mikroskop durch häufiges Auftreten von Gewebefetzen der Samenschale erkennen lassen, in denen breite Streifen von dicht neben einanderliegenden Spiralgefäßen deutlich hervortreten. Sind dem Haselnuß- und Walnußmark auch deren holzige Fruchtschalen beigemengt, so werden sich diese durch massenhaftes Vorhandensein von Steinzellen verraten.

---

1) Ztschr. f. öffentl. Ch. 1900, pag. 48.

2) Vgl. Abschnitt 11 unter „Fettsparer“.

B. Begriffsbestimmungen der Kakao-präparate.

Für die Begriffsbestimmung von Kakaowaren hat der Verband Deutscher Schokoladefabrikanten die folgenden Formeln festgesetzt, denen wir uns im wesentlichen anschließen, da sie vom wissenschaftlichen wie praktischen Gesichtspunkt aus allen billigen Forderungen gerecht werden und den Fortschritten entsprechen, die uns in letzter Zeit die hohe Entwicklung der maschinellen Hilfsmittel gebracht hat.

a) Bestimmungen des „Verbandes deutscher Schokoladefabrikanten" über den Verkehr mit Kakao, Schokolade und Schokoladewaren.

(Neue Fassung zur 3. Auflage des Deutschen Nahrungsmittel-Buches 1922.)

I.

Begriffe.

1. Kakaomasse ist das Produkt, welches lediglich durch Mahlen und Formen der gerösteten und entschälten Kakaobohnen gewonnen wird. Kakaomasse darf keinerlei fremde Beimengungen enthalten.

Aufgeschlossene Kakaomasse ist eine mit Alkalien, alkalischen Erden bzw. mit Dampfdruck behandelte Kakaomasse.

2. Kakaopulver, entölter (auch löslicher, aufgeschlossener) Kakao sind Produkte aus gerösteten, entschälten, mehr oder minder entölten bzw. auch aufgeschlossenen Kakaobohnen in Pulverform. Kakaopulver, entölter Kakao, löslicher Kakao, aufgeschlossener Kakao dürfen außer einem Zusatz von Würzstoffen keinerlei fremde Beimengungen enthalten.

Unter schwach entöltem Kakao versteht man solchen, der mehr als 20 % Fett enthält, unter stark entöltem Kakao solchen, der weniger als 20 % Fett enthält.

Mit Alkalien und alkalischen Erden aufgeschlossenen Kakaos dürfen bei der Zubereitung nicht mehr als 3 % Alkalien oder alkalische Erden zugesetzt werden; sie dürfen, auf Kakaomasse mit 56 % Kakaobutter umgerechnet, nicht mehr als 8 % Asche enthalten.

2a. Haferkakao, Haferzuckerkakao und ähnliche Zubereitungen. Haferkakao muß mindestens 50 % Kakao enthalten. Hafer-Zuckerkakao (gesüßter Haferkakao, Haferkakao mit Zucker) muß mindestens 50 % Kakao enthalten.

3. Schokolade. Die Bezeichnung „Schokolade" darf nur Fabrikaten gegeben werden, welche aus geröstetem und enthülstem Kakao oder aufgeschlossenem Kakao und Zucker, mit oder ohne Zusatz von Kakaobutter, Vanille, Zimt, Nelken, oder anderen Gewürzen hergestellt sind.

Der Gehalt an Zucker darf in Schokolade nicht mehr als 60 % betragen und wenn zulässige andere Stoffe (medizinische, Mehlstoffe usw.) zugesetzt werden, so darf die Gesamtsumme dieser und des Zuckers nicht mehr als 60 % betragen.

Speiseschokolade, Schokolade zum Rohessen, Dessertschokolade. Für diese Fabrikate gelten dieselben Grundsätze wie für Schokolade, nur daß in ihnen ohne Kennzeichnung noch Zusätze von Nüssen, Mandeln und Milchstoffen bis zu insgesamt 5 % zulässig sind.

3a. Milch- und Sahneschokolade.

a) Magermilch-Schokolade muß als solche wörtlich bezeichnet werden; sie muß mit mindestens 12½ % Magermilchpulver oder der entsprechenden Menge Magermilch hergestellt werden. Ein Zusatz von Vollmilch oder Vollmilchpulver ist des Geschmackes wegen ohne Deklaration gestattet;

b) Milchschokolade muß aus Vollmilch mit mindestens 3 % Fettgehalt hergestellt werden, und zwar derart, daß mindestens 12½ % Milchpulver oder die diesem entsprechende Menge Milch verwendet werden;

c) Sahneschokolade muß aus Sahne (Milchrahm) mit mindestens 10 % Fett hergestellt werden. Des Geschmacks wegen kann darüber hinaus Vollmilch oder Vollmilchpulver ohne Deklaration zugesetzt werden. In Milch- und Sahneschokoladen müssen mindestens 25 % Kakaobestandteile enthalten sein.

Diese Prozentzahlen stellen die Mindestgrenzen dar. Es ist aber jedem Fabrikanten freigestellt, beliebig mehr Sahne- oder Milchpulver hinzuzusetzen.[1])

[1]) Neuerdings machen sich aber Bestrebungen geltend, die im Interesse einer Qualitätsverbesserung des deutschen Fabrikats einen höheren

3b. Marzipan - Schokolade, Marzipan - Creme - schokolade. Marzipanschokolade muß Marzipan im Sinne des Deutschen Nahrungsmittelbuches enthalten. Marzipan-Creme-Schokolade muß eine Creme enthalten, die einen solchen Zusatz von Marzipan im Sinne des Deutschen Nahrungsmittelbuches enthält, daß dieser geschmacklich deutlich wahrnehmbar ist.

Fruchtschokoladen sind solche Schokoladen, die mit Bestandteilen von Früchten (Fruchtmassen, Fruchtpasten, auch in konzentrierter Form) hergestellt sind. Wird Schokolade ausschließlich mit ·Zusatz von natürlichem oder künstlichen Fruchtaromen versehen, so sind sie als Schokoladen mit Fruchtgeschmack usw. zu bezeichnen

Nuß-Schokolade muß, ohne Rücksicht darauf, ob die Zusätze in sichtbarer Form, oder in fein verriebenem Zustand erfolgen, so hergestellt werden, daß die Schokoladenmasse den für solche oben angegebenen Anforderungen genügt.

Unter Nüssen in diesem Sinne sind Walnüsse oder Haselnüsse zu verstehen. Eine leichte teilweise Entölung der Nüsse, die lediglich zum Zwecke der Herstellung von Nuß-Schokolade geschieht, aber keine anderen Zwecke verfolgt, ist zulässig. Die Verwendung von Nuß-Preßrückständen ist unzulässig.

Erdnuß-Schokoladen, Kokosnuß-Schokoladen und ähnliche sind als solche zu bezeichnen.

4. Couvertüre oder Überzugsmasse. Für diese Fabrikate gelten dieselben Grundsätze wie für Schokolade, nur daß in ihnen ohne Kennzeichnung Zusätze von Nüssen, Mandeln und Milchstoffen bis zu insgesamt 5 % zulässig sind.

5. Schokoladenpulver ist eine im Schokolade-Verfahren gewonnene Zubereitung aus Kakaomasse bzw. aufgeschlossener Kakaomasse, die auch mehr oder weniger entölt sein kann, mit höchstens 60% Zuckergehalt.

Trockene Mischungen aus Kakaopulver mit Zucker dürfen nicht als Schokolade-Pulver bezeichnet werden. — Gewürze wie bei Schokolade

Schokoladepulver ist gleichbedeutend mit gepulverter Schokolade, die teilweise entölt sein darf und zum Unterschied von geformter Schokolade Schokoladepulver genannt wird.

Milch- bzw. Sahnegehalt verwendet wissen wollen. Man weist auf die erste nach Deutschland gekommene Schweizer Milchschokolade hin, die etwa 20% Milchprodukte enthielt.

6. Kakaobutter ist das aus entschälten Kakaobohnen oder aus Kakaomasse gewonnene Fett.

II.

Verfälschungen.

Als Verfälschung ist insbesondere anzusehen die Vermengung der unter I. 1—6 genannten Waren

1. mit fremden Fetten;
2. mit Kakaoschalen und Kakaoabfällen (Kakaostaub oder Kakaokeime);
3. mit Mehl, sofern dieser Zusatz nicht unmittelbar im Zusammenhang mit der Hauptkennzeichnung deutlich sichtbar angegeben ist;
4. mit Farben; die Färbung der Oberflächen von figurierter Schokolade ist zulässig;
5. mit sogenannten Fettsparern, wie z. B. Traganth, Gelatine, Dextrin.

Ein Zusatz von Stoffen zu medizinischen oder diätetischen Zwecken ist zulässig. Die Ware ist demgemäß zu kennzeichnen.

Zusatz von irgendwelchem anderen Fett als Kakaobutter (d. i. also Zusatz von Fremdfett) oder von Kakaoschalen oder Kakaoabfällen zu Kakao, Schokolade, Überzugsmasse, Kakaomasse, wie auch zu Kakao- oder Schokoladewaren, ist auch dann nicht zulässig, wenn diese (Surrogat-) Warenbezeichnungen tragen, bei denen die Worte Schokolade oder Kakao nicht vorkommen.

III.

Kennzeichnung (Deklaration) von Zusätzen.

Die Kennzeichnung hat allgemein in leicht leserlicher Schrift in gemeinverständlicher Form, z. B. „mit Mehl", und in deutscher Sprache zu erfolgen.

Die Kennzeichnung muß, auch im Detailhandel bei Abgabe von Originalpackungen, direkt bei der Inhaltsbezeichnung und als Teil derselben geschehen.

Im Großhandel muß die Kennzeichnung auf Angeboten, Schlußscheinen, Rechnungen und auf allen mit Inhaltsbezeichnungen versehenen Gefäßen und Packungen stehen.

Bei offenem Feilhalten (Ausstellen) und bei offenem Verkauf von ungepackten Waren muß die Kennzeichnung von Zusätzen an jedem die Ware enthaltenden Gefäß oder auf der Ware selbst angebracht werden. Die Kennzeichnung durch Aushängeschild muß, wenn tunlich, an einer jedem Käufer sichtbaren Stelle des Verkaufslokales erfolgen.

Im Anschluß an diese Bestimmungen des Verbandes deutscher Schokoladefabrikanten sei darauf hingewiesen, daß Vollmilchpulver 25—28 % und Sahnetrockenpulver 45—50 % Milchfett enthalten. Wir empfehlen besonders, sich von den Lieferanten von Vollmilch- und Sahnetrockenpulvern den Fettgehalt und die Herstellung aus reiner Vollmilch bzw. Sahne garantieren zu lassen, und zwar bei jeder Sendung schriftlich, um für den Fall, daß das verwendete Fabrikat nicht den genügenden Fettgehalt aufweist, gegen strafrechtliche Verfolgungen gedeckt zu sein. Auch analytische Untersuchungen von Stichproben sind am Platze.

Zum Vergleich mögen die „Leitsätze und Anhaltspunkte zur Beurteilung" Platz finden, die die Freie Vereinigung deutscher Nahrungsmittelchemiker auf ihrer 8. Jahresversammlung zu Heidelberg (1909) und ihrer 10. zu Dresden (1911) entgültig beschlossen hat, mit der Bestimmung, daß sie vom 1. Juli 1912 ab allgemeine Anwendung finden:

b) Leitsätze der „Freien Vereinigung deutscher Nahrungsmittelchemiker" für die Beurteilung von Kakao und Kakaowaren.

A. Kakao und Kakaowaren.

1.

Kakaomasse ist das Produkt, welches lediglich durch Mahlen und Formen der gerösteten und enthülsten Kakaobohnen gewonnen wird.

Kakaomasse darf keinerlei fremde Beimengungen enthalten. Kakaoschalen dürfen nur in Spuren vorhanden sein. Die beim Reinigen der Kakaobohnen sich ergebenden Abfälle dürfen weder der Kakaomasse zugefügt, noch für sich auf Kakaomasse verarbeitet werden.

Kakaomasse hinterläßt 2,5—5% Asche und enthält 52—58% Fett.

Aufgeschlossene Kakaomasse ist eine mit Alkalien, Karbonaten von Alkalien bezw. alkalischen Erden, Ammoniak oder deren Salzen bezw. mit Dampfdruck behandelte Kakaomasse.

2.

Kakaopulver, entölter Kakao, löslicher Kakao, aufgeschlossener Kakao sind gleichbedeutende Bezeichnungen für eine in Pulverform gebrachte Kakaomasse bezw. in Pulverform gebrachte, geröstete und enthülste Kakaobohnen, nachdem diese durch Auspressen in der Wärme von dem ursprünglichen Gehalte an Fett teilweise befreit und in der Regel einer Behandlung mit Alkalien, Karbonaten von Alkalien bezw. alkalischen Erden, Ammoniak und deren Salzen, bezw. einem starken Dampfdruck ausgesetzt sind.

Unter 20% Fett enthaltende Kakaopulver, sowie gewürzte (aromatisierte oder parfürmierte) Kakaopulver müssen entsprechend gekennzeichnet sein.

Kakaopulver etc. darf keine fremden Beimengungen enthalten.[1]) Kakaoschalen dürfen nur in Spuren vorhanden sein. Die beim Reinigen der Kakaobohnen sich ergebenden Abfälle dürfen weder dem Kakaopulver zugefügt, noch für sich auf Kakaopulver verarbeitet werden.

Der Zusatz von Alkalien oder alkalischen Erden darf 3% des Rohmaterials nicht übersteigen.

Nur gepulverter Kakao und mit Ammoniak und dessen Salzen behandeltes bezw. starkem Dampfdruck ausgesetztes Kakaopulver hinterläßt, auf Kakaomasse mit einem Gehalte von 55% umgerechnet, 3—5% Asche.

Mit Alkalien und mit alkalischen Erden aufgeschlossene Kakaopulver dürfen, auf Kakaomasse mit 55% umgerechnet, nicht mehr als 8% Asche hinterlassen.

Der Gehalt an Wasser darf 9% nicht übersteigen.

3.

Schokolade ist eine Mischung von Kakaomasse mit Rüben- oder Rohrzucker neben einem entsprechenden Zusatze von Gewürzen (Vanille, Vanillin, Zimt, Nelken u. dergl.). Manche Schokoladen enthalten außerdem einen Zusatz von Kakaobutter.

Der Gehalt an Zucker in Schokolade darf nicht mehr als 68%[2]) betragen.

Zusätze von Stoffen zu diätischen und medizinischen Zwecken zu Schokolade sind zulässig, doch darf dann die Summe dieses Zusatzes und des Zuckers nicht mehr als 68% ausmachen.

Außer dem Zusatze von Gewürzen dürfen der Schokolade andere pflanzliche Zusätze nicht gemacht werden. Auch darf Schokolade kein fremdes Fett und keine fremden Mineralbestandteile enthalten. Kakaoschalen dürfen nur in Spuren vorhanden sein. Die beim Reinigen der Kakaobohnen sich ergebenden Abfälle dürfen weder Schokolade zugesetzt, noch für sich auf Schokolade verarbeitet werden.

Schokoladen, welche Mehl, Mandeln, Wal- oder Haselnüsse, sowie Milchstoffe enthalten, müssen mit einer diesen Zusatz anzeigenden, deutlich erkennbaren Bezeichnung versehen sein, doch darf auch dann die Summe dieses Zusatzes und des Zuckers nicht mehr als 68%[3]) betragen.

Der Gehalt an Asche darf 2,5% nicht übersteigen.

4.

Kuvertüre oder Überzugmasse muß den an Schokolade gestellten Anforderungen genügen, auch wenn die damit überzogenen Waren Bezeichnungen tragen, in welchen die Worte Kakao oder Schokolade nicht vorkommen, jedoch dürfen diesen ohne Kennzeichnung Zusätze von Nüssen, Mandeln und Milchstoffen bis zu 5% gemacht werden.

---

[1]) Hier besteht ein wichtiger Unterschied! (Gewürze!)

[2]) Desgl. (60%!)

[3]) Desgl. (65%!)

laden, Chocolats fondants und Kuvertüren rechnet man den Aschengehalt zunächst auf zucker- und fettfreie Kakaomasse und dann auf Kakaomasse mit 55 % Fett um, wobei dann auch wieder als oberste Grenzzahl 8 % gilt.

Die Vermischung des Kakaopulvers mit Zucker ist unzulässig.

Nach den Bestimmungen des Verbandes deutscher Schokoladefabrikanten darf der Gehalt an Zucker in Schokoladen (einschließlich der Stoffe zu diätetischen etc. Zwecken) insgesamt 60 % nicht übersteigen. Für den Fettgehalt ist keine Norm aufgestellt, außer bei Milch- etc. Schokoladen.

Als Gehalt der Schokolade an Kakao hat die doppelte Menge der fettfreien Kakaomasse zu gelten, unter der Annahme, daß Rohkakao durchschnittlich 50 % Fett enthält.

c) Gesetze und Verordnungen über den Verkehr mit Kakaopräparaten.

Der Verkehr mit Kakaopräparaten hat zurzeit, soweit uns bekanntgeworden, nur durch 4 europäische Staaten eine gesetzliche Regelung erfahren, nämlich von seiten Belgiens, Rumäniens, Portugals und der Schweiz. Wir geben im folgenden die einschlägigen Gesetzesvorschriften ihrem wesentlichen Inhalte nach wieder, da sie insbesondere für exportierende Fabrikanten von Wichtigkeit sind.

1. Belgien.

Die belgische, auf Grund des Nahrungsmittelgesetzes vom 4. August 1890 und der Artikel 454 bis 457, 500 bis 503 und 561 des Strafgesetzbuches erlassene königliche Verordnung[1]) vom 18. November 1894 lautet in der Abänderung vom 18. Mai 1896 folgendermaßen:

Art. 1. Es ist verboten, unter der Bezeichnung „ganzer Kakao" irgend ein anderes Erzeugnis zu verkaufen, zum Verkauf auszustellen, für den Verkauf in Besitz zu behalten oder zu befördern, als die Frucht des Kakaobaumes, roh und ganz oder zubereitet durch Rösten, Enthülsen, Mahlen, mit oder ohne Zusatz von Gewürz und schließlich durch Formen in Blöcken oder Tafeln oder durch Umwandlung in Pulver.

Es ist gestattet, zu verkaufen, zum Verkauf zu stellen, für den Verkauf aufzubewahren oder zu befördern: unter der Bezeichnung „Kakao" oder „Kakaopulver" Kakao, welchem ein Teil seiner Butter entzogen ist, ohne daß jedoch

[1]) Veröffentl. d. Reichsgesundheitsamtes 1895, 19, p. 124 u. 1896, 29, p. 764. Moniteur belge 1894, p. 3880 u. 1896, p. 1987.

das Verhältnis dieses letzteren Bestandteils bis unter 20% der trockenen Substanz heruntergesetzt worden ist, unter der Bezeichnung „alkalisierter löslicher Kakao" oder „durch Behandlung mit einer alkalischen Mischung löslich gemachter Kakao" solcher, dessen Gehalt an Alkali durch ein besonderes Verfahren erhöht worden ist, ohne daß diese Zunahme — auf wasserfreies Natriumkarbonat berechnet — 3% der trockenen Substanz übersteigt.

Die Angabe, daß die Behandlung mit einer alkalischen Mischung erfolgt sei, wird, falls es sich um die Aufbewahrung oder die Beförderung für die Ausfuhr handelt, nicht erfordert.

Die Bezeichnung „rein" (pur bzw. zuiver) wird für den Kakao vorbehalten, welchem weder Butter entzogen ist, noch alkalische Mischungen oder andere Stoffe zugesetzt sind.

Kakao, welcher eine andere Zubereitung als die vorstehend angegebene erfahren hat, darf nur unter einer Etikette verkauft, zum Verkauf ausgestellt, für den Verkauf in Besitz gehalten oder befördert werden, welche neben dem Worte „Kakao" in bestimmter Form diese Ware kennzeichnet, oder unter einer Etikette, welche das Wort „Kakao" nicht enthält.

Das Wort alkalisiert, oder andere Wörter, welche die gegen die natürliche Zusammensetzung des Kakaos vorgenommene Änderung anzeigen, müssen in gut sichtbaren und ebensolchen Schriftzeichen wie das Wort „Kakao" auf der Etikette angebracht werden.

Kakao, welchem Alkali in einem 3% übersteigenden Verhältnis beigemischt ist, wird als gesundheitsschädlich angesehen; der Verkauf, das Feilhalten, der Besitz und Versand für den Verkauf solchen Kakaos ist verboten.

Art. 2. Es ist verboten, unter der einfachen Bezeichnung „Schokolade" irgend ein Erzeugnis zu verkaufen, zum Verkauf auszustellen, für den Verkauf in Besitz zu halten oder zu befördern, welches nicht ausschließlich aus enthülstem Kakao, im Verhältnis von mindestens 35% und gewöhnlichem Zucker, mit oder ohne Zusatz von Gewürz zusammengesetzt ist.

Die Erzeugnisse, welche, obgleich mindestens 35% enthülsten Kakao enthaltend, neben dieser Substanz noch andere als die im vorhergehenden Absatz bezeichneten Stoffe enthalten, dürfen nur unter einer Etikette verkauft, zum Verkaufe ausgestellt, für den Verkauf in Besitz gehalten oder befördert werden, welche neben dem Wort „Schokolade" in gut sichtbaren und ebensolchen Schriftzeichen wie das Wort „Schokolade" in bestimmter Form die Natur dieser anderen Ingredienzien kennzeichnet, oder auch unter einer Etikette, welche das Wort „Schokolade" überhaupt nicht enthält Handelt es sich um Schokolade in Tafeln, so muß die regelwidrige Zusammensetzung des Erzeugnisses auf jeder einzelnen Tafel durch Aufdruck kenntlich gemacht werden.

Die Erzeugnisse, welche weniger als 35% Kakao enthalten, dürfen nur unter der Bezeichnung „Kakaobonbons" (bonbons au cacao bzw. bonbons met cacao) oder unter einer anderen Bezeichnung, aus der das Wort „Schokolade" und alle Ableitungen dieses Wortes ausgeschlossen bleiben müssen, verkauft, zum Verkaufe gestellt, für den Verkauf aufbewahrt oder befördert werden.

Diese letztere Bestimmung, wonach aus den Aufschriften (Etiketten) alle Ableitungen des Wortes „Schokolade" ausgeschlossen sind, findet vom 1. III. 1897 ab Anwendung.

Art. 3. Die Angaben auf den in Art. 1 und 2 für die Erzeugnisse von regelwidriger Zusammensetzung vorgeschriebenen Etiketten müssen bei der Versendung in die Fakturen mit aufgenommen werden.

Art. 4. Die Behälter oder Umschläge, in welchen Kakao, Schokolade oder Erzeugnisse, um die es sich im 3. Absatz des 2. Artikels handelt, verkauft, zum Verkaufe gestellt, für den Verkauf aufbewahrt oder befördert werden, müssen den Namen oder die Firma, sowie die Adresse des Fabrikanten oder Verkäufers oder mindestens ein ordnungsgemäß hinterlegtes Fabrikzeichen tragen.

Art 5. Die Bestimmungen dieser Verordnung sind, soweit sie sich auf Schokolade beziehen, nur auf gewöhnliche Schokolade in Tafeln, Blöcken oder Pulver und auf Schokolade in Kügelchen, nicht aber auf Creme-Schokolade und verschiedene Erzeugnisse der Zuckerbäckerei (Pralines, Pastillen usw.) anwendbar.

Art. 6. Die Übertretung der Bestimmungen dieser Verordnung wird mit den durch das Gesetz vom 4. VIII. 1890 vorgesehenen Strafen belegt, unbeschadet der Anwendung der durch das Strafgesetzbuch festgesetzten Strafen.

Art. 7. Unser Minister für Landwirtschaft, Industrie und öffentliche Arbeiten ist mit der Ausführung dieser Verordnung, welche am 1. IV. 1895 in Kraft tritt, beauftragt.

2. Rumänien.

Die kgl. rumänische Verordnung, betreffend die gesundheitliche Überwachung von Nahrungsmitteln und Getränken und den Handel mit Nahrungsmitteln etc., Artikel 154, 155, 156 und 157 des Sanitätsgesetzes vom 11. September 1895, besitzt, nach dem „Buletinul directiunei generale a serviciului sanitar" 1895 No. 18 und 19, Seite 277 ff, den folgenden Wortlaut:

Titel XIII., Artikel 137.

Unter der Bezeichnung Kakao darf kein anderes Produkt verkauft, zum Verkaufe ausgestellt oder aufbewahrt werden, als die Samen (Bohnen) der Früchte des Baumes „Theobrama Cacao". Sie können im rohen Zustande, gebrannt oder nach dem Brennen gestoßen in den Handel gebracht werden.

Unter Bezeichnung von entfettetem Kakaopulver darf Kakaopulver verkauft werden, aus dem ein Teil Butter ausgezogen wurde und das noch wenigstens 22% Kakaobutter enthält. Unter der Bezeichnung von löslichem Kakaopulver darf Pulver von gebranntem Kakao verkauft werden, das höchstens 2% Kalium- oder Natriumkarbonat enthält.

Art. 138. Es ist verboten, künstlich gefärbten, pulverisierten, mit Stärkemehl, fremden Fettkörpern oder sonstigen fremden Stoffen gemischten Kakao zu verkaufen oder zum Verkaufe auszustellen. Dasselbe Verbot gilt für die Mischung des Kakaopulvers mit dem Pulver von Kakaoschalen; eine solche darf an gestoßener Schale höchstens 15% enthalten.[1])

Art. 139. Unter der Bezeichnung „Schokolade" darf nur das aus gebrannten und gestoßenen Kakaobohnen und Zucker, mit oder ohne Zusatz von aromatischen Bestandteilen, wie Vanille, Zimt und ähnlichen gesundheitsunschädlichen Substanzen hergestellte Nahrungsmittel verkauft und zum Verkauf ausgestellt werden.

Art. 140. Die Herstellung und der Verkauf, sowie die Verkaufsausstellung von Schokolade aus Kakao, der nicht den Bestimmungen der Artikel 137 und 138 dieser Verordnung entspricht und Schokolade, die mit Mehl, Stärke, mineralischen künstlich-färbenden Stoffen und anderen fremden Bestandteilen gemischt ist, ist verboten.

3. Schweiz.

Was die Schweiz betrifft, so hat zunächst der Verein Schweizer analytischer Chemiker im Auftrage des Schweizer Departements des Innern ein „Schweizerisches Lebensmittelbuch" herausgegeben, worin Methoden und Normen zur Untersuchung und Beurteilung von Lebensmitteln, somit auch von Kakaopräparaten niedergelegt sind. Dieses Werk hat bis zum Inkrafttreten des Schweizer Lebensmittelgesetzes als Richtschnur für die Beurteilung von Nahrungsmitteln im öffentlichen Verkehr gegolten. Wir lassen deshalb die auf Kakaopräparate bezüglichen Abschnitte dieses Werkes ihrem Hauptinhalte nach folgen:

Begriffsbestimmung.

1. Kakaomasse erhält man durch Mahlen und Formen der gerösteten und entschälten Kakaobohnen, ohne irgend welchen Zusatz oder Entzug von Kakaobutter.

2. Entölter Kakao ist Kakaomasse, der durch Abpressen in der Wärme 20 bis 35% Kakaobutter entzogen wurde.

3. Löslicher Kakao. Die gerösteten Kakaobohnen werden einer Behandlung mit kohlensauren Alkalien (meist kohlensaurer Kali), Ammoniak oder Dampfdruck ausgesetzt, wodurch das Zellgewebe aufgeschlossen und die Eiweißsubstanzen in eine lösliche Modifikation (Peptone (?) und Alkalibuminate[2]) übergeführt werden. Die so behandelten Kakaobohnen werden hierauf getrocknet, zekrleinert, entfettet und pulverisiert.

4. Schokolade ist die Bezeichnung einer Mischung von Kakao und Zucker, die entweder geformt oder in Pulverform in den Handel gelangt. Der Gehalt

---

[1]) Das rumänische Gesetz gestattet sonach den Verkauf eines Kakaopulvers aus ungeschältem Kakao und verbietet nur einen sekundären Schalenzusatz.
Anmerkung des Verfassers.

[2]) Sollte wohl richtiger „Albumosen" heißen oder noch besser fortbleiben, da diese Umwandlung der Eiweißstoffe durch nichts bewiesen ist.
Anmerkung des Verfassers.

an Zucker beträgt 40 bis 70%. Beimischung anderer Stoffe als Kakao, Zucker und die erlaubten Gewürze muß als Fälschung angesehen werden.[1])

5. Schokolade und Kakao (in Pulver oder geformt) können mit folgenden Substanzen aromatisiert werden: Vanille, Benzoë, Tolu- und Perubalsam, Zimt, Gewürznelken und Muskatnuß.

6. Chocolats fondants sind Schokoladen mit außergewöhnlich hohem Gehalt an Fett und Zucker.

7. Milchschokolade ist ein Präparat, das aus Kakao, Milch und Zucker hergestellt wird. Sie darf die für die Milch nicht gestatteten Konservierungsmittel, wie Borsäure, Borax, Formaldehyd und Abkömmlinge der aromatischen Reihe ebenfalls nicht enthalten. Sie kommt in Tafelform oder als Pulver in den Handel.

8. Kuvertüre oder Überzugsmasse ist eine Mischung von Kakao, Zucker, Gewürzen mit Mandeln und Haselnüssen. Dieses Präparat findet fast ausschließlich Verwendung in der Konfiserie zur Herstellung der Bonbons.

9. Medizinalschokolade ist Schokolade oder Kakao mit medikamentösen Zusätzen.

Stets auszuführende Prüfungen und Bestimmungen:

1. Sinnesprüfung.
2. Reaktion.
3. Mikroskopische Prüfung.
4. Prüfung des Fettes.
5. Bestimmung des Fettes.
6. Bestimmung des Zuckers.
7. Bestimmung der Asche.

Eventuell auszuführende Bestimmungen:

8. Bestimmung des Wassers.
9. Bestimmung des Theobromins.
10. Bestimmung der Stärke.
11. Bestimmung der Zellulose.

Beurteilung:

Unreife, schlecht gerottete Kakaobohnen sowie solche, die von Insekten angegriffen sind oder Schimmelbildung zeigen oder während des Transportes vom Meerwasser gelitten haben, sollen von der Fabrikation ausgeschlossen werden.

Die daraus hergestellten Präparate besitzen einen unangenehmen Geschmack, der durch die verschiedenen Manipulationen bei der Fabrikation nicht vollständig beseitigt werden kann. Die Verwendung derartiger Bohnen ist als Fälschung zu betrachten. Zum Nachweis derselben dienen die Geschmacksprobe, mikroskopische Prüfung, sowie eventuell eine Bestimmung des Kochsalzes.

Gute Schokolade ist schön braun. Grau oder fleckig gewordene Schokolade ist zu beanstanden. Schokolade kann mit dem Alter durch Feuchtigkeit oder durch Hitze grau oder fleckig werden. Bei gewöhnlicher Temperatur ist der

---

[1]) Sonach wäre auch ein Zusatz von Kakaobutter zu beanstanden. Bei Zulassung von 70% Zucker ist aber ein Kakaobutterzusatz unbedingt nötig, dadurch sinkt die freie Kakaomasse unter 10 bis 20%. Anmerkung des Verfassers.

Bruch einer guten Schokolade hart, glasig und gleichmäßig. Die Beschaffenheit des Bruches liefert gute Anhaltspunkte über die Bearbeitung der Rohmaterialien und ihrer Bearbeitungsweise.

Kakao und Schokolade, die beim Kochen breiig dick werden, sind verdächtig, mit Mehl, Stärkemehl, Dextrin oder Gummi versetzt zu sein.

Als Verfälschungen sind zu betrachten:

1. Zusätze von Kakaoschalen, fremden Schalenbestandteilen, Sägespänen.
2. Zusätze von fremder Stärke, Getreidemehlen, Kastanien, gerösteten Eicheln, Dextrin, Gummi.
3. Zusätze von mineralischen Substanzen wie Ocker, Ton und Sand.
4. Ersatz der Kakaobutter durch billigere Fette, wie Rinds- und Schweinefett, Mandelöl, Mohnöl, Kokosnußöl und Vaselinöle.

Grenzzahlen.

1. Kakaomasse.

Asche: { Maximum: 5 % (Porto Cabello 4,65 %)[1]
Minimum: 2 % (Surinam 2,25 %)

Kakaobutter: { Maximum: 54,5 % (Machalla 54,06 %)
Minimum: 48,0 % (Porto Cabello 45,87 %)[1]

2. Kakaofett: Schmelzpunkt 29 bis 33,5° C.; Erstarrungspunkt 24 bis 25° C.; Refraktion bei 40° 46 bis 49[2]); Jodzahl 34 bis 37; Verseifungszahl 192 bis 202.

3. Löslicher Kakao: Ein Zusatz von kohlensauren Alkalien soll 3 % nicht übersteigen (auf entöltes Kakaopulver berechnet). In keinem Fall soll der Aschengehalt mehr als 8 % betragen; diese Grenzzahl steht nicht im Widerspruch mit dem oben angegebenen Maximal-Aschengehalt von Kakaomasse, da löslicher Kakao immer aus einer Mischung von mehreren Kakaosorten hergestellt wird und der Aschengehalt solcher Mischungen (trotz der teilweisen Entfettung) 5 % nicht übersteigt.

4. Schokolade: Vorläufig lassen sich für Kakao und Zucker keine Grenzzahlen feststellen, nichtsdestoweniger darf man für gute Schokolade (Fondants ausgenommen) annehmen, daß Fett und Zucker zusammen 80 bis 85 % nicht übersteigen, die übrigen 15—20 % sollen fettfreie Kakaomasse sein. Der Aschengehalt einer guten Schokolade ist nicht höher als 3,5 %.

5. Milchschokolade. Die Bestandteile derselben erfordern ein starkes Austrocknen. Beträgt der Wassergehalt über 5 %, so ist das Präparat zu beanstanden, weil es nicht mehr haltbar sein wird.

6. Chocolat à la noisette; Haferschokolade, Fleischkakao etc., Medizinalschokolade. Die Untersuchung derselben hat sich namentlich nach zwei Richtungen zu erstrecken.

1. Soll festgestellt werden, ob die auf der Etikette angegebenen Bestandteile von guter Qualität sind,
2. ob sie nur die Bestandteile enthalten, die auf der Verpackung angegeben sind.

---

[1]) Diese Zahlen sind revisionsbedürftig, da sie mit der Mehrzahl der beobachteten Werte nicht im Einklang stehen. Anmerkung des Verfassers.

[2]) Vgl. die vorige Anmerkung.

„Bei Medizinalschokolade sollen auf der Umhüllung die Bestandteile und deren Mengen angegeben sein.“

Am 1. Juli 1909 ist dann endlich das bereits am 5. Dezember 1905 beschlossene Gesetz betr. den Verkehr mit Lebensmitteln und Verbrauchsgegenständen in der Schweiz in Kraft getreten. Damit ist für die gesamte Schweiz der Verkehr mit Nahrungsmitteln etc. einheitlich geregelt. Für den Verkehr mit Kakao und Schokolade kommen die Artikel 164—167 in Betracht, die in ihrer neuesten Fassung vom 8. Mai 1914 folgenden Wortlaut haben:

Art. 164. Unter der Bezeichnung Kakao oder Kakaopulver darf nur das reine, unveränderte oder teilweise entölte Naturprodukt in den Verkehr gebracht werden.

Als löslicher Kakao darf nur ein Kakaopulver bezeichnet werden, das durch Behandlung mit kohlensauren Alkalien oder mit Dampf aufgeschlossen worden ist.

Löslicher Kakao darf höchstens 3% zugesetztes kohlensaures Alkali enthalten.

Art. 165. Unter der Bezeichnung Schokolade darf nur eine Mischung von Kakao mit Zucker, mit oder ohne Zusatz von Kakaofett und Gewürzen in den Verkehr gebracht werden.

Der Gehalt der Schokolade an Zucker darf höchstens 68% betragen.

Art. 166. Kakao und Schokolade dürfen fremde Stärke, Mehl, fremdes Fett, beschwerende Mineralsubstanzen, Farben und sogen. Fettsparer (Dextrin, Gelatine, Gummi, Traganth u. dergl.) nicht enthalten. Sie dürfen weder schimmlig noch übelriechend, noch sonstwie verdorben sein.

Die Verwendung von Kakaoschalen und sonstigen Kakaoabfällen bei der Fabrikation von Kakao und Schokolade ist verboten.

Art. 167. Spezialprodukte von Kakao und Schokolade mit Zusatz von Hafer, Eicheln, Milch, Haselnuß und dergl. müssen entsprechend (z. B. als Haferkakao, als Milchschokolade) bezeichnet sein.

Kakao und Schokolade und deren Spezialprodukte, die in Paketen, Büchsen und Schachteln in den Verkehr gebracht werden, müssen auf der Umhüllung die Firma oder eine Marke des Fabrikanten oder des Verkäufers tragen.

Wenn zu Schokoladen Saccharin, Dulcin, oder sonstige künstliche Süßstoffe zugesetzt worden sind, muß dieser Zusatz auf der Umhüllung angegeben werden.[1])

4. Österreich.

Eine gesetzliche Regelung des Verkehrs mit Kakaopräparaten war ferner nach langer Vorbereitung für Österreich zu erwarten, gelangte jedoch infolge des Weltkrieges nicht mehr zur Annahme.

---

[1]) In Deutschland ist dagegen ein solcher Zusatz (außer zu medizinischen Zwecken) verboten.

Österreich besaß zwar ein Gesetz (vom 19. Januar 1896) über den Verkehr mit Nahrungs- und Genußmitteln, indessen waren Sonderbestimmungen, die den Verkehr mit den einzelnen Artikeln regelten, nicht erfolgt, sondern dies sollte erst allmählich auf dem Verordnungswege geschehen. Ähnlich wie in der Schweiz hatte auch die freie Vereinigung österreichischer Nahrungsmittelchemiker und Mikroskopiker Entwürfe für einen „Codex altmentarius austriacus" ausgearbeitet. Diese Arbeiten der Kodex-Kommission waren, wie aus dem früher Bemerkten hervorgeht, selbstverständlich nur rein privater Natur, es kam ihnen deshalb keine amtliche Bedeutung zu. Sie wurden indessen von allen österreichischen Chemikern anerkannt und haben daher auch jetzt noch indirekt (z. B. bei gerichtlichen Entscheidungen) ungefähr dieselbe Bedeutung wie das Gutachten eines Sachverständigen, zumal die einzelnen Artikel fast durchweg von den bedeutendsten österreichischen Fachmännern des betreffenden Gebietes ausgearbeitet worden sind. Wir bringen im nachstehenden die wichtigsten auf unsern Gegenstand bezüglichen Punkte des Kodex-Entwurfes, wiewohl die inzwischen veränderten Verhältnisse deren Bedeutung stark verringert haben.

I. Kakaomasse.

Definition. Darunter versteht man die gleichmäßig feine in der Wärme einen dünnen Teig bildende Masse, die aus den vollständig enthülsten Kakaokernen fabrikmäßig hergestellt wird.

Bestandteile. Die Kakaomasse enthält dieselben chemischen Bestandteile wie die enthülste Kakaobohne.

Die mikroskopische Prüfung darf nur das Vorhandensein des Samenkerngewebes ergeben, mit Ausschluß des Würzelchens, das bei der Vorbereitung beseitigt wird.

Der Aschengehalt darf 3,5%[1]), der Rohfasergehalt 3%[1]), der Stärkegehalt 10,5% nicht übersteigen. Der Fettgehalt beträgt 48 bis 52%.

II. Kakaopulver.

(Puderkakao, entölter Kakao, aufgeschlossener Kakao.)

Definition. Darunter versteht man das aus der gedämpften präparierten oder auch unveränderten Kakaomasse durch Abpressen mindestens der Hälfte des vorhandenen Fettes, Mahlen und Absieben des gepreßten Rückstandes erhaltene Pulver.

Eigenschaften. Das Kakaopulver soll bei einfachem Aufkochen mit der 20- bis 30fachen Menge Wasser eine Verteilung (Suspension) geben, in der

---

[1]) Diese Werte sind revisionsbedürftig, da meist nur ganz geringwertige Kakaos, wie St. Thomé, Domingo, Cuba, Haiti Aschengehalte unter 3,5% zeigen; Arriba, Porto Cabello, Caracas, Guajaquil-Kakaos weisen sämtlich höhere Aschengehalte auf; dasselbe gilt vom Rohfasergehalt. Anmerkung des Verfassers.

keine Spur von Klumpenbildung bemerkbar ist, und die nach minutenlangem Stehen keinen Bodensatz gibt.[1]) Im Falle sich ein Bodensatz ergibt, ist dieser mikroskopisch zu untersuchen.

Kakaopulver soll mehlfrei gemahlen und gesiebt sein und darf bei einer Siebprobe durch feine Müllergaze (No. 12) nicht über 5% Siebrückstand geben.

Die chemische Zusammensetzung eines Kakaopulvers richtet sich nach dem Grad der Entfettung. Sind aus 100 Teilen Kakaomasse 30 Teile Fett abgepreßt, wie dies in der Regel geschieht, so enthält das Kakaopulver:

30% Fett, 5% Asche[2]), 3,5% Rohfaser[2]), 13% Stärke.

Der Wassergehalt soll nicht über 6% betragen.

Das Fett soll reine Kakaobutter sein.

Zusatz von Alkalien ist nicht gestattet.

Die mikroskopische Prüfung wie bei I.

III. Schokolade (Chocolade).

Definition. Schokolade nennt man die mit weißem Rohrzucker (Raffinade, Pilé, Melis) gleichmäßig verarbeitete Kakaomasse.

Die vollständig gleichförmige, in der Wärme teigartige Masse wird in Formen erkalten gelassen und bildet dann klingende fettglänzende Stücke von feinkörnigem oder dichtem Bruch (Tafelschokolade, Blockschokolade).

Eine gute Schokolade besteht aus 40 bis 50% Kakaomasse und 50 bis 60% Zucker.

Schokolade darf auch einen geringen Zusatz von unschädlichen würzenden Stoffen enthalten.

Beträgt die Summe von Kakaofett und Zucker in einer Schokolade über 85%, so ist dieselbe als „versüßte Schokolade" zu bezeichnen; beträgt die Summe über 90%, so soll die Schokolade als „stark versüßte" Schokolade bezeichnet werden.

Bei der Schokolade sollen nach Abzug des Zuckers alle übrigen Stoffe in demselben Mengenverhältnis und in derselben Beschaffenheit vorhanden sein wie in reiner Kakaomasse (vergl. I). Eine Ausnahme hiervon machen die versüßten Schokoladen insoweit, als sie bei der Fabrikation einen Zusatz von Kakaobutter erfahren haben. Feine Sorten werden auch mit Zusatz von entöltem Kakao hergestellt.

Ungeformte Schokoladen, Schokoladenpulver sollen denselben Bedingungen entsprechen.

IV. Kakaosurrogate und Schokoladensurrogate.

Definition: Kakaofabrikate mit Mehlzusatz sind als Surrogate zu bezeichnen.

Andere Zusätze als Mehl sind unzulässig.

Abwesenheit von Kakaoschalen ist ebenso zu fordern wie bei I, II und III.

Zu den Surrogaten sind auch die Gemische von Kakaopulver, Zucker und Mehl zu rechnen.

---

[1]) Revisionsbedürftig, denn beim Kochen von 7,5 g Kakao mit 250 g Wasser wird sich nach minutenlangem Stehen wohl stets ein Bodensatz gebildet haben.

[2]) Revisionsbedürftig. Vergl. die von Filsinger gefundenen Werte der Rohfaser.
Anmerkung des Verfassers.

Die Höhe des Mehlzusatzes ist vom Verkäufer an den Verkaufsobjekten deutlich ersichtlich zu machen.

V. Kuvertüre (Überzugmasse).

Definition. Darunter versteht man verschiedene durch Zusatz von reiner Kakaobutter zur Schokolade hergestellte Fabrikate (oder Gemische von Schokolade mit Kakaobutter und Kakaomasse), die durch diesen Zusatz in der Wärme dünnflüssig sind und zum Übergießen von Konditorwaren dienen. Sämtliche andere Zusätze (geröstete Haselnüsse oder Mandeln u. dgl.) sollen deklariert werden.

Untersuchung.

Bei sämtlichen Kakaofabrikaten sind unbdingt auszuführen:

1. Die Fettbestimmung. Dieselbe erfolgt durch Extraktion der mit einem indifferenten Körper (Sand) gemischten und getrockneten Substanz mittels reinen, absoluten (über Natrium destillierten) Äthers oder Petroläthers. Kakaomasse und Schokolade müssen zu diesem Zwecke erst geschabt oder geraspelt werden.

2. Die Prüfung des Fettes.

α) Bestimmung des Schmelzpunktes in der Kapillare (drei Tage nach der Einschließung des Fettes)[1]. Reine Kakaobutter zeigt in der Regel einen Schmelzpunkt von 83° C.

β) Bestimmung der Jodzahl; bei reinem Kakaofett in der Regel 35,0.

Zur Orientierung empfiehlt sich die refraktometrische Bestimmung, die im Zeiß'schen Butter-Refraktometer bei 40° C. 46,5° geben muß.

3. Die mikroskopische Prüfung der von Fett, beziehungsweise auch von Zucker befreiten Substanz.

Außerdem sind unbedingt auszuführen:

I. bei Kakaomasse

die Bestimmung von Rohfaser und Asche;

II. bei Kakaopulver

die Bestimmung der Feuchtigkeit bei 100° C.; die Bestimmung der Rohfaser und Asche und die Prüfung der Asche (quantitative Bestimmung von Phosphorsäure und Kali in derselben);

III. bei Schokolade

die Bestimmung des Zuckers — durch Polarisation der wässerigen Lösung;

IV. bei Surrogaten

die Bestimmung des Stärkemehls.

Ist die Ausführung weiterer Bestimmungen wünschenswert, so hat:

1. die Theobrominbestimmung nach einer der Modifikationen der Wolfr.mschen Methode zu erfolgen, wobei die Art der Untersuchung genau anzugeben ist;

2. für die Stärkebestimmung die Verkleisterung mittels Dampfdruck zu geschehen und ist der bei der darauffolgenden Inversion gebildete Zucker gewichtsanalytisch mit Fehlingscher Lösung zu bestimmen.

---

[1]) Revisionsbedürftig. Anmerkung des Verfassers.

Ein Urteil über die Güte des Fabrikates gibt außerdem die Prüfung der mit Wasser aufgekochten Probe auf Geschmack, Geruch und Farbe.

5. Portugal.

Die Königl. Portugiesische Verordnung[1]) betr. Vorschriften für die fiskalische Behandlung des Kaffees, der Schokolade und des Tees vom 18. September 1896 lautet in ihrem auf Kakaowaren bezüglichen Teile folgendermaßen:

I. Die einfache und schlichte Bezeichnung „Schokolade" darf zum Zwecke des Verkaufs und Verbrauchs nur dem Nahrungsmittel gegeben werden, welches aus den Früchten des Kakaobaumes (Theobroma-Kakao und anderen Theobromaarten), die mit gewöhnlichem Zucker (Saccharose) vermischt sowie mit Gewürzen (Vanille, Zimt, Nelken, Muskat, Kardamomen usw.) versetzt oder nicht versetzt sind, gewonnen ist.

Das Hinzufügen von Mehl und Stärkemehl aus Getreide und Hülsenfrüchten, aus Kartoffeln, Pfeilwurz, Kastanien usw. ist unter der Bedingung gestattet, daß der Bezeichnung Schokolade in derselben Schrift der Name der Zusätze zugefügt wird, wie: Schokolade mit Kartoffelstärke, Schokolade mit Weizenmehl usw. Diese Bezeichnung muß auf die Etiketten und Verkaufspapiere übertragen werden. Die reine oder vermischte Schokolade darf nicht weniger als 35 % Kakao haben; die Kakaoschalen dürfen bei der Verarbeitung nicht mit verwendet werden. Die Masse, in welcher Kakao in einem geringeren Verhältnis oder nur sehr wenig vorhanden ist, oder in welcher die Schalen ihn ersetzen und die mit nicht im Kakao enthaltenen Fetten behandelt ist, z. B. durch Hinzufügen ölhaltiger Sämereien, wie Erdnuß oder tierischer Fette (Schweineschmalz, Talg, Oleomargarine usw.) oder Kokosnußbutter darf nicht die Bezeichnung „Schokolade" oder irgendeinen anderen Namen tragen, in welchem jenes Wort oder irgendwie davon abgeleitete Worte vorkommen.

Einige Fabrikanten meinen, die gesetzlichen Bestimmungen zu erfüllen, indem sie sich darauf beschränken, eine ergänzende Aufschrift mit der Bezeichnung des Gemisches anzubringen; und in gleicher Weise verwenden sie die Bezeichnung „Schokolade", um Gemische mit in dem Kakao nicht enthaltenen Fetten zu verdecken. Dieser Brauch ist gemäß den Vorschriften innerhalb 3 Monaten nach der Veröffentlichung abzustellen.

II. Unter der einfachen Bezeichnung Kakao oder Kakaopulver oder Kakao in Pulverform wird gegenwärtig der gemahlene und teilweise entölte Kakao hergestellt und in großen Mengen verbraucht. Bis jetzt eine ausschließlich ausländische Spezialität, gewinnt sie schon in der einheimischen Industrie Boden, welche sie mit Nutzen herstellt und ausbeutet. Die Bezeichnung ist unrechtmäßig und unrichtig, da es sich nicht, wie man voraussetzen könnte, um einen vollwertigen, sondern um einen infolge der teilweisen Entziehung seines Fettgehaltes minderwertigen Kakao handelt. Die Beibehaltung dieser Bezeichnung bietet jedoch keine Unzuträglichkeit, weil daraus keine Verwechslung, irrige Meinung oder kein ungesetzlicher Wettbewerb entstehen kann.

---

[1]) Veröff. 1904, 28, 185; Dtsch. Handels-Archiv 1903. I. S. 1506; Diario di Governo Nr. 213 v. 24. IX. 1903.

Es ist nicht erlaubt, daß sich unter dieser Bezeichnung etwas anderes verbirgt, was nicht von der Kakaobohne herrührt. Ebensowenig ist sein Verkauf unter dem Namen Schokoladenpulver gestattet; diese Bezeichnung darf nur der wirklichen Schokolade im gepulverten Zustande gegeben werden. Das Zusetzen von Stärkemehl, Mehl, Zucker, Kola usw. zu dem Kakaopulver muß, wie schon gesagt, auf den Aufschriften und in den Fakturen angegeben sein.

Das Entölen des Kakaos geschieht hauptsächlich durch Hitze und starken Druck; die Industrie wendet jedoch auch die Behandlung mit festen und flüssigen Alkalien an. Diese Behandlung kann in der Masse alkalische Salze zurücklassen, weshalb Zulässigkeitsgrenzen festzusetzen sind. Der Alkaligehalt im Kakaopulver darf 4%, auf wasserfreies kohlensaures Kali berechnet, nicht übersteigen. Ein höherer Gehalt an Kalisalzen ist wegen ihrer gesundheitsschädlichen Eigenschaften vor allem zu vermeiden.

III. Als verfälscht ist Schokolade anzusehen, welche zeigt: einen anderen Fettstoff außer der Kakaobutter; einen Zuckerzusatz, welcher nicht aus dem gewöhnlichen, raffinierten Zucker (Saccharose) besteht; endlich pflanzliche oder mineralische Stoffe, welche bei der Bereitung, wie sie festgesetzt oder erlaubt ist, nicht verwendet werden.

Als verfälscht ist Kakao anzusehen, welcher, abgesehen von den angegebenen und erlaubten Zusätzen, Kakaoschalen oder irgend ein anderes fremdes Pulver enthält, und als gesundheitsschädlich derjenige, welcher einen auf wasserfreies kohlensaures Kali berechneten Kalisalzgehalt von mehr als 4% aufweist.

6. Deutschland.

In Deutschland besitzen wir leider immer noch kein Gesetz, das den Verkehr mit Kakaowaren im besonderen regelte. Allerdings gibt es das Reichsgesetz vom 14. Mai 1879, betreffend den Verkehr mit Nahrungsmitteln, Genußmitteln und Gebrauchsgegenständen, das im allgemeinen Strafbestimmungen bei Verfälschungen der zum Verkauf angebotenen Nahrungs- und Genußmittel enthält. Ihm sind auch Materialien zur technischen Begründung des Gesetzes angefügt, worin unter anderem die Begriffsbestimmung und Beurteilung der Schokolade sowie deren Verfälschungen behandelt werden. Diese Materialien, die überdies in manchen Punkten nicht mehr den gegenwärtigen Verhältnissen entsprechen, wollen aber die Frage, welche Zusätze gestattet oder verboten sind, keineswegs erschöpfend behandeln, denn in der Einleitung zu diesen, den Motiven des Gesetzentwurfes als Anlage A beigefügten Materialien heißt es wörtlich:

„Sowie die erstmalige Vorlage hat auch die gegenwärtige nicht die Aufgabe einer erschöpfenden Darlegung aller in diese Frage einschlägigen Gegenstände, sondern einer Zusammenstellung derjenigen Beispiele, welche zur Veranschaulichung des gesetzgeberischen Bedürfnisses als vorzugsweise geeignet erscheinen.

Eine amtlich maßgebende Bedeutung kommt somit den „Materialien" nicht zu, insbesondere ist ihnen eine deklaratorische Gültigkeit für die polizeiliche und richterliche Ausführung des erlassenen Gesetzes nicht beizulegen. (Kommentar von Meyer-Finklenburg, Seite 116.)

Auch die vollständige Herausgabe der auf Anregung des Reichsgesundheitsamtes gesammelten „Vereinbarungen zur einheitlichen Untersuchung von Nahrungs- und Genußmitteln sowie Gebrauchsgegenständen für das Deutsche Reich" hat bezüglich der Erzeugnisse unserer Industrie keine Rechtssicherheit gebracht. Der Abschnitt der Vereinbarungen, der die Kakaofabrikate behandelte, befindet sich im III. Heft, pag. 68—81 (Berlin, Springer 1902) und hat bei uns in Deutschland nur ähnliche Verhältnisse geschaffen, wie sie lange Jahre hindurch in der Schweiz bestanden haben. Die „Vereinbarungen", die noch dazu längst durch die Ergebnisse der Wissenschaft überholt und daher stark revisionsbedürftig[1]) in allen ihren Teilen sind, sind eben nichts weiter als ein sehr schätzbarer, halb offizieller Leitfaden für die Beurteilung und Untersuchung von Nahrungs- und Genußmitteln, dessen Bestimmungen aber, weil nicht verbindlich, für die Rechtsprechung nicht maßgebend sind und nicht sein können.

Die Folge hiervon ist, daß die Verfolgung verschiedener Manipulationen, die entschieden Beanstandung verdienen, z. B. die Herstellung von Kakaos und Schokoladen aus ungeschälten Bohnen etc., erschwert war. Gegen diese unhaltbaren Verhältnisse hat der Verband Deutscher Schokoladenfabrikanten wiederholt Stellung genommen, und da Abhilfe nur durch ein Gesetz geschaffen werden kann, das den Verkehr mit Kakaowaren regelt, so hat die genannte Körperschaft bereits auf ihrem XVII. Verbandstage zu Leipzig am 15. Januar 1893 den Entwurf eines Gesetzes ausgearbeitet, das dem Kaiserl. Gesundheitsamte in Vorlage gebracht wurde. Dieser Entwurf enthielt zunächst unter § 1 Abs. a—c die (inzwischen abgeänderten [vgl. pag. 294 ff.]) Definitionen für die verschiedenen Kakaopräparate, außerdem aber noch die folgenden Paragraphen 2 bis 4.

§ 2.

Als Verfälschungen oder Nachahmung der unter a, b, c (pag. 294, I, 1, 3 und 4) bezeichneten Erzeugnisse im Sinne des § 10 des Gesetzes, betreffend den Verkehr mit Nahrungsmitteln, Genußmitteln und Gebrauchs-

---

[1]) Die freie „Vereinigung deutscher Nahrungsmitteltechniker" hat sich übrigens stets in anerkennenswerter Weise um eine gründliche Revision bemüht.

gegenständen vom 14. Mai 1879 (Reichsgesetzblatt, S. 145), ist es nicht anzusehen:

1. wenn den unter a, b, c verzeichneten Erzeugnissen Mehlstoffe oder zu medizinischen Zwecken bestimmte Zusätze beigegeben sind, sofern sie unter einer ihre Beschaffenheit deutlich erkennbar machenden oder einer anderweitigen, sie von Schokolade, Kakao-Masse und Kakao-Pulver unterscheidenden Bezeichnung [1]) feilgehalten oder verkauft werden;

2. wenn der Überzugsmasse (Kuvertüre) oder der Speise-Schokolade (Dessert-Schokolade) geröstete Mandeln oder Haselnüsse bis zu 5% beigegeben sind.

§ 3.

Als Verfälschung im Sinne des § 10 des Gesetzes vom 14. Mai 1879 (Reichsgesetzblatt, S. 145) ist insbesondere anzusehen:

1. die Vermengung der Schokoladen, Kakaomasse und Kakaobutter mit fremden Fetten;

2. die Vermengung von Schokoladen, Kakaomasse und Kakaopulver mit Kakaoschalen, Mehl oder anderen Stoffen, außer in den Seite 279 § 2, Pos. 1 bis 2 genannten Fällen [2]);

3. die Vermengung von Schokoladen, Kakaopulver mit Farben;

4. die Vermengung von Schokoladen und Schokolade-Surrogaten mit anderem als Rohrzucker (Rübenzucker).

§ 4.

4. Von Überzugsmasse (Kuvertüre) und allen gleichen Zwecken dienenden Fabrikaten gilt dasselbe, was oben über Schokolade bestimmt ist.

Wie wir schon früher bemerkt haben, können wir uns diesem Entwurfe nur aus ganzer Überzeugung anschließen und würden es mit lebhafter Genugtuung begrüßen, wenn von maßgebender Stelle aus endlich, sei es durch die Herausgabe eines amtlichen „Deutschen Lebensmittelbuches“ oder eines ähnlichen Werkes [3]), sei es durch

---

[1]) Z. B. vielfach „Suppenpulver“. Anmerkung des Verfassers.

[2]) Vergl. oben § 2, 1 und 2.

[3]) Das vom Bunde deutscher Nahrungsmittel-Fabrikanten und Händler seinerzeit herausgegebene sogenannte „Deutsche Nahrungsmittelbuch“ 1. Auflage hat leider die unhaltbaren Zustände bei uns in Deutschland nur noch verschlimmert und verworrener gestaltet, da es ein rein privates Unternehmen ist und trotz mannigfacher Mahnung von maßgebender Seite eine ganze Reihe von offenkundigen Handelsgebräuchen, die eher die Bezeichnung von Handelsmißbräuchen verdienten, zu rechtfertigen versucht hat (Verwendung von verbotenen Konservierungsmitteln, künstliches Färben von Waren zwecks besseren Aussehens u. dergl.). Allerdings machen gerade die Bestimmungen über die Kakaopräparate, die zum größten Teile vom Verbande deutscher Schokoladenfabrikanten und der Vereinigung deutscher Nahrungsmittelchemiker in gemeinsamer Beratung festgesetzt wurden, hier-

eine besondere Verordnung von Reichs wegen auch der Verkehr mit Kakaowaren eine gesetzliche Regelung fände, die nur zum Schutze und zum Vorteile einer loyalen Industrie dienen kann und eine bestehende Rechtsunsicherheit endgültig beseitigen hilft[1]. Hoffentlich werden uns dann auch andere Staaten auf diesem Wege folgen.

---

von eine rühmliche Ausnahme. Es muß aber anerkannt werden, daß sich in der neuen Auflage (1922) ernstliches Bestreben zeigt, hierin Wandel zu schaffen, was im Sinne des reellen Fabrikanten und Händlers nur mit Freuden zu begrüßen ist.

[1]) Vergl. auch die Ausführungen in der Chemiker-Zeitung 1899, pag. 763, und 1900, 791.

FÜNFTER ABSCHNITT.

Anhang.

Analysen und Vorschriften.

(Angaben über die Bereitungsart beziehungsweise Zusammensetzung einiger diätetischer und anderer Kakaopräparate des Handels.)

Die folgenden Angaben und Vorschriften erheben durchaus keinen Anspruch auf Vollständigkeit[1]); sie sollen nur eine kurz gefaßte Übersicht über die Herstellung bzw. Zusammensetzung der im Handel vorkommenden bekannteren Kakaopräparate darbieten, die Gemenge der verschiedenartigsten Substanzen mit Kakao oder Schokolade sind und vorwiegend für diätetische Zwecke Verwendung finden. Trotz der durch die Verhältnisse bedingten Lückenhaftigkeit der Angaben glauben wir durch die folgende Zusammenstellung von allenthalben in der Literatur zerstreuten Notizen dennoch einem praktischen Bedürfnisse zu genügen, da sowohl der Fabrikant wie der Nahrungsmittelchemiker zuweilen rasch Aufschlüsse über derartige Präparate zu erhalten wünschen, die selbst eine umfangreiche Fachbibliothek nicht immer zu geben vermag[2]).

Cacaol, 70 Teile Kakaopulver, 10 Teile Hafermehl, 17,5 Teile Zukker, 2,5 Teile Kochsalz.

Chocleau (Reichardt), eine dickflüssige Schokoladenmasse in Zinntuben.

Chocolat digestif (Vichy-Schokolade) ist eine mit zirka 5 % Natriumbikarbonat versetzte Schokolade.

---

[1]) Für Angaben von fehlenden oder aufzunehmenden Vorschriften ist der Verfasser im Interesse der Vollständigkeit dieses Verzeichnisses sehr dankbar; sie sollen in einer Neuauflage entsprechend berücksichtigt werden.

[2]) Die rein medikamentösen Schokoladen haben, da sie dem pharmazeutischen Gebiete angehören, im Folgenden keine Berücksichtigung gefunden.

Chocolat rétablière, eine Wiener Spezialität, enthält reduziertes metallisches Eisen, getrocknetes Fleisch, Erbsen- und Weizenmehl, Zucker und Kakao in nicht genauer bestimmten Mengenverhältnissen.

Diabetiker-Schokolade ist zusammengesetzt wie folgt[1]: Stickstoffsubstanz 10,07 %, Fett 25,47 %, Lävulose 19,38 %, Stärke und Zellulose 25,19 %, sonstige stickstoffreie Stoffe 14,54 %, Saccharin 0,5 %, Mineralstoffe 2,15 %.

In dieser Formel ist ein unverhältnismäßig hoher Prozentsatz von Stärkemehl und Zellulose vorhanden, und die Zusammensetzung erscheint daher in sofern unrationell, als man die Einführung von Kohlehydraten bei Diabetes tunlichst vermeiden soll. Ein rationelleres Präparat würde man durch einfaches Mischen von:

50,00 Teilen Lävulose,
50,00 „ Kakaomasse und
00,25 „ Vanillin erhalten.

Eine Vorschrift für **Diabetiker-Kakao** gibt Aufrecht mit folgender Formel:

Kakaopulver	500 g
Lävulose	200 g
Weizenmehl	280 g
Saccharin	50 g
Aromatische Stoffe	15 g

Auch hier würden wir empfehlen, das Weizenmehl durch Lävulose zu ersetzen.

Einen **Diabetiker-Kakao** will J. Apt in Berlin nach folgendem patentierten Verfahren herstellen (D. R. P. 116 173 vom 30. 1. 1900). Man verkleistert die Stärke durch längeres Kochen des gröblich zerkleinerten Kakaos, trocknet die Masse im Vakuum und erhitzt oder röstet dann bei 130 bis 140° C., um die verkleisterte Stärke zu karamelisieren (!). Vor dem Kochen empfiehlt es sich, den Kakao zu entfetten (z. B. durch Petroläther) (!). Statt die verkleisterte Stärke direkt durch Erhitzung zu karamelisieren, kann dieselbe auch durch Säure zunächst in Zucker übergeführt und darauf durch Erhitzung karamelisiert werden. Später fügt man dem Kakaopräparat soviel Kakaofett

---

[1]) Vergl. Aufrecht, Pharmazeutische Zeitung 1900, pag. 558.

zu, als für Genußzwecke erforderlich scheint. Um die Emulgierbarkeit zu erhöhen, setzt man getrocknetes Albumin zu.[1])

Dictamnia von Groult und Boutron-Russel, besteht aus Kakao, präpariertem Gerstenmehl, Stärke und Vanille.

v. Donats Eiweiß-Schokolade (D. R. P. 82 434) wird hergestellt, indem man die mit trockenem, gepulvertem oder stückigem Eiweiß versetzte Schokolade oder Kakaomasse mit einem leicht flüssigen Medium, das Eiweiß nicht löst, wie Benzol, Ligroin, Äther, Aceton, Methyl- oder Äthylalkohol anfeuchtet, die Masse dann im Melangeur weiter verarbeitet und schließlich nach vollzogener Mischung die leichtflüssige Masse abdampfen oder verdunsten läßt (?).

Eichel-Kakao Michaelis enthält nach einer Analyse von R. Fresenius: Gesamtstickstoff 2,29 %, Albumin 8,13 %, Zucker 25,17 %, Stärke 23,39 %, Fett 14,42 %, Gerbstoff, ausgedrückt als Eichengerbsäure 1,96 %, Zellulose 1,88 %.

Eichel-Kakao von Hartwig & Vogel in Dresden enthält: Wasser 7,5 %, Asche 3,88 %, Fett 16,54 %, Eiweißstoffe 11,25 %, Kohlehydrate 38,76 %, Gerbstoff 2,50 %[2]).

Eichel-Kakao von Th. Timpe in Magdeburg enthält in der Trockensubstanz: Eiweiß 13,88 %, Gerbstoff und Kakaorot 5,37 %, Kohlehydrate etc. 66,41 %, Fett 10,62 %, Asche 3,73 %[3]).

Man kann Eichelkakao herstellen, indem man 10 Teile reine Kakaomasse und 20 Teile entfetteten Kakaopulvers mit 5 Teilen geröstetem Gerstenmehl, 35 Teilen Mehl von entschälten, gerösteten Eicheln (oder 10 Teilen eines wässerigen Extraktes aus gerösteten Eicheln), 30 Teilen Zuckerpulver und 2 Teilen reinem phosphorsaurem Kalk mengt.

---

[1]) Über das Widersinnige dieses Verfahrens auch nur ein Wort zu verlieren, würde sich nicht verlohnen, wenn das Verfahren nicht eben durch Patentschutz geschützt worden wäre. Die Behandlung, die der Kakao hier erfährt, ist so barbarisch, daß das Produkt dadurch für immer verdorben werden muß. Das Einzige, was erreicht ist, ist vollkommene Verkleisterung der Stärke, die durch späteres Erhitzen z. T. „dextrinisiert“ wird. Karamelisieren kann und wird beim Erhitzen von verkleisterter Stärke in einem Gemisch mit Trockensubstanzen, wie es im Kakao vorliegt, nicht eintreten. Damit ist aber der Anspruch hinfällig, daß sich der so mißhandelte Kakao vorzüglich für Diabetiker eigne, denn jeder sachgemäß aufgeschlossene Kakao wird dies ebenso und noch viel besser tun. Der Zusatz von Albumin ist durchaus nichts Neues, denn Albumin-Kakaomischungen existieren seit geraumer Zeit. Anmerkung des Verfassers.

[2]) Hahn-Holfert, Spezialitäten und Geheimmittel, Seite 300.

[3]) Pharm. Ztg., 1888, Seite 512.

Eichelmalz-Kakao Dieterich wird bereitet, indem man 1 kg Eichelmalzextrakt (Dieterich-Helfenberg) mit 6 kg Staubzucker und 3 kg entöltem Kakao mischt.

Eichelmalz-Schokolade Dieterich gewinnt man durch kunstgerechtes Mischen von 2 kg Eichelmalzextrakt (Dieterich-Helfenberg) mit 3½ kg Staubzucker und 4½ kg Kakaomasse.

Eichel-Schokolade ist ein Gemenge von 100 Teilen entschälter, gerösteter Eicheln mit 500 Teilen Zucker und 400 Teilen Kakaomasse nebst Gewürzen.

Eiweiß-Schokolade und -Kakao. Riquet & Co. in Leipzig haben sich durch verschiedene Patente[1]) ein Verfahren schützen lassen zur Herstellung eiweißreicher, geschmacklich nicht veränderter Schokolade oder ebensolchem Kakaopulver[2]). Hiernach werden die Kerne der völlig gar gerösteten Bohnen mit einer Mischung (?) von Wasser und trockenem Eiweiß durchgearbeitet und stehen gelassen, das Wasser verdampft und dann die Bohnen weiter verarbeitet. Statt Wasser ist auch wässerige Zuckerlösung verwendbar, ferner kann der Zusatz von Eiweiß zu beliebiger Zeit erfolgen, insbesondere auch derart[3]), daß zunächst Zuckerlösung, Eiweiß und der für die Schokolade nötige Zucker gemischt und dann Kakaomasse (ev. mit Zusatz von Kakaoöl) hinzugefügt wird. Analog ist das Verfahren beim Kakaopulver, wobei von gepulvertem, entöltem, aufgeschlossenem oder nicht aufgeschlossenem ausgegangen werden kann. Noch besser (als Zuckerlösung) wäre es, wenn das Eiweiß, z. B. Glidine, in Form einer Mischung mit einer Emulsion (!), insbesondere Mischung mit Milch in die Schokolade bzw. Kakaomasse eingekörpert wird.

Eucasin-Schokolade und -Kakao sind mit 20 % Eucasin (Ammoniumkaseïnat) versetzte Präparate. Das Eucasin wird hergestellt von Majert & Ebers in Grünau-Berlin.

Fleischextrakt-Schokolade wird hergestellt, indem man 500 g Fleischextrakt (Cibils oder Liebigs) in einer Porzellanschale auf dem Dampfbad möglichst weit eindampft, wonach man 4,7 kg Zuckerpulver zufügt und mit dem Pistill so lange verreibt, bis das Extrakt gleichmäßig verteilt ist. Diese Masse wird zu 5 kg

---

[1]) D. R. P. Nr. 182747 (vom 4. Januar 1905), 182748 (4. Mai 1906).

[2]) D. R. P. Nr. 189733 (v. 26. Februar 1906), 189734 (v. 11. Dez. 1906).

[3]) Und das erscheint die einzig richtige Anwendung des gesamten Patentanspruchs.

Kakaomasse gegeben und die Schokolade im Melangeur fertig gearbeitet. Die geformten Tafeln müssen mit Überzuglack versehen werden (Dieterich).

Galactogen-Kakao von Thiele und Holzhause-Barleben bei Magdeburg, enthält 30—32 % Galactogen, ein leicht lösliches natürliches Milcheiweißpräparat, das aus entfetteter Milch dargestellt wird und 70 % Eiweiß, 3,5—4,0 % Fett sowie 1,5—1,79 % Phosphorsäure enthält. Galactogen-Kraftmehl-Kakao enthält neben 20—22 % Galactogen auch aufgeschlossenes Weizenmehl. Es kommen weiter noch Galactogen-Speiseschokolade mit 30 % Galactogen und Galactogen-Kochschokolade mit 20—22 % Galactogen in den Handel.

Ähnliche Produkte wie Galactogen sind Plasmon, Tropon, Somatose und Lacto-Eipulver, die alle mit Kakaomasse und Schokoladen kombiniert in den Handel kommen. Vergleiche unten Plasmon- etc. Kakaos.

Gaugau, ein Wiener Kindertee, besteht aus Kakaoschalen.

Gersten-Schokolade wird bereitet durch Vermengen von 1 kg präpariertem Gerstenmehl[1]), $4\frac{1}{2}$ kg Staubzucker und $4\frac{1}{2}$ kg Kakaomasse. Die geformte Schokolade wird mit einem Lacküberzuge versehen.

Getreide-Kakao enthält nach Notnagel[2]): Wasser 6,10 %, Fett 16,96 %, Eiweißstoffe 19,81 %, Theobromin 0,68 %, Rohfaser 3,30 %, stickstoffreie Extraktstoffe 48,69 %, Asche 4,46 %. Das Präparat zeigt unter dem Mikroskop neben den Bestandteilen des Kakaos große Mengen von Haferstärke und dürfte daher unter Zugrundelegung der obigen Analysenergebnisse und der Königschen Mittelwerte als ein Gemisch von gleichen Teilen entöltem Kakao und Hafermehl angesprochen werden.

---

[1]) Präpariertes Gerstenmehl wird nach Dietrich (Neues Pharmazeutisches Manual, 7. Aufl. S. 191) hergestellt, indem man 1 Kilo Gerstenmehl in ein geeignetes Metall-(Zinn-)Gefäß fest eindrückt, sodaß das Gefäß etwa zwei Drittel gefüllt ist, worauf man im ganzen 30 Stunden lang im Dampfbade erhitzt Nach Verlauf von zehn Stunden entfernt man das Pulver aus dem Gefäß, mischt es in einer Reibschale, bringt es wieder in das Gefäß zurück und erhitzt aufs Neue während 10 Stunden. Nach zweimaligem Wiederholen dieser Manipulation erhält man ca. 900 g einer rötlichen Masse, welche das präparierte Gerstenmehl vorstellt.

[2]) Apoth.-Ztg. 1900, p. 181.

Haemacolade: 25—30 Tl. Kakaopulver, 25—20 Tl. Mehl, (Kartoffelstärke), 45 Tl. Zucker, 5 Tl. Haemoglobin und Kochsalz.[1])

Haensels Nähr-Kakao ist ein Gemenge von entfettetem Kakaopulver mit verschiedenen anorganischen Salzen, wie kohlensaurem und phosphorsaurem Kalk; ferner wurde in der Asche dieses Präparates noch eine größere Menge Schwefelsäure, Natron und Eisen nachgewiesen, als im normalen Kakao vorhanden ist. Der Fettgehalt beträgt nur 5,3 %.

Hafer-Kakao, Hallenser (Halb und Halb) enthält 6,5 % Feuchtigkeit, 4,1 % Mineralstoffe, 89,4 % organische Substanzen, in welchen vorhanden sind: stickstoffhaltige Stoffe 4,3 %, verdauliches Eiweiß 14,7 %, Fett 17,2 %, Theobromin 0,77 %, Stärke und sonstige stickstoffreie Extraktstoffe 48,93 %, Zellulose 3,5 %. Auch hier liegt offenbar ein Gemisch gleicher Teile Hafermehl und Kakaopulver vor, wie schon der Name andeutet.

Haferkakao Kasseler (Hansen & Co.) wird nach D. R. P. Nr. 93 500 vom 28. Juni 1896 dargestellt, indem der mit Hafermehl gemischte Kakao nach seiner Formung, Pressung und Umhüllung mit gelochtem Stanniol mittels Äther etc. entfettet wird. Dieses Präparat enthält: 7,2 % Feuchtigkeit, 3,5 % Mineralstoffe, 89,3 % organische Substanzen, welche sich zusammensetzen aus: stickstoffhaltigen Stoffen 3,9 %, verdaulichem Eiweiß 18,8 %, Fett 18,3 %, Theobromin 0,46 %, Stärke und sonstigen stickstoffreien Extraktivstoffen 44,94 %, Zellulose 2,9 % [2]), ist also ebenfalls aus 50 % Hafermehl und 50 % Kakao gemischt.

J. Berlit, D. R. P. Nr. 72 449, bedient sich zur Herstellung von **Hafer-Kakao** folgender Methode: Hafer wird gereinigt, geschrotet, einer leichten Röstung unterworfen und dann gemahlen. Das so gewonnene Pulver wird unter Hinzufügung von Wasser mittels Knetmaschinen zu einem leichten Teig verarbeitet, dieser Teig im Vakuum zur Trockne gebracht, die trockne Masse gemahlen und das erhaltene Mehl mit entöltem Kakao im beliebigen Verhältnis gemischt.

---

[1]) Die von dem Apotheker Fritz Sauer „erfundene" Haemakolade ist vielfach beanstandet worden. Sie wurde gleich nach dem Kriege von einer Frankfurter Firma wieder fabriziert und in den Handel gebracht, stieß aber in Handelskreisen wieder auf starken Widerspruch. Jetzt scheint das Präparat endgültig von der Bildfläche verschwunden zu sein.

[2]) Alfr. Beddies, Über Kakaoernährung, Berlin 1897.

In einfacher Weise kann **Hafer-Kakao** hergestellt werden durch Mischen gleicher Teile präparierten Hafermehls, wie es die Hohenloheschen Präservefabriken, ferner Knorr-Heilbronn und die Quäker Oats Cie. liefern, und Puderkakao, wobei, um den faden Geschmack des Hafermehls zu verdecken, 1—2 % Chlornatrium zugesetzt werden.

Hansa Saccharin-Kakao ist entölter Kakao, der ca. 0,5 % Saccharin (270 fach), 30 % Fett und 20 % Eiweißstoffe enthält (Hahn-Holfert).

Hardidalik, eine asiatische Schokolade, ist nach Chevallier aus 42 Teilen Kakao, 180 Teilen Zucker, 112 Teilen Stärkemehl, 64 Teilen Reismehl und 3 Teilen Vanille zusammengesetzt.

Himbeer-Schokolade (Sarotti). Nach D. R. P. 181 760 und 204 603 hergestellt mit den betreffenden Fruchtsäuren der Himbeere.

Homoeopathische Schokolade von E. Kreplin in Lehrte besteht aus 35 % reiner Kakaomasse, 20 % schwach geröstetem Weizenmehl und 45 % Zucker (Hager).

„Hussons - Mischung“ enthält folgende Stoffe: Arrow-root 500,0, Hafermehl 500,0, Zuckerpulver 500,0, Sagopulver 400,0 Kakao 50,0, Kalziumphosphat 50,0, Vanille 1,0.

Hygiama ist ein im Aussehen und Geschmack an Kakao erinnerndes Pulver, das von Dr. Theinhardts Nährmittelgesellschaft in Cannstatt (Württemberg) in den Handel gebracht und aus kondensierter Milch unter Zusatz besonders präparierter Zerealien und teilweise entfettetem Kakao hergestellt wird. Das Präparat enthält: 22,8 % Eiweiß, 6,6 % Fett, 52,8 % lösliche Kohlehydrate, 10,5 % unlösliche Kohlehydrate, 2,5 % Nährsalze, 4 % Feuchtigkeit.

Isländisch Moos-Schokolade enthält 10 % Isländisch Moos-Gelatine.

Kakao-Ei-Crême (sogenannten afrikanischen Punsch) stellt man her, indem man 10 Stück Eigelb mit 300,0 g Zuckersaft (1 Tl. Zucker auf 2 Tl. Wasser) verquirlt und unter fortwährendem Rühren 500,0 g Kakaoessenz (siehe folgenden Abschnitt) zusetzt. Das Ganze wird in Eis gekühlt, bevor es genossen wird.

Kakao-Essenz. Man übergießt zu deren Herstellung 125,0 g Vanille, 2,0 g Zimt, 0,75 g Nelken, 0,3 g Macis und 0,1 g Ingwer mit 750,0 g Weingeist und 250,0 g Wasser, mazeriert das Ganze 8 Tage und filtriert in heißen Zuckersaft, der aus 550,0 g Zucker und 750,0 g Wasser bereitet ist.

Kakaophen Sieberts in Kassel ist ein mit Mehl, Zucker und Milcheiweiß gemischter Puderkakao und zeigt bei der Analyse folgende Zahlen: Fett 13,23 %, Wasser 7,7 %, Eiweiß 24,25 %, lösliche Kohlehydrate 17,95 %, unlösliche Kohlehydrate (Stärke) 26,66 %, Holzfaser 2,27 %, Asche 5,5 % (Kalziumoxyd 0,82 %, Phosphorsäure [P_2O_5] 0,54 %).

Kaïffa (Fécule orientale) ist ein Gemisch aus 500 Teilen Kakaomasse, 1250 Teilen Reismehl, 250 Teilen Grütze, 250 Teilen isländisch Moosgallerte, 2300 Teilen Amylum, 750 Teilen Salep, 1000 Teilen Sago, 6000 Teilen Zucker und 50 Teilen Vanille.

Kakao-Malz ist eine Mischung von 200 Teilen entöltem Kakao und 500 Teilen Zucker mit einem wässerigen Auszuge aus 300 Teilen Darrmalz.

Kakao-Likör. Eine sehr erprobte Vorschrift zur Herstellung dieses Likörs lautet: Entfetteter Kakao 200,0 g, Zimtpulver 5,0 g, Vanillin 0,2 g werden mit 1500,0 g Wasser und 1700,0 g Weingeist (90 %) 6 Tage digeriert und dann mit 2600,0 g Zuckersirup (aus 1400 Teilen Zucker und 1200 Teilen Wasser) gemischt, worauf man filtriert.

Kinder-Nährpulver von Lehmann in Berlin ist ein Gemenge von Fleischextrakt, Kakao, Salep, Zucker und präparierten Austernschalen.

Kola-Schokolade wird hergestellt durch Vermengen von 400 g Kakaomasse, 450 g Zucker, 100 g Kolasamen in Pulverform, 40 g Kakaofett und 5,0 g Vanillinzucker (3 %).

Kraft-Schokolade von Mering. Unter diesem Namen gelangt ein Präparat in den Handel, in dem die Kakaobutter (wohl durch Zusatz von Ölsäure) in eine leicht emulgierbare Form gebracht und dadurch leichter verdaulich gemacht worden ist. Die Kraftschokolade soll 21 % des leicht verdaulichen Fettes enthalten.

Kuvertüren haben folgende Zusammensetzung: 50 % Zucker, 30 bis 35 % Fett und 20—15 % fettfreie Kakaomasse, wobei (namentlich in Belgien, z. B. Brüssel) ein Teil des letzteren durch Mandeln, Nüsse etc. ersetzt wird. In diesem Falle ist dann die Jodzahl des Fettes = 41—42.

Lipanin-Schokolade enthält 42,38 % Fett, Eiweiß 8,07 %, Stärke 2,70 %, Zucker 31,44 %, sonstige stickstoffreie Substanzen 18,19 %, Asche 0,68 %, sowie etwas Vanillin und Perubalsam (Aufrecht).

Malto-Leguminosen-Kakao liefert bei der Analyse folgende Zahlen: Wasser 7,38 %, Stickstoffsubstanz 19,71 % (davon 18,26 % verdaulich), Theobromin 0,71 %, Maltose 1,88 %, Dextrin etc. 3,53 %, Stärke 27,82 %, sonstige stickstoffreie Extraktstoffe 13,8 %, Rohfaser 2,36 %, Asche 4,94 %, Kali 1,74 %, Phosphorsäure 1,51 %.

Malz-Kakao nach Franz Abels (D. R. P. No. 96318 vom 9. Mai 1896) wird auf folgende Art hergestellt: Die Kakaomasse wird nach Vermengen mit Malzmehl unter starkem hydraulischem Druck entfettet, um auch das beigemengte Malz mit Kakaofett zu durchtränken, dann pulverisiert.

Malz-Kakao-Sirup, auch **„malted chocolate“** genannt, wird hergestellt, indem man 240 g Malzextrakt, 24 ccm Vanille-Extrakt und zirka 950 g Schokoladensirup mischt. Statt Vanilleextrakt kann man auch Vanillin oder Zimtessenz verwenden. Das Präparat dient zur Herstellung von amerikanischen Brauselimonaden.

Malz-Schokolade. 2 kg fein gepulverten Malzmehles und 3½ kg Staubzucker, beide in scharf getrocknetem Zustande, werden in kleinen Mengen mit 4½ kg Kakaomasse im Melangeur vermengt. Die fertigen Tafeln werden behufs Konservierung mit Überzugslack versehen (E. Dieterich).

Malz-Extrakt-Schokolade. Zu 4½ kg der im Melangeur fein zerriebenen Kakaomasse gibt man eine innige Mischung von 1 kg trockenem Malzextrakt und 4½ kg Staubzucker. Die fertigen Tafeln werden mit Lack überzogen (E. Dieterich).

Milch-Kakao wird bereitet, indem man 1 kg kondensierter Milch (im Vakuumapparat unter Zusatz von 10 % Milchzucker hergestellt[1]), 500,0 g Milchzucker und Arrow-root-Pulver, soviel zur Teigbildung erforderlich ist, mischt. Der Teig wird ausgewalzt, ausgestochen und leicht verbacken. Dieser Milchzwieback wird gemahlen und durch ein sehr feines Haarsieb geschlagen. Man nimmt nun vom pulverisierten Milchzwieback 750,0 g, gibt entölten Kakao 250,0 g und 10,0 g einer aromatischen Mischung zu, mengt das Ganze sorgfältig und bewahrt das Fabrikat in Blechdosen auf.

Bitterer Vollmilch-Kakao kann auch hergestellt werden durch Mengen von 50 kg Kakaopulver und 50 kg Vollmilchpulver. Diese

---

[1]) Statt dessen auch reines Vollmilchpulver zu verwenden.

Verhältnisse können entsprechend geändert werden, so daß mehr Vollmilchpulver in die Mischung eintritt, z. B. 40 kg Kakaopulver und 60 kg Vollmilchpulver, 30 kg Kakaopulver und 70 kg Vollmilchpulver.

Süßer Vollmilch-Kakao kann bestehen aus:

a) 30 kg Kakaopulver,
20 „ Staubzucker,
50 „ Vollmilchpulver,

b) 20 kg Kakaopulver,
30 „ Staubzucker,
50 „ Vollmilchpulver,

c) 15 kg Kakaopulver,
35 „ Staubzucker,
50 „ Vollmilchpulver.

Milch-Schokolade ist darzustellen aus 28 kg Kakaomasse, 36 kg Rohrzuckerstaub, 24 kg Vollmilchpulver und 12 kg Kakaobutter. Die Materialien werden in der auf Seite 150 beschriebenen Längsreibemaschine bei 60—70° C. sehr fein gewalzt und die fertigen Massen nicht in den Wärmeschrank gelagert, sondern möglichst bald geformt und verpackt. Am besten eignen sich für Milchschokoladen milde Kakaosorten (Arriba, Caracas, Ceylon, Java).

Bei der Fabrikation von Vollmilchkakao läßt man das Kakaopulver längere Zeit im gut erwärmten Melangeur verarbeiten und gibt dann sukzessive den Zucker und das Vollmilchpulver zu. Bei Kakaopräparaten, welche nur mit Wasserzusatz genossen werden, sollen auf einen Teil Kakaopulver mindestens 2 Teile Vollmilchpulver genommen werden, um ein ansprechendes Fabrikat zu erhalten.

Milchhaltige Kakao- und Schokoladenpräparate werden auch nach A. Denayer, Brüssel, (D. R. P. No. 112220 vom 4. Februar 1899) hergestellt, indem ein Gemisch von Milch und Zucker an freier Luft[1]) bis zur Crêmekonsistenz eingedickt und der heißen Masse pulverförmiger, entfetteter oder nicht entfetteter Kakao zugesetzt wird. Die erhaltene Mischung wird darauf in dünnen Schichten ausgearbeitet, der Einwirkung einer Temperatur von 80—100° C. im luftverdünnten Raume ausgesetzt und schließlich in letzterem bei niedriger bzw. gewöhnlicher Temperatur vollends getrocknet.

---

[1]) Besser ist wohl stets das Vakuum (vergl. pag. 230, Fig 96).

Mutase-Kakao mit 20 % Mutase enthält: Wasser 5,66 %, Fett 25,24 %[1]), Eiweiß 28,31 %, Rohfaser 3,81 %, Theobromin 1,67 %, stickstofffreie Extraktivstoffe 30,72 %, Asche 6,26 %.

Mutase-Schokolade (mit 20 % Mutase) zeigt einen Eiweißgehalt von 16—17 %. (Mutase ist ein ohne Anwendung von chemischen Reagentien aus Nährpflanzen hergestelltes Eiweißpräparat, das zugleich alle Nährsalze der Pflanze [10 %] enthält. Der Eiweißgehalt der Mutase beträgt 60 %.)

Natur-Kakao und Natur-Schokolade von Spindler in Stuttgart (D. R. P. No. 47 226) sind Produkte, die durch Vermischen von Kakaomasse mit erhitztem Honig erhalten werden. Hierdurch wird eine Entfettung der Kakaomasse herbeigeführt, da sich das Fett von selbst aus der Masse abscheidet. Die Entfettung kann durch Pressen beliebig weit getrieben werden. An die Stelle von Honig können zur Entfettung auch zuckerhaltige Lösungen, Malzextrakt, kondensierte Milch, Fruchtsäfte, Pflanzenschleim (Extrakte aus Hülsenfrüchten) treten [2]).

Nährsalz-Kakao nach Lahmann enthält: Wasser 8 %, Stickstoffsubstanz 17,5 %, Theobromin 1,78 %, Fett 28,26 %, Stärke 11,09 %, stickstoffreie Extraktstoffe 26,24 %, Rohfaser 4,21 %, Asche 4,7 %, Kali 1,66 %, Phosphorsäure 1,56 %). Lahmanns Nährsalz-Kakao oder -Schokolade wird hergestellt durch Vermischen eines aus Gemüsepflanzen gewonnenen Extraktes mit Kakao oder Schokolade.

Die Analyse von **Lahmanns Nährsalz-Schokolade** ergibt folgende Zahlen: Fett 24,5 %, Asche 1,36 %, Wasser 1,08 %, Eiweiß 6,25 %, Phosphorsäure (P_2O_5) 0,44 %.

Nähr- und Heilpulver von Dr. Koeben enthält Zucker, Kakao, Griesmehl und Eichelkaffee (nach Hager: Handbuch der pharmazeutischen Praxis).

Nuco-Kakao ist ein Gemisch von Kakao mit einem unter dem Namen „Nuco“ als Zusatz zu Kakao angepriesenen Eiweißpräparat. Die Analyse des Nuco-Kakao ergab: Asche 4,06 %, Feuchtigkeit 6,0 %, Fett 15,23 %, Eiweiß 47,0 %; die Jodzahl des Fettes ist = 86. Die mikroskopische Untersuchung ergibt völlige

---

[1]) Sämtliche Kakaofabrikate, denen Eiweiß zugesetzt ist, verlangen auch einen erhöhten Gehalt an Kakaobutter, da die Eiweißkörper das Fett stark ansaugen.

[2]) Die Zusammensetzung des Präparates muß auf den Umhüllungen angegeben werden, da die Bezeichnung Natur-Kakao und -Schokolade geeignet ist, den Käufer irre zu führen. Anmerkung des Verfassers.

Analogie der Gewebsfragmente mit denen der Erdnuß (Arachis hypogaea). Nuco-Kakao ist somit nichts anderes als eine Mischung von entfettetem Kakao mit entfetteter Erdnuß (Erdnußkuchen).

Palamoud des Turcs besteht aus Kakaomasse, Reismehl, Stärke und Sandelholz.

Pepton-Kakao enthält: Wasser 4,08 %, Stickstoffsubstanz 20,56 %, Albumosen 8,25 %, Pepton 4,41 %, Theobromin 1,03 %, Zucker 49,51 %, sonstige stickstofffreie Bestandteile 9,37 %, Holzfaser 1,43 %, Mineralstoffe 4,17 % (Kali 1,97 %, Phosphorsäure 1,21 %).

Pepton-Puder-Kakao (20 %) wird hergestellt durch Mischen von 20 Teilen extraktförmigem Kochs Fleischpepton mit 50 Teilen Zucker und 40 Teilen Puderkakao.

Pepton-Schokolade enthält 10 % trockenes Pepton.

Plasmon-Schokolade und Kakao enthalten 20 % Plasmon [1]) der Sieboldschen Nährmittelwerke.

Racahout des Arabes, siehe Seite 232, Anm.

Saccharin-Kakao zeigt bei der Analyse folgende Werte: Wasser 7,26 %, Stickstoffsubstanz 20,5 %, Theobromin 2,09 %, Fett 32,25 %, Saccharin 0,4 %, Stärke 13,02 %, stickstoffreie Extraktstoffe 16,51 %, Holzfaser 5,27 %, Asche 5,93 % (Kali 2,16 %, Phosphorsäure 1,69 %). Siehe auch Hansa-Saccharin-Kakao auf Seite 326.

Schokoladen-Crême-Sirup (Zusatz für kohlensaure Wässer). Man nehme zu dessen Bereitung 125 g geraspelter Schokolade, 62 g Kakaopulver und 325 g Wasser, mische das Ganze gut und gebe 148 g Quillajaaufguß (1:8) hinzu; man läßt sodann einige Zeit stehen, fügt darauf den Inhalt einer Büchse kondensierter Milch nebst 7,5 g Borsäure [2]) zu und füllt mit 3,8 Liter weißen Zuckersirups auf (amerikanische Vorschrift).

Schokoladen-Gesundheitsbier nach J. Scholz D. R. P. No. 28819. Man bereitet sich zur Herstellung dieses Präparates ein Kakao-

---

[1]) Plasmon wird hergestellt, indem die aus Magermilch gewonnenen Eiweißkörper mit einer geringen, eben zur völligen Lösung ausreichenden Menge Natriumkarbonat versetzt werden.

[2]) Hiernach dürfte dieses Fabrikat für Deutschland nicht zu empfehlen sein, da die zugefügte Borsäure zu Beanstandungen häufig Veranlassung geben wird; auch der Saponingehalt aus der Quillajarinde gibt zu Bedenken Anlaß.

Anmerkung des Verfassers.

extrakt, indem man 10 kg Kakaobohnen bei 75° C. darrt, schält und dann die in kleine Stücke gebrochenen Bohnen mit dem zweifachen Gewichte destillierten Wassers bei 62° C. eine halbe Stunde digeriert, eine weitere halbe Stunde kocht, bei einer gleichmäßigen Temperatur von 75° C. 48 Stunden der Ruhe überläßt, mit einer Lösung von 10 kg Zucker in destilliertem Wasser versetzt und dann abermals so lange kocht, bis die Hälfte von dem ursprünglich zugesetzten Wasser verdampft ist. Darauf wird das Extrakt in noch möglichst warmem Zustande filtriert, um die restierenden Kakaostückchen und Fettteile zu entfernen, wonach es zum Gebrauche fertig ist. Das Brauverfahren ist ähnlich dem des bayrischen Bieres. Nachdem die fertige Würze 3 Stunden gekocht hat, wird auf ein Quantum von je 100 Liter Würze, zu welchem 25 kg blaß gedarrtes Gerstenmehl verwendet werden, 200 g bester bayrischer Hopfen und 12 kg Kakaoextrakt zugesetzt, nochmals gekocht und dann wie üblich weiter verfahren. Die Gärung (bei 7,5° C.) nimmt hierbei 7—8 Tage, die Lagerung auf den Klärfässern 3—4 Wochen in Anspruch.

Schokoladensirup (für Soda- und Selterswasser). 250 g entfetteten Kakaopulvers werden in einer Porzellanschale auf dem Dampfbade mit 2½ Liter kochend heißen Wassers zerrieben, bis eine gleichmäßig dicke Masse entstanden ist, hierauf rührt man eine 1 Kilobüchse kondensierte Milch oder entsprechende Mengen Vollmilchpulvers (mit Zucker!) und 2,5 kg Staubzucker ein, und stellt, wenn der letztere aufgelöst ist, das Gefäß kalt. Nach dem Erkalten zeigen sich auf der Oberfläche Fetteilchen, die man sorgfältig abnimmt. Dann setzt man 30 g käufliches Vanilleextrakt und 30 g Gummischleim (aus Gummi arabicum) zu und seiht das Ganze durch ein dichtes Baumwollgewebe (amerikanische Vorschrift).

Schokoladentinktur (Kakaotinktur) wird aus 1½ kg entfettetem Kakaopulver und 10 kg verdünntem Weingeist bereitet, indem man diese beiden Stoffe zusammengibt und während 8 Tagen mazerieren läßt, worauf man filtriert.

Somatose-Kakao mit Zucker und Somatose-Schokolade enthalten je 10 % Somatose[1]); der Gehalt an Gesamtstickstoffsubstanz be-

---

[1]) Somatose ist ein aus Fleisch hergestelltes Nährpräparat, das die Stickstoffbestandteile des Muskelfleisches, ausschließlich in Form leicht löslicher Albumosen, enthält.

trägt bei ersterem Präparat 20,71 %, bei letzterem 10,24 %, wovon ca. 1/3 aus löslichen Stickstoffverbindungen besteht (Mansfeld). Das erstere Präparat dürfte wohl hergestellt werden durch Mischen von 10 Teilen Somatose (Farbwerke Bayer & Cie., Elberfeld) mit 50 Teilen Zucker und 40 Teilen Puderkakao.

Dr. Thesens Proviant kommt in Schokoladenform in den Handel und ist eine Schokolade mit Eiweißzusatz. Seine Analyse zeigt folgende Werte: Albumin 20,50 %, Theobromin 0,56 %, Fett 39,79 %, Kohlehydrate a (lösliche) 26,95 %, b (unlösliche) 5,66 %, Asche 2,25 %, Wasser 1,57 %. Ein ähnliches Produkt wie Thesens Proviant erhält man durch Mischen von: Albumin 12,5 Teile, Fett (Kakaobutter) 10,0 Teile, Fett (Kokosbutter) 7,5 Teile, Zucker 25 Teile, Kakao 45 Teile.

Theobromade (Theobromine) ist ein trockenes Extrakt aus Kakaoschalen.

Tropon-Schokolade ist eine 25 % Tropon [1]) enthaltende Schokolade.

Tropon-Kakao ist ein mit wechselnden Mengen (15—33 1/3 %) Tropon hergestelltes Gemisch von Tropon mit Kakaopulver. 20 prozentiger Tropon-Kakao enthält: Wasser 5,75 %, Eiweiß 38,49 %, Fett 27,77 %, Rohfaser 3,76 %, Asche 4,51 %, Theobromin 1,6 %, Extraktivstoffe 22,78 %.

Tropon-Hafer-Kakao enthält 20 % Tropon, 30 % Hafermehl und 50 % Kakaopulver.

Wacaca des Indes besteht aus Kakaopulver 60 Teilen, Zucker 165 Teilen, Zimt 8 Teilen, Vanille 2 Teilen und etwas Ambratinktur.

Weiße Schokolade enthält: Zucker 3000 Teile, Reismehl 860 Teile, Kartoffelmehl 250 Teile, Kakaobutter 250 Teile, Arabisches Gummi 125 Teile und Vanilletinktur 15 Teile [2]).

---

[1]) Tropon ist ein Gemenge aus 2 Teilen (tierischem) Fleisch-Eiweiß (aus Muskelfleisch und Fischen) und 1 Teil Pflanzeneiweiß.

[2]) Auch bei diesem Präparat ist die Angabe der Zusammensetzung auf den Umhüllungen erforderlich, um eine mögliche Irreleitung des kaufenden Publikums auszuschließen. Anmerkung des Verfassers.

Register.

A. Literaturverzeichnis.

In nachstehendem Literaturverzeichnis sind lediglich jene Sammelwerke und Schriften in chronologischer Reihenfolge aufgeführt, die Angaben über die Kultur des Kakaos und die Fabrikation der Kakaowaren enthalten und zu vorliegendem Werke benutzt wurden. Die gesamte übrige Literatur, soweit sie wissenschaftliche Gegenstände betrifft, hat bereits im Texte selbst in Gestalt von Fußnoten Erwähnung gefunden.

Dictionnaire technologique ou nouveau Dictionnaire universel des arts et métiers et de l'economie industrielle par une société de savans et d'artistes. Paris 1823 et 1824. Tomes 4 et 5.

J. J. R. von Prechtls Technologische Enzyklopädie, Stuttgart, Bd. III und Supplement-Bd. II, Stuttgart 1859.

Mitscherlich, A., Der Kakao und die Schokolade. Berlin 1859.

Zipperer, P., Die Neuerungen in der Fabrikation von Schokoladen und diesen verwandten diätetischen Produkten. Chemiker-Zeitung 1892 No. 58; 1893 No. 54; 1895 No. 21.

Gordian, A., Die deutsche Schokoladen- und Zuckerwaren-Industrie. Hamburg 1895.

Gordian, Zeitschrift für die Kakao-, Schokoladen- und Zuckerwarenindustrie usw., Hamburg, seit 1896.

De Belfort de la Roque, L., Guide pratique de la Fabrication du chocolat. Paris 1895.

Filsinger, F., Fortschritte in der Fabrikation von Schokolade und ihr verwandten diätetischen Präparaten in den Jahren 1895 bis 1899, Chemiker-Zeitung 1897, No. 22 des Jahres 1897; ibid. 1898, No. 42 des Jahres 1898; des Jahres 1899, ibid. 1899, No. 48.

Spamers, O., Buch der Erfindungen, Gewerbe und Industrien. Leipzig 1897, Band IV.

Muspratts theoretische, praktische und analytische Chemie in Anwendung auf Künste und Gewerbe, begonnen von F. Stohmann und B. Kerl, herausgegeben von H. Bunte. Braunschweig 1898, Bd. VI.

Villon, A. M., Dictionnaire de Chimie industrielle, contenant les applications de la chimie à l'industrie, à la métallurgie, à l'agriculture, à la pharmacie, à la pyrotechnie et aux arts et métiers. Paris 1898, Tome premier.

Luegers, O., Lexikon der gesamten Technik und ihrer Hilfswissenschaften. Stuttgart und Leipzig 1899.

Ettling, Der Kakao, seine Kultur und Bereitung. Berlin 1903.

Kindt, Die Kultur des Kakaobaues und seine Schädlinge. Hamburg 1904.

Faber, Dr. F. C. von, Die Krankheiten und Parasiten des Kakaobaums. Berlin 1909. (Arb. aus der Kais. Biolog. Anstalt f. Land- und Forstwissenschaft.)

B. Alphabetisches Sachregister.

J. M. LEHMANN DRESDEN
J.M.LEHMANN DRESDEN
J. M.
LEHMANN
DRESDEN
GRÖSSTE SPECIALFABRIK FÜR
MASCHINEN DER SCHOKOLADEN
UND KAKAOINDUSTRIE.
GEGRÜNDET 1834.
2000 ARBEITER

PRALÜMA
LEISTUNGSFÄHIGSTE
ÜBERZIEHMASCHINE
FÜR BONBONS, WAFFELN
UND KLEINES GEBÄCK
Größte Specialfabrik für Maschinen der Schokoladen- u. Kakaoindustrie
J.M. LEHMANN
Gegründet 1834.
DRESDEN
2000 Arbeiter

ELITEWERKE AKTIENGESELLSCHAFT BRAND-ERBISDORF
WERK BRAND-ERBISDORF SA.
WERK NOSSEN SA.
WERK REICHENBRAND SA.
SÄMTLICHE MASCHINEN
ZUR
SCHOKOLADEN-
FABRIKATION
Elite-WERKE
AKT.-GES.
BRAND-E.SA.
SERIEN-
GROSS-
FABRIKATION
GÜNSTIGE PREISE U. LIEFERUNGSMÖGLICHKEITEN

GEBRÜDER-FISCHER'S
Excelsiorbackmasse
GEBRÜDER-FISCHER'S
Fischer
EXCELSIORBACKMASSE
GES·GES·MARKE
Marzipanmasse
garantiert rein.
APOLDA-GEGR-1859.

Kolibri 360 GmbH
Ferdinand-Jühlke-Straße 7
99095 Erfurt, Deutschland
produktsicherheit@kolibri360.de